高职高专"十二五"规划教材

矿热炉机械设备和电气设备

许传才　王金成　主编

北 京

冶金工业出版社

2012

内 容 提 要

本书是根据"矿热炉机械设备和电气设备"教学大纲，结合多年教学、科研和生产实践编写的，主要介绍了矿热炉机械设备和电气设备，详尽地论述了各种现代实用设备的工作原理、结构特点、制造工艺和维修保养。同时还介绍了矿热炉"三废"治理和综合回收利用。

本书可供矿热炉大专班，钢铁冶金专业函授班、职工大学、进修班教学使用，也可作为矿热炉工厂、企业管理人的读本。

图书在版编目(CIP)数据

矿热炉机械设备和电气设备/许传才，王金成主编 . —北京：冶金工业出版社，2012.6
高职高专"十二五"规划教材
ISBN 978-7-5024-5896-6

Ⅰ.①矿… Ⅱ.①许… ②王… Ⅲ.①电阻电弧炉—机械设备—高等职业教育—教材 ②电阻电弧炉—电气设备—高等职业教育—教材 Ⅳ.①TM924.71

中国版本图书馆 CIP 数据核字(2012)第 121586 号

出 版 人 曹胜利
地 址 北京北河沿大街嵩祝院北巷 39 号，邮编 100009
电 话 (010)64027926 电子信箱 yjcbs@cnmip.com.cn
责任编辑 李 梅 于昕蕾 美术编辑 李 新 版式设计 葛新霞
责任校对 王永欣 责任印制 李玉山
ISBN 978-7-5024-5896-6
北京印刷一厂印刷；冶金工业出版社出版发行；各地新华书店经销
2012 年 6 月第 1 版，2012 年 6 月第 1 次印刷
787mm×1092mm 1/16；20.75 印张；499 千字；319 页
45.00 元

冶金工业出版社投稿电话：(010)64027932 投稿信箱：tougao@cnmip.com.cn
冶金工业出版社发行部 电话：(010)64044283 传真：(010)64027893
冶金书店 地址：北京东四西大街 46 号(100010) 电话：(010)65289081(兼传真)
(本书如有印装质量问题，本社发行部负责退换)

前　言

根据"矿热炉机械设备和电气设备"教学大纲，结合多年教学、科研和生产实践，我们编写了《矿热炉机械设备和电气设备》这本教材。本书可供矿热炉大专班，钢铁冶金专业函授班、职工大学、进修班教学使用，也可作为矿热炉工厂、企业管理人读本。各类学校根据教学要求，内容可作适当增减。

本书在编写过程中力求理论联系实际，内容丰富、系统。书中对矿热炉工厂设计、矿热炉机械设备、矿热炉电气设备、矿热炉辅助设备、环境保护和综合回收利用等进行了比较详细的论述，希望能对铁合金厂、电石厂、工业硅厂、机械制造工厂等提高产量、质量，品种改炼，降低电耗等方面有所帮助。

参加本书编写的有：许传才、王鹏、邓永利、白亚红（第1、2章），吴海洋、肖谦衡、成茂华、刘和、程殿祥（第3章），赵乃成、张启轩、谢心敏、张增蟾、张国山（第4章），许军德、谷庭佑、于占何、王立福（第5章），王金成、梁钜喜、刘丰民、韩材森（附录）。全书由西安建筑科技大学冶金工程学院许传才、王金成主编。在编写过程中，得到了许多兄弟单位大力支持和帮助，引用了一些同行的资料，并得到他们的审阅和修改，在此一并表示衷心的感谢。

由于编者水平有限，加之时间仓促，书中不当之处，诚望读者批评指正。

编　者
2012 年 3 月

目　　录

1 矿热炉工厂优化设计

1.1 矿热炉工厂的总平面设计

矿热炉已经广泛地应用于铁合金、电石、工业硅、黄磷、低镍铁、低磷富锰渣、钛渣和电炉氧化铝等产品生产中,因此矿热炉工厂的优化设计和装备水平的提高已成为人们越来越关注的问题。

一个完整的矿热炉工厂,除了冶炼跨、配电跨、浇铸跨和精整包装跨外,根据车间的规模还设有变电站、水泵房、循环水池、原料厂、原料准备车间、机修车间、成品库及运输设施等。

车间冶炼生产的特点决定厂内各车间之间有着紧密的联系和相互间的协作配合,因此在进行全厂总平面布置图和运输设计时,必须全面考虑,图 1 – 1 是一个大型矿热炉工厂总平面布置图和运输简图。

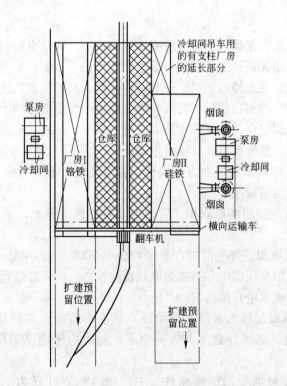

图 1 – 1 一个大型矿热炉工厂总平面布置图和运输简图

现代化大型工厂在一年中不仅需要从厂外运入大量的原料和还原剂,将生产成品和废渣运出厂外,而且在厂内的车间之间,货物的周转额也很大。因此在考虑厂内车间的平面布置时，必须满足下列基本要求：

（1）总平面设计是各专业设计的综合。在设计时必须遵照国家的建设法规及有关部门的总体规划，深入现场，全面安排，减少占地面积，提高建筑系数，为最经济地利用场地，并为满足工厂的施工、生产和发展要求创造有利条件。

（2）各车间布置要紧凑，尽量减少占地面积。各种管线、运输线、构筑物的长度和体积尽可能缩小，但也要满足防火和通风的要求。

（3）运输能力应和车间的产量及其工艺特点相适应，尽量将进料、冶炼和成品运出顺行，不要过多枝杈进行。工厂应具有扩建的可能性，而且能一边生产一边基建，互不干扰。在总平面布置时，要留出各车间的发展余地和空间。

（4）工厂总平面图布置应尽量利用地形，适当地选择标高，以减少土方工程量。当地形横向坡度较大时，可结合生产要求利用阶梯式布置。

（5）各车间应设在有利于生产的位置。如原料车间应接近矿源或来料的方向，成品库、包装车间、材料库应设在冶炼车间下方，变电站、煤气站、压缩空气机、修理车间等应设在负荷中心。

（6）较大负荷的建筑物，例如，电炉车间的主厂房、回转窑以及大型设备基础，在满足生产要求的前提下，尽量选择在工程地质较好的地方。

（7）应与厂域的地形、地质、水文和风向等条件相适应。福利区尽量建在风上方处。

1.2 厂址的选择

工厂的厂址选择是否正确，不但决定着投资的多少，而且也影响建设速度的快慢。厂址的选择正确与否，还关系到工厂投产以后生产管理是否方便，生产成本的高低以及工厂发展的难易等。因此，在选择厂址时，既要符合政策，又要注意经济合理；正确处理工业与农业、局部与整体、当前与长远、内部与外部、生产与生活等的矛盾关系。广泛深入实际，认真调查研究，根据资源、工程地质、交通、供电、燃料、水源等客观条件，进行多方案比较，精心选择，慎重确定。具体要求如下：

（1）厂址应靠近原料基地从而方便供应，采用简便可靠的运输方式，这样不但节省投资，而且节省长年运输费用。

（2）厂址必须有足够的场地面积，应尽可能利用荒山坡地，注意节约用地，不占良田，少占农田。

（3）厂址应靠近电源。每吨电炉产品平均耗电 $5000 \sim 6000 kW \cdot h$。因此，厂址附近必须有可靠的电源，以保证供电和节省输电线路的投资。在厂址选择过程中，应由建设单位与有关电力部门达成供电具体协议。

（4）厂址附近应有足够的水源，须保证在枯水季节能正常供应工厂生产和生活的用水。在确定水源时，必须注意不与农业争水；同时应考虑在工厂投产后不污染农业用水。

（5）厂址应有良好的交通运输条件。工厂物料年吞吐量为工厂产品规模的 $6 \sim 8$ 倍。因此，大中型工厂应靠近铁路或公路干线。在有水运条件的地区，应尽量考虑水运。

（6）选择厂址时除考虑建厂基本条件外，还必须考虑职工生活的便利，工厂应在可能条件下靠近城镇或其他企业，以便充分利用已有的生活设施，并考虑相互协作的可能性。

（7）注重环境保护。住宅区与工厂的距离应大于 $2\sim3km$，同时工厂应位于住宅区和城镇的主导风向的下风侧。

（8）厂址应有良好的工程地质条件。地耐力最好在 $20t/m^2$（土壤深度为 $1.5\sim2.0m$ 处）以上。厂址下面应避免有断层、滑坡、古墓或其他有用矿体。厂址应不受洪水威胁，并要求厂区地下水位较低，以节省防洪、防水设施的投资。

1.3 车间组成和工艺布置

1.3.1 车间生产规模

整个车间的生产规模往往以电炉的生产能力作为标志，它与配电、原料和给排水存在着密切的相互关系。配电、给排水、原料准备等其他车间必须按规格要求，保证矿热炉正常生产。因此，在设计时，必须仔细选用和校核各车间的主要设备及其生产能力，使生产平衡进行。同时还应考虑到生产发展和扩建的可能性。图 $1-2$ 示出 $25000kV \cdot A$ 电炉车间剖面图。

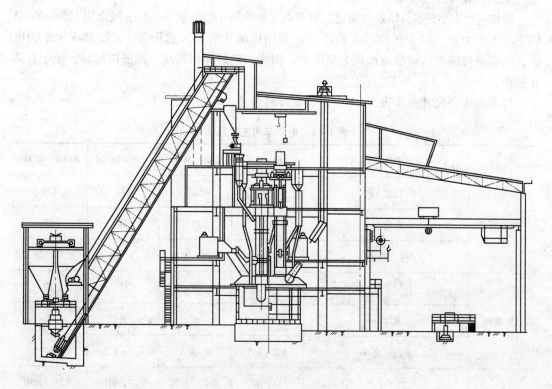

图 $1-2$ 电炉车间剖面图

车间的生产规模主要是根据国家或地方对产品数量和品种的要求、原料供应情况和经济条件而确定。

还原电炉设计能力可采用下列公式计算：

$$Q = \frac{24TPk_1k_2k_3\cos\Phi}{W}$$

式中　　Q——电炉生产量，t/a；

　　　　24——电炉每天持续工作时间，24h；

　　　　T——电炉日历工作天数，d/a，按330天计时；

　　　　P——电炉变压器额定容量，kV·A；

　　$\cos\Phi$——电炉自然功率因数，视电炉容量大小而异，容量越大其值越小，一般为0.65~
　　　　0.95；

　　　k_1——电源电压波动系数，一般为0.94~1.0；

　　　k_2——电炉变压器功率利用系数，一般为0.95~1.0；

　　　k_3——电炉作业时间利用系数，一般为0.94~1.0；

　　　W——产品冶炼电耗，kW·h/t。

1.3.2　电炉座数和容量

　　电炉的数量根据生产规模而定，一般一个电炉车间设两台同样大小电炉较合适，以利生产组织、设备互用和维护。

　　电炉容量大小根据具体条件而定，对于人工装料的小型电炉车间，一般选用12500kV·A以下的电炉为宜。对于规模较大的工厂，采用机械化装料，选用大于12500kV·A的电炉，在有条件的地区应尽量选用大型电炉，因为大电炉操作容易，经济指标好，便于自动化操作。

　　各车间主要尺寸列于表1-1中，供设计时参考。

表1-1　电炉车间主要尺寸

项　目	电炉容量/kV·A	3000以下	4500~8000	9000~16500	20000~45000
原料间	长度/m	60	126	138	174
	跨度/m	12	21	27	27
	主要作业	贮存，加工	贮存，加工	贮存，加工	贮存，加工
变压器间	每间长度/m	6	9	12	12
	宽度/m	6	6	6	8
	平台标高/m	3.2~3.5	4~4.5	4.5~5.5	5.5~6
炉子间	炉子形式	开口，封闭	开口，封闭	开口，封闭	开口，封闭
	长度/m	36	42	48	54
	跨度/m	12~15	15~18	18~21	21~24
	炉子中心距/m	18	18~24	24~30	30~36

项　目	电炉容量/kV·A	3000 以下	4500～8000	9000～16500	20000～45000
炉子间	炉子中心距变压器侧柱列线/m	5～6	6～7	7～8	9～10
	炉子平台标高/m	3.2～3.5	4～4.5	4.5～5.5	5.5～6
	上料平台标高/m	3.2～3.5	9～12	13～15	15～21
	电极升降平台标高/m	8～10	15～18	18～21	19～21
	电极糊平台标高/m	8～10	12～15	16～18	18～26
	吊电极糊起重机轨面标高/m	12～15	18～20	22～24	24～29
浇铸间	长度/m	36	42	48	54
	跨度/m	12	18	21	21
	轨面标高/m	6	8	10	12
	主要作业	浇铸，水冲渣	浇铸，修灌	浇铸，修灌	浇铸，修灌
成品间	长度/m	12	108	114	132
	宽度/m	6	18	18	18
	轨面标高/m	6	6	8	10
	主要作业	精整，贮存	精整，贮存	精整，贮存	精整，贮存

1.3.3　电炉冶炼车间工艺布置

电炉冶炼车间主要由配料站、主厂房及辅助设施组成。

1.3.3.1　配料站

配料站常为单层厂房，上部设贮料仓（贮量约超过一昼夜供配料用的合格料），又称日料仓，其下部设配料称量系统。配料站通常与主厂房平行布置，有的视场地情况，也可以垂直方向布置。向主厂房供料多采用斜桥上料机或垂直提升机，也有的采用很长的胶带输送机（图 1-3），前者布置紧凑，节省用地；后者为配料站与电炉间拉开距离，其间空场地可布置炉渣处理设施和除尘设施。

1.3.3.2　主厂房

主厂房包括配电跨、电炉跨、浇铸跨、成品加工跨及炉渣处理跨等。

主厂房的总体设计有两种布置形式：一种为变压器跨—电炉跨—浇铸跨三跨毗连，如图 1-2 所示，成品加工间及炉渣间单独设置。这种布置方式，其炉前操作场地宽敞，采

图 1-3 采用胶带输送机上料的矿热炉全貌

光和通风条件好，因此被广泛采用。另一种为上述五个或四个跨毗连在一起，这种布置方式，其炉前操作场地既宽敞，又便于浇铸实现机械化，而且成品加工跨与浇铸跨的厂房柱子又可公用，节省土建工程投资。缺点是车间内采光和通风条件较差。半封闭式（矮烟罩）电炉车间剖视图如图 1-4 所示。

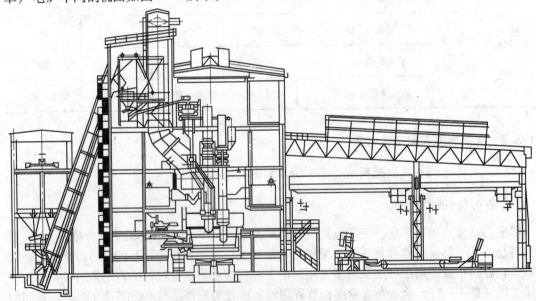

图 1-4 半封闭式（矮烟罩）电炉车间剖视图

变压器跨通常指用于布置电炉电压器和配电的跨间。当电炉采用三台单相变压器时，除一台变压器布置在变压器跨内之外，另两台则布置于电炉跨内。变压器室的设计不仅要考虑变压器的吊芯检修，还要考虑便于电炉控制中心的布置等。

电炉跨是还原电炉冶炼车间的核心部位。电炉生产必备的布料系统、加料系统、电炉系统、短网系统及电控、炉口操作系统、炉前出炉系统、电极糊提升系统等均布置在电炉跨内。此跨为多层框架式厂房建筑，依据车间工艺总体布置要求，一般设计为三层大平台，其中包括炉顶布料平台、电极升降装置平台和炉口操作平台；另外还有一些局部小平台，如变压器平台，炉前出炉平台等。电炉跨的跨度主要视电炉容量的大小、采用有渣法或无渣法冶炼工艺、炉顶布料和炉口处加料方式以及厂房结构选型设计的可能性和合理性等综合因素加以确定。电路跨长度主要由电炉座数、电炉中心距决定。此外还要考虑电路跨的两端头设置楼梯、电梯和电极糊提升吊装孔的位置。电炉跨厂房高度主要由各层平台高度、炉顶布料形式和悬挂起重机的轨面标高决定，同时还要考虑采光和通风排烟等要求。

浇铸跨用于进行产品的浇铸、铁水包修理及烘烤，有时将此跨延长兼作炉渣处理用。其布置形式与品种、生产工艺和浇铸方式有着密切的关系。

浇铸操作在浇铸跨内进行，并进行产品的冷却和加工包装等。

浇铸所用的桥式起重机是一种频繁操作的重要设备，属于重级工作制。起重能力应根据吊运产品、炉渣及相关器具的最大总重加以确定；起重机的台数由各种作业时间综合计算确定。

成品加工跨用于成品精整、存放及加工，其布置设计要考虑正常生产时成品存放所需的面积，同时要考虑物流合理性、堆存数量多少、发往地点等因素。

1.3.3.3 水冲渣

炉渣处理跨用于对有渣法冶炼所产大量炉渣的处理，炉渣水淬设施主要有两种布置方式：一种是利用浇铸跨延长部分作为水淬跨，这样可共用起重设备；另一种是单独设置炉渣水淬跨，其跨间设有桥式起重机、冲渣装置、渣池、回水池等。水淬跨应距浇铸跨近些，但要布置于浇铸跨的下风向。

1.4 电炉装备水平和主要参数

1.4.1 技术装备水平

大型现代化还原电炉设备设计要遵循先进、合理、实用的原则。关键性部件压力环、水冷大套、下把持筒、烟罩中心盖板、吊架、短网夹固和吊挂等选用不锈钢制作。虽然投资大些，但实践证明，不锈钢绝缘隔磁良好，可以大大地节省电能消耗，降低生产成本。

对于一些现代化大型还原电炉，也可采用开眼机、堵眼机，这样可以保持炉眼位置固定，出炉量均匀，且产品出炉量稳定，操作方便。

对于铬铁和镍铁等产品可以采用粒化装置，直接得到用户需要的粒度，减少破碎损失和破碎难度。可以按用户要求，提供合适粒度产品。

大型电炉应采用自动化上料系统、配料称量系统和除尘控制系统，采用 PLC 系统控制，既可达到准确和定量控制，又能节省人力物力。

有条件的单位，采用电炉功率自动控制装置，采用计算机实现比例积分式调节或者液压伺服系统控制。国外使用自动化控制部分较多，我国一些大型矿热炉工厂也开始研究和采用。

1.4.2 矿热炉系列主要参数

表 1-2 和表 1-3 列出矿热炉系列主要参数，供设计时参考。实际电炉参数应根据冶炼的品种、本地区原料条件、电网电压、供电质量和经验综合考虑后，恰当地选取。

表 1-2　矿热炉系列主要参数（一）

名称	型号	品种	电极直径/mm	电极电流密度/A·cm⁻²	极心圆直径/mm	炉膛直径/mm	炉膛深度/mm	炉壳直径/mm	炉壳高度/mm	炉膛面积功率/kW·m⁻²	电流电压比/A·kV⁻¹	功率因数cosΦ	升降速度/mm	电极升降工作行程/mm	冶炼电耗/kW·h	产量/t·d⁻¹
6000kV·A 电炉	DT-6000A	Mn3~5	790	6.05	2100	5200	2100	6800	4100	234	280	0.91	500	1200	3400	36
	DT-6000B	MnSi	785	6.07	2000	5100	2000	6700	4100	253	266	0.90	500	1200	4500	27
	DT-6000C	Si75	780	6.15	1900	5000	1900	6600	4000	304	249	0.90	500	1200	8800	15
	DT-6000D	SiCr	760	6.72	1900	4700	1900	6300	4000	308	241	0.89	500	1200	5200	24
	DT-6000E	Cr4~5	760	6.48	1900	4900	1900	6300	4000	298	218	0.89	500	1200	7500	37
	DT-6000F	Si	700	7.00	2000	4800	2000	6400	4000	269	249	0.90	500	1200	3400	22
	DT-6000G	CaC₂	700	8.35	1790	4100	1520	5600	4000	269	283	0.91	500	1200	12500	50
9000kV·A 电炉	DT-9000A	Mn3~5	940	6.02	2500	5400	2400	7000	4300	251	283	0.89	500	1000	3200	57
	DT-9000B	MnSi	920	6.12	2400	5300	2300	6900	4200	274	282	0.89	500	1200	4500	41
	DT-9000C	Si75	900	6.10	2300	5400	2100	7000	4200	287	282	0.88	500	1200	8700	22
	DT-9000D	SiCr	880	6.25	2200	5100	2000	6700	4100	292	282	0.88	500	1200	5100	46
	DT-9000E	Cr4~5	880	6.05	2200	5100	2000	6700	4100	267	282	0.88	500	1200	3400	65
	DT-9000F	Si	800	6.80	2100	5100	2200	6800	4300	268	283	0.89	500	1200	12500	26
	DT-9000G	CaC₂	810	8.00	2310	5020	1800	6520	4100	269	287	0.87	500	1200	3450	70
12500kV·A 电炉	DT-12500A	Mn3~5	1060	6.00	2800	6000	2400	8000	4600	254	360	0.87	500	1200	3200	75
	DT-12500B	MnSi	1040	5.90	2600	5900	2300	7800	4500	255	350	0.87	500	1200	4500	55
	DT-12500C	Si75	1030	6.15	2500	5800	2300	7600	4400	256	330	0.87	500	1200	8700	30
	DT-12500D	SiCr	1000	6.20	2500	5800	2200	7600	4300	257	320	0.87	500	1200	5100	54
	DT-12500E	Cr4~5	1000	6.20	2500	5800	2300	7600	4300	258	310	0.89	500	1200	3400	78
	DT-12500F	Si	960	6.90	2400	5800	2300	7600	4400	259	320	0.88	500	1300	12000	28
	DT-12500G	CaC₂	950	7.80	2430	5570	2070	7070	4370	260	353	0.89	500	1200	3300	90
16500kV·A 电炉	DT-16500A	Mn3~5	1180	5.6	3400	6600	2580	8400	4600	257	370	0.855	500	1200	3200	94
	DT-16500B	MnSi	1120	5.83	3100	6500	2480	8300	4500	258	360	0.850	500	1200	4500	69
	DT-16500C	Si75	1110	5.94	2700	6400	2380	8200	4500	258	350	0.848	500	1200	8700	38
	DT-16500D	SiCr	1120	6.16	2700	6400	2350	8100	4350	259	320	0.835	500	1200	5100	62
	DT-16500E	Cr4~5	1100	6.16	2700	6200	2350	8100	4350	259	320	0.835	500	1200	3400	99
	DT-16500F	Si	1100	6.16	2700	6200	2350	8000	4400	259	320	0.835	500	1300	12000	34
	DT-16500G	CaC₂	1100	7.60	2800	6180	2350	7680	4600	259	332	0.87	500	1200	3250	120

续表 1-2

名称	型号	品种	电极直径 /mm	电极电流密度 /A·cm⁻²	极心圆直径 /mm	炉膛直径 /mm	炉膛深度 /mm	炉壳直径 /mm	炉壳高度 /mm	炉膛面积功率 /kW·m⁻²	电流电压比 /A·kV⁻¹	功率因数 cosΦ	升降速度 /mm	电极升降工作行程 /mm	冶炼电耗 /kW·h	产量 /t·d⁻¹
20000kV·A 电炉	DT-20000A	Mn3~5	1220	5.78	3200	7100	2700	8800	5650	260	400	0.82	500	1200	3200	113
	DT-20000B	MnSi	1210	5.80	3100	7000	2600	8600	5600	261	390	0.83	500	1200	4500	84
	DT-20000C	Si75	1200	5.82	3000	6900	2500	8400	4600	262	370	0.84	500	1200	8700	46
	DT-20000D	SiCr	1150	6.25	3100*	6600	2400	8900	4500	263	364	0.84	500	1200	5100	68
	DT-20000E	Cr4~5	1150	6.25	3200	6900	2350	9200	4700	264	330	0.85	500	1200	3400	120
	DT-20000F	Si	1100	7.00	3000	6900	2700	8100	4760	263	400	0.84	500	1200	12000	42
	DT-20000G	CaC₂	1050	7.60	3100	6600	2460	8100	4760	262	391	0.86	500	1200	3100	140
25000kV·A 电炉	DT-25000A	Mn3~5	1290	5.19	3300	7600	2800	9800	4800	263	420	0.81	300~500	1000	3200	133
	DT-25000B	MnSi	1270	5.25	3200	7500	2700	9600	4700	264	413	0.82	300~500	1200	4500	100
	DT-25000C	Si75	1250	6.10	3100	7400	2650	8800	4700	264	390	0.83	300~500	1200	8700	55
	DT-25000D	SiCr	1150	6.33	3000	6000	2550	9400	4700	265	379	0.83	300~500	1200	5100	96
	DT-25000E	Cr4~5	1150	6.33	3000	6100	2650	9400	4550	265	379	0.84	300~500	1200	3400	130
	DT-25000F	Si	1100	6.50	3000	7200	2690	8900	4550	265	413	0.83	300~500	1300	12500	50
	DT-25000G	CaC₂	1100	7.20	3200	6100	2650	8400	4990	264	400	0.85	300~500	1200	3150	160
30000kV·A 电炉	DT-30000A	Mn3~5	1290	5.16	3600	7800	3150	9900	5200	266	440	0.80	300~500	1200	3200	160
	DT-30000B	MnSi	1270	5.20	3500	7700	3050	9700	5100	267	427	0.81	300~500	1200	4500	133
	DT-30000C	Si75	1300	5.73	3300	7600	2850	9000	4900	267	408	0.82	300~500	1200	8700	62
	DT-30000D	SiCr	1250	6.09	3300	7600	2850	9750	4900	268	390	0.83	300~500	1200	5100	112
	DT-30000E	Cr4~5	1250	6.03	3300	7900	2850	9750	4900	268	390	0.82	300~500	1200	3400	135
	DT-30000F	Si	1200	6.50	3300	7900	2700	9100	4900	268	390	0.82	300~500	1300	12000	56
	DT-30000G	CaC₂	1250	7.00	3380	7600	2600	9190	4900	268	420	0.83	300~500	1200	3150	180
35000kV·A 电炉	DT-35000A	Mn3~5	1390	5.50	3700	7900	3250	9900	5200	267	435	0.79	300~500	1200	3200	180
	DT-35000B	MnSi	1370	5.55	3700	7800	3250	9800	5600	268	431	0.80	300~500	1200	4500	153
	DT-35000C	Si75	1350	5.93	3600	7700	2900	9600	5000	268	416	0.81	300~500	1200	8700	65
	DT-35000D	SiCr	1300	6.09	3600	8300	2900	9600	5300	268	494	0.81	300~500	1200	5100	122
	DT-35000E	Cr4~5	1300	6.03	3600	8300	2900	9600	5300	268	494	0.82	300~500	1300	3400	45
	DT-35000F	Si	1200	6.90	3500	8300	2900	9500	5400	268	416	0.81	300~500	1200	12000	62
	DT-35000G	CaC₂	1300	7.00	3510	8000	2900	9500	5290	267	433	0.82	300~500	1200	3100	200

续表 1-2

名称	型号	品种	电极直径/mm	电极电流密度/A·cm⁻²	极心圆直径/mm	炉膛直径/mm	炉膛深度/mm	炉壳直径/mm	炉壳高度/mm	炉膛面积功率/kW·m⁻²	电流电压比/A·kV⁻¹	功率因数 cosΦ	升降速度/mm	电极升降工作行程/mm	冶炼电耗/kW·h·t⁻¹	产量/t·d⁻¹
40000kV·A 电炉	DT-40000A	Mn3~5	1460	5.62	3900	8200	3350	10000	5700	268	432	0.78	300~500	1200	3200	200
	DT-40000B	MnSi	1420	5.64	3800	8100	3250	9900	5600	269	417	0.60	300~500	1200	4500	173
	DT-40000C	Si75	1400	5.96	3700	8000	3150	9800	5100	269	426	0.70	300~500	1200	8700	70
	DT-40000D	SiCr	1350	6.15	3600	8500	3100	9800	5400	269	400	0.73	300~500	1200	5100	115
	DT-40000E	Cr4~5	1350	6.15	3600	8500	3100	9800	5400	269	372	0.73	300~500	1200	3400	122
	DT-40000F	Si	1350	6.65	3550	8450	3200	9810	5500	268	439	0.70	300~500	1200	12000	68
	DT-40000G	CaC₂	1350	7.00	3640	8310	3110	9810	5410	268	439	0.75	300~500	1200	3100	220
45000kV·A 电炉	DT-45000A	Mn3~5	1490	5.71	4000	8200	3400	10100	5100	269	483	0.77	300~500	1200	3200	206
	DT-45000B	MnSi	1470	5.73	3900	8100	3350	10000	5100	270	458	0.78	300~500	1200	4500	159
	DT-45000C	Si75	1450	5.75	3800	8500	3250	9600	5200	270	431	0.79	300~500	1200	8700	75
	DT-45000D	SiCr	1500	6.00	3700	7600	3200	9600	5200	272	433	0.79	300~500	1200	5100	142
	DT-45000E	Cr4~5	1500	6.00	3700	8500	3200	9600	5200	272	433	0.80	300~500	1200	3400	165
	DT-45000F	Si	1500	6.10	3750	8600	3220	9600	5300	271	456	0.79	300~500	1300	12000	74
	DT-45000G	CaC₂	1400	7.00	3740	8410	3210	9700	5200	272		0.80	300~500	1200	3100	240
50000kV·A 电炉	DT-50000A	Mn3~5	1990	5.45	3800	8500	3500	10200	5550	270	465	0.76	300~500	1200	3200	212
	DT-50000B	MnSi	1570	5.55	3700	8400	3400	10100	5450	271	460	0.77	300~500	1200	4500	169
	DT-50000C	Si75	1500	5.85	3900	8900	3300	9800	5300	272	456	0.78	300~500	1200	8700	80
	DT-50000D	SiCr	1450	5.95	3550	8300	3250	9700	5300	272	443	0.78	300~500	1200	5100	152
	DT-50000E	Cr4~5	1450	5.95	3500	8300	3250	9700	5300	272	443	0.79	300~500	1200	3400	175
	DT-50000F	Si	1450	6.20	3500	8300	3250	9700	5300	272	443	0.78	300~500	1300	12000	78
	DT-50000G	CaC₂	1450	6.10	3850	8300	3310	9800	5300	271	458	0.79	300~500	1200	3100	260
55000kV·A 电炉	DT-55000A	Mn3~5	1580	5.32	3900	8600	3620	10300	5650	272	468	0.75	300~500	1200	3200	222
	DT-55000B	MnSi	1570	5.46	3800	8500	3520	10200	5550	272	463	0.76	300~500	1200	4500	179
	DT-55000C	Si75	1550	5.95	4000	8400	3420	10100	5400	272	459	0.77	300~500	1200	8700	85
	DT-55000D	SiCr	1500	5.95	3600	8400	3400	10100	5400	273	448	0.77	300~500	1200	5100	162
	DT-55000E	Cr4~5	1500	5.95	3600	8400	3400	10100	5400	273	448	0.78	300~500	1200	3400	185
	DT-55000F	Si	1500	5.95	3550	8400	3500	10100	3500	273	450	0.77	300~500	1300	12000	82
	DT-55000G	CaC₂	1500	6.15	3950	8400	3410	10200	3410	273	459	0.78	300~500	1200	3100	280

续表 1-2

名称	型号	品种	电极直径 /mm	电极电流密度 /A·cm⁻²	极心圆直径 /mm	炉膛直径 /mm	炉膛深度 /mm	炉壳直径 /mm	炉壳高度 /mm	炉膛面积功率 /kW·m⁻²	电流电压比 /A·kV⁻¹	功率因数 cosΦ	升降速度 /mm	电极升降工作行程 /mm	冶炼电耗 /kW·h·t⁻¹	产量 /t·d⁻¹
60000kV·A 电炉	DT-60000A	Mn3~5	1680	5.70	4400	8700	3750	10300	5700	272	471	0.74	300~500	1200	3200	232
	DT-60000B	MnSi	1670	5.80	4300	8600	3650	10200	5600	273	469	0.75	300~500	1200	4500	179
	DT-60000C	Si75	1600	5.90	4200	8500	3550	10100	5500	274	462	0.76	300~500	1200	8700	88
	DT-60000D	SiCr	1550	5.95	4150	8500	3550	10100	5500	275	460	0.76	300~500	1200	5100	172
	DT-60000E	Cr4~5	1550	5.95	4000	8500	3550	10100	5600	275	460	0.77	300~500	1200	3400	195
	DT-60000F	Si	1500	5.95	4000	8400	3600	10100	5600	275	460	0.76	300~500	1300	12000	86
	DT-60000G	CaC2	1550	6.15	4050	8400	3510	10100	5910	275	468	0.77	300~500	1200	3100	300
65000kV·A 电炉	DT-65000A	Mn3~5	1680	6.15	4500	9900	3850	11500	5800	273	476	0.73	300~500	1200	3200	242
	DT-65000B	MnSi	1670	6.25	4400	9800	3750	11400	5900	274	474	0.74	300~500	1200	4500	186
	DT-65000C	Si75	1650	5.95	4300	9700	3650	11300	5600	275	472	0.71	300~500	1200	8700	90
	DT-65000D	SiCr	1600	6.10	4250	9700	3600	11300	5500	276	470	0.75	300~500	1200	5100	182
	DT-65000E	Cr4~5	1600	6.10	4250	9700	3600	11300	5500	276	470	0.74	300~500	1200	3400	205
	DT-65000F	Si	1600	6.10	4200	9700	3600	11300	6010	276	490	0.75	300~500	1300	12000	90
	DT-65000G	CaC2	1650	6.25	4150	8600	3610	11200	6010	275	323	0.70	300~500	1200	3450	320
70000kV·A 电炉	DT-70000A	Mn3~5	1720	5.88	4600	10050	3950	10650	5900	274	486	0.72	300~500	1200	3200	252
	DT-70000B	MnSi	1710	5.76	4500	9950	3850	11500	5800	275	484	0.73	300~500	1200	4500	199
	DT-70000C	Si75	1700	5.98	4400	9850	3750	11400	5700	275	482	0.74	300~500	1200	8700	95
	DT-70000D	SiCr	1650	6.10	4350	9800	3700	11400	5500	276	480	0.74	300~500	1200	5100	192
	DT-70000E	Cr4~5	1650	6.10	4350	9800	3700	11400	5500	276	480	0.75	300~500	1200	3400	215
	DT-70000F	Si	1600	6.21	4350	9800	3700	11400	5600	276	480	0.74	300~500	1300	12000	94
	DT-70000G	CaC2	1750	6.80	4250	9210	3710	11400	5800	276	500	0.75	300~500	1200	3100	340
75000kV·A 电炉	DT-75000A	Mn3~5	1780	6.0	4700	10150	4050	12200	5850	257	496	0.71	300~500	1200	3200	262
	DT-75000B	MnSi	1770	6.10	4600	10050	3930	12100	5750	276	494	0.72	300~500	1200	4500	209
	DT-75000C	Si75	1750	6.20	4500	9950	3850	12000	5800	276	492	0.73	300~500	1200	8700	100
	DT-75000D	SiCr	1700	6.30	4450	9900	3800	12000	5600	278	490	0.73	300~500	1200	5100	202
	DT-75000E	Cr4~5	1700	6.30	4450	9900	3800	12000	5600	278	490	0.74	300~500	1200	3400	225
	DT-75000F	Si	1700	6.40	4450	9900	3900	12000	5600	278	495	0.73	300~500	1300	12000	98
	DT-75000G	CaC2	1800	7.20	4350	9210	3810	12000	5900	277	460	0.74	300~500	1200	3100	360

表 1－3　矿热炉系列主要参数（二）

名　称	型　号	品种	变压器容量/kV·A	变压器一次测电压/kV	变压器一次测电流/A	变压器二次测电压范围/V	变压器二次测电压级数（级差）	炉子常用电压/V	炉子常用电流/A	炉子最大电流/A	接线方式	调压方式	炉子频率/Hz	相数
6000kV·A 电炉	DT－6000A	Mn3～5	6000	10 或 35	186	97～106～124	8（3）	112	315411	37849	DdO，YNd－11	无载电动	50	3
	DT－6000B	MnSi	6000	10 或 35	184	97～106～124	8（3）	112	315411	37849	DdO，YNd－11	无载电动	50	3
	DT－6000C	Si75	6000	10 或 35	182	98～107～125	8（3）	113	32678	39213	DdO，YNd－11	无载电动	50	3
	DT－6000D	SiCr	6000	10 或 35	182	98～107～125	8（3）	113	32678	39213	DdO，YNd－11	无载电动	50	3
	DT－6000E	Cr4～5	6000	10 或 35	182	98～107～125	8（3）	113	32678	39213	DdO，YNd－11	无载电动	50	3
	DT－6000F	Si	6000	10 或 35	182	98～107～125	8（3）	113	28000	33600	DdO，YNd－11	无载电动	50	3
	DT－6000G	CaC_2	6000	10 或 35	186	98～107～125	8（3）	113	28000	39000	DdO，YNd－11	无载电动	50	3
9000kV·A 电炉	DT－9000A	Mn3～5	9000	10 或 35	148	101～119～143	8（3）	133	35000	42000	DdO，YNd－11	无载电动	50	3
	DT－9000B	MnSi	9000	10 或 35	148	101～119～143	8（3）	133	35000	42000	DdO，YNd－11	无载电动	50	3
	DT－9000C	Si75	9000	10 或 35	148	113～131～155	8（3）	140	35000	42000	DdO，YNd－11	无载电动	50	3
	DT－9000D	SiCr	9000	10 或 35	148	113～131～155	8（3）	140	35000	42000	DdO，YNd－11	无载电动	50	3
	DT－9000E	Cr4～5	9000	10 或 35	148	113～131～155	8（3）	148	35000	42120	DdO，YNd－11	无载电动	50	3
	DT－9000F	Si	9000	10 或 35	148	113～131～155	8（3）	140	35000	35000	DdO，YNd－11	无载电动	50	3
	DT－9000G	CaC_2	9000	10 或 35	148	113～131～155	8（3）	126	35000	35000	DdO，YNd－11	无载电动	50	3
12500kV·A 电炉	DT－12500A	Mn3～5	12500	35 或 110	144	112～130～148	13（3）	137	52282	62750	DdO，YNd－11	有载电动	50	3 或 1×3
	DT－12500B	MnSi	12500	35 或 110	146	112～130～148	13（3）	137	50292	62750	DdO，YNd－11	有载电动	50	3 或 1×3
	DT－12500C	Si75	12500	35 或 110	144	126～130～162	13（3）	152	50300	62750	DdO，YNd－11	有载电动	50	3 或 1×3
	DT－12500D	SiCr	12500	35 或 110	144	126～130～162	13（3）	152	49307	62750	DdO，YNd－11	有载电动	50	3 或 1×3
	DT－12500E	Cr4～5	12500	35 或 110	144	126～130～162	13（3）	152	49377	62750	DdO，YNd－11	有载电动	50	3 或 1×3
	DT－12500F	Si	12500	35 或 110	144	126～130～162	13（3）	152	49377	59252	DdO，YNd－11	有载电动	50	3 或 1×3
	DT－12500G	CaC_2	12500	35 或 110	144	126～130～162	13（3）	152	54610	59252	DdO，YNd－11	有载电动	50	3 或 1×3
16500kV·A 电炉	DT－16500A	Mn3～5	16500	35 或 110	330 或 105	139～157～178	15（3）	166	61000	79291	DdO，YNd－11	有载电动	50	3 或 1×3
	DT－16500B	MnSi	16500	35 或 110	330 或 105	139～157～178	15（3）	166	59140	79291	DdO，YNd－11	有载电动	50	3 或 1×3
	DT－16500C	Si75	16500	35 或 110	330 或 105	145～163～184	15（3）	172	64810	79291	DdO，YNd－11	有载电动	50	3 或 1×3
	DT－16500D	SiCr	16500	35 或 110	330 或 105	145～163～184	15（3）	172	57365	79291	DdO，YNd－11	有载电动	50	3 或 1×3
	DT－16500E	Cr4～5	16500	35 或 110	330 或 105	145～163～184	15（3）	172	56235	79291	DdO，YNd－11	有载电动	50	3 或 1×3
	DT－16500F	Si	16500	35 或 110	330 或 105	145～163～184	15（3）	172	53615	79291	DdO，YNd－11	有载电动	50	3 或 1×3
	DT－16500G	CaC_2	16500	35 或 110	330 或 105	145～163～184	15（3）	172	60294	79291	DdO，YNd－11	有载电动	50	3 或 1×3

续表 1-3

名 称	型 号	品种	变压器容量 /kV·A	变压器一次测电压 /kV	变压器一次测电流 /A	变压器二次测电压范围 /V	变压器二次测电压级数 (级差)	炉子常用电压 /V	炉子常用电流 /A	炉子最大电流 /A	接线方式	调压方式	炉子频率 /Hz	相数
20000kV·A 电炉	DT-20000A	Mn3~5	20000	35或110	329或105	142~157~178	17(3)	167	60775	69891	DdO，YNd-11	有载电动	50	3或1×3
	DT-20000B	MnSi	20000	35或110	329或105	142~157~178	17(3)	167	60775	69891	DdO，YNd-11	有载电动	50	3或1×3
	DT-20000C	Si75	20000	35或110	329或105	142~163~184	17(3)	172	60775	69891	DdO，YNd-11	有载电动	50	3或1×3
	DT-20000D	SiCr	20000	35或110	329或105	148~163~184	17(3)	172	60775	69891	DdO，YNd-11	有载电动	50	3或1×3
	DT-20000E	Cr4~5	20000	35或110	329或105	148~163~184	17(3)	172	60775	69891	DdO，YNd-11	有载电动	50	3或1×3
	DT-20000F	Si	20000	35或110	329或105	148~163~184	17(3)	172	60775	69891	DdO，YNd-11	有载电动	50	3或1×3
	DT-20000G	CaC2	20000	35或110	329或105	148~163~184	17(3)	172	60775	69891	DdO，YNd-11	有载电动	50	3或1×3
25000kV·A 电炉	DT-25000A	Mn3~5	25000	35或110	413或131	148~175~199	17(3)	185	77847	93416	DdO，YNd-11	有载电动	50	3或1×3
	DT-25000B	MnSi	25000	35或110	413或131	148~175~199	17(3)	185	77847	93416	DdO，YNd-11	有载电动	50	3或1×3
	DT-25000C	Si75	25000	35或110	413或131	149~176~200	17(3)	186	72140	93416	DdO，YNd-11	有载电动	50	3或1×3
	DT-25000D	SiCr	25000	35或110	413或131	149~176~200	17(3)	186	77847	93416	DdO，YNd-11	有载电动	50	3或1×3
	DT-25000E	Cr4~5	25000	35或110	413或131	149~176~200	17(3)	186	68734	86568	DdO，YNd-11	有载电动	50	3或1×3
	DT-25000F	Si	25000	35或110	413或131	149~176~200	17(3)	186	72140	86568	DdO，YNd-11	有载电动	50	3或1×3
	DT-25000G	CaC2	25000	35或110	413或131	149~176~200	17(3)	186	77188	86568	DdO，YNd-11	有载电动	50	3或1×3
30000kV·A 电炉	DT-30000A	Mn3~5	30000	35或110	494或157	158~185~212	19(3)	196	82900	99480	DdO，YNd-11	有载电动	50	3或1×3
	DT-30000B	MnSi	30000	35或110	494或157	158~185~212	19(3)	196	82900	99480	DdO，YNd-11	有载电动	50	3或1×3
	DT-30000C	Si75	30000	35或110	494或157	159~186~213	19(3)	187	82900	99480	DdO，YNd-11	有载电动	50	3或1×3
	DT-30000D	SiCr	30000	35或110	494或157	159~186~213	19(3)	187	82900	99480	DdO，YNd-11	有载电动	50	3或1×3
	DT-30000E	Cr4~5	30000	35或110	494或157	159~186~213	19(3)	187	82900	99480	DdO，YNd-11	有载电动	50	3或1×3
	DT-30000F	Si	30000	35或110	494或157	159~186~213	19(3)	187	82900	99480	DdO，YNd-11	有载电动	50	3或1×3
	DT-30000G	CaC2	30000	35或110	494或157	159~186~213	19(3)	187	82900	99480	DdO，YNd-11	有载电动	50	3或1×3
35000kV·A 电炉	DT-35000A	Mn3~5	35000	110	184	176~203~230	19(3)	215	94644	108840	DdO，YNd-11	有载电动	50	1×3
	DT-35000B	MnSi	35000	110	184	176~203~230	19(3)	215	94644	108840	DdO，YNd-11	有载电动	50	1×3
	DT-35000C	Si75	35000	110	184	177~204~231	19(3)	216	94644	108840	DdO，YNd-11	有载电动	50	1×3
	DT-35000D	SiCr	35000	110	184	177~204~231	19(3)	216	94644	108840	DdO，YNd-11	有载电动	50	1×3
	DT-35000E	Cr4~5	35000	110	184	177~204~231	19(3)	216	94644	108840	DdO，YNd-11	有载电动	50	1×3
	DT-35000F	Si	35000	110	184	177~204~231	19(3)	216	94644	108840	DdO，YNd-11	有载电动	50	1×3
	DT-35000G	CaC2	35000	110	184	177~204~231	19(3)	216	93536	108840	DdO，YNd-11	有载电动	50	1×3

名称	型号	品种	变压器容量/kV·A	变压器一次测电压/kV	变压器一次测电流/A	变压器二次测电压范围/V	变压器二次测电压级数（级差）	炉子常用电压/V	炉子常用电流/A	炉子最大电流/A	接线方式	调压方式	炉子频率/Hz	相数
40000kV·A 电炉	DT-40000A	Mn3~5	40000	110	209	176~215~242	21 (3)	227	106200	116820	DdO, YNd-11	分相有载	50	1×3
	DT-40000B	MnSi	40000	110	209	176~215~242	21 (3)	227	106000	116820	DdO, YNd-11	分相有载	50	1×3
	DT-40000C	Si75	40000	110	209	194~218~242	21 (3)	231	106000	116820	DdO, YNd-11	分相有载	50	1×3
	DT-40000D	SiCr	40000	110	209	194~218~242	21 (3)	231	106000	116820	DdO, YNd-11	分相有载	50	1×3
	DT-40000E	Cr4~5	40000	110	209	194~218~242	21 (3)	231	106000	116820	DdO, YNd-11	分相有载	50	1×3
	DT-40000F	Si	40000	110	209	194~218~242	21 (3)	231	106000	116820	DdO, YNd-11	分相有载	50	1×3
	DT-40000G	CaC₂	40000	110	209	194~218~242	21 (3)	231	106000	116820	DdO, YNd-11	分相有载	50	1×3
45000kV·A 电炉	DT-45000A	Mn3~5	45000	110 或 220	236 或 136	179~220~250	21 (3)	233	112000	123200	DdO, YNd-11	分相有载	50	1×3
	DT-45000B	MnSi	45000	110 或 220	236 或 136	179~225~250	21 (3)	233	109000	119900	DdO, YNd-11	分相有载	50	1×3
	DT-45000C	Si75	45000	110 或 220	236 或 136	201~225~255	21 (3)	238	112000	123200	DdO, YNd-11	分相有载	50	1×3
	DT-45000D	SiCr	45000	110 或 220	236 或 136	201~225~255	21 (3)	238	112000	123200	DdO, YNd-11	分相有载	50	1×3
	DT-45000E	Cr4~5	45000	110 或 220	236 或 136	201~225~255	21 (3)	238	112000	123200	DdO, YNd-11	分相有载	50	1×3
	DT-45000F	Si	45000	110 或 220	236 或 136	201~225~255	21 (3)	238	112000	123200	DdO, YNd-11	分相有载	50	1×3
	DT-45000G	CaC₂	45000	110 或 220	236 或 136	201~225~255	21 (3)	238	112000	123200	DdO, YNd-11	分相有载	50	1×3
50000kV·A 电炉	DT-50000A	Mn3~5	50000	110 或 220	262 或 131	200~227~254	23 (3)	240	114420	125862	DdO, YNd-11	分相有载	50	1×3
	DT-50000B	MnSi	50000	110 或 220	262 或 131	200~227~254	23 (3)	240	114420	125862	DdO, YNd-11	分相有载	50	1×3
	DT-50000C	Si75	50000	110 或 220	262 或 131	208~235~259	23 (3)	249	114420	125862	DdO, YNd-11	分相有载	50	1×3
	DT-50000D	SiCr	50000	110 或 220	262 或 131	208~235~259	23 (3)	249	114420	125862	DdO, YNd-11	分相有载	50	1×3
	DT-50000E	Cr4~5	50000	110 或 220	262 或 131	208~235~259	23 (3)	249	114420	125862	DdO, YNd-11	分相有载	50	1×3
	DT-50000F	Si	50000	110 或 220	262 或 131	208~235~259	23 (3)	249	114420	125862	DdO, YNd-11	分相有载	50	1×3
	DT-50000G	CaC₂	50000	110 或 220	262 或 131	208~235~259	23 (3)	249	114420	125862	DdO, YNd-11	分相有载	50	1×3
55000kV·A 电炉	DT-55000A	Mn3~5	55000	110 或 220	288 或 144	216~243~270	23 (3)	257	117000	128700	DdO, YNd-11	分相有载	50	1×3
	DT-55000B	MnSi	55000	110 或 220	288 或 144	216~243~270	23 (3)	257	117000	128700	DdO, YNd-11	分相有载	50	1×3
	DT-55000C	Si75	55000	110 或 220	288 或 144	227~255~282	23 (3)	270	118000	129800	DdO, YNd-11	分相有载	50	1×3
	DT-55000D	SiCr	55000	110 或 220	288 或 144	227~255~282	23 (3)	270	118000	129800	DdO, YNd-11	分相有载	50	1×3
	DT-55000E	Cr4~5	55000	110 或 220	288 或 144	227~255~282	23 (3)	270	118000	129800	DdO, YNd-11	分相有载	50	1×3
	DT-55000F	Si	55000	110 或 220	288 或 144	227~255~282	23 (3)	270	118000	129800	DdO, YNd-11	分相有载	50	1×3
	DT-55000G	CaC₂	55000	110 或 220	288 或 144	227~255~282	23 (3)	270	118000	129800	DdO, YNd-11	分相有载	50	1×3

续表1-3

名称	型号	品种	变压器容量/kV·A	变压器一次测电压/kV	变压器一次测电流/A	变压器二次测电压范围/V	变压器二次测电压级数（级差）	炉子常用电压/V	炉子常用电流/A	炉子最大电流/A	接线方式	调压方式	炉子频率/Hz	相数
60000kV·A电炉	DT-60000A	Mn3~5	6000	110或220	314或157	224~257~278	25（3）	266	133100	146410	DdO，YNd-11	分相有载	50	1×3
	DT-60000B	MnSi	6000	110或220	314或157	224~257~278	25（3）	266	133100	146410	DdO，YNd-11	分相有载	50	1×3
	DT-60000C	Si75	6000	110或220	314或157	238~265~292	25（3）	280	123800	136180	DdO，YNd-11	分相有载	50	1×3
	DT-60000D	SiCr	6000	110或220	314或157	238~265~292	25（3）	280	121500	133650	DdO，YNd-11	分相有载	50	1×3
	DT-60000E	Cr4~5	6000	110或220	314或157	238~265~292	25（3）	280	121500	133650	DdO，YNd-11	分相有载	50	1×3
	DT-60000F	Si	6000	110或220	314或157	238~265~292	25（3）	280	121500	133650	DdO，YNd-11	分相有载	50	1×3
	DT-60000G	CaC_2	6000	110或220	314或157	238~265~292	25（3）	280	121500	133650	DdO，YNd-11	分相有载	50	1×3
65000kV·A电炉	DT-65000A	Mn3~5	45000	110或220	341或170	235~262~289	25（3）	277	138000	37849	DdO，YNd-11	分相有载	50	1×3
	DT-65000B	MnSi	45000	110或220	341或170	235~262~289	25（3）	277	138000	37849	DdO，YNd-11	分相有载	50	1×3
	DT-65000C	Si75	45000	110或220	341或170	245~272~289	25（3）	288	139000	39213	DdO，YNd-11	分相有载	50	1×3
	DT-65000D	SiCr	45000	110或220	341或170	245~272~289	25（3）	288	139000	39213	DdO，YNd-11	分相有载	50	1×3
	DT-65000E	Cr4~5	45000	110或220	341或170	245~272~289	25（3）	288	139000	39213	DdO，YNd-11	分相有载	50	1×3
	DT-65000F	Si	45000	110或220	341或170	245~272~289	25（3）	288	139000	33600	DdO，YNd-11	分相有载	50	1×3
	DT-65000G	CaC_2	45000	110或220	341或170	245~272~289	25（3）	288	139000	39000	DdO，YNd-11	分相有载	50	1×3
70000kV·A电炉	DT-70000A	Mn3~5	70000	110或220	367或183	254~284~311	27（3）	301	35000	154000	DdO，YNd-11	分相有载	50	1×3
	DT-70000B	MnSi	70000	110或220	367或183	254~284~311	27（3）	301	35000	154000	DdO，YNd-11	分相有载	50	1×3
	DT-70000C	Si75	70000	110或220	367或183	259~287~314	27（3）	304	35000	154000	DdO，YNd-11	分相有载	50	1×3
	DT-70000D	SiCr	70000	110或220	367或183	259~287~314	27（3）	304	35000	154000	DdO，YNd-11	分相有载	50	1×3
	DT-70000E	Cr4~5	70000	110或220	367或183	259~287~314	27（3）	304	35000	154000	DdO，YNd-11	分相有载	50	1×3
	DT-70000F	Si	70000	110或220	367或183	259~287~314	27（3）	304	35000	154000	DdO，YNd-11	分相有载	50	1×3
	DT-70000G	CaC_2	70000	110或220	367或183	259~287~314	27（3）	304	35000	154000	DdO，YNd-11	分相有载	50	1×3
75000kV·A电炉	DT-75000A	Mn3~5	75000	110或220	393或196	265~295~322	27（3）	312	52282	167200	DdO，YNd-11	分相有载	50	1×3
	DT-75000B	MnSi	75000	110或220	393或196	265~295~322	27（3）	312	50292	167200	DdO，YNd-11	分相有载	50	1×3
	DT-75000C	Si75	75000	110或220	393或196	265~295~322	27（3）	312	50300	168300	DdO，YNd-11	分相有载	50	1×3
	DT-75000D	SiCr	75000	110或220	393或196	265~295~322	27（3）	312	49307	168300	DdO，YNd-11	分相有载	50	1×3
	DT-75000E	Cr4~5	75000	110或220	393或196	265~295~322	27（3）	312	49377	168300	DdO，YNd-11	分相有载	50	1×3
	DT-75000F	Si	75000	110或220	393或196	265~295~322	27（3）	312	49377	168300	DdO，YNd-11	分相有载	50	1×3
	DT-75000G	CaC_2	75000	110或220	393或196	265~295~322	27（3）	312	54610	168300	DdO，YNd-11	分相有载	50	1×3

2 矿热炉机械设备

2.1 电极把持器

2.1.1 电极把持器的作用和分类

电极把持器是电炉机械设备的重要组成部分，它的作用有如下三点：

（1）将强大的电流传递给电极；

（2）将铜瓦牢固地夹紧在电极上；

（3）配合压放和升降电极。

电极把持器悬挂在炉口的上方，全部构件都处于高温区，承受着炉口辐射和炉气的作用，而且通电部位还会产生热量，不通电部位因电流感应也要发热，所以必须通水冷却。把持器要求结构尽量简单，电损耗小，操作方便，检修时更换容易，材质要求在高温下有较高的力学性能，并具有绝缘、隔磁的性能。

电极把持器根据构造的不同，可分为吊挂式和横臂式两类，用得较多的是吊挂式，横臂式大多用在功率不大、电极直径较小的炉子上，其装置与炼钢电炉上的电极装置相似。以下仅对吊挂式电极把持器进行叙述。

电极把持器广义来讲由电极夹紧环、导电铜瓦、吊挂装置、水冷大套、电极把持筒和横梁等组成，实为电极把持器系统；狭义来讲则仅指使铜瓦压紧电极的那部分装置。电极把持器中铜瓦压紧电极的装置形式是很多的，目前国外采用较多的有气动弹簧式、液压波纹管式、马达传动的锥形环式及水压橡皮膜式等。鉴于我国的技术水平，目前国内矿热炉常见的有液压 - 锥形环式电极把持器（图 2 - 1）和水平顶紧压力环式把持器（图 2 - 2）。

2.1.2 电极夹紧环

2.1.2.1 整体型锥面电极夹紧环

整体型锥面电极夹紧环（图 2 - 3），简称锥形环，是一个整体构件，里环断面带一倾斜角。材质为非磁性钢或普通钢，有铸造件和铆焊件两种。用非磁性钢制造的能减少电损耗，但造价昂贵，焊接技术要求又高。现代大型矿热炉电极夹紧环多数采用不锈钢制作，采用普通厚钢板焊制，为了切割磁路，中间用非磁性钢板将加紧环分成两半再焊接而成。

锥面电极夹紧环压紧铜瓦大多是与松紧油缸配合实现的。如图 2 - 3 所示，铜瓦对电极的压力是靠四个松紧油缸提升锥面夹紧环而得到的。

图 2 - 4 所示为松紧油缸的结构。油缸有上下油腔（图 2 - 4 为左右油腔）。活塞杆有一定的工作行程，弹簧装在另一单独腔里。正常工作时，铜瓦压紧电极，油缸可有两种工作状态：一是油缸上下腔不通油，依靠被调至工作状态的弹簧力量，通过拉杆

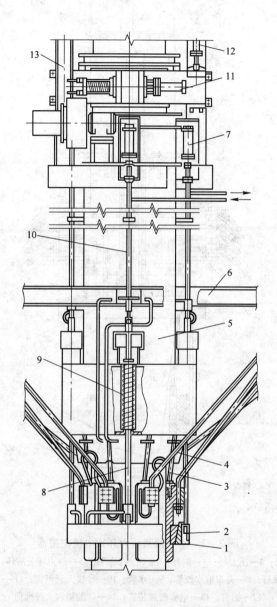

图 2-1　液压 - 锥形环式电极把持器

1—铜瓦；2—锥形环；3—吊架；4—护板；5—电极把持筒；6—横梁；7—松紧油缸；
8—吊杆；9—弹簧；10—顶杆；11—压放抱闸；12—压放油缸；13—槽钢

将锥面夹紧环提升到上限工作位置，加紧环向铜瓦加压，铜瓦又将压力传递给电极，压力可达 $0.5 \times 10^5 \sim 1.5 \times 10^5 \mathrm{Pa}$；二是如果上述压力不能满足工作需要，可向油缸的下腔通油，弹簧和压力油联合作用即可增加加紧环对铜瓦的压力，使铜瓦对电极的压力可达到 $1 \times 10^5 \sim 1.5 \times 10^5 \mathrm{Pa}$。

压放电极时，松紧油缸也可有两种工作状态：一是带电压放，松紧油缸上下腔都不通

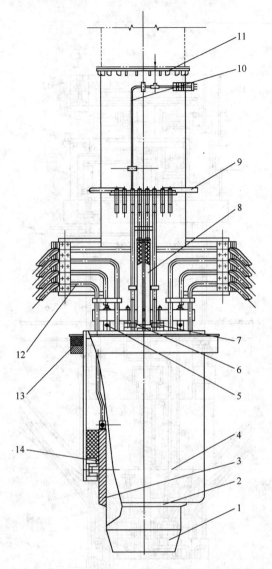

图 2 - 2 水平顶紧压力环式电极把持器

1—电极壳；2—压力环；3—铜瓦；4—密封套装配；5—压力环上吊环；6—钢管；
7—铜瓦吊杆；8—夹布输水胶管；9—水管；10—冷拔无缝钢管；11—下把持筒；
12—铜管；13—电极密封装置；14—硅酸铝耐火纤维毡

油，电极压放油缸或电极升降油缸克服铜瓦与电极之间的摩擦力，实现电极压放；二是停电压放电极，这种情况多数是因为带电压放遇到困难，此时松紧油缸上腔通油，弹簧被进一步压缩，活塞杆带动拉杆下移，夹紧环处于下限位置，与铜瓦脱开，铜瓦对电极没有压力，压放电极即可顺利进行。

　　锥面加紧环的倾斜角一般选用6°～18°，当铜瓦对电极的压力一定时，倾斜角越小则夹紧环拉杆的拉力越小，松紧油缸的弹簧和液压油的压力选用得就越小，但倾斜角不希望小于6°。倾斜角越大，则锥面夹紧环形拉杆上的拉力越大，选用的松紧油缸的弹簧和油压就要越大。

松紧油缸的行程过去大多设计成 30~40mm，在实际应用时显得过小些。当夹紧环倾斜角选用 15°，油缸行程为 40mm 时，夹紧环与铜瓦在水平方向最大仅能产生不足 11mm 的间隙，若电极下部烧结稍有变形，压放电极就相当困难，甚至压放不下来，所以实际应用时希望油缸的行程略大些。

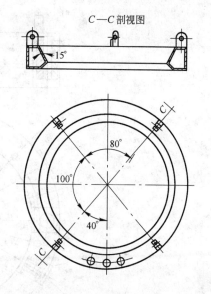

图 2-3 整体锥形面夹紧环

2.1.2.2 水平顶紧液压缸压力环

前三种电机夹紧环都存在一定缺陷，使用中有一定的局限性，最近十年对电极夹紧环进行了大量的研究和使用，多年的使用实践证明，水平顶紧式液压缸压力环，使用效果良好。因为是水平压力顶紧，铜瓦受力均匀、平衡，不像锥形夹紧环那样多块铜瓦不易同时压紧，强行拉紧又易损坏设备，所以水平液压压力环在现在大型和中型矿热炉上得到广泛应用，现有旧式铜瓦压紧环正在进行改造和更换。现在中国新设计的矿热炉多采用水平顶紧式液压缸压力环，如图 2-5 所示。

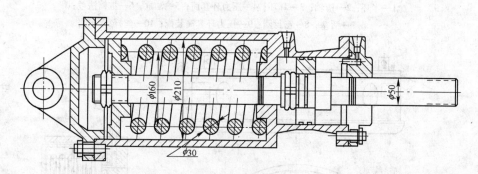

图 2-4 松紧油缸

2.1.2.3 波纹管压力环

在近些年来引进德马克公司先进设备时，采用波纹管压力环，波纹管压力环在结构上是合理的，工作状态有液压机构顶紧铜瓦，卸压时，由于波纹管收缩力稍许离开和减压时铜瓦的压力，放完电极后再自顶铜瓦。经过多年使用，效果良好，安全可靠。但应选择波纹管材质合适的材料来制作波纹管压力环，如图 2-6 所示。

2.1.3 导电铜瓦

导电铜瓦是电炉的关键性部件。它的作用主要是将电流传递给电极，并在一定程度上影响电极的烧结。它的工作条件是最恶劣的，经常在高温、热炉气和浓尘下工作，当炉况

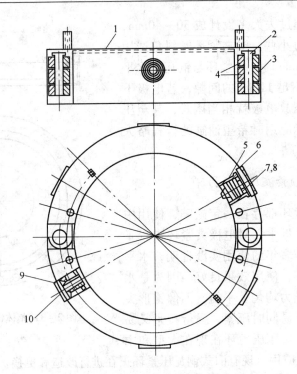

图2-5　水平顶紧式液压缸压力环

1—半环；2—销轴；3—耳环；4—压力环套筒；5—油缸；6—缸筒法兰；
7—活塞；8—密封圈；9—压力环套筒装配；10—丝杆

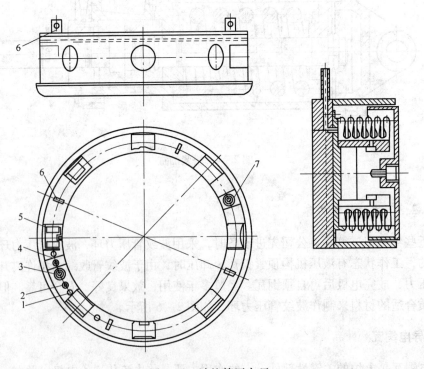

图2-6　波纹管压力环

1—出水管；2—进水管；3—轴销；4—隔水板；5—波纹管组件；6—吊耳；7—油管

不正常，出现刺火现象时条件就更差，更易使铜瓦过早损坏。铜瓦工作的另一特点是：它与电极的接触不是固定的，须随着电极的不断烧损而经常定期改变与电极的接触部位，这也使它的工作条件变坏。

为此对铜瓦的要求应该是：导电性能好，耐高温，高温下有一定的机械强度，结构上应简单，便于更换等。

铜瓦接触面积的设计，一般先选定电流密度然后根据公式计算确定。电流密度可在 $1 \sim 2.5 \mathrm{A/cm^2}$ 范围内选取。

每块铜瓦的电流
$$I_{瓦} = \frac{I_{极}}{n}$$

每块铜瓦与电极的接触面积（$\mathrm{cm^2}$）　$F = \dfrac{I_{瓦}}{\delta}$

式中　$I_{极}$——每相电极的线电流，A；

　　　n——每相电极的铜瓦块数；

　　　δ——铜瓦的电流密度，$\mathrm{A/cm^2}$。

铜瓦的块数：一般电极直径大于 900mm，每相不少于 8 块；电极直径小于 900mm 者，每相在 4～6 块之间；铜瓦的宽度要考虑相邻两块铜瓦的间距，这个间距的大小在一定程度上会影响电极的烧结，不可忽视，一般两块的间距为 30～40mm。铜瓦的高度：在上面算出接触面积的基础上，由所受径向正压力的大小和经验数据等因素确定，一般取等于或小于电极直径。一般在 800～1000mm 之间合适。铜瓦中心受力点的高度，通常取铜瓦高度的 2/5～1/2，电极夹紧环的夹紧力就作用在此位置上。铜瓦的安装高度，应使在正常冶炼情况下与料面保持一定的距离，一般在 150mm 左右合适；电极糊的烧结高度应在铜瓦高度的 1/3～1/2 附近处。

12500kV·A 电炉铸造铜瓦尺寸为：长 1000mm，宽 320mm，厚 80mm，质量 217kg，锻造铜瓦长 850mm，宽 380mm，厚 80mm，质量 200kg。

铜瓦的结构类型比较多，根据导电铜管与铜瓦的连接方式可分为两种：一种是压盖式，如图 2－7 所示。铜瓦的正上方有一带半圆形槽的凸台，导电铜管用带半圆形槽的铸铁压盖通过螺栓压紧在铜瓦的槽内；另一种为抽头式，其结构如图 2－8 所示，在铜瓦上部伸出两根内带锥面的铜管，连接时，导电铜管带外锥面的接头插入到铜瓦的内锥面管中，配合锥面要求加工良好，锥度要求一样，配合压严后在接缝处用银焊或锡焊条封焊。上述两种铜瓦在装配时都要求将配合表面用细纱布打磨光洁，去掉氧化层和附着物，以保证接触和焊接质量。

在铜瓦正面的中下部，铸有一长方形凹槽，用来放置绝缘垫和铸铁压块，凹槽有两种，一种是扁平的长方体，适合于水平顶紧；另一种是带一斜面的楔形体，适用于锥形环压紧。也有没有凹槽的，而是在铜瓦上直接铸出一斜面凸台。电极夹紧环的力就作用在铸铁压块或斜面凸台上。

铜瓦内部必须通水冷却，所以内部铸有冷却水管，冷却水管一般采用管壁较厚的无缝钢管或铜管。铜瓦也有不用冷却的，空心部铸造时直接铸出，但对铸造技术要求较严、废品率高，故采用较少。

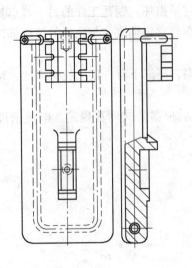
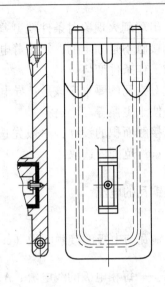

图 2-7　压盖式铜瓦　　　　　　　　　图 2-8　抽头式铜瓦

　　铜瓦的制造质量对延长铜瓦的使用寿命有较大的影响。首先要很好地选用材质，目前普遍采用铜合金铸成，常用的有 ZH96 黄铜、AQSn3-7-5-1 铸锡锌铅镍青铜等，一般认为黄铜比青铜好。国外除采用黄铜外，似以紫铜铸造为多。尚有采用电解铜锻造的。

　　锻造铜瓦是最近几年新发展起来的高效节能铜瓦。铜瓦采用锻轧厚铜板，经深钻孔后再挤压成形，最后封孔。水直接冷却铜瓦体的直冷式铜瓦，致密度高，导电效果良好，所以是目前较新式铜瓦，正在大量推广使用，如图 2-9 所示。

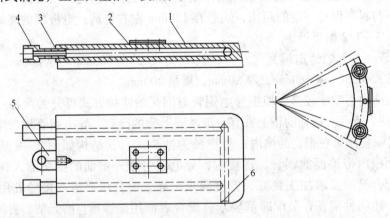

图 2-9　锻造铜瓦
1—铜瓦本体；2—绝缘垫板；3—铜管；4—铜接管；5—铜瓦吊耳；6—堵块

　　但总的来看，对铜瓦材质及其制作方式的认识还没取得一致的看法，对如何选择电损耗少、制造容易、经久耐用、价格低廉的材质，尚需进一步的研究和实验。当然铜瓦的材质只是问题的一个方面，与铜瓦相接触的电极壳表面质量的好坏，也是能否延长铜瓦寿命很重要的因素。

　　铜瓦的铸造应该使组织致密，不得有铸造缺陷，浇冒口一般不要设在铜瓦的底部，铸件表面要求光洁无毛刺，加工部位（尤其是与电极壳和导电铜瓦的接触面）要确保加工质量，铸造时应使冷却水管与铜合金良好接触，水管要畅通，不得渗漏，要做水压试验，试验合格方能使用。

铜瓦是一种价格昂贵的零件，更换它需要较长的停炉时间，所以冶炼过程中认真仔细地维护好铜瓦，尽量延长其使用寿命，将是使电炉高产低耗的一个重要途径。如何才能维护好铜瓦呢？

（1）应该控制好炉况，避免发生"刺火"，刺火时局部温度很高，对铜瓦的威胁很大；

（2）要控制好料面高度，不能使之与铜瓦底面接触，料面与铜瓦间必须保持大于150mm 的间距；

（3）加料时不能将料加到电极把持器和铜瓦上；

（4）要定期清除挂在铜瓦、电极壳表面和电极夹紧环上的炉灰；

（5）紧铜瓦时，要使各铜瓦受力均匀，压力适中，使铜瓦与电极的接触良好，避免打弧；

（6）要经常检查铜瓦的冷却水是否畅通，有无漏水现象，出水温度是否正常，一般出水温度为 45 ~ 50℃；

（7）要保持各绝缘部位的绝缘良好，相邻铜瓦的连接件之间、铜瓦与电极夹紧环之间、铜瓦与把持筒之间一般都要加绝缘，如果绝缘被破坏，则将有分路电流产生，从而会使某些零件过载和烧损。

2.1.4 吊挂装置和水冷大套

铜瓦和电极夹紧环是通过吊挂装置悬吊在电极把持筒下方的。铜瓦用吊架，电极夹紧环则用吊杆。铜瓦和电极夹紧环等的质量是通过吊挂装置传递给电极把持筒的，所以它们的承载是很大的，需要有足够的机械强度。

吊架的结构便于更换，其结构形式比较多，图 2-10 所示的结构为其中一种，是12500kV·A 电炉所用的结构。它是一种可调式的，可以通过拧动调节螺母来调整各块铜瓦安装时的高度误差，吊架下端带绝缘，使之不能产生分路电流，绝缘材料一般用云母板和云母管，绝缘不好将会引起吊架的过早烧损。

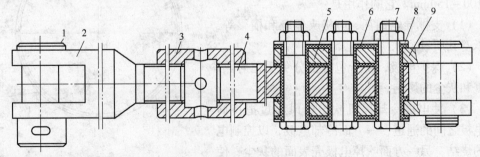

图 2-10 可调式吊架

1—销轴；2—上叉头；3—调节螺母；4—吊板螺栓；5—云母板；6—云母管；
7—连接螺栓；8—垫板；9—下架板

图 2 - 11 所示为一种新型的吊架结构，它用在大型封闭炉上，其特点是绝缘保护较好，不易被烧损，对铜瓦的安装高度可有一定的调整量，但零件制作较为复杂。

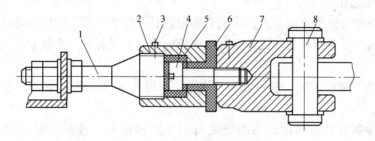

图 2 - 11　螺钉绝缘式吊架
1—上吊杆；2—中间连接套；3—固定螺钉；4—螺钉；5—绝缘管；
6—绝缘垫；7—下叉头；8—销轴

吊电极夹紧环的吊杆，一般是中空的，有的用钢管制作，可以通水冷却。对于采用油缸来松紧铜瓦的，由于松紧油缸多数在炉顶平台上，所以吊杆一般与顶杆相连后直接与油缸相连，而不再支撑在电极把持筒的下方。

水冷大套是用不锈钢板焊制的中空通水冷却构件，挂在铜瓦吊架的外面和把持筒的下缘。

水冷大套有保护铜瓦吊架的作用，也可以防止把持筒下缘和铜瓦上缘之间电极的过早烧结。水冷大套的上述作用在大型矿热炉更不容忽视，不锈钢制成的水冷大套如图 2 - 12 所示。

2.1.5　电极把持筒和横梁

电极把持筒是用 8 ~ 10mm 厚的钢板焊制成的圆筒，套在电极外面，其直径一般比电极直径大 100 ~ 150mm。它的作用是：

（1）支持导电铜瓦、电极夹紧环和横梁等，并承受其质量。

（2）保护电极，使所包容部分免受辐射热、炉气和灰尘的影响。

（3）使电极冷却风机吹出的风经过把持筒和电极之间的通道，一方面冷却电极，以控制电极的烧结，另一方面吹掉电极壳表面的灰尘，使之与铜瓦接触良好。

电极把持筒的下部，一般要用钢板加固，或

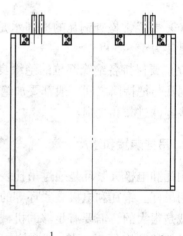

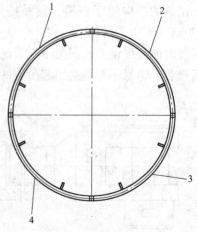

图 2 - 12　不锈钢制成的水冷大套图
1—外套环；2—内套环；3—隔水板；4—隔水环

做成水箱式可通水冷却。为了减少涡流损失，大型矿热炉把持筒下部可用非磁性钢制造。

横梁是用大型工字钢、槽钢或大直径钢管制成的金属构件，一般呈三角形，可通水冷却。横梁的作用是：吊挂导电接线板和软母线，固定导电铜管和冷却水管。对横梁的要求是：

（1）有足够的机械强度和刚度。

（2）为了减少导电铜管磁场的影响，安装时要与导电铜管保持必要的距离。

（3）要找好重心，防止由于偏重造成的电极偏斜。

封闭式矿热炉的电极把持器也有两种结构形式，一种为固定水套式，如图2-13所示。它有锥面夹紧环和固定水套。固定水套的作用是便于密封和导向，并改善上部构件的工作条件。它大多通水冷却，用不锈钢制成，固定在炉盖上。铜瓦压紧电极，是靠四个松紧油缸提升锥形环，向铜瓦加压来实现的。这种把持器容易密封。但水套下部因长期在炉盖内工作，温度很高，且容易与炉料打弧，所以常有被烧损的现象。另一种为活动水套式，如图2-14所示，它的特点是锥形环与导向水套合为一体，构成锥面水套。锥面水套

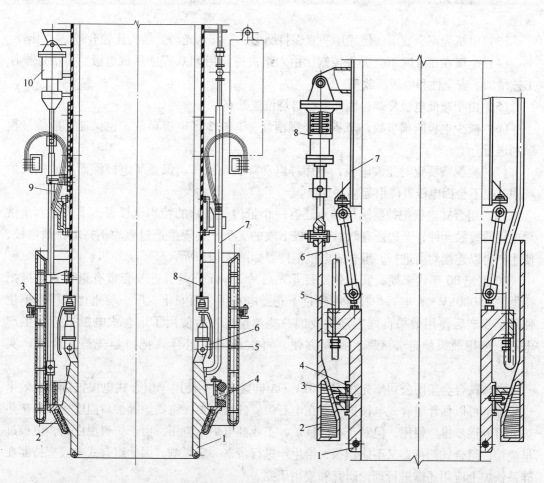

图2-13　固定水套式电极把持器　　　　　图2-14　活动水套式电极把持器

1—铜瓦；2—锥形环；3—固定水套；4—密封填料；　　　1—铜瓦；2—锥面水套；3—楔铁；4—绝缘垫；

5—吊架；6—护板；7—导电铜瓦；8—电极把持筒；　　　5—导电铜管；6—吊架；7—电极把持筒；8—松紧油缸

9—挠性铜带；10—松紧油缸

通过四个松紧油缸可以上下移动，从而使铜瓦夹紧或松开电极。锥面水套上部没有通水冷却，它与铜瓦之间有单独的楔铁和绝缘垫来实现两者之间的绝缘。此种结构的优点是：结构紧凑，有利于极心圆的缩小；缺点是锥形环与炉盖间的密封较难实现，加之上部不通水，容易变形，更增加了密封的困难。

2.1.6　组合式电极把持器

20 世纪 70 年代末期挪威埃肯公司（Elken）研制成一种带电压放装置的新型组合式电极把持器。这种组合式电极把持器与上述传统式把持器完全不同，其主要技术优点为：

（1）结构简单，它简化了把持器和压放机构，使用平稳可靠。实践证明它是一种先进、合理、实用的节电技术装备。

（2）接触元件装置和压放装置可适用于各种不同直径的自焙电极，适应性比较强。

（3）电机壳不会变形，使用中一直保持圆形，平整、光滑。结构比较合理、实用。

（4）电极在压放时不会失去控制，由六组夹持器用 PLC 程序压放电极，为冶炼操作工艺增加了安全性和电极压放率。

（5）由于减低电极冷却，因而电极焙烧位置升高。

（6）减少电极断损事故，节省电极糊消耗量，减少了电极事故，也保证了冶炼过程顺利进行。

（7）根据需要定时压放电极，不用停电和降负荷操作。保证了电极深而稳地插入炉料中，也不会因电极升降引起塌料现象。

（8）组合式电极把持器结构特点还有一个带内外筋片的特别电极壳，下边有六个供导电用的接触元件，下边还有六对供电极下放的夹头，实现生产过程中不打电压放电极，使生产得以连续均衡进行。组合式电极把持器如图 2 - 15 所示。

20 世纪 80 年代末期，我国化工行业先后从 Elken 公司引进五套带有组合式电极把持器的 25000kV·A 电石炉技术，经过下花图电石厂、西安化工厂、衡州化工厂等单位使用，投产后使用效果良好，随后我国一些单位也先后使用了组合式电极把持器生产电石，使用效果稳定、可靠、操作方便，再次证明了组合式把持器先进、合理、实用。

吉林铁合金集团公司率先在 16500kV·A 硅锰电炉上使用了组合式电极把持器，效果也较好，可以估计组合式电极把持器在电石炉、硅锰电炉、铬铁炉等炉口温度较低的矿热炉上可以逐步推广使用。但对于在硅铁炉、工业硅电炉上应用，由于炉温度高，电极过早烧结，组合式把持器又不能倒拔，给生产进行带来一定影响，因此组合式电极把持器在硅系铁炉上应用还需进行理论研究和应用研究。

组合式电极把持器虽然需要有一个专门制作电极壳的车间，造价高一些，但综合比较，其还是一种新型节能设备，值得推广应用。

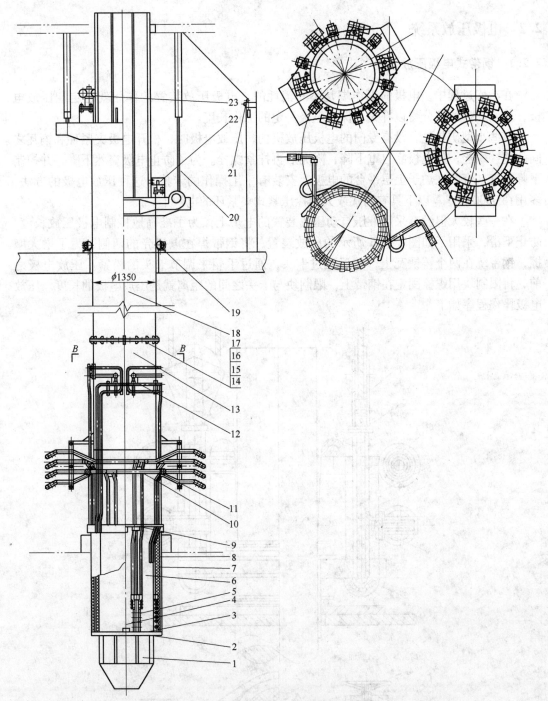

图 2-15   组合式电极把持器

1—电极壳（柱）；2—底部环及其附件；3—气封垫板；4—水冷保护套吊挂装置；5—接触元件及附件；

6—接触元件吊挂装置；7—水冷保护套；8—陶瓷纤维毡带；9—绝缘环板；10—铜管布置；

11—铜管固定夹；12—电极冷却水管路；13—下电极把持筒；14—六角螺母 M12；

15—六角螺栓 M12×80；16—垫片；17—弹簧垫片；18—上电极把持筒；

19—导向装置；20—升降机构；21—电极位置指示器；

22—辅助夹持器；23—压放装置

2.2　电极压放系统

2.2.1　钢带式电极压放装置

在冶炼过程中，电极的工作端是不断消耗的，电极压放装置的作用就是定期压放电极，使消耗掉的部分得以补充，保持电极一定的工作长度。

有些小型矿热炉，没有专门的电极压放机构，压放电极时，松开电极夹紧环和铜瓦之间的连接螺栓，使电极靠自重下降，降完后再拧紧螺栓。为了防止电极突然下降，并控制下降长度，有的在炉子上层平台的电极上安装有手工操作的卡箍。这种压放电极的方法，多用在3000kV·A以下具有钳式或大螺栓压紧式夹紧环的电炉上。

在一些较大但没有采用液压自动压放装置的电炉上，为了准确地控制电极压放长度，防止下滑，采用了如图2-16所示的压放装置，将钢带焊在电机壳的两侧，为了增大摩擦，钢带绕在两个铸铁瓦上，然后经过卡头，通过手轮来调节卡头的松紧。压放电极之前，将限制块用螺栓固定在钢带上，限制块与卡头之间的距离就是压放电极的长度。压放电极操作程序如下。

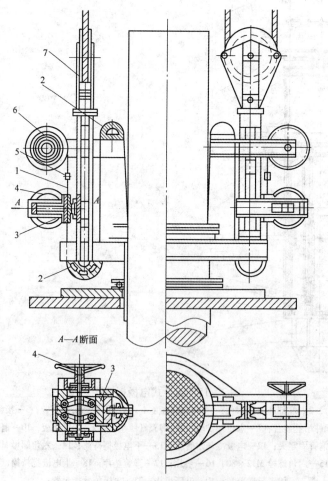

图2-16　钢带式电极压放装置

1—钢带；2—铸瓦；3—卡头；4—手轮；5—限制块；6—滚筒；7—滑轮装置

（1）定好压放量，将限制块上提到一定高度，用螺栓夹紧在钢带上。

（2）降低该相电极的负荷50%左右。

（3）将导电铜瓦的压紧螺栓松开，用手轮将卡头缓慢松开。

（4）电极压放到预定的位置后，限制块紧贴在卡头的上表面，此时转动手轮使卡头压紧钢带，同时拧紧铜瓦的压紧螺栓，使铜瓦压紧电极。

这种装置带有电荷，所以上部滑轮装置需要进行绝缘。钢带应满足强度需求，厚度在0.8~1.2mm，过薄的钢带在往电机壳上焊时易被烧坏；过厚的钢带则由于太硬而不适用。钢带往电极壳上焊时要用气焊。两边限制块的高度应该一致，以使电极保持垂直状。

使用这种装置压放电极，操作繁琐，劳动强度大，还要消耗大量的优质钢材。所以除老式矿热炉尚有少量在继续使用外，一般都在加以改造，新建炉子已不再采用。

2.2.2 液压抱闸式自动压放装置

大型矿热炉和封闭炉都采用液压抱闸式自动压放装置。这种装置有两种形式，图2-17所示的是一种双闸活动压放油缸式压放装置。它由上、下抱闸和三个压放油缸组成。上抱闸位于三个压放油缸上面，压放油缸均布，固定在下抱闸上面而下抱闸则固定在电极把持筒上方与电极升降油缸相连的横梁上，所以上下抱闸均可上下运动。正常工作时，在弹簧力的作用下，上下抱闸经常处于抱紧状态。压放电极动作程序如下：

上抱闸松开→上抱闸升起→上抱闸抱紧→下抱闸松开→上抱闸压下→下抱闸抱紧。

倒拔电机的程序是：

下抱闸松开→上抱闸升起→下抱闸抱紧→上抱闸松开→上抱闸下降→上抱闸抱紧。每次压放或倒拔的最大量一般为100mm，根据工艺需求，压放量可以调节。

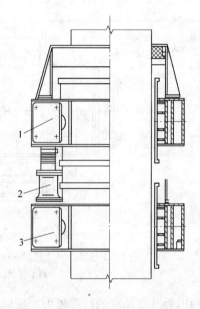

图2-17 双闸活动压放油缸式电极压放装置

1—上抱闸；2—压放油缸；3—下抱闸

2.2.3 下闸活动无压放缸电极压放装置

图2-18所示的是一种下闸活动无压放油缸式电极压放装置，它由上下分开的两个抱闸组成，中间没有压放油缸连接。下抱闸在电极把持筒上方的横梁上，横梁连在两个升降大油缸的柱塞上。上抱闸与电极糊平台牢固连接。这种装置的特点是，在正常工作情况下，上抱闸处于常开状态，压放电极时，上抱闸抱紧，下抱闸松开，用电机升降大油缸提升把持器，从而使电极工作长度得到补充。

电极压放程序：上抱闸紧→下抱闸松→下抱闸升→下抱闸紧→上抱闸松。

电极倒拔程序：上抱闸紧→下抱闸松→下抱闸降→下抱闸紧→上抱闸松。

对比两种压放装置，第一种在电炉冶炼过程中上、下抱闸同时抱紧电极，有利于防止电极的突然下滑；上、下抱闸叠在一起，电极通过上下抱闸时，不存在不同心的问题。第

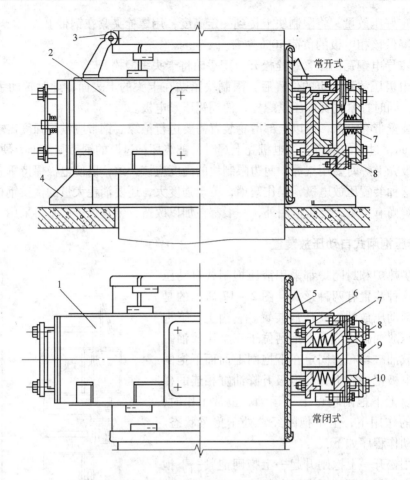

图 2-18　下闸活动无压放油缸式电极压放装置

1—下抱闸；2—上抱闸；3—导轮装置；4—支架；5—橡胶闸皮；6—钢闸瓦；
7—蝶形弹簧；8—缸体；9—压盖；10—调整螺栓

二种因为升降油缸的行程很大，所以可以实现较大的压放量；另外在压放或倒拔电极时，电极在炉内可以相对不动，有利于炉况的稳定。

压放装置的液压抱闸，按其结构特点不同，分为液压闸块式抱闸和液压带式抱闸。两种抱闸按其工作特点的不同，又可分为常闭式和常开式两种。常闭式抱闸的工作特点是抱紧电极需要的接触压力均由弹簧供给，松开电极均需用油压克服弹簧力来实现，它一般用作双闸活动压放油缸式电极压放装置的上、下抱闸，或用作下闸活动无压放油缸式电极压放装置的下抱闸；其优点是当液压系统出现故障时，电极不会突然下落。常开式抱闸的工作状态正好与长闭式相反，它的特点是在弹簧力的作用下，抱闸处于松开状态，抱紧则需要通过油压。

抱闸对电极的接触应力，要考虑一个抱闸能单独承担该相电极的质量。接触电极的闸瓦数量，要根据电机壳不致被压瘪抱紧力的大小来确定；一般情况下，电极直径不超过 1100mm 时选用 4 块，超过 1100mm 时选用 6 块。闸瓦内表面衬用耐热夹布橡胶板，以增加摩擦系数，同时橡胶还有一定的伸缩性，可适应电极壳表面的少许变形。

2.2.4 气囊抱闸

气囊抱闸作用在电机壳上受力缓软，且易夹紧，是我国一些厂家常用的电极压放装置。常使用充气气体介质为压缩空气或氧气。注意使用这种气囊抱闸，平台和烟罩顶盖必须密封良好，防止热气上升烧坏气囊。常用抱闸气囊的抱闸形式如图 2-19 所示。

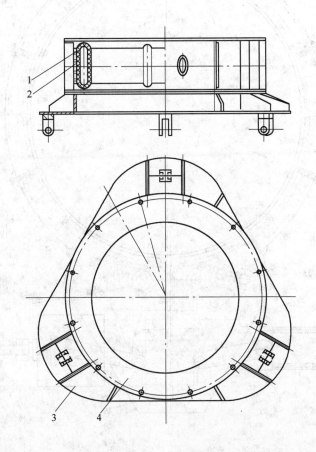

图 2-19 气囊抱闸
1—气囊；2—抱闸壳；3—上抱闸座；4—盖圈

2.2.5 液压带式抱闸

常闭液压带式抱闸如图 2-20 所示。闸抱紧电极的原理是：当弹簧 10 作用时，使其左右两个销轴 13 和 9 的距离拉开，两个对称的连杆 2 与销轴相连的一端也随之被拉开，连杆 2 绕固定销轴 15 转动，因而它的另一端互相靠拢，但次端又通过销轴和对称连板 16 与对称连板 17 相连，由于销轴 19 是固定的，所以两个连板也要互相靠拢，因为两个半圆形的制动钢带 6 与对称连板 17 的端部相连，制动钢带的一端也就跟着连板 17 相互靠拢，这样钢带通过压辊装置的作用，同时将八块制动闸瓦 3 压向电极，使其抱紧电极。

抱闸松开电极时，将压力油通入油缸 14 的左右油腔，弹簧 10 被压缩，连杆 2 外端收拢里端拉开，两个连板 17 也互相拉开，制动钢带 6 也随之松开，由于闸瓦后面小弹簧 4

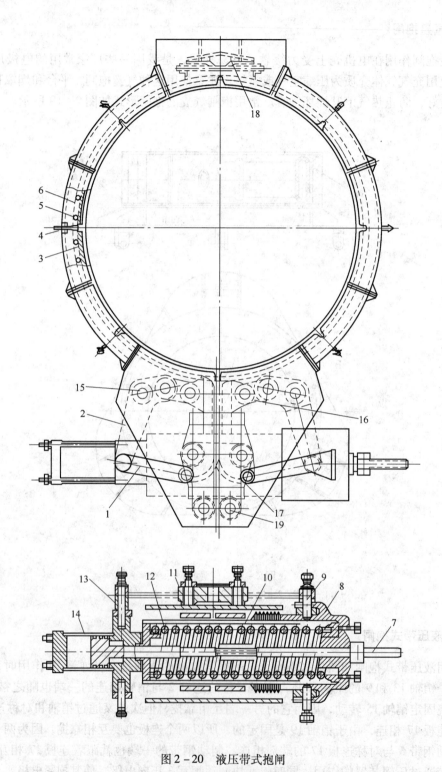

图 2-20　液压带式抱闸

1，2—连杆；3—闸瓦；4—小弹簧；5—压辊；6—钢带；7—轴；8—导向座；
9，13，15，19—销轴；10—弹簧；11—齿轮；12—导向筒；14—油缸；
16，17—连板；18—压紧装置

的作用，八块制动闸瓦用时离开电极，这样既放松了电极，又避免了磨损闸瓦。制动钢带的长短可通过调节装置进行调节。两个扇形齿轮 11 是对称连杆 17 的同步装置。

图 2-21 所示为简化的带式抱闸，其结构比上述带式抱闸大大简化，工作原理基本相同。

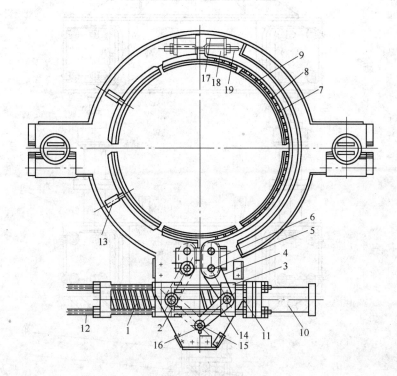

图 2-21　简化带式抱闸

1—弹簧；2，3—左、右轴架；4—杠杆；5—固定轴；6—压板；7—钢带；8—小辊子；
9—闸瓦；10—油缸；11—活塞杆；12—螺丝杆；13—小套；14—连杆；15—小轴；
16—滑槽；17—压板；18—铁块；19—调节螺栓

带式抱闸能使电机壳受力均匀，因为制动钢带可使全部闸瓦同时受大小相同的向心力，但这种抱闸结构复杂，还要消耗特制的钢带。

上、下抱闸之间的压放油缸在压放电极时，仅需克服由于锥面夹紧环的作用而产生的导电铜瓦与电极之间的摩擦力；倒拔电极时，则不仅要克服导电铜瓦与电极之间的摩擦阻力，而且还要克服电极的重力。

由于上、下抱闸之间设置了压放油缸，按道理，压放电极时不需松开铜瓦就可以实现带电压放，但实际工作中也常出现压放不下来的情况。这是由冶炼过程中铜瓦附近的电极容易发生烧结变形、漏糊和"结瘤"等现象造成的。当遇到这种情况时，必须停电松开铜瓦，压放电极才能得以进行。

采用液压抱闸式压放装置时，控制电极压放长度和防止电极下滑是靠抱闸来完成的。压放电极时，抱闸上升的高度相当于电极压放的长度。这种装置还可以通过电磁阀等液压元件与电气开关配合，实现电炉带电远离手动压放电极，从而提高了电炉的作业率，改善了工人的劳动条件，在新建的大型矿热炉上被广泛采用。

2.2.6　碟簧抱闸电极压放装置

具有压放程序功能的现代大型矿热炉用的双抱闸液压自动压放装置如图 2 - 22 所示。

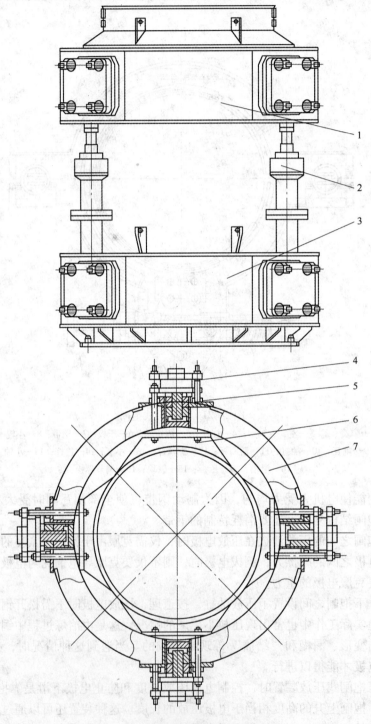

图 2 - 22　双抱闸碟簧式电极压放

1—上抱闸；2—压放油缸；3—下抱闸；4—碟形弹簧；5—油缸组件；6—抱闸体；7—闸瓦

我国在引进德马克公司设备时，采用这种碟簧抱闸压放电极，平时工作时由碟簧装置抱紧电极，压放电极时靠液压碟簧压缩，下放电极，压放电极后，卸压，又用碟簧力抱紧电极。这种压放装置已在我国得到广泛应用。

2.3 电极升降系统

电极升降装置是用来控制电炉负荷的，冶炼过程中需要保持恒定的功率。当变压器低压侧电压确定后，为了保持恒功率，就要维持恒电流，这样就要控制电极端部与料面的距离。所以冶炼过程随着料面的波动，导电必须随之升降，才能保持恒功率，这就是电极升降装置的主要作用。

矿热炉电极升降装置大致有两种类型：一种是卷扬机升降；另一种是液压油缸升降。

2.3.1 卷扬机电极升降装置

卷扬机电极升降装置由卷扬机、钢丝绳、滑轮和机架等构成。卷扬机包括电动机、涡轮减速器、开式齿轮以及卷筒等，如图2-23所示。钢丝绳的一端固定在卷扬机平台的钢梁上，另一端绕过下部的滑轮固定在卷筒的端部，如果不固定，也可以接上平衡锤。为了使电极在规定的行程内工作，以免发生设备事故，上下极限位置都应设置行程限位器，以限制电极的上、下极限行程。

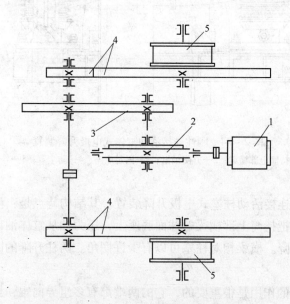

图2-23 卷扬机传动示意图
1—电动机；2—涡轮减速器；3, 4—传动齿轮；5—卷筒

卷扬机的工作环境一般都比较差，所以最好采用有防尘罩的封闭式电动机，减速装置都要装在封闭罩内，并要定期清理。要经常检查钢丝绳的磨损和润滑情况，要保证滑轮与下部钢梁间的绝缘良好。

这种结构的优点是结构简单，使用可靠，维修工作量小；缺点是没有导向装置，电极摆动较大，而且要有专用的卷扬机平台，增加了厂房的标高。

2.3.2　液压油缸升降装置

油缸升降装置按油缸升降柱塞与把持筒上部横梁的连接方式，可分为刚性连接和铰性连接两种；根据柱塞与缸体的运动情况，又可分为活动缸体式和活动柱塞式。

图 2-24 所示为刚性连接活动缸体式电极升降装置，它由两个升降油缸、一个横梁和一个固定底座组成。两个柱塞与固定底座用螺栓刚性连接，油缸体与横梁也是刚性连接，压力油从柱塞底部进出，将油缸体顶起或降下。升降过程中两油缸的同步靠刚性连接实现。

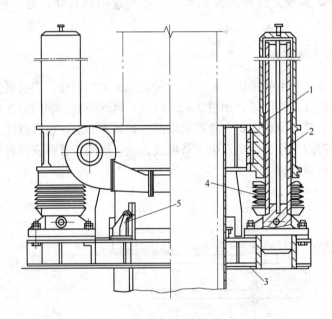

图 2-24　刚性连接活动缸体式电极升降装置
1—把持筒上部横梁；2—升降油缸；3—固定底座；4—防尘罩；5—导向辊

图 2-25 为铰性连接活动柱塞式电极升降装置。其结构特点是：油缸体固定，两柱塞的球面塞头顶在电极把持筒上部横梁的球面底座上，压力油从缸体油口进出，柱塞即可上下运动，带动电极升降。横梁相对柱塞可以有少许摆角。两柱升降的同步是靠分流集流阀控制实现的。

把持筒在装置中的作用是很重要的，它的两端都有多组导向辊，导向辊使电极把持筒在升降过程中保持垂直，从机械的角度保证电极升降油缸的同步。

升降油缸的结构见图 2-25，油缸工作时柱塞与橡胶密封环做相对摩擦运动。为了延长工作周期，减少泄漏，对柱塞的粗糙度和表面硬度等都有较高的要求。

电极升降要求控制上极限位置，为了保证设备安全，不但要设置电气限位器，而且机械结构上也要有限位措施，办法是在柱塞下部开数个燕尾槽，当柱塞燕尾槽升到油缸泄油口部位时，压力油从泄油口卸掉，柱塞即停止上升。

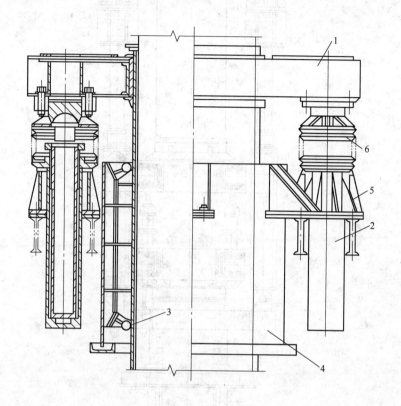

图 2-25　铰性连接活动柱塞式电极升降装置
1—把持筒上部横梁；2—升降油缸；3—导向辊；4—导向筒；5—底座；6—防护罩

　　油缸升降装置在使用过程中，要加强维护检修：缸体与柱塞相对活动部位要加防尘罩；液压油和橡胶密封件要定期更换；接头和密封部位要经常巡视检查，防止油泄漏。

　　液压油缸升降装置结构紧凑，传动平稳，便于实现自动化操作，厂房标高也可适当降低，因此采用得越来越多。但液压设备的制作、安装和维护要求都较高，并且辅助设备也较多。

　　电极升降机构的计算负荷，除计算电极质量及附属设备的质量外，还应考虑熔体炉渣对电极的黏结力及黏结物。电极的升降要求升时要快一些，降时要慢一些；升降时速度视炉子功率及升降机构的不同而异，一般电极直径大于 1m 者速度为 0.2~0.5m/min，小于 1m 者速度为 0.4~0.8m/min。电极升降行程为 1.2~1.6m。

2.3.3　吊缸式液压电极升降装置

　　最近几年又出现了一种吊缸式电极升降装置，如图 2-26 所示。吊缸式电极升降装置，把持筒重力作用在四层平台大梁上，这样可以减轻三层平台大梁的受力负担。重力均布在三层和四层平台大梁上，受力均衡，可以降低厂房造价，并且安全可靠。

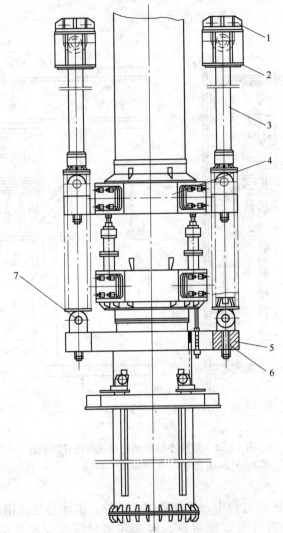

图 2 - 26　吊缸式液压电极升降装置
1—吊架；2—底座；3—吊缸装配；4—电极压放装置；
5—上把持筒；6—绝缘套管；7—销轴

2.4　电炉的冷却和通风

2.4.1　电炉的冷却

　　矿热电炉的许多部件都在高温区工作，特别是电极把持器附近的温度，经常在 400～1000℃，因此，电极夹紧环、拉杆、导电铜瓦、水冷大套和导电管等都必须加以冷却，以提高其寿命，并改善电路的导电性能。

　　电炉的冷却有水冷和气化冷却两种，目前多数采用水冷，气化冷却则在积极试用中。

2.4.2　电炉的水冷

　　电炉上采用水冷的部位除把持器外，还有炉口水门、把持筒下部和某些承重结构的表面等。各相电极把持器的冷却装置都应该是独立的，还有铜瓦也同样。而且要求铜瓦与其他冷却水路应有电气绝缘。

水冷装置的正常工作是电极把持器等重要部件安全运行的重要条件。断水是非常危险的，水泵房停水时，要求由备用储水塔供水，如果没有备用水塔，停水后要马上将电极升起，停止负荷，然后再根据停水的原因估计停水时间的长短，继而采取措施。

硬水和有机械杂质的脏水（有沙子和污泥）是水冷装置损坏的一般原因。为此应根据当地水质情况设置沉淀池或在水源地将水进行过滤。硬度很大的水，最好经过软化处理。一般软化水的硬度小于德国度，即 Ca 离子、Mg 离子含量为 $10mg/m^3$。

为了得到较好的冷却效果，冷却水给水温度不得高于 30℃。为了减少水垢的产生，回水的温度不得高于 50℃。由于铁合金电炉用水量很大，要尽量建造喷水池或冷却水塔，以便实现冷却水的循环使用，循环使用的冷却水其硬度比新水硬度低。全自动软化水设备规格如表 2 – 1 所示。

表 2 – 1　全自动软化水设备规格

规　格	GA – 6D2	GA – 10D2	GA – 15D2	GA – 20D2	GA – 25D2	GA – 35D2
产水量/t·h⁻¹	6 ~ 7	7 ~ 12	13 ~ 16	16 ~ 22	22 ~ 27	28 ~ 40
树脂罐直径/mm	600	800	900	1000	1200	1200
树脂装填量/kg	300	600	1200	1800	2000	3000
盐耗/kg	75	150	240	250	400	398
安装尺寸（长×宽×高）/mm×mm×mm	2.6×1.3×2.6	3.2×1.3×2.6	4.0×1.5×2.6	4.0×1.5×2.6	4.0×2.0×2.6	4.0×2.0×2.6
出入口管径/mm	DN45	DN45	DN50	DN55	DN60	DN65
适应原水硬度/g	0.2 ~ 0.6	0.2 ~ 0.6	0.2 ~ 0.6	0.2 ~ 0.6	0.2 ~ 0.6	0.2 ~ 0.6

在给水管与冷却构件之间，除了已被接地的以外，都要用橡胶软管连接，使之与金属管绝缘。

炉上水冷装置的进出水管全部接在分水器上，分水器接在总给水管上，总给水管上装有总给水截止阀门，每根支管上则装有小截止阀门，以便控制冷却水量。回水管的水全部排放在总集水槽中，通过每根支管的回水情况，可以直接观察相应构件的冷却水量。回水管的水全部排放在总集水槽中，通过每根支管的回水情况，可以直接观察相应构件的冷却水情况。总集水槽与总回水管相通，水压表装在总给水管上，水压一般不低于 2atm（1atm = 101325Pa）。水管应集中整齐排列，统一编号挂牌，便于观察、操作和维护。

电炉生产时，生产工人应经常了解管中水流情况，并用手检查水的温度，一旦发现水流和水温有急剧变化时，说明发生了不正常现象，应立即采取相应的措施。

2.4.3　电炉的汽化冷却

汽化冷却的实质是利用接近饱和温度的水在汽化时大量吸收热量，使高温工作下的构件得以冷却。汽化冷却的优点是冷却水的消耗量大大减少。通常每加热 1kg 饱和温度的软化水使之变为蒸汽约需吸热 510kcal（1cal = 4.1868J），而一般冷却水，当进出水温差在 10℃时，每千克水仅能吸热 10kcal，因而使用汽化冷却时，每千克水从冷却构件上带走的热量不是水冷却的 10kcal，而是 510kcal 以上，从而使耗水量大大减少。

由于汽化冷却使用软化水，因此完全消除了水垢沉积现象，从而提高了冷却构件的冷却效果和使用寿命。产生的蒸汽又可供工业或生活使用，起到节省能源的作用。

汽化冷却的基本原理如图 2 - 27 所示，冷却构件有两根管子与汽包相连，冷却水有下降管从汽包进入冷却构件，在冷却构件中形成汽水混合物，由上升管进入汽包，在汽包内蒸汽与水分离，蒸汽经管道输出，水则继续在系统内循环。汽包内的部分水消耗后，可补给新软化水。

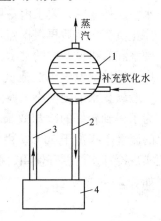

图 2 - 27　汽化冷却的基本原理
1—汽包；2—下降管；
3—上升管；4—冷却构件

汽化冷却有自然循环和强迫循环两种。靠水 - 汽混合物的密度差形成的水循环称为自然循环，靠水泵的压头形成的水循环称为强迫循环。应用时可采用自然循环，也可采用强迫循环，但一般均采用自然循环兼强迫循环，即正常情况下靠自然循环，在刚开炉或自然循环发生故障时转换成强迫循环。

图 2 - 28 介绍某厂一台矿热炉的汽化冷却装置情况，该装置由汽包部分、外部循环管路、冷却构件及强迫循环泵站等组成。汽包部分主要用来分离从冷却构件经上升管引入汽包的汽水混合物里的蒸汽，并保存一定的水量，以备给水中断时使用。汽包部分由汽包体、隔板、蒸汽分离管、给水平衡管、上升接管、下降接管、蒸汽排出管、水位计、液位继电器、安全阀、压力表和若干个截止阀等组成。

汽包体是由中间圆筒和两个接头焊接而成，在汽包的纵长方向装有带小孔的隔板，用以分离由上升管引入的汽水混合物中的蒸汽，还装有与蒸汽排除管相连的半周身带小孔的蒸汽分离管。在汽包的上方，装有蒸汽排出管、两个安全阀和两个压力表。在其侧面，装有上升接管，与外管路相连，引入汽水混合物；还有一个水位计，以示水位。在汽包下方装有下降管，与外部管路相连，用以向冷却部件供水；为减小汽包内软化水的碱度，设有一排污管，定期排污；还装有一个下降总管，与强迫循环水泵相连，以供强迫循环使用。在汽包横断面的侧方，装有一套液位继电器，用来控制一个电动给水闸阀，以向汽包内供水或停水。

外部循环管路是由不同管径的无缝钢管、钢管吊架和活络接头等组成。冷却构件在正常工作时需要上升或下降，要用活络接头代替胶管实现上述要求。

冷却构件共分两组，如图 2 - 28 所示，导电铜瓦为一组，锥面夹紧环和护板为另一组，组成两个冷却回路。

强迫循环泵站由水泵装置、接管、集管、截止阀、止回阀等组成。水泵装置又由循环泵、电动机、进出口闸阀等组成。强迫循环泵站为汽化冷却强迫循环所用。当由自然循环转换到强迫循环时，首先将汽包各下降管的截止阀关闭，然后打开强迫循环给水管与各下降接管相连的截止阀，最后打开下降总管的截止阀及强迫循环水泵与汽包和下降总管相连的闸阀，再启动循环水泵，即可实现强迫循环。

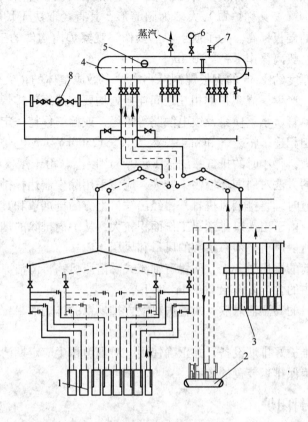

图 2 - 28　矿热炉的汽化冷却装置原理

1—导电铜瓦；2—锥面夹紧环；3—护板；4—汽包体；5—液位继电器；

6—压力表；7—安全阀；8—强迫循环泵站

　　在刚开炉时，汽化冷却系统应首先采用强迫循环，随着炉温的升高，在上升管中逐渐产生汽-水混合物，随时打开上升管处的球阀观察是否有蒸汽产生，如有大量蒸汽产生，即可转换到自然循环。切换时，首先将汽包部分下降管处的截止阀打开，关闭总下降管闸阀，停泵，再关闭强迫循环泵出水管与各下降管相连的截止阀。当系统压力上升到0.3MPa 时，将汽包上的放气阀打开，压力逐渐上升到0.4MPa 以上时，安全阀门打开，使压力保持在 0.4MPa 左右。

　　汽化冷却装置的安全运行十分重要，必须健全必要的显示和检测装置，要制定严格的安全运行规程；每隔1h 要巡回检查循环系统各部位，看是否正常，每班要冲洗水位计一次，要特别注意水位的变化情况；每班要用安全阀放气一次，检查其动作是否灵敏；根据水质情况，每班要定期排污；要经常打开与上升管相连支管的闸阀，检查是否有蒸汽产生，如果没有蒸汽，说明汽化系统工作不正常，要及时停炉分析原因，排除故障。

2.4.4　电炉的通风

　　为了排除电炉冶炼产生的大量废气和炉尘，创造良好的操作环境，保护工人身体健康，在开口式矿热炉上一般都设置有排烟罩、炉前排烟风机和淋浴风机。

炉口上方排烟罩（又称炉罩）大多为圆筒形，其直径取决于炉口直径，高度则取决于炉口平台上方的楼板标高。为了便于炉口操作、观察炉内构件的工作情况和维修方便，烟罩安设的高度一般离操作平台约1.5m。

烟罩一般用厚度约4mm的钢板焊制，小电炉多做成整体的；大电炉则多数为数瓣拼装而成，为了防止产生涡流，各瓣相互之间连接处均要加绝缘。排烟罩必须与厂房建筑结构、穿过烟罩加料管、承重横梁及馈电线路等绝缘，或始终保持一定的间距。

排烟罩和烟囱相连，将废气和粉尘排入大气。12500kV·A电炉的烟囱高40m左右，以保持必要的抽力，每小时的排气量约达 $1 \times 10^5 m^3$ 以上。由于烟气中的含尘量很大，所以这种处理烟尘的方法对周围环境污染较大，应该采用除尘器达标排放。

在出铁或排渣时，将排烟风机打开，经出铁口上方的排烟罩和其相连的烟囱，将产生的烟气排入大气。由于出铁口排烟罩工作面积较大，从炉内排除的烟气比较集中，而且具有一定的冲力，所以风机必须有足够的风量和风压。

在炉口或炉前的操作平台上，配置有轴流式淋浴风机，将清洁凉爽的空气吹到操作地点，以保证空气中的含尘量降至 $2mg/m^3$ 以下。

为了减少炉口的高温辐射热，改善炉口上方排烟罩的排烟效果，一般在炉口四周安装通水冷却的水门。

生产工人应维护好排烟设备，并正确使用，对烟道积尘应定期清理，有破损之处要及时设法焊补，以确保排烟装置的效率。

2.5　低烟罩和封闭炉

矿热炉由小型、开口式向着大型、封闭式方向发展是当前的一种趋势。

2.5.1　低烟罩

某些矿热炉在封闭之前，采用了一种叫做低烟罩的结构。所谓低烟罩，就是将炉口上方传统的大烟罩取消，以一个高2m左右的矮烟罩代之。为了便于处理炉况和加料，在烟罩的四周有数个大小不同的炉门。

电极把持器和短网采用封闭炉的形式：加料方式根据冶炼品种可采用料管或人工加料，其他部分的结构与开口式电炉大致相同。

低烟罩的优点是：人工加料时，大大减轻了对人体的热辐射，炉口周围操作条件得到改善，烟罩上面温度不高，更换筒瓦等操作可在其上进行，另外，可配置余热锅炉利用余热，烟气较易净化处理。

低烟罩在国内锰铁和硅铁炉上都有应用，图2-29所示为12500kV·A硅锰炉低烟罩断面图。

低烟罩有两种结构形式：一种是全金属结构；另一种是金属骨架-耐热混凝土和砖结构。图2-30所示为全金属结构式低烟罩，用于12500kV·A硅锰电炉上，其上部直径为6400mm，下部直径为6800mm，有效高度为1800mm，由框架、盖板、侧板和铸铁门等组成。除铸铁门外，其余都通水冷却，材质除侧板采用普通钢板制造外，其余都用防磁钢板制造。

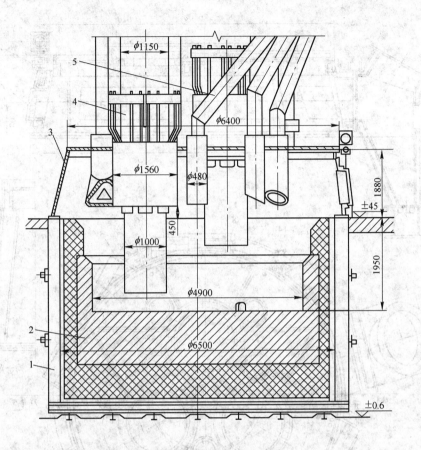

图 2-29   12500kV·A 硅锰低烟罩电炉
1—炉壳；2—炉体；3—低烟罩；4—电极把持器；5—下料管

　　框架由 6 根通水立柱和 1 个外径为 7040mm，内径为 6420mm，厚为 16mm 的钢板环圈组成。

　　侧板安装在立柱之间，两块大侧板安装在炉子的两个大面，3 块下侧板装在 3 个小面，每块大侧板上装有两块铸铁门，小侧板和烟道侧板上侧装在一块。

　　梁架系水冷金属骨架被支撑在框架的 6 根支柱上，13 块水冷盖板盖在梁架上，由梁架的 12 根水冷水平梁支撑。盖子中心及其三角部位开有 1 个小孔和 3 个大孔，中心料管和 3 个电极分别通过其中，其余 9 个料管孔也对称布置在盖板上。

　　侧板为焊接件，其上留有安装铸铁门的孔，铸铁门背面抹有一层耐热水泥，上部有吊环，可通过气动开门机构随时开闭，以便观察和处理炉况。

　　水冷金属骨架-耐热混凝土和砖式结构低烟罩，在某厂用于 1 台 14000kV·A 硅铁炉上，烟罩直径为 7000mm，有效高度为 1900mm，炉盖板是用无磁性通水钢梁与耐热混凝土整体浇铸而成，厚度为 300mm。炉盖板由 12 根通水钢立柱支撑，烟罩四周每个大面开设一个大门，每个小面开设两个小门，其余部分用耐火砖封住。炉盖板上开有两个排烟孔，中心设有自动加料孔和 3 个测温点。整体盖板具有制造简单、安装快、承载强度大、使用寿命长等优点。

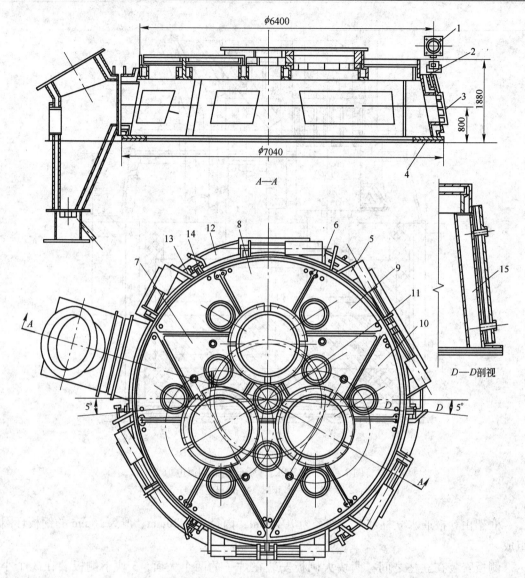

图 2 - 30　全金属结构式低烟罩

1—开门机构；2—梁架；3—铸铁门；4—炉壳法兰；5—活动大侧板；6—门板；7～10—盖板；
11—中心盖板；12—活动小侧板；13—烟道侧板；14—冷却水胶管；15—框架

2.5.2　封闭炉

矿热炉的封闭是在开口炉的上方加盖，盖上布置有加料管、防爆孔和操作孔等。冶炼过程中炉膛内部不与大气相通，维持微正压操作，正常冶炼时炉内压力为 1～2mmH₂O（$1mmH_2O = 9.8Pa$）。

矿热炉的封闭带来一系列好处：原料可用多个料管自动加到炉内，从而减轻了工人的劳动强度；煤气不在炉口燃烧，减少了辐射热和炉尘，改善了环境和设备使用条件；煤气净化后可回收利用，节约大量燃料；导电系统不受高温影响，断网和软母线可尽可能靠近电极，以减少导电管长度；短网布置可采用中间进线方法，即把来自变压器的铜排直接引到炉心，通过集电环等将电流传递给铜瓦，这样可使三相铜排长度基本相同，各相负荷均衡，电抗也可降低。

目前，国内矿热炉的封闭仅用于冶炼时炉料不结块、布料没有特殊要求的硅锰等品种。高硅铁的冶炼要求布料均匀，冶炼铁过程中炉料容易结块，封闭尚存在一定困难。

封闭炉是在开口炉的基础上发展起来的，它的设备很多都与开口炉一样，不同的是增加了炉盖、加料管、电极密封和煤气净化装置等，如图2-31所示。

炉盖是封闭电炉的关键部件，它的结构形式对封闭炉的各项经济技术指标有着重要的影响。

炉盖的工作条件十分恶劣，经常在高温辐射和炉气的冲刷下工作，正常工作时温度在400~600℃，有时则高达1200℃。对炉盖的要求如下：

（1）有一定的强度和刚度，使用寿命长，制造容易，更换方便。

（2）有一定的高度，保证工艺要求的必要空间。

（3）与炉体、电极把持器、料管等应有较好的密封和绝缘。

（4）发生电极折断等事故时，处理方便。

封闭炉炉盖目前国内应用形式较多，但归纳起来有全热混凝土式、水冷金属骨架-耐热混凝土式和全金属结构式三种。

全耐热混凝土式炉盖如图2-32所示，它用于8000kV·A镍铁炉上，是由通过三相电极的中心盖板、边缘和圈梁等组

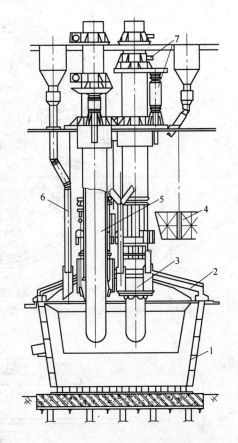

图2-31 封闭式电炉断面图
1—炉体；2—炉盖；3—把持器；4—短网；5—电极；
6—加料管；7—电极压放装置

成的。中心板用6根链条吊挂在13m平台的下方，圈梁置于4.5m平台上，12块边板搭在中心板和圈梁之间，并由这两部分承受重力。上述构建均用耐热混凝土制造。边板上开有两个烟道孔、3个防爆孔和6个加料孔；在中心板上除有3个电极孔外，还有一个中心加料孔。为了避免电磁感应造成电极孔附近的导体发热，在炉盖中心板电极孔周围装有防磁筋板。

这种炉盖的优点是：热损失少，节省钢材，不需要很多的防磁钢，适于较高的温度；缺点是强度低，在高温辐射和炉气冲刷的作用下，容易产生裂缝和剥落，使用寿命较短。

图2-33所示为一12500kV·A电炉用的水冷金属骨架-耐热混凝土炉盖，它由6块水冷箱（其中2块活动，4块固定）组成的截圆锥形侧板和无钢筋的耐热混凝土整体炉盖

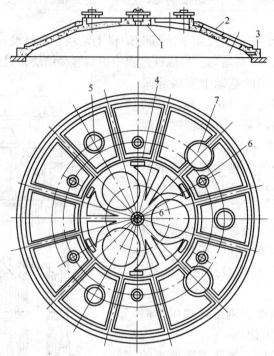

图 2 - 32　全耐热混凝土结构炉盖

1—中心板；2—边板；3—圈梁；4—挂耳；5—防爆孔；6—加料孔；7—烟道孔

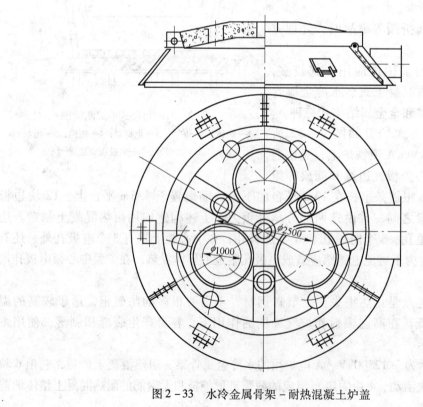

图 2 - 33　水冷金属骨架 - 耐热混凝土炉盖

板组成。在整个混凝土盖板上设有 3 个电极孔和 10 个加料孔，在 6 块水冷箱组成的截圆锥形侧板上设有多个防爆孔、观察孔和一个烟道。电极折断时将靠近此电极的活动侧板拿开，即可进行处理。它的优点是：电极孔处各相之间的电绝缘不存在问题；整体炉盖板预制简单，造价低，漏水机会少，使用寿命较长。缺点是混凝土整体炉盖不易更换。

图 2-34 所示为某厂硅锰合金炉采用的全金属结构型炉盖，这种炉盖由侧板、顶盖骨架和盖板等组成。侧板由 1 个烟道侧板、2 个固定侧板和 2 个活动侧板组成。5 个侧板组成 1 个正截圆锥体，顶盖骨架放在其上，金属盖板支撑在顶盖骨架上，从而形成一个完整的炉盖。金属盖板由 5 种不同形状的分盖板（每种有 3 块）拼凑而成。侧板上设有 9 个防爆孔和 6 个操作门，另有 1 个操作门设于集尘箱上。

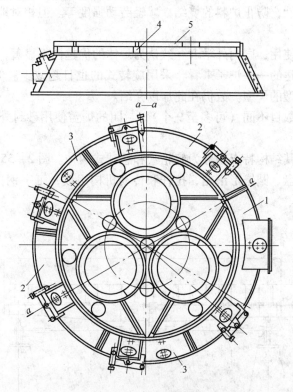

图 2-34 全金属结构型炉盖
1—烟道侧板；2—固定侧板；3—活动侧板；4—顶盖骨架；5—盖板

炉盖采用通水冷却。该炉盖经多年使用，效果较好。理想的情况是围绕电极成一馒头状，原因是在冶炼过程中电极周围 500mm 左右的区间为化料区，这一区域温度高，化料快，热效率高。相反，炉料离电极越远，温度越低，化料慢，热效率也低。

为满足上述工艺需要，周围布置的料管管心距要尽量地小，但这往往又为炉盖的结构所限制，为此要合理选取。

加料管的数量一般根据电炉容量确定，如 25000kV·A 硅锰封闭炉的加料管为 13 根，除 1 根中心料管外，其余 12 根均布于 3 根电极周围。料管内需经常布满料，起密封作用，以防煤气逸出，料管和炉盖的连接处，要很好地密封和绝缘。

电极把持器的锥面夹紧环于炉盖固定水套之间的密封，一般采用石棉绳加压板的方法。锥面加紧环内侧与铜瓦和电极间的密封，可采用石棉绳或石棉布填充，上面再加石棉灰或焦炭来覆盖。

铁合金电炉冶炼过程中，要产生大量的炉气，其中 CO 气体含量很高，是很好的燃料。封闭炉煤气净化设备就是为了获得这些可利用的煤气，其具体装置在第 5 章叙述。

2.6　炉体旋转机构

炉体旋转机构能使炉体绕其中心轴线沿着圆周方向左右旋转，一般旋转角度大多为120°，即左右各转60°。

矿热炉炉体的旋转，一般认为可以扩大反应区，加速反应的进行；有利于坩埚的连通，增加炉料的透气性，防止炉料的烧结；减轻劳动强度等。但相对地，设备总质量和总投资也将大大增加。

目前，经过多年使用，国内外学者一致认为炉体的优越性不显著，仅在高硅铁炉上可酌情采用。从目前新建的一些炉子来看，采用旋转式的也日趋减少。但从设备角度来看，旋转炉仍是一种较典型的炉型。故仍在此加以介绍。

旋转炉除出铁口数目不同（可多至 9 个），封闭的炉盖使用砂封外，其余与固定式炉相似。

炉体旋转，根据其结构特点，分为旋轮式和悬球式两种。图 2－35 所示为旋轮式旋转机构，它是由旋转圆盘、圆锥形滚轮、拉杆和传动机构组成，工字钢排列在旋转圆盘上，炉体支撑在工字钢上。

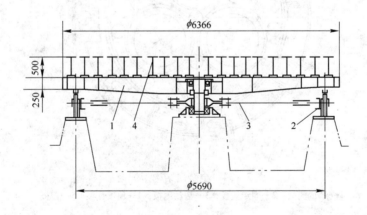

图 2－35　旋轮式炉体旋转机构
1—旋转圆盘；2—圆锥形滚轮；3—拉杆；4—工字钢

图 2－36 所示为旋转圆盘的驱动装置。圆盘的转动是由直流电动机（1.5kW，1000r/min）通过 1 台双级涡轮减速器、1 台三级圆柱齿轮减速器、1 对圆锥齿轮、异形齿轮和柱销驱动的，旋转圆盘转动时，炉体随之转动。

转球式炉体旋转机构如图 2－37 所示，它是由托盘、转盘、座圈和传动机构组成。炉体位于托盘上，托盘位于转盘上，座盘通过螺栓与上座圈相连，并和上座圈一起旋转。在转盘直径（6500mm）的周围均布有 140 个柱销。

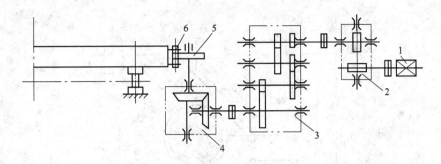

图 2-36 旋转圆盘驱动装置示意图

1—直流电动机；2—双级涡轮减速器；3—三级圆珠齿轮减速器；
4—圆锥齿轮；5—异形齿轮；6—柱销

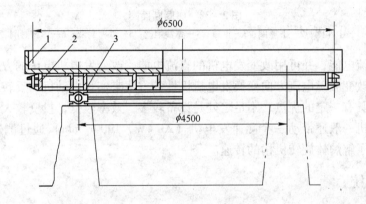

图 2-37 转球式炉体旋转机构

1—托盘；2—转盘；3—座圈

座圈结构如图 2-38 所示，是由上、下座圈，钢球，弹簧钢丝和内外密封圈组成。在上座圈轨道内镶有 4 组弹簧钢丝，每组由 4 根钢丝沿圆周均布，每两根之间留有 3~4mm 的间隙，以备热胀冷缩屈伸之用。下座圈用螺栓与基础相固定。在上、下座圈之间直径为 4500mm 的环形轨道上，放置有直径为 88.9mm 的钢球 140 个，此球支撑在弹簧钢丝上，承受着整个电炉和原料的重力，炉体回转时靠钢球定位，钢球与上下座圈做相对滚动。为防止灰尘进入轨道，在上、下座圈的内、外壁上装有内、外密封圈。

炉体旋转时，电动机正反向转动，装在圆锥齿轮减速器输出轴上的异形齿轮拨动转盘上的柱销，使炉体在正反 60° 的范围内做往复旋转运动。

炉体旋转速度的选择是很重要的，合适的旋转速度既要使电极保持垂直和必要的插入深度，又要使电极不致受到过大的侧向压力。决定电炉旋转速度的因素是多方面的，较为复杂的最佳旋转速一般通过实践来进行确定。12500kV·A 硅铁电炉的转速约为 1r/(30~120)h。

所以要采用直流电动机时，需要在较广泛的范围内平滑地调整旋转速度，以实现无级变速；要经常改变旋转方向，以克服启动时较大的启动力矩。

若车间内无直流电源，则一般可采用发电机组，把取自线路的交流电能转变为供给旋

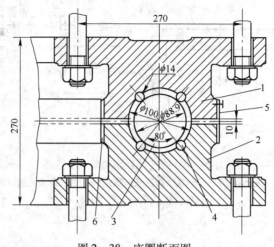

图 2-38 座圈断面图

1—上座圈；2—下座圈；3—钢球；4—弹簧钢丝；5—外密封圈；6—内密封圈

转电动机的直流电能，并可用改变发电机的直流电能、改变发电机电压的方法来使直流电动机调速；用改变激磁电流方向变换发电机极性的方法来实现电动机的反转。

这种装置具有一定的优点，不足之处是设备较多，效率较低，投资较大。

直流电动机一般还带动一个测速发电机（23.4W，1900r/min）通过测速发电机发出的信号，及时了解炉体旋转机构的转速。

2.7 液压系统

国内最近建造和改建的大型矿热炉，普遍采用了液压传动，液压传动可以实现电极升降，压放和松紧导电铜瓦等远程操纵，也可以实现程序控制。

液压传动与机械传动相比具有明显的优点：

（1）同样的功率，液压传动装置质量小，结构紧凑，惯性小。

（2）可以节省1个电极卷扬机平台，降低厂房的标高，节省投资。

（3）运动平稳，便于实现频繁而稳当的换向，易于吸收冲击力，防止过载。

（4）能够实现较大范围内的无级变速。

液压传动的缺点是：

（1）泄漏较难控制，从而影响其工作效率和运动平稳性。

（2）油的温度变化和黏度变化会影响传动机构的工作性能，不适于在低温及高温条件下工作。

（3）发生故障的原因较难确定，处理故障也比较困难。

电炉液压系统一般由液压站、阀站和电极升降、压放、把持器各工作油缸等组成。下面通过图 2-39 所示的 25000kV·A 电炉的油路系统来具体叙述其构造和原理。

2.7.1 液压站

液压站由两台 CB-100 型齿轮油泵、6 个贮压罐、油箱、各种阀件和管路所组成。3

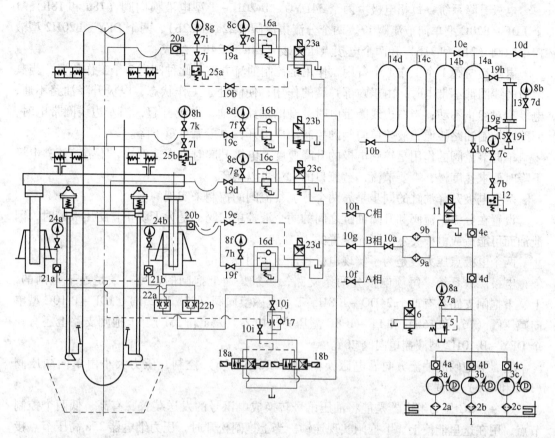

图 2-39　25000kV·A 电炉油路系统原理图

1—油箱；2a~2c—滤油器；3a~3c—油泵；4a~4d—单向阀；5—溢流阀；6—电磁换向阀；7a~7l—压力表开关；
8a~8h—压力表；9a，9b—精过滤器；10a~10j—截止阀；11—电液换向阀；12—压力继电器；13—液位计；
14a~14d—贮压罐；15—远程发送压力表；16a~16d—单向减压阀；17—单向节流阀；18a，18b—电液换向阀；
19a~19i—截止阀；20a，20b—单向阀；21a，21b—单向阀；22a，22b—分流集流阀；
23a~23d—电磁换向阀；24a，24b—电接点压力表；25a，25b—压力继电器

台油泵中 2 台为工作泵，1 台为备用泵。2 个油泵并联使用，在集管处用油管和溢流阀 5 相连。当系统需要油量少时，油泵可做卸荷运转，泵的卸荷是由安置在溢流阀 5 旁边的电磁换向阀 6 接通其卸荷口实现的，卸荷后系统降至低压。工作时，系统内的油压若超过工作压力，则高压油由于集管前的单向阀 4d 的作用，在其前后产生压力差，油泵打出的油则经过阻力较小的溢流阀返回油箱，使某一油泵卸荷，以稳定油压。当系统油量不足时电磁换向阀 6 切断溢流阀 5 的卸荷口停止卸荷，系统压力即可升至正常工作压力 10MPa，这时油泵打出的油，通过单向阀 4d 向系统供油，一路经单向阀 4e 进入贮压罐，另一路则经精滤油器（9a 和 9b）分 3 路进入各相电极的工作油缸。

2.7.2　阀站

阀站是由控制电极升降、压放和把持器三部分的所有液压原件所组成，这些原件全部布置在一块竖立的金属板面上，称为阀屏。

电极升降系统：每相电极由两个 34DYO – B 20H – T 型电液换向阀（18a 和 18b）、1 个 LDF – B20C 型单向节流阀 17、两个分流集流阀（22a 和 22b）、两个 DFY – B20H2 型液控单向阀（21a 和 21b）和两个电接点压力表（24a 和 24b）组成。

电液换向阀 1 个工作 1 个备用，作用是控制油流方向。此种阀有 3 个工作位置，当其两边的线圈都不带电时，由于内部弹簧的作用，使阀处于工作状态，电极升降油路不通，电极相对静止不动；当右边线圈带电时，升的油路接通，电极升起，当左边线圈带电时，回路及控制油路接通，液控单向阀的控制油口打开，电极靠自重下降。

单向节流阀的作用是控制电极的升降速度，电极升起时要求速度快，不需节流；电极下降时要求速度慢，需要节流，节流口的大小可以调节。

两个电极升降油缸的同步是靠两个分流集流阀的控制来实现的。

设置在分流集流阀和升降油缸之间的两个液控单向阀，是为了防止管路出故障时，因泄油而可能造成电极突然下降而配置的。

两个电极点压力表是为了实现电极程序压放而配置的。

电极压放系统：每项电极分两条支路，一条是通上抱闸的，另一条是通下抱闸的，上、下抱闸支路各有 1 个 24DO – B 8H – T 型电磁换向阀（23a 和 23b）、JDF – B 10C 型单向减压阀（16a 和 16b）和 PF – B 8C 型压力继电器（25a 和 25b）。上抱闸支路上还有一个 DFY – B 10H2 型液控单向阀 20a。

上、下抱闸的油流方向靠电磁换向阀（23a 和 23b）控制，压力大小由单向减压阀（16a 和 16b）来调节。

PF – B 8C 压力继电器是能将油压讯号转换成电讯号的发送装置，有高、低两个控制节点，用在这里能使上、下抱闸实现连锁。当上抱闸松开时，压力继电器 25a 高压节点接通，发出讯号，控制下抱闸电磁换向阀 23b 关闭工作油路，下抱闸不能松开；当上抱闸抱紧电极时，压力继电器低压接点接通，发出讯号控制下抱闸电磁换向阀 23b 使其工作油路接通，下抱闸才有松开的可能性。如果此时下抱闸松开，压力继电器 25b 高压接点接通，将电讯号发给上抱闸的电磁换向阀 23a，工作油路关闭，上抱闸不能松开。综上所述可知，压力继电器的作用是使上、下抱闸在工作过程中没有同时松开的可能性，从而避免由于误操作可能使电极突然下降的危险。

上抱闸液控单向阀 20a 是为了防止其前面的管路及阀件发生故障时，因泄油而使上抱闸突然抱紧电极不能动作而设置的。

电极把持器系统：每项电极也有两条支路，一条是提升油缸上腔支路，另一条是下腔支路。两条支路上分别有电磁换向阀（23c 和 23d）和单向减压阀（16c 和 16d）。下腔支路还另有液控单向阀 20b，它们的作用和工作情况，分别相同于前面所述的单向阀。

2.7.3　贮压罐的液面自动控制

液压站内四个贮压罐的作用是：一方面能克服油路系统工作时的尖峰负荷；另一方面可以使油泵工作状态合理。贮压罐和油泵之间采用自动控制。

贮压罐（14a 和 14b）内分别充有氮气和液压油，4 个贮压罐，每个的容积是 321L，其中 3 个全部充氮气；1 个上部充氮气下部充油，两种介质互相接触，靠压缩氮气产生压力。4 个管通过上部连通管连通。

充油前先将截止阀 10e 打开，10c、10d 和 19i 关闭，通过打开的截止阀 10b，将 4 个贮压罐充氮至压力为 8.9MPa 时，关闭截止阀
10b，然后启动油泵，打开截止阀 10c，将油冲入贮压罐内。正常工作时，要求罐中保持的最高液面为 1225mm（图 2 − 40），最低液面为
375mm，对应的压力分别为 10MPa 和 9.17MPa。

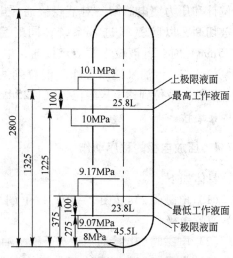

图 2 − 40   贮压罐液位简图

贮压罐的液面自动控制可使用下述办法实现：在贮压罐侧壁的上、下各开一个小孔，安装 1 个液位计（图 2 − 41）。液位计的内部如图 2 − 42 所示，外壳是不锈钢管，在管中装入有机玻璃制成的浮子，浮子里装入 1 块永久磁铁，在液位计的外壁沿 4 个液面高度分别固定几组干簧电接点。贮压罐内的液面高度与液位计的液面高度是一致的，因此贮压罐的液位达到某一预定高度时，液位计的永久磁铁与相应高度的干簧接点接通，发出讯号。

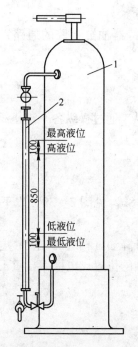

图 2 − 41   贮压罐及液位计
1—贮压罐；2—液位计

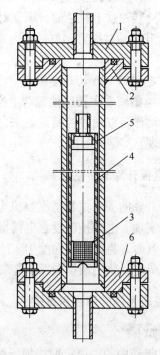

图 2 − 42   液位计结构图
1，2—不锈钢法兰盘；3—永久磁铁；4—浮子；
5—不锈钢钢管；6—法兰盘

图 2 − 39 中的 12 和 15 控制贮压罐内压力的上下限，这样可以从液位和压力两个方面控制油泵的运行状态。

当贮压罐液位等于下极限位（275mm）或压力等于下极限液压（90.7）时，浮子液位计和压力继电器第一对节点接通，电液换向阀11（图2-39）与贮压罐系统的油路被切断，以防氮气进入系统，同时启动两台油泵工作。当液面到达低工作液位（375mm）时，低液位干簧节点接通，电液换向阀与贮压罐油路系统的油路接通，1台油泵停止，1台油泵继续工作。液位到达高液位（1225mm）时，高液位节点接通，油卸荷运转。液位到达上极限位置（1325mm）时，最高液位接点接通，油泵电机断电，油泵停止运转。

2.7.4　压放电极的程序动作

具体如下：

（1）电磁阀23a（图2-39，以下同）切断油源与上抱闸油路，上抱闸（液压常开式）夹紧电极。

（2）电磁阀23b接通油源与下抱闸油路，下抱闸（弹簧常闭式）松开电极。

（3）电磁阀23d切断油源与把持器油缸下腔的油路，把持器铜瓦对电极的压力由0.2MPa降至0.1MPa。

（4）电液换向阀18a接通油源与升降油缸的油路，升降油缸升起，如果起升压力超过50时，则升降油缸附近的两个电接点压力表（24a和24b）触点接通，控制电磁阀23c换向，把持器油缸上腔通油，铜瓦对电极的单位压力降低。

（5）升降油缸提升到位后，电磁阀23c切断油源把持器油缸上腔的通路，铜瓦抱紧电极。

（6）电磁阀23b切断油源与下抱闸油路，下抱闸抱紧。

（7）电磁阀23a接通油源与上抱闸油路，上抱闸松开。

上述动作可以通过控制设备来自动实现，也可由操纵工通过操纵各个液压阀件的电动按钮来实现。

2.7.5　电极升降的手动控制

电极升降的手动控制是靠操纵电液换向阀（18a或18b，见图2-39，以下同）的电动按钮来实现，电动按钮设在电器操纵室内。

电极升时，将电液换向阀18a或18b打到使油路与升降油缸相通的位置，电极升起。

电极降时，将电液换向阀18a或18b打到使油缸回油的位置，电极靠自重下降。

2.7.6　液压系统的使用和维护

具体如下：

（1）邮箱中的油应定期添加，保持正常的液面。

（2）液压油经常保持清洁，要定期检查更换。

（3）要控制适当的油温，最高不超过60℃，否则油将加速变质，且泄漏严重。

（4）液压系统中不得有空气存在，系统进入空气后，将引起工作不平稳和振动。

（5）油泵启动和停止时，应使溢流阀卸荷。

（6）溢流阀的调定压力不得超过系统的最高压力。

2.8　电炉炉壳

　　炉壳是炉体的重要组成部分，炉壳的形状是根据电极的配置情况确定的，对固定式三相电炉，若 3 根电极按等边三角形排列，则炉壳呈圆形或三角形；若 3 根电极按一字排列，则炉壳呈矩形或偏椭圆形。普遍采用的是圆形炉壳，这种炉壳的好处是：结构紧凑，可以缩小单位辐射面积，从而减少热损失；3 根电极产生的热量比较集中；短网的布置也较容易做到合理。圆形炉壳又分为圆柱形（图 2-43）和圆锥形（图 2-44）两种。

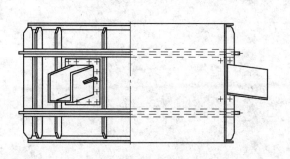

图 2-43　圆柱形炉壳　　　　　　　　　图 2-44　圆锥形炉壳

　　由于圆柱形炉壳容易制造，所以应用较广，但若炉衬是用膨胀系数很大的耐火材料砌筑的，则炉壳制成上大下小的圆锥形还是有好处的，这样使冶炼时因高温膨胀的炉衬能沿着炉壳壁向上错动，从而减少对炉壳的应力。

　　炉壳由炉身、炉底和加强筋组成，有铆接和焊接两种，现在多数采用的是焊接结构。炉壳要求有足够的强度，大炉子炉身一般用 16~25mm 厚的锅炉钢板制成，炉底多数用厚钢板焊接或通过连接螺栓组合而成。加强筋由立筋板和 2~3 个水平筋板组成，它的作用是抵抗由于炉衬热膨胀而产生的断裂应力，以防炉身膨胀变形。

　　圆形炉身上一般配置两个（旋转电炉的则在两个以上）正对着电极的出铁口（其中一个备用），用来排除金属和炉渣。出铁口附近由于流出液体和电弧辐射的作用，温度很高，最易使炉壳烧损变形，为此在炉身上需增设加固筋板或设专用框架。铁合金厂在出铁口处采用水冷铸铁套的尚不多见。出铁口流槽要考虑便于更换，一般用钢板或铸钢制成。

　　容量大的炉子，为了减少涡流和磁滞损失及制造安装的方便，炉壳可沿圆周分制成几瓣，每瓣之间垫石棉板密封，用螺栓通过隔磁垫圈紧密连接。

　　采用碳质炉衬的炉壳，要求有良好的密封性，以防空气进入使碳砖氧化，降低炉衬寿命，为此在炉壳的接口内侧加焊带伸缩性结构的薄钢板，采用连续焊缝；焊缝要求不漏气，以使接口密封良好。

　　炉壳的底部呈水平状。固定式电炉的炉壳浮放在钢筋混凝土炉基的工字梁上，以使炉壳和工字梁在受热时，各膨胀各的，而互相不影响，同时空气也在工字梁空道之间流通，起到冷却炉底的作用，还可通过对炉底的观察，及时发现和预防烧穿事故。

　　圆形炉壳的尺寸一般根据电炉容量和工艺要求计算确定。简易的经验办法是：炉壳的直径约为电极极心圆直径的 2.8~3.0 倍，炉壳的高度约为电极直径的 4~5 倍。

由于炉壳的损坏往往会造成较长时间的停炉，对生产的影响较大，所以平时加强对炉壳的维护极为重要。操作人员要经常了解炉衬的烧蚀程度，尤其对出铁口要细心操作，防止出铁口跑铁将炉壳冲坏；出铁口的衬砖要保持完整，两边的衬砖必须将流槽保护好，出铁时应使铁水流入铁水包，避免喷射到炉壳上；要经常观察炉壳各部位的温度，防止突然性的漏炉；筑炉时，为了减少炉衬受热后对炉壳的膨胀应力，炉膛应砌成上大下小的微坡形或锥形，绝热层应按要求充填好；炉壳各连接螺栓如有松动或损坏，要及时拧紧或更换。

3 矿热炉电气设备

3.1 矿热炉变压器

 铁合金矿热炉所用的变压器是电炉变压器的一种，不过它与炼钢电炉变压器有许多不同之处，故称它为矿热炉变压器。但是，电炉变压器也好，其他特殊用途的变压器也好，它的基本原理都和普通的电力变压器一样，只是在特性参数以及某些结构上有些不同罢了。因此，在讨论炉用变压器之前，先复习一下普通电工学已讲过的一般电力变压器的原理与结构是有好处的。

 炉用变压器是电炉的重要设备，价值也比较昂贵，它的性能良好与否，是否能安全运行，都与电炉生产指标有很大的关系。为此，应该很好地掌握它的原理、结构、性能等，以便能够正确使用它，既要充分发挥它的潜力，为生产服务，也要密切关注和维护它，以便它始终保持良好状态，而不致中途停顿等事故发生。

3.1.1 变压器的基本原理

 变压器是一种静止的（即非旋转的）电器设备。它可用来把某一数值的交变电压变成同一频率的另一数值的交变电压。

 电网里，常常把发电机发出来的较低的电压（由于电机制造工艺的缘故，一般只有10kV 左右）经过升压变压器升到 110～550kV 的高压，经过远距离的高压输电线路送到用户附近，再用降压变压器将电压降为 35～10kV，供给用户（用户可再度降压或直接使用）。在这长长的高压输电线上，由于电压很高，故尽管输送的功率很大，但电流很小。因此可以使用较小截面的导线，节约有色金属，降低线路造价，还可以降低线路的损耗，提高输电效率。因为在同样的功率下，电压愈高，电流愈小，而线路的损耗又是和电流的平方成正比的。

 一般中小型电动机，常制成三相 380V 的。而照明一般采用单相 220V。用户接受到35～10kV 的电源后，往往需再经过配电变压器，把它降为三相四线的 220～380V 电源，才能应用。至于安全行灯，要求单相 12～36V 的电源，又必须是一种行灯变压器，将380V 或 220V 的电源，降到合用电压。冶炼不同品种的各种产品，根据电炉容量的大小，需要有各种不同的变压值……凡此种种，都可以说明：在输配电系统中，变压器是一种不可缺少的重要的电器设备。

3.1.1.1 单相模型变压器

 最简单的变压器是由一个闭合的铁芯和绕在铁芯上的两个匝数不等的绕组（或称线圈）组成的，如图 3－1 所示。

 为了减少涡流及磁滞损失，铁芯是用涂有绝缘漆、厚度为 0.27～0.35mm 的硅钢片叠成的。其末套有绕组的、左右直立的部分称为心柱，其末套绕组的上、下横的部分称为轭铁。两个绕组中，与电源相连的一个称为原绕组（也叫初级绕组或一次绕组），其与负载相连的一个称为副绕组（也叫次级绕组或二次绕组）。原、副绕组都是用绝缘导线所绕成的，不但匝与匝之间相互绝缘，两个绕组之间，根据电压的高低，也有适当的绝缘。因此两个绕组之间是没有电器连接的，但两者却处在同一磁路中。

在实际中，常按照电压器绕组额定电压的高低，把电压较高的绕组称为高压绕组，电压较低的绕组称为低压绕组。按这样的称呼，对配电变压器及矿热炉变压器这类降压变压器来说，高压绕组就是原绕组，而低压绕组就是副绕组，但对升压变压器来说，低压绕组却是原绕组，而高压绕组是副绕组。

在图 3-1 中，把原、副绕组分别画为套在铁芯的左右两心柱上，只是为了看图及说明的方便。原因是，如果真的像这样布置绕组，变压器将因漏磁太大而完全不能应用（关于漏磁问题，后面将会讨论）。实际的变压器，常将低压绕组分为两半，绕成两个直径较小的筒状线圈，分别套在两个心柱上，再把它们串联起来，形成整个低压绕组，另将高压绕组也分为两半，绕成两个直径较大的筒状线圈，分别套在两个心柱的低压绕组外面，再将它们串联形成整个高压绕组，如图 3-2 所示。低压绕组的外经与高压绕组的内径之间的距离，在满足绝缘条件的原则下，尽量做得很小，以减少漏磁通。

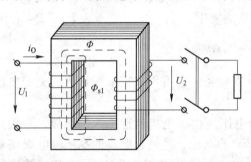 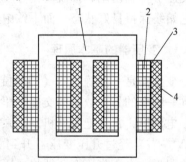

图 3-1　单项模型变压器空载运行情况　　　　　图 3-2　单相变压器绕组的实际布置

1—铁芯；2—低压绕组；

3—绝缘层；4—高压绕组

单相模型变压器与实际的变压器是有出入的，这忽略了变压器的一些次要因素（即假设变压器绕组的电阻、漏磁通铁阻很小，可略去不计；铁芯的磁导率很大，几次的磁势也可忽略不计等）。但是由它导出的基本关系（如电压比、电流比等），对实际的各种变压器（包括三相变压器）都能应用。

3.1.1.2　空载运行时的变压器

如图 3-1 所示，变压器的原绕组接上额定的交变电压，而让副绕组开路（即不与负载接通），这就是变压器空载运行的情况。现在就此情况讨论如下几个问题。

A　变压比与每匝电压

在外加交变电压 U 的作用下，原绕组中便有交变电流通过，此电流只占变压器额定电流的极小比例，称为空载电流 I_0，用符号 I_0 表示。电流通过原绕组的匝数 W 后便建立了磁动势 $I_0 W_1$，在它的作用下，铁芯中产生交变磁通。由于铁芯的磁导率很高，所以绝大部分的磁通都是通过铁芯而闭合。它既与原绕组交连，也与副绕组交连，因而称为主磁通 Φ（或称工作磁通）。实际上，还有很小一部分磁通再穿过原绕组后就沿附近的空间而闭合，并不穿过副绕组，如图中的 3－1 中的 Φ_{s1}，因它只与原绕组接交，故称为原绕组的漏磁通。现为使问题简化，暂略去漏磁通这一次要因素。

已知上述交变的电压、电流、磁通均按正弦规律变化，根据电磁感应定律可知，在交变主磁通的作用下，原绕组将产生与外加电压方向相反的感应电动势，其有效值为：

$$E_1 = 4.44f\Phi_m W_1 \times 10^{-8}$$
$$= 4.44fBSW_1 \times 10^{-8} \tag{3-1}$$

同理，副绕组也产生感应电动势，其有效值为：

$$E_2 = 4.44f\Phi_m W_2 \times 10^{-8}$$
$$= 4.44fBSW_2 \times 10^{-8} \tag{3-2}$$

式中　E_1，E_2——原绕组与副绕组的感应电动势，V；

　　　f——电源频率，国内统一为 50Hz；

　　　Φ_m——主磁通的最大值，Wb；

　　　B——同过铁芯柱截面的磁通密度，Gs（$1Gs = 10^{-4}T$）；

　　　S——铁芯柱的有效截面积，cm^2；

　　W_1，W_2——原绕组与副绕组匝数（有的书上用 N 或 T 代表匝数）；

　　　10^{-8}——单位变换系数。

由式 3－1 及式 3－2，可得：

$$\frac{E_1}{E_2} = \frac{W_1}{W_2} \tag{3-3}$$

原、副绕组中，感应电动势的大小与其匝数成正比。

原绕组的感应电动势的方向，按照楞次定律，总是与外施电压相反，外施电压还必须平衡感应电动势和空载电流在原绕组中产生的电压降。由于空载电流很小，原绕组的电阻值也很小，故降压很小，可以忽略不计。因此，可以认为原绕组的感应电动势 E_1 与外施电压 U_1 大小相等。

又由于在空载情况下，变压器副绕组电路没有电流产生，其端电压 U_2 就是副绕组的感应电动势。

在式 3－3 中，U_1 用代替 E_1，并用 U_2 代替 E_2 得出的比值特称为变压器的变压比，用 K_U 表示如下式：

$$K_U = \frac{U_1}{U_2} = \frac{W_1}{W_2} \quad 或 \quad U_1 = K_U U_2 \tag{3-4}$$

变压比简称变比，还有称为匝比的。

式 3－4 表明，原电压 U_1 始终为副电压 U_2 的 K_U 倍，当变比 K_U 大于 1 时，为降压变压器；变比 K_U 小于 1，则为升压变压器。由此可见，变压器的原、副绕组绕以不同的匝数时，即可达到降压或升高电压的目的。

把式 3－4 略加变形，可以得到原、副绕组的每匝电压伏数，简称每匝电压或匝压，用 e_t 代表如下：

$$e_t = \frac{U_1}{W_1} = \frac{U_2}{W_2} \tag{3-5}$$

式中　e_t——每匝电压，V/匝。

由此可知，在同一变压器中，原、副绕组的每匝电压是相等的。

B　每匝电压的关系式

在式 3-1 或式 3-2 中，以电压 U 代替感应电动势 E，W 代替匝数，并以我国标准频率 $f = 50Hz$ 的数值带入，合并常数后，得每匝电压关系式：

$$e_t = \frac{U}{W} = 2.22BS \times 10^{-6} = \frac{BS}{450000} \tag{3-6}$$

式中　e_t——每匝电压，V/匝；

　　　B——铁芯柱磁通密度，Gs（$1Gs = 10^{-4}T$）；

　　　S——铁芯柱有效截面积，cm^2。

由此可见，1 台变压器的铁芯已定时，绕组的每匝电压是与心柱的磁通密度成正比的。而一定牌号的硅钢片，其磁通密度也只能在一定范围内使用。因此，铁芯已定的变压器，其每匝电压也只能在一定的范围内应用。

对已经制成的变压器，加在它绕组上的电压必须是设计时规定的额定电压。如果所加电压超过额定值，则它的每匝电压也超过原值，由式 3-6 可知，引起磁通密度超过允许值，原绕组中的电流将大大增加，甚至烧毁变压器。

C　调压分接头

有时候，加在变压器原绕组上的原电压受电网负载变化的影响而在某一时间内有偏高或偏低的情况，因而变压器副边电压也将随之而偏高或偏低。使副边尽量维持额定的电压有什么办法呢？另外，有几种不同电压的负载，其负载量都不大，想用一台变压器供给它们，又有什么方法呢？

为了解决第一个问题，人们通常采用图 3-3 的方法。在原绕组上抽出许多分接头来，以便根据电源的电压高低，恰当地选用接头（也就是恰当地选用原绕组匝数）。假设这台变压器：$U_1 = 10000V$，$U_2 = 220V$，$A - X_3$ 段为 9500 匝，$X_3 - X_2$ 段为 500 匝，$X_2 - X_1$ 段也是 500 匝。

额定的高压匝数 $W_1 = 9500 + 500 = 10000$ 匝，低压匝数 $W_2 = 220$ 匝，那么：电源电压为额定值 10000V 时，把 X_2 作为额定电压分接头，（即电源电压加在 $A - X_2$ 段上）；电源电压降为 9500V 时，选 X_3 用作 -5% 的分接头；电源电压升为 10500V，选用 X_1 作为 +5% 的分接头。以上三种情况下，原绕组的每匝电压都是 1V/匝，同一变压器中，副绕组的每匝电压也应是 1V/匝，现副绕组有 220 匝，故副绕组电压始终是：

$$U_2 = W_2 e_t = 220\,匝 \times 1\,\frac{V}{匝} = 220V$$

为了解决第二个问题，人们通常采用图 3-4 的办法，在副绕组里抽几个分接头。假设这是一个安全行灯变压器，低压分别供 36V、24V、12V 三种不同的电压，并假定这变压器的每匝电压为 0.5V/匝，所以副绕组计 72 匝，每隔 24 匝抽一个分接头，这样，其线端 a 到 x_3 间为 24 匝，供 12V；a 到 x_2 间为 48 匝，供 24V；a 到 x_1 间为 72 匝，供 36V 负荷。

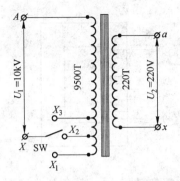

图 3－3　变压器原绕组抽头调压方式

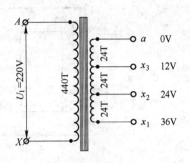

图 3－4　变压器副绕组抽头调压方式

以上两种办法，第二种方法虽可供数种电压的负载，但变压器潜力常不能充分发挥，故只有小型变压器才用它；第一种方法却基本能始终发挥其能力，故一般电力变压器都采用它。至于分接头连接的变换，可以采用各种分接开关，需要停电改换电压的叫做"无激磁分接开关"，不需停电（在负载下）的叫做"有载分接开关"。前者结构比较简单，如图 3－5 所示，后者比较复杂，这里从略。

　　D　极性与绕向

变压器铁芯中的交变主磁通在原、副绕组中产生的感应电动势也是交变的，其实没有固定的极性。这里说的极性，实际上是指原、副两绕组的相对极性。当原绕组的某一端在某瞬间其电位为正，副绕组也必须在同一瞬间有一个电位为正的对应端。这两个对应端，称之为同极性端或同名端。

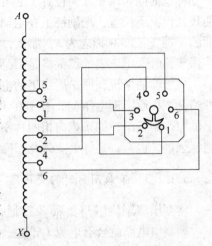

图 3－5　小型电炉变压器的
无激磁分接开关一例

原、副绕组间的极性，应按减极性原则标注为好。即假定原、副绕组的同极性端同时通入电流时，它们在铁芯中产生的磁通方向应相同。因此，确定原副绕组的同名端时，可以先任意指定原绕组的某一端为正极，并假设电流从该端流进原绕组时，铁芯中的磁通 Φ 可用右手螺旋定则确定，如图 3－6 所示。那么，在已定的磁通 Φ 的方向限定下，副绕组应该从哪一端流进电流，那么，哪一个端头便是副绕组的正极，与原先指定的原绕组的那一端为同名端。（因为是相对极性，故也可说都是负极）。而原、副组各还有的另一端，当然也是同名端，标它们为负极。把原绕组的正、负极用大写字母 A 及 X 标定，副绕组的正、负极用相应的小写字母 a 及 x 标示。

为什么减极性呢？原因是，如果把原、副绕组的任一对同名端，例如 X 和 x，用导线连接后，在原绕组两端加上 U_1（或者在副绕组两端加上副电压 U_2），用电压表测量另一对同名端的电压，例如 A 和 a 间。将会发现，电压表读数恰为原、副电压之差，即 $U_1 - U_2$。

在图 3－6a 中，原、副绕组的绕向相同，结果按减极性标志的同名端，在几何位置上也相似，很易区别。而在图 3－6b 中，由于副绕组的绕向与原绕组的绕向相反，结果按减

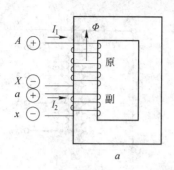 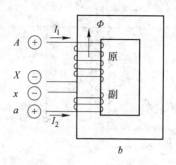

图 3 – 6　确定变压器绕组同名端示意图

a—绕向相同时；b—绕向相反时

极性标志的同名端在几何位置上也相反。如果不按减极性标志原则确定同名端，而 R 随便按几何上下位置，把副绕组在上面的一端（负端），也按原绕组相应标志为 a，而把下面的一端（正端）标志为 x，那么，这样的标志就称为加极性标志。因为，如果仿上面所述做实验时，电压表的读数将是 U_1 及 U_2 之和，即 $U_1 + U_2$，加极性之名即由此而来。

减极性的情况，原、副绕组的电压同相位，有许多方便及好处，故为一般采用，加极性情况下，原、副电压间，有 180° 角度差，即刚好相反，因此一般喜采用。在一个心柱上的原、副绕组，如果绕向相同，不但从几何上易于确定同名端，而且对增加两个绕组的绝缘强度，也有一定好处。为此，除特殊情况外，两绕组的绕向常是相同的。

3.1.1.3　有载用行时的变压器

将变压器副绕组与负载 Z 接通，在 U_2 的作用下，副绕组电路就会有电流 I_2 产生，变压器输出电能，如图 3 – 7 所示。

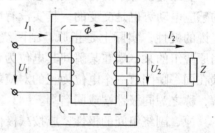

A　原、副组的磁动势

由于 I_2 的出现，副绕组就会产生磁动势 $I_2 W_2$，这个磁动势总是力图削弱单边绕组产生的主磁通 Φ，也就是说有减少原绕组感应电动势 E_1 的趋势。

图 3 – 7　有载用运行时的变压器

但是，由于外施电压 U_1 是一定的，即原绕组的感应电动势也必须保持一定，而与负载无关。因此，变压器铁芯中的主磁通 Φ 也必须保持不变。这样，原边绕组的电流就从 I_0 增加到 I_1 来平衡副边电流 I_2 的去磁作用。在原、副边两个磁动势的共同作用下，铁芯的主磁通还是保持空载运行时的原值不变。由上述可知，有载时，原绕组电流所建立的磁动势 $I_1 W_1$ 应该分为两部分：一部分为 $I_0 W_1$，用于激磁，产生主磁通，另外一部分用来抵消副绕组电流建立的磁动势 $I_2 W_2$，从而保持主磁通基本不变。可以写出磁动势平衡方程，即

$$I_1 W_1 = I_2 W_2 + I_0 W_1$$

在满载情况下，I_0 相对很小。激磁磁势 $I_0 W_1$ 可以忽略不计，而得出：

$$I_1 W_1 = I_2 W_2 \qquad\qquad (3-7)$$

或

$$I_2 = \frac{W_1}{W_2} I_1 = K_U I_1 \qquad\qquad (3-8)$$

式中　I_1——原边电流，A；

　　　I_2——副边电流，A；

　　　W_1——原绕组匝数；

　　　W_2——副绕组匝数；

　　　K_U——变压比或匝数比。

　　由式3-8可知，副边电流是原边电流的 K_U 倍，对于降压变压器，低压电流总是大于高压电流。

　　B　原、副绕组的功率

　　根据式3-4及式3-8，变压器副边消耗的功率为：

$$S_2 = U_2 I_2 = \frac{U_1}{K_U} K_U I_1 = U_1 I_1 = S_1 \qquad (3-9)$$

式中，S_1 和 S_2 分别是变压器原、副边绕组的视在功率。大中型变压器效率很高，一般都可以达到98%以上，变压器内部的功率损耗很小，可以忽略不计，所以通常可以认为，变压器从电网吸取功率与变压器输出功率相等。

　　而变压器输出的有功功率取决于负载的性质和大小。

　　C　原、副绕组间的机械力

　　从电磁作用的左手定则可知：载流导线在磁场中受到电磁力的作用。两根平行的载流导线间，也会产生电磁力，根据左手定则可以判定：两根平行导线中的电流相同，则电磁力将使之靠拢，如果电流方向相反，则电磁力将使之排斥。

　　根据楞次定律，可以知道在任何瞬间，变压器原、副绕组中的电流方向总是相反的。当绕组按同心式布置时，作用于高、低压绕组之间的电磁力是互相排斥的，内层低压受到的是沿外圆周的压缩力，而外层高压绕组所承受的是沿内圆周向外的扩张力，如图3-8所示。

　　这种电磁力，在变压器正常运行时，还不足以威胁其绕组的安全。但在短路情况下，如果短路电流是额定值的20倍，则电磁力可达到正常运行时的800倍以上，将危及整个变压器的安全。所以在设计制造运行时，必须予以充分注意。

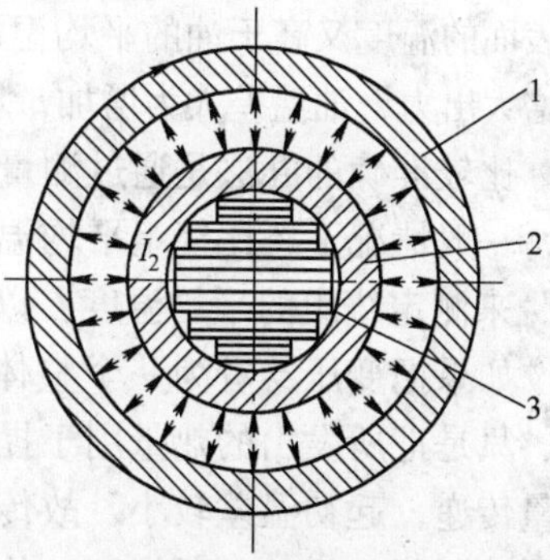

图3-8　原、副绕组间的电磁力
1—高压绕组；2—低压绕组；3—芯柱

　　D　变压器的发热与冷却

　　在变压器运行过程中，由于铁芯的磁滞和涡流损耗，电流流过绕组电阻产生的铜损，以及油箱壁等铁质部件的漏磁损耗，都转换为热能，使变压器内部的温度升高。

　　变压器的铁损与铁芯密度的平方成正比。无论在空载或满载情况下，铁损几乎不变。其值可由空载试验来确定。

　　绕组的铜损与负载电流成正比。负载小时，损耗很小；负载大时，损耗很大。只有在核定电流下，它的数值才和额定的短路损耗相等。超载10%，损耗就增加21%；超载30%，损耗就增加69%。1台16000kV·A的电炉变压器，额定的铜、铁损耗大约是200~300kW，如以250kW计，相当于一般家庭用的生活电在变压器内部加热，按照热功当量值：

$$1kW \cdot h = 860kcal \qquad (3-10)$$

这样每小时将供给 215000kcal 的热量。这样大的热量若不及时散除，在很短的时间内，变压器便会烧毁。为了及时散去这些热量，一般采用变压器油作为冷却介质（变压器油也是绝缘物）来把热量传走。

散热过程是：铁芯和绕组中心的热量，由内部传到外表面后，进而传递给变压器油，而变压器油在变压器内对流循环，把热量又传给油箱壁，最后由于辐射和对流作用，由空气把热量逸散。其热量交变过程如图 3-9 所示。

实际上变压器各部件的温度分布是比较复杂且很不均匀的，如图 3-9 所示。通常只是用温度计来测量变压器的顶层油温。但是，这与绕组的温度还有相当的差别。这种

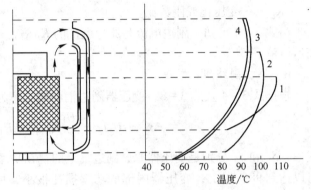

图 3-9　油箱内油的对流及各部分温度分布
1—绕组；2—铁芯；3—油；4—油箱

方法是比较粗糙的，顶层油温与绕组的温差只能凭经验估计得出。而绕组的温度才对变压器的运行有着实际的意义。

在传热过程中，绕组中心温度高于其外表面温度，而绕组的绝缘又是一层隔热物。绕组外表面的温度又高于油的平均温度，此值在正常情况下约为 25℃。再加强冷却变压器，使其增大出力，油温差大为增加，均与绕组电流的 1.5 次方成正比，而很难估计其正确温差。

比较准确的办法是通过测量绕组电阻的变化来确定绕组的平均温度。而绕组的最高温度，一般情况下还比绕组平均温度高出 15℃ 左右。变压器增大出力后，应该采用"电阻法"来测定绕组的平均温度，以保证变压器的安全运行。

如果把变压器看为一个整体热源，分析它对周围空气的传热。变压器开始运行的时候，只是把所发出的热量用于提高本身的温度，当油箱表面与周围空气有温差时，才发生热量传递，起初温差较小，故传热较少，一部分热量还是用于增加变压器本身的温度，变压器对周围的温差不断提高，热传递不断加强直至变压器本身的热容量达到饱和。此后，变压器产生的热量与散出的热量才达到平衡。如果不增加负荷，变压器与周围空气就保持一定的温差。这个温差一般称为"油对空气的升温"（忽略了箱壁内外的温差）。

为了避免绕组和油的温度过高，必须采用相对的冷却措施。除了前述的油箱油管外，还可以安置散热器，或者采用强迫油循环水冷或风冷等设备。散热能力增加了，热交换加强了，变压器又达到新的热平衡状态，这样就可以适当提高变压器的出力。但单靠这种办法来提高出力，不但增加损耗造成电力浪费，而且仅从外部看，油温似乎不太高，实际上"绕组对油的温升"已大大增加。如果只以油温作为依据来确定变压器的负荷能力，而不用"电阻法"测量绕组平均温度，就很容易造成变压器烧毁事故。

3.1.1.4　三相变压器

交流电能的产生和输送几乎都采用三相制。想把某一数值的三相电压变换为同频率的

另一数值的三相电压，可用三台单相变压器组或一台三相变压器来实现。

图3-10是三相变压组。根据电力网的线电压和各个变压器原绕组额定电压的大小，可把三个原绕组接成星形或三角形。根据供电需要及各个副绕组的额定电压的大小，三个副绕组也可以采用星形或三角形连接。三台单相的规格必须完全一样。

图3-11是一台三相变压器。它的铁芯具有三个芯柱，在每个铁芯柱上个装有一个原绕组和副绕组。各相高压绕组的始端和末端可分别用 A、B、C 和 X、Y、Z 大写字母表示；低压绕组的始端和末端分别用 a、b、c 和 x、y、z 小写字母表示。三相变压器的每一相的工作情况和单相变压器完全相同。

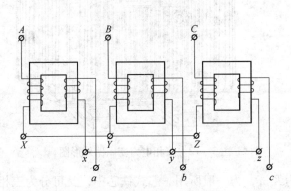

图3-10　由三台单相变压器接成的Y/Y
连接的三相变压器组

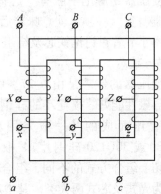

图3-11　三相变压器

三相变压器的高、低压绕组均可根据需要设计成星形或三角形连接。

三相变压器组或单相变压器组的视在功率是单向功率的3倍，可由它们的相电压及相电流按下式求出：

$$S = 3U_{相}I_{相} \times 10^{-3} \tag{3-11}$$

式中　S——视在功率，kV·A；

　　$U_{相}$——相电压，V；

　　$I_{相}$——相电流，A。

如果采用线电压或线电流作为实际的计算数据，那么，不论绕组接线是三角形还是星形，其视在功率可由下式算出：

$$S = \sqrt{3}U_{线}I_{线} \times 10^{-3} \tag{3-12}$$

式中　$U_{线}$——线电压，V；

　　$I_{线}$——线电流，A。

对于式3-11和式3-12，无论从高压侧低压侧计算均可，只要带入相应的电压和电流即可，由于线电压和线电流易于测得，故用式3-12较为方便。

3.1.2　三相电力变压器的一般构造

一般的三相电力变压器外形如图3-12所示。它主要由：铁芯、线圈、油箱（外壳）变压器油、套管、分接开关、温度计以及其他附件组成。下面分别简述如下。

3.1.2.1　芯体或器身

芯体易称器身，是变压器的最基本部分，它主要包括铁芯及绕组，一般电力变压器常把芯体与箱盖组合成一体，抽芯时，芯体及箱盖上的附件一道抽出。因此，有的人也把后者总称为芯体，变压器铭牌上一般有"芯体吊重"或"器身重"一项，就意味着后者的总重，本小节着重讨论铁芯及绕组。

A　铁芯

变压器的铁芯是由 0.27~0.35mm 厚、导磁性能好、损耗小的硅钢片彼此绝缘叠压而成的（一般采用型号为 30Q130 或 30Q120 硅钢片）。根据硅钢片剪切、组合方式的不同，组合的铁芯

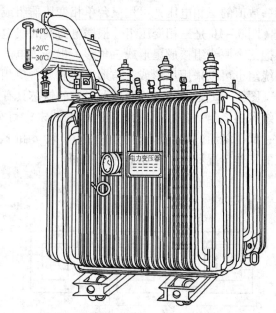

图 3-12　三相电力变压器外形图

可分为壳式及芯式两大类。其中芯式较为经济，为一般所用。芯式铁芯中，又可分为三相三柱式，三相三柱旁式（又叫三相五柱式），三相双框式及三相渐开线型等几种。现在只介绍最常见的一种三相三柱芯式铁芯如图 3-13 所示。

这种铁芯有三个直立的部分，称为芯柱，供套装绕组之用；有两个水平部分，称为轭铁，主要是用来闭合磁路，在下面的称为下轭铁，在上面的称为上轭铁（上轭铁那些铁片，是在心柱上一绕组之后一片片地插上去的，若要更换线圈也得先把它们一片片地抽出，使铁芯成"山"字状）。芯柱轭铁围成的两个空间，称为窗孔，供容纳绕组之用。这种铁芯每层由六张硅铁片拼成，有七个接缝。因为接缝的空气隙导磁能力差，为免接缝集中，每层叠时都把接缝错开，如把图 3-13b 重叠在图 3-13a 上，组成的整体铁芯，其机械强度也大了。

绕组在运行中受到电磁力，使其趋向于圆形，因此绕组多做成圆形，以提高其强度。为了配合圆形绕组的需要，也常把铁芯柱的横断面做成多级阶梯形，近似而内接于指定的一定直径的芯柱圆，如图 3-14 所示，它是靠用各种宽度不同的硅钢片组合而得到的，图 3-14 中的虚线圆为假定的芯柱圆。

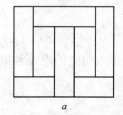
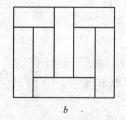

图 3-13　三相三柱式铁芯的接拼　　　　　　　图 3-14　四级铁芯柱断面图

组合好的铁芯，其上轭及下轭，各有夹件一副，按照一定方式将它们夹牢，再通过螺杆的联结，把上、下轭的夹件和箱盖形成整体，以便吊进油箱或抽芯的进行。

至于芯柱的紧固，过去是靠在芯柱铁片上冲成通孔，把芯柱所有的铁片夹紧。这种螺丝，一般称为穿钉，它既要通过铁芯片，又必须要对铁芯保持良好的绝缘。故变压器新制或大修时，须测量它的绝缘电阻数值，称为绝缘电阻实验。现在多改用一种粘带绑扎铁芯柱，既减少了工艺过程，又降低了铁芯损耗。

B　绕组

变压器绕组是由包有绝缘的铜或铝导线绕成的各式各样线圈及绝缘零件组成。从每匝电压的观点，线圈的相邻两匝间存在有一定的电位差，故导线均包有绝缘，（一般10kV级变压器多为纸质，导线每侧绝缘厚度为0.225mm，两侧厚度共为0.45mm），这种绝缘称为匝间绝缘。线圈的形式很多，常见的有双层圆筒式、多层圆筒式、分段式、连续拼式、双拼式、纠结式、单螺旋、双螺旋式铝箔筒式等。最普通的筒式线圈，是沿铁芯柱高度，一匝靠着一匝地绕满第一层后，才绕第二层。第二层绕满后，再绕第三层等。开始绕另一层之前，必须夹好层间绝缘，其厚度取决于层间的工作电压（层间工作电压就是第一层开始的那一匝与第二层最末那一匝之间的电位差，也就是第二层开始一匝与第三层最末一匝之间的电位差，它的数值为每匝电压与每层匝数的乘积的两倍）。其余线圈的详细结构及绕制方法，可参看具体的实物得到了解，这里不拟详述。绝缘零件则构成线圈的主绝缘及纵绝缘，使线圈固定在一定的位置，并形成冷却的油道（主绝缘是指线圈或引线对地、对异相或同相其他线圈或引线之间的绝缘；纵绝缘是指同一线圈上各点之间或相应引线之间的绝缘。前述的匝间绝缘和层间绝缘等均属纵绝缘）。

绕组在芯柱上的排列方式，有同心式或交叠式两种。交叠式排列的高、低压线圈是沿铁芯柱高度方向互相交叠放置的，其优点是机械强度较好，出线的布置和焊接较为方便，故电炉变压器多采用这种排列方式，如图3-15所示。电力变压器，则多采用同心式排列，一般是将低压线圈放在里面，因它与铁芯所需的绝缘距离比较小，有利于缩小线圈尺寸，而将高压线圈套在外面，因分接头一般是设置在高压线圈上，这样出线也方便，如图3-16所示。低压线圈与铁芯柱间，以及高、低压之间，都有绝缘纸筒相互绝缘。

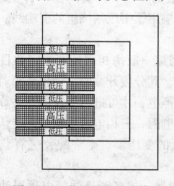

图3-15　绕组的交叠式排列

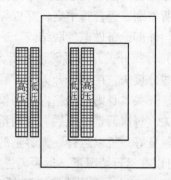

图3-16　绕组的同心式排列

绕组是变压器最重要的部件，也是最脆弱的部件。它是接受和传送电力的，因此它必须具有足够的绝缘强度，电流通过它，由于它本身的电阻而产生热量，这热量与电流平方成正比，因此它必须具备一定的耐热力及良好的散热条件，绕组间有一定的机械力，而短路时最大，故它又必须具备足够的机械强度。而这些就对正确运行设备，提出了一系列要求。

3.1.2.2　油箱及附件

油箱是用钢板焊接而成的变压芯体的容器。它既可保护芯体，避免芯体受到外来的机械损伤，又可保护工作人员，避免接触到芯体的带电部分。它还有一个重要作用，那就是充满变压器油后能够和周围空间进行热交换，把变压器铁损、铜损转变来的热能由辐射对流而排放出去，以免变压器芯体、特别是绕组因温度过高而损坏。在额定负载下，变压器发出的热量与散失的热量得到平衡，故变压器能得到一定的稳定温度。这种冷却方式叫做油浸自冷式。

在 6kV·A 以上、50kV·A 以内的小容量变压器，油箱外壳是平面式的；对 50kV·A 以上或 10kV 的变压器，为了加速油箱的冷却效果，多在外壳上焊有 1～3 层的钢管，以增大油箱与空气进行热交换的接触面积。容量更大的变压器，还装有可拆卸的散热器，或进行强油水冷、强油风冷等来提高散热效率。

油箱低压侧出线面，现在都使用不锈钢或低磁钢，达到降磁的目的，油箱下部焊有接地螺钉和一个放油阀，前者用于安全接地，后者做放油箱内的变压器油之用。油箱之下，一般附有滚轮，便于在必要时移动变压器。

变压器油是一种矿物质油，因为它精滤后具有较高的绝缘强度，故亦称绝缘油。按照凝固点的不同，变压器又分为 10 号（-10℃开始凝结），25 号（-25℃开始凝结），45 号（-45℃开始凝结）三种。根据当地气候情况，适当地选用不同号数的油，也可选用抗老化的环烷基油。在使用时一定要保持变压器的洁净，如有少量的杂质与水分的存在，都会使变压器油的绝缘强度大大降低。

箱盖上面一般装有各项附件，现简述如下：

（1）绝缘套管。为了将绕组的端头从油箱内引至油箱外，使它能和配电设备相连接，就必须利用绝缘管，这样才能使带电的引线穿过油箱时与接地的油箱保持良好的绝缘关系。绝缘套管一般都是瓷质的。根据使用的电压等级的不同，瓷套的瓷伞（也称瓷裙）个数有所差别。瓷套管中空，穿以导电铜锣杆，其下端用螺帽压紧绕组的引端线。上端也用螺帽与外部设备做电气联结。

（2）分接开关。为了调整电压，变压器的高压绕组一般每相都抽有一定数目的分接头。这些分接头，接到分开关上，容量不大的变压器，其分接开关的手柄多在箱盖或油箱侧壁上，开关本身则在油箱内，调整电压时，必须先停电，才可进行，这种开关称为无激磁分开关。每次调整电压后，应测量高压绕组的直流电阻，三相电阻平衡，才能认为开关接点接触良好，可以运行。大容量的或频繁调节电压的变压器，则常配装"有载分接开关"，可以在运行情况下，远距离进行调压。

（3）温度计。变压器绕组温度，一般难以直接测量，故多测量油箱内顶层油温，将其作为间接指示。为了测量上层最热油层的温度，容量小者在油箱上有温度计座，可插入水银温度计测量，容量稍大者则配有压力式计温度计。这种温度计由测温筒（热接收器）、金属毛细管和带有气压弹簧管的外壳、刻度盘、指针和接触系统构成。测温筒和气压弹簧管用可弯曲的金属毛细管联结，构成闭合的热系统。应该注意，金属软管不可受压，弯曲半径不可过小，以防损坏。当测温筒的温度增高时，密封在其内部的气体压力增加，金属毛细管中的压力传给气压弹簧管，弹簧管的变形使温度计的黑色指针产生偏转。

另有一个黄色和红色指针，它们与继电保护装置相配合，作为温度报警及高温跳闸用。当黑色指针与黄色指针重合时，其内部触点接通。发出温度信号，而与红针重合时，用于真空油开关跳闸。

（4）油枕。变压器油箱盖的一侧上面，装有圆筒形的油枕，如图 3 - 17 所示。油枕和油箱之间有用钢管连通的油道。正常运行时，油面处在油枕的一半高左右的位置，保证油充满油箱。油枕内的油与空气接触面积较小，因此，可以减少变压器油的受潮和氧化变质。更主要的是，有了油枕，能保证整个芯体和套管的下部总是浸在油内，提高了运行的可靠性。另外，渗入油中的水分可以积聚在油枕的底部而不进入油箱内，所以，油枕底部还装有呼吸器和集污器。

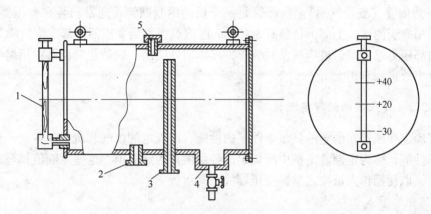

图 3 - 17　油枕的构造
1—油位计；2—瓦斯继电器连通管的法兰；3—呼吸器连通管；4—集污器；5—注油孔

集污器用来放出水分和杂质。呼吸器相当于一个进气孔。油枕内的空气经呼吸器与外界相通。呼吸器内放有氯化钙等干燥剂，用以吸空气中的水分。但在小变压器中，常在油枕的加油孔塞子上开一个小孔来代替呼吸器。另外，在油枕外面装有油标，跟油枕外面相通，用几根红线标志不同温度下的油面高度，用来监视油位。

油枕，亦称膨胀箱，这是因为当气温升高、满载运行时，油的体积增大，气温低，变压器未运行时油的体积最小。两种极端情况下，要能容纳得下油的膨胀体积，并能监视油位。

（5）瓦斯继电器。瓦斯继电器也叫气体继电器，如图 3 - 18 所示，装在油枕与油箱的联管中间，这种继电器外壳是一个铸造的容器，内部有两个浮筒，在上面的称为上浮筒。正常情况下，器内充满着变压油，上、下浮筒都受油的浮力而处在它的正常位置。每个浮筒均附有一个水银开关，当浮筒在正常位置时，水银开关的接点都是断开的。若变压器发生轻微故障产生气

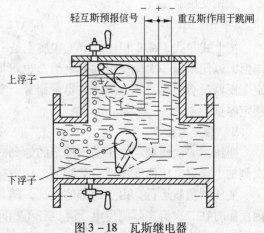

图 3 - 18　瓦斯继电器

体，进入继电器内，聚集在其上部，迫使继电器内油面下降，上浮筒向下移动，闭合其水银开关内的接点，发出报警信号，使值班人员能够及时检查，以免事故扩大。如果变压器故障较严重，产生大量瓦斯气体，油箱内压力升高，油将急速地从油箱经过继电器而涌向油枕，使下浮筒动作，闭合其水银开关接点，而作用于油箱开关跳闸，以保护变压器。前一种情况常称为轻瓦斯动作信号，后一种情况称为重瓦斯跳闸。

变压器内部的故障，如绝缘被电击穿，线匝短路及"铁芯烧毁"等时，有机绝缘物开始分解，随之析出气态的物质等，以及漏油或油箱内进空气等，均可使轻瓦斯动作，严重漏油使油面降到瓦斯继电器以下时，重瓦斯也动作。因此，当瓦斯继电动作时，必须仔细查明原因。

（6）防爆管（安全气道）。防爆管是一个长的钢制圆筒，通常斜装在变压器油枕侧，而其上端稍高于油枕，上部出口装有 3~5mm 厚玻璃板。当变压器内部发生故障，因油分解致使内部压力过大时，玻璃板及时破碎，气体向外喷出，以防止变压器油箱爆炸及变形等，以免事故进一步扩大。

3.1.2.3　变压器的铭牌定额数据

为了确定变压器在给定的技术条件下的性能，而规定的电气和机械的各量，包括冷却介质的条件等，称为定额。定额中所规定的各量值称为定额值，这些定额值都写在变压器的铭牌上，以便操作人员按之掌握变压器的正常运行。

A　定额容量 S_e

变压器的定额容量或称定额视在功率，是以二次侧绕组的额定电压和额定电流的乘积所决定的视在功率来表示的，单位为 kV·A。

单相变压器：

$$S_e = U_{2e}I_{2e} \times 10^{-3}$$

式中　U_{2e}——二次绕组的额定电压，V；

　　　I_{2e}——二次绕组的额定电流，A。

三相变压器：

$$S_e = \sqrt{3}U_{2e}I_{2e} \times 10^{-3}$$

把上式与式 3-12 相比，可见实质上是一样的，只是该式为限定只有二次侧绕组的额定值，以便采用一次侧绕组的额定值，也可同样算出变压器的额定容量（因为，一般假定变压器没有损耗，原、副两方容量相等。实际上，只有损耗的，故应以副方输出值定其额定容量）。

B　额定电压 U_e

变压器一次侧额定电压是指规定的加到一次侧绕组的电压。而二次侧额定电压是指一次侧加上额定电压而变压器空载时的二次侧端电压，而且一般均指线电压。

变压器负载运行，由于内部的阻抗，随着负载电流大小的不同，内部引起了电压降，因而那时在二次侧实际测得电压降也各不相同。因此，二次侧的额定电压必须以变压器空载下的数值为准，是一个固定值。

C　额定电流 I_e

变压器一次侧、二次侧的额定电流，是以相对应的绕组额定电压去除变压器额定容量后，得出的电流表示的，也是指线电流。正如前述，由于变压器效率很高，故也可认为两侧绕组的额定容量约是相等的。下面举一计算电流的例子。

例 3－1 有一台上三相电力变压器，它的额定容量 $U_e = 1000kV \cdot A$，一次侧、二次侧的额定电压分别为 $U_{1e} = 10000V$，$U_{2e} = 400V$，分别求它的一、二次侧的额定电流。

解：根据式 3－12：

一次侧额定电流：

$$I_{1e} = \frac{S \times 10^3}{\sqrt{3}U_{线}} = \frac{1000 \times 10^3}{\sqrt{3} \times 10000} = 57.8A$$

二次侧额定电流：

$$I_{1e} = \frac{S \times 10^3}{\sqrt{3}U_{线}} = \frac{1000 \times 10^3}{\sqrt{3} \times 10000} = 57.8A$$

D 额定频率 f_e

我国规定标准频率为 50Hz。

E 额定温升

变压器内的绕组或上层油面的温度与变压器周围空气的温度之差，称为绕组或上层油面的升温。每一台变压器铭牌上，都规定了该台变压器温升的限值。根据国家标准对电力变压器的规定：当变压器安装地点的海拔高度不超过 1000m 时，绕组温升的限值为 65℃，（电阻变化法测量），上层油面温升的限值为 55℃（温度计测量），同时变压器周围空气的最低温度为 －30℃，最高温度不超过 ＋40℃。因此，变压器在运行时，上层油面的最高温度不应超过 ＋95℃（55 ＋40 ＝95℃）。这是指夏天里可能偶然达到的温度。

另又规定：为了变压器油不致迅速劣化，在正常情况下，上层油不应超过 ＋85℃。因此，实际上，一般都是运行于 ＋85℃ 以下，以免加快变压器绝缘的老化。在规定的正常条件下变压器寿命可达 25 年左右，如果温升每升高 8℃，寿命便要减少 1/2，这就是有名的"八度原则"。

F 相数

相数为单相或三相。

G 接线图或接线组别

变压器铭牌上常有其绕组接线示意图，说明三相变压器原、副绕组的连线是三角形还是星形。接线组别则是用时钟的指针来表示一次绕组和二次绕组电压之间的相位关系。如果把一次绕组电压的向量 OA 当作时钟的长针放在钟面数字"12"上面，而以二次绕组的电压向量 oa 作为时钟的短针，它在钟面上的位置就表示出向量 oa 对向量 OA 的相移角。因此，有 12 个接线组别之分。

例如：在第二节极性与绕向一段中所述单相减极性时，原、副绕组的电压同相位，那就应称之为 12 组，因为它们同相位就相当于时针在 12 点整的情况下，原、副绕组的电压相位相差 180°，方向相反，那就称之为 6 组，因为它们的相位关系就等于时针在 6 点整的情况。短针指针面的"6"，长针在钟面的"12"，彼此方向相反，相差 180°。

在单相变压器中，只有两个组的变化，即 12 组或 6 组，而三相变压器却有 12 个组别。如果原边接成星形，副边接成三角形，因绕组的首尾段不同，可接成 11 组，（相角移动 30°），也可以接成一组（相角移动 30°），分别标为 Y/△ －11 组，Y/△ －1 组。三相变压器只有原、副绕组都是三角形或都是星形，才可以得到 12 组，但如果误接线，也可能接成 6 组，因此接线组别列为变压器试验项目之一。

H 短路电压 U_K

短路电压，是指将变压器的低压绕组短路，高压绕组处于额定分接位置，并施加以额定频率值较低的电压，当高、低压绕组中流过恰为额定值，而绕组温度为 75℃时，所加的电压值即为变压器阻抗电压降，称为变压器的阻抗电压或短路电压。一般短路电压使用额定电压的百分数来表示。

3.1.3 炉用变压器的特点

由于工艺上的需要，矿热炉变压器在性能及结构方面，与电力变压器相比有许多不同的特点，以致制造工艺较复杂，耗料较多，价格也比同容量、同电压级的电力变压器高。

本节拟介绍炉用变压器的结构特点及炉用变压常用的强迫油循环水冷却设备。

3.1.3.1 炉用变压器的特点

炉用变压器的特点具体如下：

（1）低压电压特别低，电流特别大。矿热炉用变压器的高压绕组是按供电电网的标准电压等级设计的，而低压电压是由冶炼实践经验选定的。电炉容量，具体负载的大小，产品的品种规格，炉料比电阻的大小，电炉设备的具体布置，操作人员的熟练程度等，这些都是决定电压值高低的因素。因此，选用适合的低压电压值，不是一件简单的事。通常用一个简单的经验公式，可以粗略地表示二次工作电压与变压器视在功率的关系：

$$U_{线} = K\sqrt[3]{S} \tag{3-13}$$

式中 $U_{线}$——变压器二次工作线电压，V；

　　　S ——变压器的实际视在功率，kV·A；

　　　K ——电压系数，与产品品种有关（K 值一般为 4 ~ 10，特殊的精炼用电炉可达 12 ~ 22）。

如果电压系数为平均值 7，那么，负载为 1000kV 的炉用变压器的低压线约为：

$$U_{线} = 7 \times \sqrt[3]{1000} = 70V$$

相应地，可求得它的低压线电流：

$$I_{线} = \frac{S \times 10^3}{\sqrt{3}U_{线}} = \frac{1000 \times 10^3}{\sqrt{3} \times 70} = 8250A$$

这一简单实例可充分说明矿热炉用变压器二次工作电压之低，电流之大了。

由于低压电压低，且变压器容量大，每匝数值就越高，故低压绕组匝数很少，一般都有几匝。匝数即少，匝间绝缘可用绝缘垫片来保证，并作为冷却油道，因而有可能采用裸导线绕制。因为低压电流大，则低压绕组截面积也必须大，不但要用多根导线并列绕制，而且每相都由多个线圈几路并联，分别用低压引线同排引出箱外，为了使这些大截面的导线连接方便，绕组排列形式，多不用集中式（同心式）。由于交叠式高、低压线圈的引线端头都在外层，便于接线操作，常采用交叠式排列。

（2）低压绕组每相几路的引线端头都是首尾间隔引出箱外，高压绕组最好也是每相的首尾端均引出箱外，而不在箱内连接。

低压大电流分成几路用铜排引出，既便于降低引线中的附加涡流损耗，又便于散热。分成的路数一般采用偶数为好，这样可以变换绕组的串、并联方式，而使调压级数增加一倍，且不降低变压器容量。引线铜排都是首端、尾端，又首端、又尾端如此相间引出，而使引线的电抗减少，以提高变压器本身的功率因数。

铜排相间排列还便于布置短网线及电极上闭合成三角形接线，这是提高电炉功率因数的关键措施。由此可知，当每相为四路并联时，最完美享有八块铜排引线，这么多的大截面的引出线，不可能像高压引线那样采用绝缘套管，而只能采用绝缘木板来绝缘和密封。

中小型变压器的低压出线部位，一般都在箱盖。大型变压器，为了减小引线的阻抗，故多在油箱的一宽面侧壁引出。

除小型变压器外，一般炉用变压器的高、低压绕组，多是按三角形接法设计的。这种情况下，如果高压绕组是每相首端与尾端都引出箱外，也在箱外接成三角。那么，在开炉初期阶段或某种需要，就暂时做星形连接，低载运行，使变压器的正常电压级数增加了一倍，尤其是变压器本身电压级不多时，这样做更有必要。

（3）炉用变压器具有多级分接电压。矿热炉对二次工作电压值的大小非常敏感，尽管电压升降只有几伏的数值，电炉也会做出明显的反应。加上冶炼品种可能变换，炉料的品种可能波动，处理炉况都须选用恰当的电压级。但从工艺考虑，分接电压越多越好，但级数越多，变压器的造价将越高。所以，对品种固定的一般矿热炉变压器，有的只有 10 ~18 级。级差一般取中间值的 3% ~7%。

一般中、小型变压器，其所用分接电压的开关，多为无激磁分接开关，必须在停电后才能进行换接，每次换后，尚需用电桥测量高压每相直流电阻，必须使之平衡，才能重新送电运行。新型大容量炉用变压器，采用带串联变压器方式，有 30 多级电压调整，级差也较小，仅有 2 ~3V，采用有载调压分接开关，调压非常便利。

（4）炉用变压器具有良好的绝缘强度及机械强度。为了保证操作人员的安全，必须加强高、低压间和高压、低压对大地间的绝缘。另外电炉变压器拉、合闸也比较频繁，为防止由操作过电压，引起变压器的损坏，也必须加强绝缘强度。因此，炉用变压器的绝缘，比一般电力变压器要求高。

变压器运行时，特别是二次侧短路的情况下，高、低压绕组间受到很大的电磁力，会损伤绝缘，或使绕组导体变形，而损坏变压器，在电炉运行中由于塌料等出现的冲出性过负荷，不慎而偶然造成电极短路等，都有可能出现。为了经受这种偶然的冲击，炉用变压器结构必须充分牢固，具有较高的机械强度。一般炉用变压器绕组排列采用交叠式，由于交叠式能够承受较高的机械的冲击。

（5）炉用变压器具有不大的阻抗和短路电压。普通炼钢电弧炉变压器，一般阻抗大时，影响电炉的功率因数，特别是大容量电炉，短网的阻抗一般较大，这是不可避免的。短网阻抗可以减小短路电流的冲击。因此，矿热炉用变压器的阻抗，一般与电力变压器相仿即可，为 5% ~10%。

因为变压器阻抗小，为预防变压器低压出线处短路电流太大，可在该处加强保护措施。

（6）接线组别一般采用 12 组。除小型变压器高、低压绕组可采用星形接法外，中型以上变压器，一般高、低压绕组都采用三角接法，这是因为在短网中，只流过软线电流为小相电流。

组别采用12组，这是因为要使高压与低压间没有相角差，在这种情况下，即使低压不配备电流互感器来直接观测低压电流，也可依靠相应的高压电流表准确地调整三根电极的升降。

因此，小型变压器采用Y／Y－12组接法，中型以上多采用△／△－12组接法。

（7）具有一定过载能力，配有相应的、良好的冷却措施。矿热炉由于负载比较稳定，电炉一经投入运行，基本上是长期满载运行。工艺上为扭转炉况，如有需要，可以适当过负荷运行，为此，炉用变压器最好具有10%～30%的过载能力。这样，正常满载运行，绕组温度比较低，既安全可靠，又降低了铜损耗，提高了电炉的电效率（导体的电阻随温度提高而增大，铜损又与导体电阻成正比）。要具有一定的过载能力，除了绕组要有一定大的截面外，还需有良好的冷却措施。

原有的小容量变压器如果本身是油浸自冷的，可以用增加风冷的办法来达到一定的过载能力，甚至还可采用强油循环水冷，进而在更大程度上提高电炉能力，当然此时变压器短期的过载能力也相应增大。

如果变压器是强油循环水冷的，但进出油管为一出一进窄面对角线布置的，也可改为三出三进宽面对角线布置，是三个心柱的绕组，得以加速冷却，这样来提高变压器短期的过载能力。

最好避免单纯靠加强冷却来提高变压器的出力，因为变压器的发热与散热虽得到平衡，但这样的结果增加了变压器的阻抗电压降及铜损耗，降低了电炉的功率因数及电效率，势必要恶化产品电耗指标。

（8）大容量电炉采用三台单相变压器组的合理性。当采用三相变压器时（图3-19），短网由电炉的一侧出线，三相距电极的长度不一，造成三相不平衡。当电炉容量越大这种情况变得越严重。因此，大容量电炉以选用三台单相变压器组成三相变压器组为宜。变压器一般置在加料层的上一层，三台彼此在平面上成120°角，其低压侧面向两极之间的大面。这样布置时，短网既短且三相阻抗均衡。

三台单相变压器（图3-20），比起同容量的三相变压器，投资要高一些，但是它有上

图3-19　三相变压器

图3-20　单相变压器

述优点，故一般所采用。另外，从备件角度讲，只需一台单相即足。万一意外，备件不够，有一台单相损坏时，还可拆除坏的一台进行检修，良好的两台，仍可改成∨/∨接而保持低载运行，以免电炉停顿。

两台单相接∨/∨运行时，电流、功率只能按三台原值的58%使用，而不是66%，但坏的一台迅速检修好后，很快就可恢复△/△接而全电流、全功率运行，故也无大碍。

按∨/∨接法运行时，只能用相电流值，故其视在功率为：

$$S = \sqrt{3}U_{线} I_{相} \times 10^{-3} \qquad (3-14)$$

3.1.3.2　炉用变压器的强油循环水冷设备

中型上的炉用变压器，为了便于运输与检修等，现多采用平衡油箱而配以冷却效率较高的强迫油循环水冷却设备（简称强油水冷）。这种冷却方式，根据油管的布线不同，可以分为：一出一进窄面对角线布置及三出三进宽面对角线布置两种，前者是最基本的形式，简称一出一进，后者是前者的发展，简称三出三进。先介绍一出一进布置，如图3-21所示。

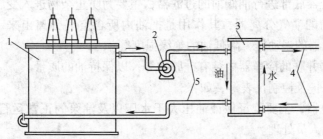

图3-21　强油水冷一出一进冷却系统
1—变压器；2—油泵；3—油冷却器；4—冷却水管道；5—油管道

这种冷却系统主要包括油泵、冷却器、油管道及水管道。其工作原理是：变压器顶部的热油，被油泵吸出后加压，较高压力的油克服冷却器内部的阻力在冷却器中冷却，冷却后的油，仍在压力作用下，被打进变压器的底部，再对变压器铁芯及绕组进行冷却。冷油吸热后又上升到顶部而重复上述循环。

在冷却期内部，油则有一般低于25℃的冷水来降温。由于油的流动是靠油泵的强迫循环而冷却，介质是水，故称这种冷却方式为强油循环水冷却。

冷油器的形式有多种，但其基本构造都是一个金属状的密封容器，如图3-22所示。冷油器附有油及水的进出法兰，都装有阀门，可供启、闭及调节流量、压力之用。内部有大量的薄壁小黄铜管（内径约10mm）约数百根，密布在容器之中。另有一定数量各种形式的花隔板，水平装置于容器内，它们的作用是固定铜管位置及构成曲折的油路，使热油在铜管外壁之间的微小空间沿着花隔板规定的路径，在容器内曲折迂回流动，铜管内侧有温度很低的冷却水方向流过，依

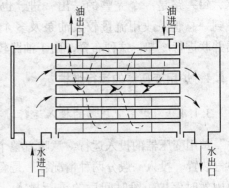

图3-22　水冷式油冷却器

靠铜管的薄壁,与热油进行热交换,使热油温度降低。由于铜管数量多,热交换面积大,水的温差大,故冷却效率很高。另外,由于管径很小,故能充分发挥水的冷却作用,如果管径较大,只有邻近管壁处的水参与热交换,中心水柱则直接流走,冷却效率降低,造成水的大量浪费。近年来也选用不锈钢材质的螺旋板式冷却器。

在冷油器内,水路与油路应严格保证不发生渗漏,因为即使少量的水分进入油内也会使油的绝缘强度急剧降低,而危及变压器的安全运行。为了防止这种情况的发生,运行时必须始终保持油压大于水压 $0.5 \times 1.0^5 \sim 1.0 \times 1.0^5 Pa$。这样万一发生渗漏,由于油的压力大,水的压力小,油只能进入水中,而水不能进入油中。当进行定期巡视检查时,发现冷却出水中的油迹,便可及时处理。

为了保证变压器的安全运行,强油水冷系统的操作程序应该是:

(1) 电炉送电前,先启动冷却系统,在停电后,才停冷却系统。

(2) 启动时,先启动油泵,后启动水泵,停用时,先停水泵后停油泵。

实际上的强油水冷系统,除了图 3 - 21 所示的主要设备外,一般还有附属设备,如:

(1) 装在变压器底部进行油阀前的过滤器,主要为防止杂物进入变压器内部。

(2) 过滤器前的油气分离器,其作用是把油内所含空气分离出来,用专用阀放走,以免造成瓦斯继电器的误动作,降低油的绝缘强度等。

(3) 与冷油器并联的冷净器内装有硅胶物等,以保持油的质量。

另外还有些保护及控制仪表等,如:

(1) 差压继电器,主要监督保证油压大于水压以及油泵的正常运行,不正常时,发出信号,促使运行人员处理。

(2) 油及水的压力表,温度计以及流量计等。

(3) 三出三进强油水冷布置,热油出口有三个,在油箱宽面的顶部,分别在三个铁芯柱向上的延长线上,冷油进口也有三个,改在油箱宽面的底部,分别在三个铁芯柱的下面。进油口内部都有导油管,把冷油直接导向三相绕组。油箱的进、出口布置如图 3 - 23 所示。三个进油管及出油管可分成三路,每一路是一个完整的一出一进,也可汇总到一总管,改用流量较大油泵及多个冷油

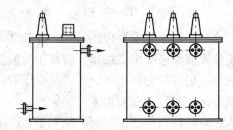

图 3 - 23　三出三进强油水冷变压器油箱
开孔示意图

器并联进行冷却,这种布置,由于油路较短,流量较大,死角较小,故冷却能力更强。

3.1.4　炉用变压器的运行维护

3.1.4.1　炉用变压器的投入运行

炉用变压器的投入运行,意味着整个电炉设备投入运行。因此,必须检查整个电炉的电气装置。投入一般分两种情况:一是新建、改建或大修后的投入;一是小修或因某种原因暂时停炉一段时间后的重新投入。如果是前一种,那么在投入前,必须特别慎重

地了解情况，在现场做一些外观检查以及简单试验，确定证明设备一切良好后，才可正式通电。

A 了解

首先是摸清情况，一般应从安装或大检修单了解如下内容：

（1）炉用变压器是否已按标准做过各项试验，试验报告的评语及结论如何？分接开关是在哪一电压级？是否合乎开炉时的要求？

（2）隔离开关、真空断路器是否已按标准进行试验、安装、调整？试验报告单的评语及结论如何？

（3）电压、电流互感器以及防雷设备等高压附属设备是否均已按标准进行过试验？试验报告单的评语及结论如何？

（4）继电保护各项元件及二次回路是否均已按标准做元件试验调整，回路校核以及整组试验，各项试验动作是否均合要求？

（5）各项控制仪表是否均已按标准校验安装合格？

（6）如有强油水冷设备，还应了解系统确已进行清洁试验，冷油器水路与油路确无渗漏。系统内的油及变压器油箱内的油均已合格。

（7）其他必须了解的事项。

B 检查

应在现场作详细的检查，具体如下：

（1）电源及室内高压小母线正常、完整。

（2）隔离开关，真空断路器正常。

（3）油枕上的油位计是否完好，油位是否清晰可见，其高低是否合适（油量多少合适）？

（4）油枕与瓦斯继电器之间的阀门是否已打开？瓦斯继电器内是否储有空气？顺便可对瓦斯继电器作打气试验，看轻、重瓦斯动作是否正常？

（5）防爆管的膜片是否完好？

（6）低压出线是否连接良好？整齐及固定好？使用水冷电缆还要检查密封。

（7）箱盖及变压器油箱等有无漏油现象？

（8）高压引线套管外观是否整洁完整？顺便可测试绝缘电阻是否良好或达到一般参考值？

（9）变压器外壳接地是否牢固可靠？

（10）变压器铭牌数据及规定的运行方式、冷却条件等是否均与实际相符？

（11）消防设备是否具备？如四氯化碳灭火机，黄沙桶等。

（12）电炉短网、电极无短路或接地。

（13）操作台上仪表、继电器及指示灯、操纵开关等均完整、良好。

（14）动力照明及操作电源等均良好、可靠。

（15）其他有关事项。

C 测试

在现场操作几项简单测试：

（1）强油水冷系统测试：在油路未和变压器接通情况下（即变压器进、出油阀未打开），试通水，随即关闭，调节出水阀，使冷油器承受水静压 $2.5 \times 10^5 Pa$ 左右，维持数小时后，取出系统油样测试耐压，应未降低（这一工作最好一进现场即开始试静压）。油路与变压器接通后，启动油泵试运转，小量供水，检查出水中是否有油迹？管道设备有无漏油？各方面情况是否正常？

（2）真空油断路器动作测试：在隔离开关断开未送高压电的情况下，先试合闸，以检查合闸回路，再按紧急跳闸按钮，看断路器动作是否可靠，指示灯是否正常反应。也可模拟继电器动作，是指跳闸。

（3）三相模拟送电：炉用变压器的低压侧，已经和短网、自焙电极等固定相接，为了检查低压侧确实无短路接地情况，一般用一个三相小升压变压器，将三相 380V 电源，升为炉用变压器额定高压值的 10% ~ 12%，加于变压器的高压侧（三相 380V 电源合闸前，三根电极均提升到一定高度，与炉底距离大致相等）。送电后，在电路上，用低压量程电压表测量电极之间的线电压与每根电极对大地的电压。如果线电压平衡，且每根电极对大地均有电压，即证明低压无短路接地。如果低压有短路，则短路处发生爆炸声，线电压不平衡。如果低压有一相接地，则其他两相对地电压较高，略小于线电压。

D　试投

经过以上了解、现场检查、现场简单测试等证明设备正常，即可保持电极离开炉底的情况下，实行送电，使变压器空载运行，此时检修人员应该离开电炉带电部分及可动机械的部位，以免发生意外。

在变压器投入运行合闸过程的瞬间，应密切监视盘上的仪表指示：三相电压是否平衡？电压表指示值与该级电压偏差是否在正常范围内？电流表的指示针是否晃动一下后随即回到零值附近？倾听变压器电磁声是否正常？万一有不正常情况，应及时跳闸进行处理，如果情况正常，也要正常跳闸后，冲击合闸三次，若一切正常，才可下降电极，电路正式通电。逐步增加负荷，也随时注意观察高、低压各接点状态。看各接点有无发红、变色的情况（晚上灭灯情况下最易发现），另外，为了在实地中验证各电极的电流表相位无误，除直接升降该极可得电流的减少与增加外，还可通过有效相电压表来验证，即该极提升时，其有效相电压值也应上升，该极下降时，其有效相电压值也应下降。

如果变压器的投入，因为小修或某种原因暂停一段时间后的重新投入的情况，那么，除了解指定小修的情况外，也要对现场检查及对简单测试的有关项目进行检查与测试，至低限度，对那些重要的项目，绝不可忽视。

3.1.4.2　炉用变压器正常运行维护

为了保证变压器能安全可靠地运行，当变压器有异常情况发生时能及时发现和及时处理，将事故消除在萌芽状态，运行值班人员应调整好三相电极的负载电流，注意监视仪表指示，做好运行记录，并且定期对变压器及高、低压配电设备进行巡视检查，并在记录本上记明有关情况。

调整负载电流，监视记录仪表指示数据应该注意以下几个问题：

（1）调整好三根电极，在电炉内插深，使三个电流表指示值均接近额定值，一般波动不超过 ±5% ~10%，三相不平衡度一般也只应为 ±5% ~10%，最多不超过 ±20%，尽可能使三个有效相电压表指示值也接近于平衡。它们是间接表明电极与底中点距离的。严防电极短路。

（2）监视仪表指示值，与以往正常情况比较，及时分析发现问题，有效相电压表实际也是绝缘监视仪表。

（3）合真空开关之前，与往常情况比较，不得带负荷合闸。跳闸前，须提升电极使电流降到正常值的一半以下。

（4）按照记录要求，按时填明仪表当时的真实指示数据：高低压电流、电压，变压器油温，室温（环境温度），进出水温，功率等。

定期巡回检查，在交接班时会同进行一次，除变压器外，还应对高压配电设备、继电保护屏、接触器屏等进行巡视检查，并将检查结果记录正确，具体如下：

（1）高压进线是否正常，特别是电缆头有无漏油现象，接触点是否过热变色（以后设备接触点均应注意）？

（2）高压隔离开关、真空开关等是否正常，真空断路器是否正常？

（3）电压、电流互感器以及避雷器，室内高压小母线等是否均正常？

（4）变压器的上层油温是否正常，是否接近或超过最高允许限额。根据额定油浸自冷电力变压器，在正常情况下，上层油温最高不超过 +85℃。矿热炉用变压器由于长期满载运行，一般可加强冷却措施，运行于较低温度，故一般控制温度不超过 60℃，目的在于长期安全运行。

强油水冷的变压器，其绕组对油温升影响较大，应根据实际情况，经过精确测定绕组温度来决定。

（5）变压器的电磁“嗡嗡”声与以往比较，有无异常现象。例如声音是否增大，有无其他新的响声等，如放电声、气泡声等，并注意有无焦臭气味？

（6）变压器油枕油位、油色是否正常，油枕及油箱有无渗漏油现象。

（7）箱盖上的绝缘零件，例如出线套管、低压引线、胶木板等表面是否清洁，有无破损裂纹及放电痕迹等不正常现象。

（8）油冷却系统的运转情况是否正常？强油水冷系统油泵是否正常运转？油压大于水压数值时，出水中有无油迹等。

（9）低压断网出线室内部分情况是否正常？

（10）变压器油每三个月取样作耐压试验一次，一年做一次简化试验。

（11）继电保护二次回路的情况，电流继电器是否正常，信号吊牌是否均在正常位置，是否清洁等？

（12）仪表控制盘及接触盘的情况。

变压器正常运行维护，除上述的以外，一般还有电炉变电设备的小、中、大修。根据设备容量的大小、各厂具体情况，而在项目及周期上有所不同，此处从略。

3.1.5　“炉变”的发展

前面所谈到的炉用变压器，一般是在高压绕组侧抽分接头的办法进行调压（低压电流大，不便抽分接头，故做成固定的匝数）。这种结构的矿热炉用变压器（后简称炉变）是最基本的，造价也较低，因此，只要技术上可行，一般都采用它，这种调压方式，可称为"分接感应调压。"但是，如果调压范围要求大或电网电压较高，采用"分接感应调压"结构，不但设计、制造困难，而且运行中操作过电压也特别高。若变压器的最低工作电压级与最高工作电压级相差很大，那么，为了得到最低工作电压级，变压器高压绕组一定有大量的调压匝数，而当变压器二次侧运行于最高电压级时，一次侧调压匝数虽没承担负载电流，但是串联在高压绕组之中。当电源开关操作时，在这些线匝中感应出很高的暂态电压，而产生操作过电压。因此，炉变的结构相继有两种发展，一种可称为"带自耦调压"的炉变，另一种可称为"带串变调压"的炉变，本节对这两种结构略加介绍。

3.1.5.1 自耦变压器

自耦变压器在构造上不同于普通变压器的地方，就是它的原绕组与副绕组同用一个线圈。换言之，自耦变压器的低压绕组是它的高压绕组的一部分，如图 3 - 24 所示。

自耦变压器空载时的情况可以说是根据"自感"原理制造的，当高压绕组两端接上电压 U_1 后，略去绕组中的电压降，原电压 U_1 与副方输出电压 U_2 之比仍为：

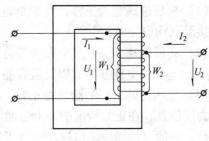

图 3 - 24 自耦变压器

$$\frac{U_1}{U_2} = \frac{W_1}{W_2} = K_U$$

自耦变压器空载时情况也与普通变压器相似。当忽略空载电流时，也可以认为，在数值上，原、副双方的磁动势相等，即：

$$I_1 W_1 = I_2 W_2$$

或

$$I_2 = \frac{W_1}{W_2} I_1 = K_U I_1$$

而 I_1 与 I_2 在相位上几乎差 180℃，或者说，I_1、I_2 方向相反。由此可见，当变压比较小时（接近于 1 时），由于 I_1 与 I_2 在数值上相差不大，而方向相反，故在 W_2 匝绕组内通过的电流绝对值（I_1 与 I_2 的向量和可近似认为是两者绝对值之差）非常之小。既然如此，这部分公用绕组部分可用截面较小的导线，从而节省了铜材，相应也可节省硅钢片用量。因此，具有较小变比（1.5 ~ 2）的自耦变压器，其造价较普通变压器低。但运用自耦变压器的经济性随着变比的增加而减少。

自耦变压器的最大缺点是：高、低间有直接的电联系，这就有可能引发高引入低压边的危险事故。

自耦变压器可做成三相的，三相自耦变压器通常连接成丫/丫，如图 3 - 25 所示。

3.1.5.2 带自耦调压的炉变

这种炉变的工作原理，如图 3 - 26 所示。这是由自耦变压器 B_1 和固定变比的降压变压器 B_2 所组成的单相电炉变压器。一台三相电炉，配有这样三台变压器，由短网在 3 根电极上结成三角形即可。降压变压器是一个固定变比的双绕组变压器，它的高压绕组设计成可以接入一定范围的高压，相应低压侧可得一定范围的电炉工作电压。自耦调压变压器的原绕组接入电网的电源电压，它的副绕组的匝数，可比原绕组少，也可比原绕组多，由有载分接开关SW，根据降压变压便器的需要，供给它以合适的高压电压，而得到合适的二次工作电压。

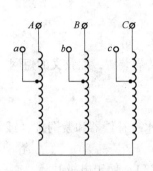
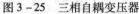
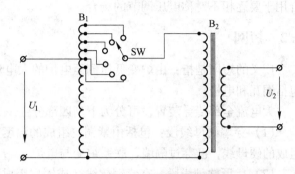

图 3-25　三相自耦变压器　　　　图 3-26　带自耦调压的炉变

自耦调压变压器和降压变压器可以合置在一个油箱中，也可以分置两个油箱中。

当电源电压较高时，不便采用这种结构形式，因为自耦变压器大幅度范围调压，则对分接开关的绝缘要求很高。而在这种情况下，采用带串变调压的电炉变压器，分接开关的绝缘等级便可大大降低。

3.1.5.3　带串变调压的炉变

这种矿热炉用变压器由合置油箱内的主变压器及副变压器（亦称串联变压器）组成，其原理如图 3-27 所示。

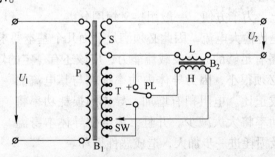

图 3-27　带串联变压器的炉变

B₁—主变；B₂—副变；P—主变高压绕组；S—主变低压绕组；T—主变第三绕组（调压励磁绕组）；
H—副变高压绕组；L—副变低压绕组；PL—极性选择开关；SW—有载分接开关

这是一台单相电炉变压器，其主变除具备一般的高压绕组 P 及低压绕组 S 外，还有第三绕组 T。在第三绕组 T 中，抽有很多分接头，可以根据极性选择开关 PL 和有载分接开关 SW 的接通位置，给串变高压绕组 H 以不同电压，正向或反向励磁。串变低压绕组 L 是和主变低压绕组 S 串联着的，随着其高压绕组 H 所得电压的大小及方向，串变的二次电压，可以不同的数值和主变压的二次电压相加或相减（相位相同时就相加，即升高工作电压；相位相反时相减，即降低工作电压）。

这种调压方式，由于采用正反向励磁关系，主变压器第三绕组得分接头，只需调压范围的 1/2，因此比较经济。电炉全部功率都通过主变压器，其中一部分功率直接由主变压器的二次输出，而另外一部分则通过串联变压器输出。

这种结构适合于电源电压较高（60kV 以上），调压范围大和容量大的情况，特别适合用于要逐相不对称电压调节的场合。

3.2 短网

广义的短网是指：由炉变低压侧至电炉的大电流全部传导装置，而狭义的短网一般不包括铜瓦和电极。

大电流全部传导装置，可分为下列四部分：

（1）穿墙硬母线段：包括由紫铜皮组成的温度补偿及水冷补偿器和紫铜排（或铜管）组成的硬母线，已穿过隔墙，联系炉变与电炉。

（2）U 形软母线段：有紫铜软线（或铜皮组成水冷电缆），便于电极升降，亦称可曲（挠）母线。这段非常靠近电炉，以联系前后两段硬母线。

（3）炉上硬母线段：由铜管组成，经过炉面把电流送到铜瓦。由于炉面温度很高，因此必须通水循环冷却。

（4）铜瓦和电极：是把电流直接输入炉内的特殊传导装置。

在研究电炉电器特性时，必须采用广义短网分类法。一般可将电炉电路分成三段分析：即变压器、短网、电炉。有时进而简化为两段分析，即分炉外（变压器及短网）和炉内。电极插入炉料部分，使炉料预热，应归入炉内考虑。而铜瓦下缘到料面的一段电极的阻抗，即产生阻抗压降，使入炉有效电压降低，又增大功率损耗，故称电极有损工作段，而并入炉外短网考虑。

在电炉运行习惯上，为了方便，一般用狭义短网分类。

短网的主要作用是传输大电流，因此必须满足下面几个基本要求：

（1）首先必须具备有足够的断面及载流能力，应该还有一定的短期过载能力。

（2）短网电阻值必须很小，因为导体内功率损耗与其电流的平方及其电阻的乘积成正比。电阻稍有增加，导体的损耗功率将显著增大，入炉有效功率将大大减少。并且，将会使导体本身温度大大提高，其阻值及损耗进一步加大，造成恶性循环。

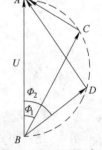

图 3 - 28 电压三角形

（3）短网感抗值必须足够小。因为导体内无功电压分量是电流与感抗的乘积。感抗稍有变化，无功电压分量及电炉功率因数将产生较大变化，对电炉运行影响较大。如图 3 - 28 所示，在一定的电压 BA 值下，无功电压降 CA 小于 DA 时，则 Φ_1 小于 Φ_2，因此：$\cos\Phi_1$ 大于 $\cos\Phi_2$。

（4）短网必须对地有可靠的绝缘。普通电力变压器，在高压合闸前，常见低压总闸断开，先合高压开关，再合低压总闸送电。电炉变压器则不然，它的低压无法与短网分开，而且比较复杂，对大地的泄露之路也多。因此，它的绝缘必须非常可靠，以免合闸事故的发生。此外，由于短网大量导体裸露，而且正、负极很近，故必须加强短路的措施。

（5）短网必须有良好的机械强度：短网的导体，都载有很大的电流，电流的方向有相同的，也有相反的。因此，彼此之间有一定的电磁力作用，有的相吸，也有的相斥。电极间有短路时则电磁力更大，而铜材的质量也较大，又长期吊挂运行于高温区附近，因此，它的夹持及悬挂装置必须非常可靠。同时，短网上出现任何机械应力，都不应对变压器低压出线端头有影响。

3.2.1 短网的结构原理

短网为了适应传输强大电流的要求，在结构上，短网应该具有以下特点。

3.2.1.1 足够的载流能力

这一问题的实质就是要保证导体有足够的有效断面积。

（1）断面积有足够的大小，可以采用合适的断面平均电流密度来达到。所谓断面平均电流密度，指断面每平方毫米所通过的电流的平均值。按照适当的电流密度，就可以确定导体截面积了，一般常用的电流密度如下：

1）紫铜、排：$1.2 \sim 1.5 \mathrm{A/mm^2}$；

2）铝板、排：$0.6 \sim 0.9 \mathrm{A/mm^2}$；

3）水冷铜管：$3 \sim 5 \mathrm{A/mm^2}$；

4）软铜线及薄铜皮（带）：$0.9 \sim 1.3 \mathrm{A/mm^2}$；

5）自焙电极：$5 \sim 10 \mathrm{A/cm^2}$；

6）铜与铜的接面处：$12 \sim 15 \mathrm{A/cm^2}$ 或 $0.12 \sim 0.15 \mathrm{A/mm^2}$；

7）铜瓦与电极接触面：$1.0 \sim 2.5 \mathrm{A/cm^2}$。

（2）所谓导体的有效断面，主要是指减少集肤效应的影响。集肤效应，是指当交变电流过大断面导体时，导体的中心部位由于电磁感应关系，感抗较大，而基本没有电流通过，电流只在导体四周表面一层厚度范围内通过的现象。为了避免集肤效应的严重影响，充分利用导体界面，根据理论研究及计算，一般需要掌握以下两点：

1）对于实心的矩形断面的导体铜板、排等，厚度不超过10mm（铝排不超过14mm），宽厚比值尽可能大（在一定断面下，非磁性导体的宽度与厚度的比值越大，集肤效应越小）。

2）对于空心的铜管，壁厚不超过12.5mm，管子外径与壁厚之比尽可能大些。但要适当考虑管子强度。

3.2.1.2 尽可能减小短网电阻

减小电网电阻，实际上是降低功率损耗、提高电炉电效率的问题，为此，必须做到以下几点：

（1）缩短导体长度。

（2）降低交流增阻系数。同一导体，当所截电流为直流电，其所表现的电阻值若为 $R_直$ 时，当所截电流为交变电流后，其所表现的电阻值却根据不同的情况而大于 $R_直$。为此，特称 $R_直$ 为直流电阻，而称后者为交流电阻，用 $R_交$ 表示，一般：

$$R_交 = KR_直 \tag{3-15}$$

式中 $R_交$——交流电阻，Ω；

$R_{直}$——直流电阻，Ω；

K——交流综合增阻系数，一般都大于1。

交流综合增阻系数 K 实际上为两个系数的乘积，一个叫集肤效应系数，一个叫邻近效应系数。一般情况下，两个系数都是大于1的，特殊情况下，后者却可小于1。所谓邻近效应，是指两平行导体中，各载有电流时，根据电流同向或反向，使电流集向距离较远或距离较近的导体一侧的现象。为了降低其影响，应该采用薄而宽的导体并使宽边相对而平行放置。

（3）小导体的接触电阻。导体的连接，只要可以采用焊接的，当优先选用焊接，其次才用螺栓连接，最后才考虑压接（用在母线外边的螺钉拉紧压板夹紧）。为了降低导体接合面的接触电阻，应该注意以下几点：

1）接触表面的平面的平整度和粗糙度应该达到要求，安装时接触面一定要清洁，没有污垢及金属氧化物形成半绝缘层。为防止加工时表面氧化，可薄涂中性凡士林后加工。相接时，靠螺栓的压力，挤开凡士林油膜，使其接触良好，未接触部分则有油膜保护。

2）有足够的压力。一般要求：铜与铜间压力为10MPa，铝和铝压力为5MPa。如果压力过小，则接触电阻增大，接触面过热甚至溶接（压力的大小可用核算螺栓大小及个数达到）。

3）有足够大的接触面积，使充分散热。一般取接触面积为导体断面的10倍左右，有时为了便于安置螺栓，增加到15～18倍。加强接触面的冷却，避免温度高而氧化，接触电阻过大。

4）接触电阻与接触材料有关，接触面的软硬，决定实际有效接触面积的大小，因此，导体都应用软的铜母线 TMR 牌号，铝母线用半软铝母线 LYB 牌号。如果采用硬牌号导体，则应退火使其软化。

5）使用螺栓连接，其两端必须有相应的垫圈。

（4）避免导体附近铁磁物质的涡流损耗。短网附近尽量避免大块铁磁物质。因为导体中的电流会产生交变磁通，使这种大块铁磁体反复磁化，并在其中产生涡流，因而引起额外的能量损失。为此应：

1）减少垂直磁力线方向的导磁面积。

2）在闭合的导磁体中建立空气间隙或隔磁物质。

3）采用短路的大铜圈屏蔽导磁体。

4）在载流导体与磁结构间用厚铜板来做隔磁。

（5）降低导体温度。导体的电阻值随温度的升高而增大。因此，应设法降低导体的运行温度，一般不应超过70℃，以减少其电阻。方法是：

1）采用较小的电流密度。

2）采用隔热措施，防止电炉对短网的辐射。

3）采用水冷钢管，进水温度一般在25℃或以下，出水温度一般在45～50℃，最高不得超过55℃，以免结垢。

4）接触面点的温度不应高于70℃，以防氧化产生恶性循环甚至烧坏。

3.2.1.3 短网的感抗值应足够小

选择适当的导体断面形状，以增加其载流时的磁阻，并尽量使导体间磁场互相削弱其感抗。如图 3 – 29 所示的短网母线束，其电感值（H）也可用下式计算（包括来、去导体）：

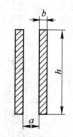

图 3 – 29　短网母线束断面

$$L = \frac{4\pi l}{nh}\left(a + \frac{b}{3}\right) \times 10^{-9} \qquad (3 – 16)$$

式中　l——母线束长度，cm；

　　　n——束中总片数；

　　　h——导体高度，cm；

　　　a——导体间净间距，cm；

　　　b——导体厚度，cm。

式（3 – 16）清楚地表明，要降低感抗，就必须：

（1）尽可能缩短网长度，因电感与母线长度成正比。

（2）导体间净间距 a 值尽可能小，一般取 $a = 1 \sim 2\text{cm}$。

（3）导体厚度 b 值应尽量小，一般取 $b = 1\text{cm}$。

（4）母线应多分几个并联路数，以增加 n 值。

（5）母线高度 h 应尽可能大。

（6）此外，电流方向不同的同相中母线束尽可能靠近，以便彼此互消磁场的电感。

（7）采用薄而宽的导体断面，以增加其磁阻。

3.2.1.4 良好的绝缘及机械强度

短网母线由变压器室穿过隔墙到电炉间的隔墙部位，除了应加强正负极之间的绝缘外，也要注意短网对大地的良好绝缘，以及做好夹持及固定工作。

每一相的正负穿墙硬母线段，一般每隔 0.5m 左右，用一副夹板将它夹持，如图 3 –30 的下面部分所示（即虚线 A—A 的以上部分）。母线正负片之间，其最外两侧均用石棉垫板、树脂板或云母板绝缘，最后用外用槽钢夹板夹持。槽钢是由上、下的双头螺栓拉紧的，螺栓至少有一个为非磁性材料做成的（一般用黄铜和不锈钢）或采用黄铜套来隔磁。每隔 1.5 ~2.0m，有一个吊挂夹板，把母线束悬挂于牢固的专门用架上，如图 3 –30 所示。

为了避免母线束正负极之间的短路，短网应安装隔热板。其作用是隔绝电炉高温对短网的辐射，同时也防止焦粒等导电小粒从上面落入正负极母线束之间造成短路。但是，隔热板不应妨碍母线束的自然冷却。

为了避免母线束的热胀冷缩对变压器二次端头的机械力作用，应装置温度补偿器水平装置，如图 3 –31 所示。除了起到温度补偿的功能外，还便于变压器大修时就地吊芯，而保持穿墙母线段及短网其余部分不动，只要拆除补偿器，变压器芯体就可吊起。此外，补偿器还有减震作用。

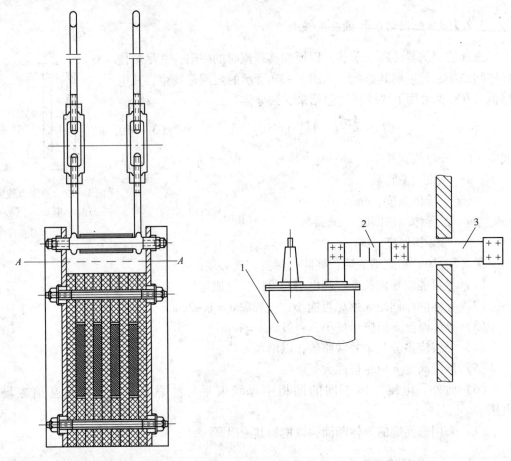

图 3-30　矩形母线束的夹持与吊挂　　　　　图 3-31　温度补偿器
　　　　　　　　　　　　　　　　　　　　　1—变压器；2—温度补偿软钢带；3—穿墙母线

3.2.2　短网的典型布置

　　根据短网的结构原理，必须采用一定的布置方式与之相适应。如图 3-32 所示的单相单极电炉，从 A 到 B，就可以尽量使正负母线互相靠近，彼此都削弱对方的磁场，达到良好的补偿效果。但从 B 以后，正负之间无法进行补偿了。而如图 3-33 所示的单相双极电炉，不但硬母线 A 到 B 之间、软母线 B 到 C 之间，都得到良好的补偿，甚至两根电极的磁场，也可互相削弱，达到良好的补偿，因此，使用单相电炉时，从降低感抗着想，就应尽量采用图 3-31 中的短网接线方式。但从操作因素简单着想，才采用前者的接线方式。

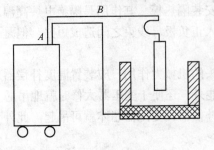

图 3-32　单相单极电炉

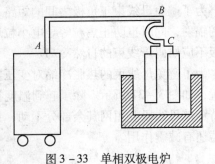

图 3-33　单相双极电炉

工业上，多采用等边三角形排列的三相三极电炉。其短网接线的典型布置，大致有如下几种：

（1）箱盖星形或三角形接线。一般 500～1000kV·A 的小型变压器，或者炉变阻抗甚小时，多采用这种接线方式，就是在变压器箱盖出线端头处，直接接成星形或三角形。在短网中所流过的都是线电流。采用这种短网的电炉，一般是通过穿心电流互感器直接测量二次电流来控制电极的升降的。

（2）过墙三角接线。这种接线方式的穿墙硬母线段，如图 3-34 所示的 A 到 B 段，流过的是相电流，每相正负互相补偿。软母线到相间的软母线段，都是线电流。三相之间略有补偿作用。

（3）三相电极三角接线。这种接线如图 3-35 所示，除电极内流过线电流外，短网其余部分流过的都是相电流，正负相间补偿较好。

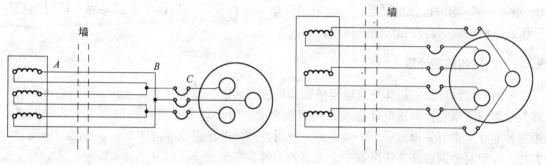

图 3-34　过墙三角接线　　　　　图 3-35　三相电极三角接线

（4）单相对称三角接线。如图 3-36 所示，采用三台单相变压器，放置炉台上一层上，在平面上互成 120°布置，短网可以很短，三相均衡补偿，一般大容量电炉都采用这种布置方法。

容量较大的变压器，有时为了便于分相调压，低压也采用星形接线，这样只有把三相母线靠得很近及三相角差换位来取得一些补偿作用。铜牌净间距一般不小于10mm，水冷铜管之间，因采用有机硅玻璃云母带包扎涂环氧树脂绝缘方法，管子外侧副绝缘厚度 2.5mm 即可，故管子的净间距较小，常只有 5mm。

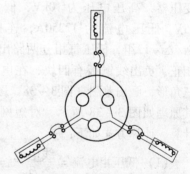

图 3-36　单相对称三角接线

在以上的各接线图中，为了绘图及阅图的方便，每相都是画成一路，而实际上，炉变低压出线常是多路的，而且是正、负相间的，如 HSPF-9000/35 型电炉变压器，低压侧就是四路，正、负计 8 块出线端，如图 3-37 所示，因此每相也有相应的 8 块母线束引出。

在上述的几种短网典型布置中，没有谈到矩形或椭圆的电炉。在这两种炉形中，电极是按一字形排列的，如果采用不完全补偿的接线，如箱盖接线、过墙三角接线，那么由于三相阻抗不对称关系，引起电炉有效相电压的不平衡，功率转移，产生所谓"死相"与"活相"的形象。"死相"亦称"弱相"，功率较小，熔料较慢，"活相"亦称"暴相"，

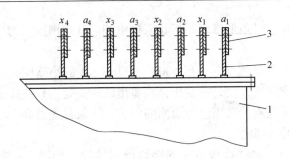

图 3 – 37   HSPF – 9000/35 型炉变的一相低压出线端头一列

1—变压器箱体；2—低压出线端头；3—引出母线

此相电极功率较大，熔料较快。这种情况，对于圆形电炉，当短网阻抗不对称时，也会发生，不过情况不像矩形电炉那样严重。当电炉出现这种情况时，如果变压器可分相调压（一般不能），则进行分相调压；一般采用三角形接线连接变压器，可以每隔一段时间把变压器高压进线两边互相对调，以调解炉况。

3.2.3 短网的简易计算

短网的特性计算，如其交流电阻值或感抗值的确定，都是极为繁杂的。研究者可参阅有关专业书籍或北京钢铁设计院编的《钢铁企业电力设计参考资料》的第二十八章电路短网各部分。本节只拟定一个小型电炉，说明各部分电流以及导电体断面或接触面的确定方法，以便对短网各部分情况有一个大致的了解。

例 3 – 2   某一台 1800kV · A 三相电炉变压器，高压电压为 10kV，低压电压为 85V，低压电流为 12250A，连接组别为 △/△ – 12 组，低压每相分两路出线，即每相正、负出线铜板有四块，在电极上接成三角形，画出草图（图 3 – 38、图 3 – 39），其原理如图 3 – 38 所示。对短网进行简易计算，计算方式如下：

（1）低压相电流 $= \dfrac{\text{线电流}}{\sqrt{3}} = \dfrac{12250}{\sqrt{3}} =$ 7080A。

（2）每路电流 $= \dfrac{\text{相电流}}{\text{路数}} = \dfrac{7080}{2} =$ 3540A，也就是母线束铜牌的电流。

（3）选用紫铜排做母线束中的一块，取：电流密度 $= 1.5\text{A/mm}^2$。

得：

铜牌断面积 $= \dfrac{\text{每路电流}}{\text{电流密度}} = \dfrac{3540}{1.5}$

$= 2360\text{mm}^2$

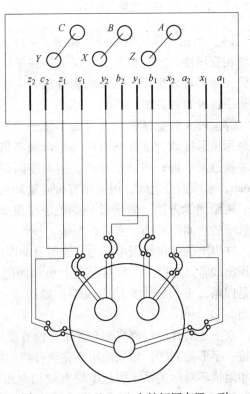

图 3 – 38   1800kV · A 电炉短网布置一列

考虑到过负荷的可能性，实际选用断面尺寸 $275mm \times 10mm$ 的铜排，其断面积为 $2750mm^2$。

每相用 4 块，即正极性 2 块，负极性 2 块，三相共需 12 块。

（4）选用紫铜皮做温度补偿器。每路用 26 片 $0.5mm \times 275mm$ 铜皮组合为一组，每组面积 $=26$ 片 $\times 0.5 \times 275 = 3570mm^2$。

实际的断面电流密度 $= \dfrac{3540}{3570} = 0.992 A/mm^2$

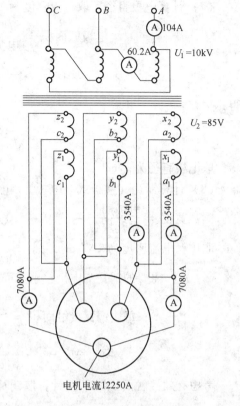

图 3-39　1800kV·A 电炉短网各部分电流示意图

也是每相 4 组，三相 12 组。为了降低接触面的电流密度，每组铜皮分为两半，每半 13 片，从侧面与紫铜排接触，搭接长度也取 275mm，那么：

每组的接触面积 $= 27.5 \times 27.5 \times 2$ 面 $= 152000mm^2$。

接触电流密度 $= \dfrac{3540}{151000} = 2.35 \times 10^{-2}$

$= 0.0235 A/mm^2$

接触电流密度很低，可保证温度甚低。

（5）选软母线。每根电极有两个极性的软母线汇合，即每个极性的软母线中通过相电流。采用 TRJ 型铜芯裸软电缆中截面积为 $500mm^2$，得

$$每极性需要电缆根数 = \frac{相电流}{每根电缆截面 \times 电流密度} = \frac{7080}{500 \times 1} = 14.3 \text{ 根}$$

每极性选用 16 根。每四根装入 1 个铜鼻子。故每极性需要 4 个铜鼻子。每根电极需 32 根电缆，8 个铜鼻子，三相共计 96 根电缆，24 个铜鼻子。

（6）每根电极准备配 4 块铜瓦，每两块铜瓦串联，配进出水冷铜管各一根。因此，每电极有 2 个极性的铜管汇流，而每个极性以 2 根铜管并联以载相电流。若取水冷铜管电流密度为 $3A/mm^2$，得：

$$每个极性截面积 = \frac{相电流}{电流密度} = \frac{7080}{3} = 2360mm^2$$

每个极性由 2 根铜管组成，故：

$$每根铜管截面积 = \frac{2360}{2} = 1180mm^2$$

选用 $\phi50/30$ 铜管，其：

$$断面积 = \frac{\pi}{4}(外径^2 - 内径^2) = 0.7854 \times (50^2 - 30^2) = 1257mm^2$$

$$实用电流密度 = \frac{7080}{2 \times 1257} = 2.82 A/mm^2$$

（7）计算电极直径。取电流密度为 7A/cm²

$$电极截面积 = \frac{线电流}{电流密度} = \frac{1225}{7} = 1750cm^2$$

$$圆面积 = \frac{\pi}{4} \times 直径^2，即\ S = \frac{\pi}{4}d^2$$

得：

$$电极直径\ d = \sqrt{\frac{4S}{\pi}} = \sqrt{\frac{4 \times 1750}{3.14}} = 47.2cm$$

取电极直径为 47cm。

（8）计算铜瓦（颚板或导电板）。电极直径为 47cm，其周长为 147.5cm。

$$铜瓦宽度 = \frac{电极周长}{铜瓦块数} - (2.0 \sim 5.0) = \frac{147.5}{4} - (2.0 \sim 5.0) = 36.85 - 3.85 = 33cm$$

取接触电流密度为 2A/cm²，则：

$$需要的铜瓦与电极接触总面积 = \frac{线电流}{电流密度} = \frac{12250}{2} = 6125cm^2$$

$$每块铜瓦接触面积 = \frac{总接触面积}{块数} = \frac{6125}{4} = 1530cm^2$$

$$铜瓦长度 = \frac{每块铜瓦接触面积}{铜瓦宽度} = \frac{1530}{33} = 43.5cm$$

考虑有效接触面积以 80% 计，取铜瓦长度为 60cm。

注：严格来讲，铜瓦与电极接触总面积，应按：$\frac{2 \times 相电流}{电流}$ 来计算，此处根据习惯，按线电流计算，故电流密度值不可取得太高。

3.2.4　短网的运行维护

短网是输送低压强电流的重要设备，由于短网自身电阻的功率损耗，使母线温度升高。而且短网母线受炉面高温的辐射，其母线接触点往往由于温度过高而氧化，甚至局部熔化。短网处于恶劣的运行环境中，常常由于焦粒、灰尘等物，使母线正负间短路。引起电炉故障。因此必须加强短网的维护，一般应该注意以下几点：

（1）保持炉面均匀出火，使炉面火焰短，炉面温度低，对短网辐射热小。同时铜瓦距离料面也可以保持尽可能小的距离，减少电极的有损工作段长度，提高电炉电效率。

（2）尽量避免敞弧操作，否则敞弧高温辐射热，不但提高短网的温度，甚至还会熔毁电极部件。

（3）定期用压缩空气清除短网各部件上面所附的灰尘，保证短网各部分得以良好散热。灰尘清除后得以看清各部件运行状况，及时发现问题，及时处理。

（4）经常观察冷却水是否畅通，并掌握其温度变化。进水温度是否过高？超过 25℃ 没有？出水温度是否过高？超过 50℃ 没有？

（5）最好定期测量短网各部分温度，一般不应超过 70℃，接触点温度不应比其他部位超出 10℃ 以上。

（6）注意防水接触电阻的增大，导体间（铜瓦对电极）接触表面的清洁与平整，以及压力等情况。有条件的应定期测量接点的电压降来评定其接触好坏，适当进行处理。每隔一定时间，在相同负载下对电炉进行一次特性测试，把测得的设备损耗值与以往的数值进行比较，也可发现接触电阻的变化情况，按总电阻值增加的百分数的多少，及时进行接触点的检修。

（7）注意观察母线截面大小的完整性。操作时不可损坏导体的断面。当某部分导体（如软母线的电缆线等）表面氧化较严重时，应及时检修更换，保持原有的导体截面积。

（8）用高压电流控制电极升降的电炉，当采用较低分接电压运行时，因注意按该极电压相当的高压电流值运行，不得仍用原电压级时的高压电流值，而使变压器低压过负荷。更不得经常超载而使导体温度过高，以致损坏。

（9）配合电炉的定期检修，短网系统的各接触面均应拆开，清除氧化层，更换必须更换的紧固零件，以保证其必要的接触压力。

（10）短网每个极性的多个并联支路中，若有一个支路因损坏而检修时，必须同时检修其他支路的接触面。否则，新换上或检修的一个支路，由于接触电阻比其他支路小而负担过多的电流，势必将迅速连续损坏（这种现象，软母线表现尤为显著）。

（11）短网使用水冷电缆的，除保证水质外，必须要经常检查电缆接头及密封情况，确保接触良好，无渗漏水现象。

3.3 高压配电设备

铁合金厂生产车间的动力和照明用电需要设置电力变压器，由车间变电所低压配电装置供电。而电炉用电一般是由高压电力网，经高压配电装置、电炉变压器，将电网的高电压小电流电力，变换为适合不同冶炼品种的低电压大电流电力，专门供冶炼使用。

一般中小型电炉变压器，一次电压采用 6 ~ 10kV，容量在 10000kV 以上的大电炉，采用 35 ~ 110kV 电压等级。二次工作电压可由电炉操作电阻值确定，当冶炼品种和炉子等设备参数不同时，由几十伏到几百伏不等。

电炉一次供电系统，如图 3 - 40 所示。电炉一次供电回路，也即是电能输送的主回路。其过程是：电网→高压电缆→母线→高压隔离开关→高压断路器→电炉变压器→短网→经电极输入电炉。

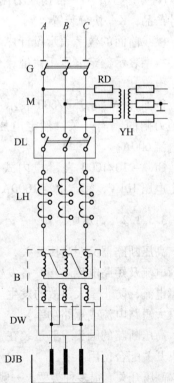

图 3 -40　电炉一次供电系统
G—隔离开关；M—母线；YH—电压互感器；
DL—断路器；B—电炉变压器；
DW—短网；DJB—电极（棒）

3.3.1 高压开关设备

3.3.1.1 高压隔离开关

隔离开关又称闸刀，它的主要用途是在检修电路设备时，用来断开高压电源与设备之间的电路。隔离开关断开后，具有明显可见的空气间隔，以保证检修工作的安全。

因为没有每户装置隔离开关，所以它不能切断负荷电流。否则，接触刀片（动触头）和固定触头之间会产生电弧而使闸刀熔化，并极易造成相间及对地短路，发生事故。

根据安装地点不同，隔离开关有户外式和户内式两种，按结构不同，有三级联动和单级两种。

在选用时，应参阅有关手册，使其技术数据，如额定电压及额定电流等值，满足使用要求。

运行时，要求耐压合格，接触压力适当，操作机构使闸刀张开角度合适，动作灵活。

隔离开关是由基座、瓷瓶、固定触头和接触刀片（动触头）几部分组成，单级隔离开关可用绝缘棒操作；三级隔离开关可用杠杆式手动操作机构进行控制。图 3 - 41 是 GN 型隔离开关与操作机构外形。

国产闸刀的型号字母含义是：G 隔离开关，G 在横线后，表示改进型；W—户外式；N—户内式；D—带接地刀闸；T—统一设计产品；K—快分装置。

横线前面的数字表示设计序号；横线后边的数字表示额定电压千伏值，分母的数字表示电流。

例如，GW_2 - 35D/600 表示：户外型带接地刀闸的隔离开关，额定电压 35kV，额定电流 600A。

GN_2 - 10/1000 表示户内式隔离开关，额定电压 10kV，额定电流 1000A。

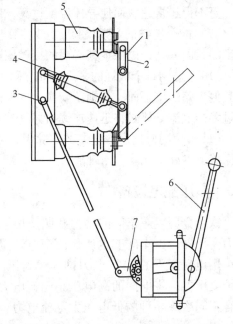

图 3 - 41　GN 型隔离开关与操作机构
1—固定触头；2—接触刀片；3—轴；
4—瓷拉柱；5—瓷瓶；6—操作手柄；
7—传动杠杆

3.3.1.2　高压断路器

高压断路器又叫高压开关，是高压配电装置的重要设备。其主要作用在于，能够切断负荷电流及短路电流。当设备发生短路故障时，它和二次继电保护装置相配合，迅速切断故障电流，防止重大事故的发生。所以，选用的断路器应有足够的遮断容量（指能切断的最大短路电流或短路功率）。

高压断路的触头一般是装在密闭的开关筒内，它断开后的间隔不能见到，因此必须与隔离开关配合使用。

高压开关有很多种类型，一般以高压真空开关较为常见。110kV·A 进线电炉采用六氟化硫开关。过去常用的高压油开关有多油式和少油式两种，按装设地点不同，又分为户内式和户外式。多油开关能适用于频繁操作场合，少油开关不具备频繁操作能力，但由于它的价格便宜，检修方便，如其额定值降级使用，做好定期检修，目前还是有不少单位采用。

近年来，国产 CN_2 型电磁式空气断路器，大量用来作为电炉的高压断路器。这种断路器在触头开断时产生的电弧，由气压筒及双"Π"型磁吹装置吹入灭弧室，使电弧形成螺丝管，产生磁场力，把电弧拉长，接触灭弧室壁冷却而熄灭。

电磁式空气断路器具有频繁操作能力。它与油开关相比，节省了清洗换油等大量维护检修工作，免去了油开关可能会发生爆炸的问题。

国产高压断路器的型号字母含义是：D—多油开关；S—少油开关；C—空气开关；W—户外式；N—户内式；G—改进型。

横线前边的数字表示设计序号，横线后边的数字表示额定电压。

例：$DW_1 - 35$ 表示户外式多油开关，额定电压 35kV；

$SN_{10} - 10$ 表示户内式少油开关，额定电压 10kV；

$CN_1 - 6$ 表示户内电磁式空气开关，额定电压 6kV。

高压断路器的技术数据可以查阅有关手册。在选用时，应看其额定电压、额定电流及遮断容量等主要数据是否满足使用要求。

断路器的遮断容量，在铭牌上标明的是额定遮断容量，即表示额定断开电流与额定电压及线路系数的乘积。线路系统在单相系统为1；三相系统为$\sqrt{3}$。

对三相系统，额定遮断容量即为：

$$W_e = \sqrt{3}U_e I_{e \cdot kd}$$

式中　　U_e——额定线电压；

$I_{e \cdot kd}$——额定开断电流，也即额定电压下，允许开断的最大电流。

当开关降压运行时，遮断容量按比例下降，上式中的额定电压换为实际工作电压计算。如将少油开关降级使用，应该核算其遮断容量是否满足需求。

图 3-42 是 SN 型高压少油开关外形。

高压断路器是由操作机构来控制其合闸和分闸的。不同型的断路器，由于传动方式及机械负荷不同，需配用不同型的操作机构。

常用的操作机构可分手动操作和电动操作两种。手动杠杆式操作机构有 CS_1 和 CS_2 型，其外形见图 3-43 和图 3-44。这些操作机构都带有脱扣（跳闸）附件，可与机电保

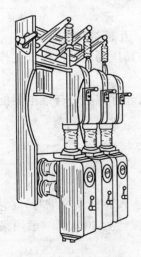

图 3-42　SN 型高压少油开关外形

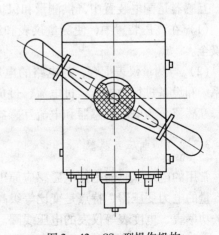

图 3-43　CS_1 型操作机构

护装置相配合，对高压配电设备进行自动控制和保护。

CD₂型直流电磁式操作机构可用远距离控制断路器，其结构简图如图3-45所示，它的上部有辅助开关和连杆传动机构（图中未全画出），以及带铁芯的跳闸电磁线圈，下部装有带铁芯的合闸线圈。跳闸电磁线圈与继电保护相配合，可实现自动跳闸。也可掀动跳闸铁芯，用以手动跳闸，由于合闸线圈的容量较大，常用合闸接触器去接触合闸线圈回路，电磁力作用于连杆传动机构使断路器远距离合闸，也可以用操作杆进行合闸。

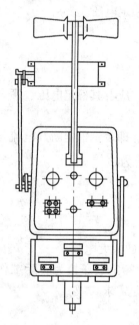

图3-44　CS₂型操作机构外形

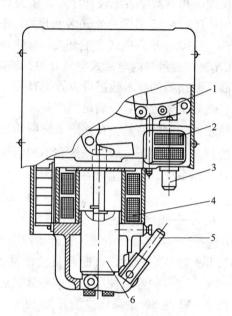

图3-45　CD₂型电磁操作机构结构简图
1—连杆传动机构的一部分；2—跳闸线圈；3—跳闸铁芯；
4—合闸线圈；5—手动操作杆；6—合闸铁芯

3.3.2　互感器

互感器是配电装置中，供测量和保护用的重要设备。互感器的作用如下：

（1）在高压装置中，使测量仪表和继电保护设备与高压隔离，以保证工作人员和设备安全。

（2）与测量仪表配合，对电路的电压、电流、电能进行测量；与继电器配合，对电力系统和设备进行过电压、过电流、过负载等保护。

互感器分为电压互感器和电流互感器两大类。

3.3.2.1　电压互感器

常用的电压互感器是按电磁感应原理制成的，代号是P. T.（英文缩写）。它相当于特小容量的电力变压器，特点是变比等级高。二次电压常设计为100V，一般用来连接电压表、功率表、电度表等仪表的电压线圈。

由于测量仪表的电压线圈的阻抗都相当大（约几千欧），而电压互感器变化很高，二次绕组匝数相对较少，副边电流很小，所以，电压互感器近似于电力变压器空载运行情况。

根据电磁感应定律，已知互感器变比 K_U，由仪表指示电压 U_2 就可测量电网进线电压 U_1。

$$U_1 = \frac{W_1}{W_2} U_2 = K_U U_2$$

由于电压互感器本身阻抗很小，一旦副边绕组短路，将产生很大短路电流，烧毁线圈，损坏绝缘，使仪表出现高电压，危及仪表、继电器和人身安全，所以电压互感器高低压侧，每项必须装上熔断器，并将副边绕组中点接地。

电压互感器有单相的，也有三相的。图 3 – 46 是 JDJ – 35 型电压互感器外形。

在三相电路中，常用的接线方式有：

（1）星形接线方法。这种接线方法可以由三个单相电压互感器或一个三相电压互感器构成，一般采用 Y0/Y0 – 12 接线，既可以取得相电压，又可以取得线电压。但在这种情况下，不允许采用三相三柱式电压互感器，因为发生接地故障时，不能形成零序磁通通路，将使绕组烧毁。应用单相或三相五柱式电压互感器时，铁芯可以构成零序磁通通路，不会发生绕组过热的情况。

（2）开口三角形接线方法。为了取得零序电压，通常采用三相五柱式电压互感器，并将其原边绕组接成星形，中性点接地，副边绕组接成开口三角形，引出两个接线端，供接地保护用。

JSJW 型为三相三线圈五铁芯柱油浸式电压互感器，它有两组副边绕组，一组接成 Y0/Y0 – 12 的星形接线。另一个辅助副边绕组接成开口三角形，如图 3 – 47 所示。这个接线图也可以表示单相电压互感器的星形和开口三角形接法。

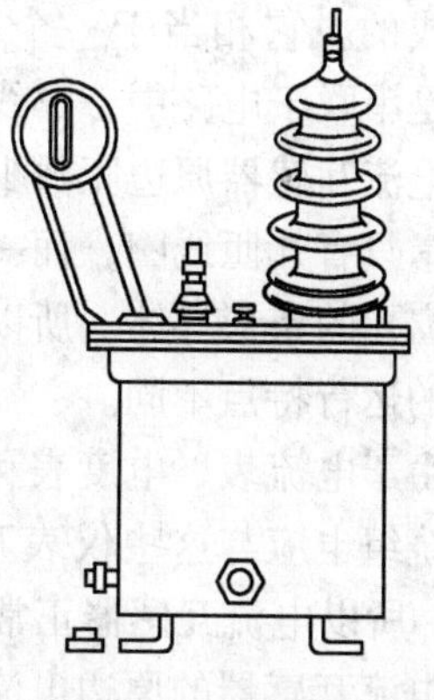

图 3 – 46 JDJ – 35 型电压互感器外形

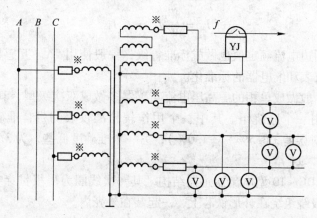

图 3 –47 接线方式

V—电压表；YJ—电压继电器

不完全三角形接线如图 3 –48 所示的两个单相电压互感器按不完全三角形接线，可以取得三相电压。为了安全起见，副边绕组单独接地，原边绕组不能接地。

这种接线方式，由于 *CA* 相间未接第三个电压互感器，称为不完全三角形接线，通常称∨－∨形接线方式。

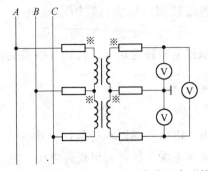

图 3 – 48　两个单相 P. T. 的不完全三角形接线

3.3.2.2　电流互感器

电流互感器亦称"变流器"，代号是 C. T. （英语名缩写），也是按电磁感应原理制成的。它相当于一个升压器，但其原边却是串联于电路中，靠线路中少量电压降，加在原边的两端，经过它而升压降流。

电流互感器原边匝数少，副边匝数较多。一次电流小于 50A 的电流互感器与原边绕组通常只有几匝线圈，而一次电流超过 500A 的电流互感器，原边绕组通常只是一根穿过铁芯窗孔的条形导体。所以电流互感器只能串联使用，决不可与线路相并联，这与电压互感器的运行特点不同。

由于电流表、电度表和继电器的电流线圈应该流过相同的电流，这样，电流互感器的副边绕组也应与这些仪表互相串联成回路。仪表的电流线圈阻抗都相当小（一般小于 1Ω），所以电流互感器正常运行时，近似于电力变压器短路试验状态。

电流互感器的原边电流仅取决于线路负载电流，与副边电流无关。一般来说，原边电流大于副边电流很多倍。如果当副边电流为零时，原边电流的激磁磁势将失去副边电流产生磁势的平衡，而导致铁芯损耗和温度剧增，且在副边绕组上感应出很高的电压，危及仪表和操作人员的安全，故无论在任何情况下电流互感器的副边绕组电路都不允许开路。在把仪表从电流互感器拆除前，必须把副绕组短接良好。

根据电磁感应定律，已知电流互感器变流比 K_1，由仪表所示副边电流 I_2，就可测量出线路负载电流 I_1：

$$I_1 = \frac{W_2}{W_1} I_2 = K_1 I_2$$

电流互感器副边电流额定值也做成标准等级，一般使用 5A。互感器的电压、电流等级划一，有利于仪表和继电器的标准化。

电流互感器一般做成单相的。高压电流互感器多做成双次级型，其内部有两个铁芯，两个副边绕组共用一个原绕组。其中一个用作较精准仪表测量，准确度较高，一般是 0.5 ~ 1.0 级（相对误差 ±0.5% ~ ±1.0%）；另一个准确度低些，为 3.0 级，作为继电保护装置用。

图 3 – 49 是 LDC – 10 型电流互感器结构，其一次线圈为一根贯穿在瓷套管中的铜管（或铜棒），双次级绕组绕在环形铁芯上，一起装在外壳内。

在三相电路中，电流互感器的接线方法一般有：

（1）星形接法。这种接线方式用三个电流互感器接成星形，三个电流表或继电器也接成星形，如图 3 – 50 所示。

（2）不完全星形接法。按星形接线，去掉中相的电流互感器，两个电流互感器相接，

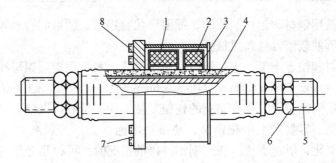

图 3 - 49 LDC - 10 型电流互感器结构

1—二次测量级绕组；2—二次保护级绕组；3—环形铁芯；4—绝缘瓷套管；

5—铜管（棒）；6—螺母；7，8—二次绕组接线柱

称不完全星形接法。用三个按星形接法的电流表，可以测量三相电流，保护电路中的两个继电器还是按不完全星形接法，如图 3 - 51 所示。

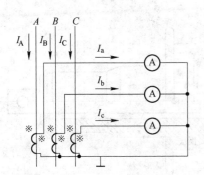

图 3 - 50 C. T. 的星形接线

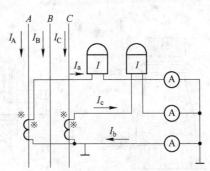

图 3 - 51 C. T. 不完全星形接线及电流表、
电流继电器的接法

这种接法也称为电流互感器的"∨"形接法。

（3）三角形接法。三个电流互感器按三角形接线，三个电流表或继电器按星形的接线方式，如图 3 - 52 所示。

在继电保护电回路中，电流互感器按星形或三角形接线，在各种短路故障的情况下，都能使保护装置动作，在"∨"形接法中，发生单相或两相接地短路时，并不是在所有的情况下都能动作。

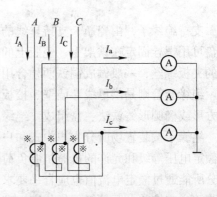

图 3 - 52 C. T. 的三角形接线

3.3.3 辅助设备

3.3.3.1 母线

母线的作用是：连接配电装置中各电器设备，以形成电流回路。母线又叫汇流排，就是把电流汇集起来，再分给各个电器。

　　母线一般都是用铜材和铝材制成的，截面形状有矩形、圆形和管形等。在应用选择母线时，应该有足够的载流容量和机械强度。

　　为了节省铜材和便于施工、安装运行，室内母线一般采用矩形铝母线，最常用铝母线尺寸有：40mm×4mm、50mm×5mm、60mm×6mm、80mm×8mm、100mm×10mm 等。在安装时，每隔一定间距用固定在支架上的瓷瓶支持母线，母线接点应该严密，避免铜、铝有直接搭接，否则，容易产生电化锈蚀，使接触电阻加大，接触温度过高，发生恶性循环，更加快锈蚀氧化，引起事故。遇到铜铝搭接的情况时，可以用专用的铜铝过渡接头连接，或将两侧母线表面镀锡，利用锡层过渡，也略可防止铜铝搭接的电化锈蚀问题。

　　一般在母线表面漆上黄、绿、红三种颜色，表示 A、B、C 三相电源相序。

3.3.3.2　绝缘子

　　安装母线装置用的绝缘子，可分支持绝缘子和绝缘套管，见图 3 – 53 和图 3 – 54。

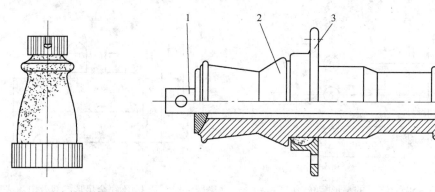

图 3 – 53　ZA – 10Y 支持绝缘子外形　　　　　图 3 – 54　户内铜导体穿墙套管
　　　　　　　　　　　　　　　　　　　　　1—导电导体；2—瓷套；3—法兰盘

　　支持绝缘子，由瓷瓶、支持母线的铁构件及圆形、椭圆形或方形法兰盘底座组成，法兰盘可用螺栓固定在铁架上，瓷瓶上的铁构件用以固定母线。当母线载流量很大时，瓷瓶上的夹板螺丝，一般做成铜铁两种合用，或用铝压板来切断闭合磁路。

　　绝缘套管则是供母线穿墙壁、楼板和金属结构物时使用。绝缘套管由瓷套、导电导体及方形或椭圆形铸铁法兰盘组成。绝缘套管内的导电导体分成铜导体和铝导体两大类。

　　绝缘子按装置场所分为户内式和户外式。此外，在选用时，应注意不同型号绝缘子使用额定电压等级和允许的机械抗弯负荷数值，使其满足使用要求。对于绝缘套管，其载流部分所能通过额定电流值也应合乎要求。在安装时，绝缘子的安装位置和距离应恰当。在安装前，应按其电压等级，作相应标准的耐压试验。

3.3.3.3　避雷器

　　避雷器是这样一种防雷设备：当电气设备在工作电压运行时对地不通；一旦出现雷电过电压，就立即对地接通，将雷电流泄入大地，因而保护了电气设备。在雷电过去后，又很快恢复对地不通状态。

　　常用的阀型避雷器是由火花间隙和阀片组成。阀片采用特种碳化硅制成。当过电压发生时，火花间隙击穿放电；很大的雷电流通过阀片时其电阻值迅速下降，大电流经阀片接地，随即电阻值升高，使续流（火花间隙击穿后，通过的工频电流）限制在一定的数值之下。并且在工频的半个周波内即可遮断，火花间隙恢复绝缘，准备承受下一次过电压。它好比一个自动阀门，对两种电流分别起"开"和"关"的作用，故称为阀型避雷器，其结构如图3－55所示。

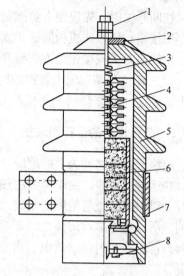

图3－55　FS阀型避雷器
1—引入端；2—橡胶垫圈；3—弹簧；
4—火花间隙；5—瓷管；6—阀型电阻；
7—止动弹簧；8—接地螺栓

选用阀型避雷器时，应根据被保护设备的类别及其额定电压，选用相应型号和电压等级。

阀型避雷器应尽量靠近电炉变压器，它与电炉变压器的最大允许电气距离，一般不宜超过10m。

阀型避雷器安装应保持垂直，不可倾斜，以防阀片或间隙移位，影响避雷性能，其地线应良好完整，直而不可打圈，并应与炉变外壳地线相联通。

其他型避雷器，一般不用在电炉高压配电室，此处可略。

3.3.4　高压设备的操作

具体如下：

（1）隔离开关及真空开关操作程序如下：

1）接通回路时，先合隔离开关，后合油开关；

2）断开回路时，先拉真空开关，后拉隔离开关。

以上程序不能违反，否则会造成人身及设备事故。

（2）单级隔离开关操作程序如下：

1）接通回路时，先合两边相，后合中相；

2）断开回路时，先拉中相，后拉两边相。

（3）隔离开关操作如下：

不论用手动传动机构或绝缘棒操作时，都必须迅速果断。但合闸终了时不可用力过猛，使触头间发生撞击。

合闸后应检查刀片是否完全进入固定接触片之内，接触是否严密。

合闸时，如果发生电弧，不得将刀闸再进行拉开。

在拉开隔离开关时，应首先检查断路器确实已断开，才进行操作，如果当刀片离开触头的一瞬间有电弧产生，应迅速果断重新合闸，可消灭电弧，避免事故。但刀片如已全部拉开，则不允许再行合上。应判明电弧发生的原因，进行处理。

隔离开关在断开位置时，接触刀片应与固定触头保持适合的距离。

（4）断路器的操作。用手动操作机构进行合闸时，应迅速而果断，不能"缓劲"，使操作机构连续通过整个行程，到合闸位置信号灯亮为止。凡电动合闸的开关，也都必须进行到合闸位置信号灯亮。

切断开关时，先应使电炉减负荷运行，手动操作机构，可用操作机构执行，也可以掀动专用按钮，使操作机构的锁扣或跳闸线圈的铁芯发生作用来切断开关。

用转换开关或按钮远方切断开关，都应该进行到开关分闸位置的信号灯发亮为止。

（5）在检修高压配电装置的时期，应该在隔离开关和断路器的所有控制开关和操作机上，悬挂"不许合闸——有人工作!"的警示牌，并作好短路接地工作。

3.3.5　高压设备的运行和维护

绝缘子及隔离开关上的绝缘瓷瓶，是高压配电装置中的薄弱部位。

在运行过程中，由于母线的热胀冷缩，对绝缘子可能产生危险的机械应力；在操作隔离开关时也直接施与绝缘瓷瓶较大机械力；而且由于瓷绝缘子的瓷和金属的温度膨胀系数不同，所以绝缘体与附件之间常常出现松动、裂缝和缺口等不良状态。在污物严重或过电压时，可能产生闪络、放电、击穿接地事故，严重时产生短路、瓷瓶爆炸、开关跳闸等情况。

用螺栓连接的母线接头，在运行过程中，常因表面氧化、冷热交替作用，而使螺栓松弛，接触电阻增大，温度升高，加快接触表面的剧烈氧化，使接触连接恶化。

对于这些薄弱部位应经常巡视检查以下几点：

（1）瓷瓶的完整和清洁情况，有无裂缝和放电痕迹。

（2）可见的高压触点是否变色发红，可用测量蜡笔（片）测量母线及瓷瓶温度是否过热。

（3）检查母线接头绝缘子及其附件的结构紧度，有无松动。

（4）雷雨天气，要特别注意有无放电、电晕和闪络现象。

（5）必要时可以用摇表检查室内小母线及设备的综合绝缘电阻值。

检查和检修隔离开关时，应检查接触刀片对固定触头是否发生歪斜，可将隔离开关和操作机构，进行检查性合闸和分闸试验，在合闸位置时，接触刀片与固定触头的合紧度，用厚度为 0.05mm，宽度为 10mm 的塞尺，插进触头深度，不应超过 5mm。如果接触压力不够，容易造成接触部分过热或刀口熔焊。

当发生接触刀片歪斜情况，可调整固定触头所在瓷瓶的位置来消除刀片歪斜。

电压互感器和电流互感器维护，主要是进行预防性试验和绝缘油、绝缘子等绝缘部分的检查。经常除去灰尘污物，保持与其他设备的接触点接触良好。

高压真空开关是配电装置中最重要、最复杂的电器之一。应定期进行仔细地检修和维护。检查时应特别注意以下几点：

（1）操作机构是否灵活可靠。

（2）运行中的油开关有无不正常响声，是否过热。

（3）少油开关运行中，切勿触及开关外壳，因其外壳经常带有高压电，停电检修开关时，必须切断隔离开关，同时切断二次回路操作电源。

（4）经常分析运行中的油开关绝缘状况，定期进行绝缘预防性试验，必要时作解体试验，找出绝缘降低的原因。

（5）定期进行小修，擦净油泥、灰尘，清洗换油，检查触头情况，必要时更换触头。可根据开关负荷情况，确定检修周期。

3.4 二次配电设备与回路

变配电装置在运行过程中，由于受机械作用，电磁力、热效应、绝缘老化和过电压、过负荷等原因，往往会产生各种各样的故障。如果不及时排除这些故障，轻则扰乱正常生产秩序，重则使设备损坏、人员伤亡、生产停顿，造成重大损失。为了保证一次设备正常工作，便于监视和管理一次设备的安全经济运行，就要采用一系列的辅助电器设备，这些辅助设备称为二次设备。二次设备包括监视及测量用仪表、继电器、保护电器、开关控制和信号设备及操作电源等装置。它们是电气装置不可缺少的一个重要组成部分。

二次配电设备之间的电气连接，称为二次回路，按照二次回路的用途，可以分为以下几个基本回路：

（1）仪表测量回路。

（2）继电保护回路。

（3）信号回路。

（4）开关控制回路。

（5）操作电源回路。

按照回路作用的分类方法，可以比较清楚地说明回路中各设备的动作原理及用途。但是，在二次线路的安装工作中，为了查对回路和寻找故障的方便，又可按二次回路电源性质分为：

（1）交流电流回路：由电流互感器二次侧供电的全部回路。

（2）交流电压回路：由电压互感器二次侧供电的全部回路。

（3）直流回路：由直流电源控制操作及信号等的全部回路。

在实际生产中，这两种分类法常结合在一起使用。

3.4.1 测量仪表

电量的大小和性质是看不见摸不着的，为了监视电气设备的运行情况，需要由电器仪表来测量，电气设备运行是否正常，也必须依靠仪表才能作出正确的判断。

电工仪表按其工作原理分为磁电系统、电磁系统、感应系统、电动系统、振动系统多种仪表；按照测量电流种类，可分为：直流电表、交流电表、交直流两用电表；按照测量的电量来分，主要有：电流表、电压表、欧姆表、电度表、功率表等。

近年来，随着电子技术和计算机技术的迅速发展，出现了以电子元件为主体的各种类型数字仪表。它们能够自动地测量电阻、电压、电流、功率等多种电量，并直接用数字形式显示，记录或输出仪表，为提高电炉的自动化控制程度，提供了有利条件。

在电炉配电屏和操作台上装置的仪表，最普通的有以下几种。

3.4.1.1 交流电压表

测量电压用的仪表叫做电压表，也叫伏特表。

国产 1T1 – V 型交流电压表，是一种常用的直接读数的电磁系统开关板式仪表，分为直接接入和通过电压互感器接入两种。其准确度为 1.5 级及 2.5 级，电压额定值有：15V、30V、50V、150V、250V、450V、600V。

小型电炉二次工作电压多在 100V 左右，选用 0～150V 表面，中型以上电炉工作电压较高，常用 0～250V 表面，测量电炉二次工作电压，采用直接接入的方式接线。

测量电炉变压器高压侧的线路电压时，需经电压互感器接入电路。电压表按三角形接线，测量线电压。

为了节省仪表，也可以用一只电压表，由"电压换向开关"换接，测量三相线电压。

有的电炉操作台还装置三只有效相电压表，是用三只电压表接成星形，三个线头分别接在三根电极壳上，中性点接地（炉壳），用以测量入炉有效相电压（由于包括了电极有损工作端长度的电压降，测量值与入炉有效相电压稍有出入）。

装置有效相电压表对电炉运行有以下几个作用：

（1）观察和优选电炉运行的操作电阻值较为方便，找出最恰当的运行值。

（2）在一般用高压侧电流表控制电极升降的设备上，当电流表与电极没对准相位时，可以通过电压表来控制电极升降，因为某电极电流小时其有效相电压必然高，故对电压高的那相电极可以下降，增加其电流，反之亦然。

（3）可以监视电炉变压器二次侧对地绝缘情况，及时发现接地故障，避免事故发生。

（4）由三相电极有效相电压的平衡与否，可了解电极和炉底距离是否一致，可弥补电流表的不足。

3.4.1.2　交流电流表

用来测量电流的仪表叫电流表，也叫安培表。电流表和电压表的构造基本相同，只是电流表的内阻很小，必须串联于电路中使用；电压表的内阻很大，必须并联于电路使用。如果把电流表并联，电路即成短路状态，将通入很大电流而把仪表烧毁；电压表串联于电路，等于在电路中，串联了一个很大的电阻，也达不到测量电压的目的。所以，两种表的接法决不能搞错。

国产 1T1 - A 型交流电流表与 1T1 - V 型交流电压表同属于一类产品。1T1 型电表盘面如图 3 - 56 所示。"V"表示电压表，"A"表示电流表（图中画出的是电流表）；～表示交流表，1.5 表示准确度为 1.5 级。GB 775—65 表示制造的规定的技术条件，其余符号从略。

有的仪表盘还注有所有互感器变比，按规定配用互感器后，可由表面指针直接读数。

1T1 - A 交流电表，电流额定值（A）有：1、2、3、5、10、20、30、50、75、100、150、200，仪表的准确度：1～50A 为 1.5 级，其余为 2.5 级。

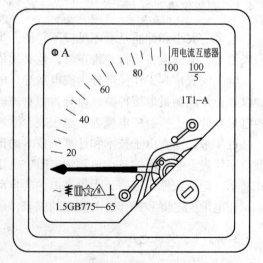

图 3 - 56　1T1 型交流电表盘面示意图

选用电流表时，其量程要选得合适，一般为负荷电流的 1.5～2 倍。为了减少电流互感器和仪表备件，可以一律选用 0～5A 表面的仪表，而不受表面规定变比配用的电流互感器的限制。使用时，指针读数乘以电流互感器变比，就是负载电流值。

在新式电炉设备上，电流的测量就在变压器二次侧进行，这样能直接反映各相电极工作情况，其实用性强。由于大型电炉短网结构复杂，在二次侧安置电流互感器受到限制。而新式的电炉变压器，在设计时已经把电流互感器考虑在内，是电炉变压器的一个部分。因此能方便地在变压器二次侧进行接线和测量。

目前一般的电炉设备，还能将电流表接于变压器的一次侧来控制电极升降。为了使各电流表所指示的读数能正确反映出相应电极的工作情况，就必须对准各电流表和相应电极的相位。

为解决上述问题，根据分析，这与电炉变压器的界限组成有关。当电炉变压器采用△/△–12和Y/Y–12接线方式时，电流互感器接成星形，如果电流互感器采用二相式不完全星形接线，则应注意对准第三个电流表相应相的电流；当电炉变压器用Y/△–11接线组别时，电流互感器应接成三角形，如图3–57a、b所示。

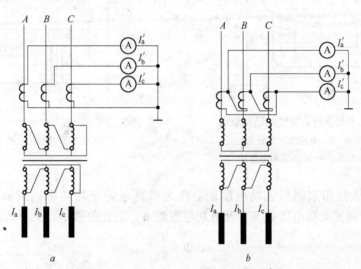

图3–57　电极电流测量接线
a—△/△–12；b—Y/△–11

3.4.1.3　交流电度表

电度表是用来计算有功或无功电能消耗的仪表，也可说是测量某一段时间内，用电设备所耗电量的仪表，故亦称瓦时表。交流电度表一般都是根据电磁感应原理制成的感应系统仪表。电度表的型号虽然很多，基本结构是相似的。以单相电度表为例，如图3–58所示。它的主要部分是由铁芯线圈、转动铝盘和计度器组成。当线圈中流过交变电流时，转盘上感应产生涡流，涡流与交变磁通相互作用，产生电磁力矩，使转动铝盘带动计数机构，显示消耗电能的"度"数。

三相三线交流电度表，称两元件电度表，实际上是两只单相电度表组合在一起，其原理与用"二瓦特表法"测量三相电功率相似。在三相四线制电路中，则需采用三元件电度表来测量三相电能。

电度表有直接接入线路和通过互感器接入两种接线方式，按测量电能的不同，分为有功电度表和无功电度表。

电路设备上，一般使用通过高压互感器接入的三相三线有功电度表来记录电能消耗。

三相三线有功电度表的内部有两个按"V"形接法的电压线圈，引出三个电压端头，分别接电压互感器次级 a、b、c 三相；另有两个电流线圈引出四个电流端头，备接电流互感器次级。接线时三相相序及电流极性不能接错，接线如图 3 – 59 所示。

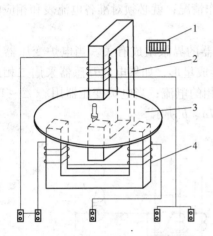

图 3 – 58　单相交流电度表的结构原理

1—计数器；2—电流线圈电磁铁；

3—转动铝盘；4—电压线圈电磁铁

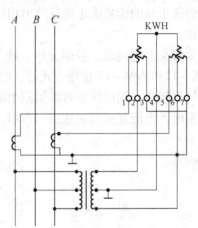

图 3 – 59　三相三线有功电度表接线图

（经 P. T. 及 C. T. 接入）

无功电度表是用来测量无功电度的。作为核算电炉平均功率因数 $\cos\Phi$ 大小之用。$\tan\Phi$ 用一段时间的无功电度数 $W_无$ 及有功电度数 $W_有$ 的比值表示，见下式：

$$\tan\Phi = \frac{W_无}{W_有}$$

求出 Φ 后，即可计算出电炉在那一段时间内的平均功率因数 $\cos\Phi$ 的大小。

三相三线电度表，如上海电表厂生产的 DX_2 的外部接线比较简单，与三相三线有功电度表一样。

为了节省备品备件，可以利用三相三线有功电度表来测量无功电度。只需将它的一只电流线圈的接线反接，其他线端不动。这样接线后，需要将表的测值乘以 $\sqrt{3}$，就是实际三相无功电能。在接线时，反接线圈的相电压应落后于正接电流线圈相的相电压 120°，不然，电度表会反转，接线方式如图 3 – 60 所示。

用电度表测量电能的时候，还需将它所走的字数，乘以电压互感器和电流互感器的两个变比的乘积，才是实际电度数。一般称这两个变比的乘积为"电度表的倍数"。

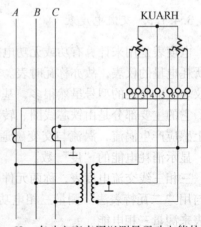

图 3 – 60　有功电度表用以测量无功电能的接线

3.4.1.4　功率表和功率因数表

功率是测量瞬时功率的仪表，故亦称瓦特表，功率表不像电度表具有计度积算机构，它是由指针显示瞬时功率值。

通常用的功率表一般是电动系仪表。磁电系仪表的磁场是由永久磁铁建立的，如果把通有电流的线圈固定，代替永久磁铁，便构成电动系仪表。如果将电压线圈做成可以转动式的，串联一个附加电阻并接入线路，就可以反映出"电流和电压的乘积"大小。按照交流电路的功率计算式：$P = IV\cos\Phi$，动圈偏转的角度即可以指示出功率值。

电动系仪表的准确度很高，有的能达到 0.1 级，精密级的电流表、电压表也做成电动系的。

如果在电动系仪表的电流线圈中，加上铁芯来建立磁场，就构成铁磁铁电动仪表，其结构见图 3 - 61。由于它的磁路磁阻小，转矩可达电动系仪表的 100 倍以上。而电动系仪表本身消耗功率大，过载能力小，所以开关板上的功率多做铁磁电动系的结构。

在测量三相三线电路功率时，通常用"二元三相功率表"，这种仪表具有两个独立单元，它们装在同一个支架上，每一个单元相当于一个单相功率表，而这两个单元可动机械部分固定连接在同一轴上。"三元三相功率表"含有三个独立单元，是测量三相四线制电路功率用的。

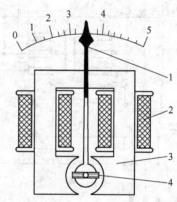

图 3 - 61　铁磁电动系（单元件）仪表结构
1—指针；2—电流线圈；3—铁芯；4—电压线圈

普通功率表的表面是按额定电压及 $\cos\Phi = 1$ 的情况下进行刻度的。因此，可以测量三相电路有功功率。改变有功功率表的接线方式，也可以测量无功功率。

功率因数表是供测量瞬时功率因数用的，亦称功率表和相位表。

一般的功率因数表在结构原理上与功率表相似，只不过它是按照 $\cos\Phi = \dfrac{P}{IV}$ 的特点制成的。开关板式功率因数也多做成铁磁电动系的结构。

功率因数表没有用来产生反作用力矩的弹簧，仪表没有接入电路时，指示器在任意位置。接入电路后，当 $\cos\Phi = 1$ 时，指示器在表面正中位置，当电流的相电位超前电压时，指向左侧，电源滞后时指向后侧。电炉多是感性负载，功率因数多是滞后的。

图 3 - 62 是一般电炉设备（配电屏和操作台）测量仪表的仪表回路原理。

图 3 - 62 中无功电度表是由有功电度表改接接线后来度量的。各仪表的电流线圈与双次级电流互感器测量级互相串联形成回路，各仪表的电压线圈与电压互感器次级并联形成回路。

双次级电流互感器的另一次级，留待继电保护用。

这种多个电器、仪表联合接线，必须注意核算两个条件：一个是所有电表的电压线圈并入后，电压互感器的电流不能超过额定电流，使电压互感器过载而烧毁，或者造成二次

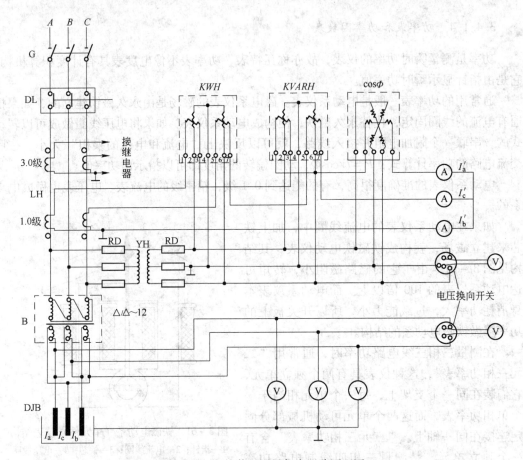

图 3 - 62　电炉装置测量仪表回路原理图

KWH—有功电度，kW·h；*KVARH*—无功电度，kW·h；cos*Φ*—功率因数

端电压低落比差加大，电表测量值降低；二是所有电表电流线圈串接后，电流互感器二次侧的总阻抗所允许的额定值。否则，因电流互感器二次电流减少，比差加大，测定值降低，以至于失去磁势平衡，铁芯过热烧毁电流互感器。

3.4.2　继电器

继电器是一种能自动动作的电器，只要加入一个适当数值的物理量，它就能达到"继电"的目的。

加入的物理量，总的来说可分为电量和非电量两种，属非电量的有瓦斯、压力、温度等继电器，属于电量的又可分为交流和直流两种，一般来说可分类如下：

（1）按动作原理可分为：电磁型、感应型、整流型、晶体型等；

（2）按电量性质可分为：电流继电器、电压继电器、阻抗继电器、功率方向继电器等；

（3）按继电器的作用分：中间继电器、时间继电器、信号继电器等。

继电器在自动化控制和电力系统保护装置中运用的非常广泛。目前，在继电保护装置中使用的继电器，电磁型和感应型还比较多。但是，必将被日益发展的晶体管等新型继电器所代替。

继电器是组成继电保护装置的主元件。在电炉配电设备中，电流继电器、瓦斯继电器、温度继电器用作继电保护的主要继电器；而时间继电器、中间继电器和信号继电器只是起到辅助的作用。

3.4.2.1 电流继电器

电流继电器用于当被保护设备发生过负荷或短路故障时，发出信号或作用于断路器跳闸。

DL—10（DL—20）型电流继电器为电磁型、转动舌片式继电器，其结构如图 3 – 63 所示。

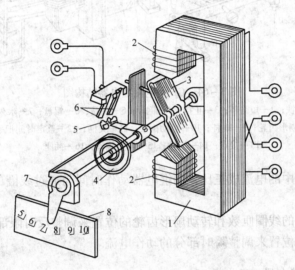

图 3 – 63　DL 型电流继电器结构

1—电磁铁；2—线圈；3—舌片；4—螺旋弹簧；5—动接点；6—静接点；7，8—刻度盘

当继电器线圈通过一定的电流时，产生电磁力矩，使可转动 Z 形铁片转动，转动轴带动动接点与静接点接触，继电器动作。

DL—10 型电流继电器的电流线圈由两段组成，如将线圈并联，动作电流比串联时增加一倍。继电器的整定电流值如图 3 – 63 所示，由 5A 至 10A，刻度中间间隔 1A，调节指针的转杆，可以改变弹簧的反作用力矩，来平滑地整定动作电流。

DL 型电流继电器消耗功率小，动作快，一般为 0.02 ~ 0.04s，由于它的接点容量小，不能直接作用于断路器跳闸，只能作为主继电器，通过其他辅助继电器来进行。在有的装置上，它作为过负荷信号报警继电器用。

GL—10 型和 GL—20 型为感应电流继电器，其结构如图 3 – 64 所示。当电流通过继电器线圈时，由于短路环把铁芯分成两部分，分别产生两部分相位不同的磁通，并各自在铝盘上感应涡流，涡流与磁场作用产生力矩，使铝盘转动。转盘切割永久性磁铁的磁场产生阻止铝盘转动的反力矩，蜗杆开始与扇形齿轮啮合，经过一定时间后，铝盘作用力矩克服反力矩，使可动框架发生偏转，当线圈中的电流达到动作电流时，扇形齿轮杆臂上升碰到衔铁左边的突柄，突柄随即上升，至一定程度时，衔铁吸向电磁铁，使接点接通。由于铝

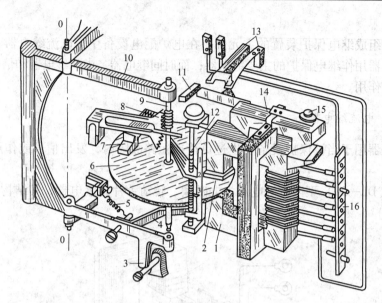

图 3-64　GL 型电流继电器结构图

1—电磁铁；2—短路环；3—止挡；4—钢片；5—弹簧；6—铝盘；7—永久磁铁；
8—扇形齿轮；9—蜗杆；10—可动框架；11—突柄；12—整定时间把手；
13—接点；14—衔铁；15—调整螺丝；16—插座

盘的转动速度与线圈中的电流成正比，而继电器动作时间与通过线圈的电流成反比关系，所以称为反时限特性。

可以改变继电器的线圈匝数和转动扇形齿轮的位置来调整反时限部分的动作电流和动作时间，改变衔铁的位置来调整瞬时部分的动作电流。

3.4.2.2　电压继电器

DJ—100 型电压继电器与 DL—10 型电流继电器结构相同，只将电流线圈改成电压线圈就行，当电压超过一定值时动作的叫过电压继电器，当电压低于一定数值时动作的叫低电压继电器。一般低电压继电器用得较多。

3.4.2.3　时间继电器

时间继电器主要用在保护装置和自动装置中，来建立一定的延时的动作时间。

DS—100 型电磁型继电器，由电磁启动机构带动一个钟表延时机构组成，延时时限可以调整。电磁启动线圈可由直流或交流电源供电，一般由直流电源操作时间继电器用得比较多，交流时间继电器在内部装有桥式整流器，将电源整流后供给启动机构。

3.4.2.4　中间继电器

中间继电器的作用是：在继电保护接线中用以增加接点数目和接点容量。作为"辅助继电器"来弥补主继电器的接点数目和接点容量的不足。一般的中间继电器都是按电磁原理制造的。

DZ—10 型电磁型中间继电器的结构如图 3-65 所示。中间继电器用于直流操作回路，它的动作电压线圈并联在操作电源上，其中并联有主继电器的常开接点作为回路的电源开关，当继电器动作时，中间继电器的线圈通电，也随之动作，以闭合或断开它本身的较多数目的接点。DZ—10 型中间继电器瞬时动作的，基本上与主继电器同时动作。由于中间继电器接点容量大，起到了功率放大作用。

3.4.2.5　信号继电器

这些继电器的用途是：发出保护装置已经动作的信号，并指出装置的什么部分出现不正常状况。

在电气装置运行中，出现自动跳闸或发出警告信号，可能是由于过负荷、低电压、变压器油温过高或瓦斯继电器动作等多种原因，有时不易一时辨清。这样每一个回路内都装上信号继电器，便可由那一个信号继电器发出信号确定故障的原因。

信号继电器按电磁原理制成，当线圈通电时，电磁铁吸引衔铁，信号吊牌或指示灯亮，接点同时闭合。失去电源时，对具有吊牌的继电器（如 DX—31 型）有机械保持，手动复归；对具有灯光信号的继电器（如 DX—32 型）由电压保持，电动复归。DX—32 型继电器的结构如图 3 – 66 所示。

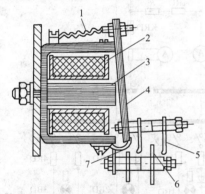

图 3 – 65　DZ—10 型电磁型中间继电器的结构
1—弹簧；2—线圈；3—电磁铁；4—衔铁；
5—动触点；6—静触点；7—衔铁形成限制器

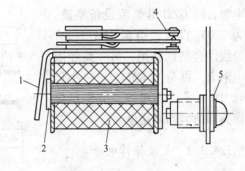

图 3 – 66　DX—32 型信号继电器结构简图
1—衔铁；2—电磁铁；3—线圈；4—接点；5—灯具

信号继电器可做成电压动作和电流动作两种，电压动作的应并联接入操作电源回路，电流动作的应串联接入电路。

3.4.3　操作电源

当设备发生故障时，继电保护装置中的继电器动作，只是发出警告或跳闸的命令，根据这一命令去执行发出信号或跳闸动作，必须应有一个充足的电源，这种电源称为操作电源。操作电源流经的二次设备装置和电器的回路，称为操作回路。

操作电源有直流和交流两种。

3.4.3.1　直流操作电源

这种电源与电网供电系统无关，操作可靠。直流操作电源一般由浮充式蓄电池组和硅整流设备组成。正常负荷时，由硅整流设备供电，同时还给蓄电池组供电，以补偿其放电损失。无交流电时，由蓄电池组供电。直流电压的高低，可根据保护设备的容量选用，小型设备一般为几十伏，大中型设备可用 110～220V。

由于蓄电池组的维护管理很复杂，投资多，使用寿命不长。近年来，电业部门逐步试验和推广使用硅整流器配合电容储能装置。

在有双路电源的地方，交流电源比较可靠。有备用电源自投装置时，也可以不用蓄电池组，而由硅整流设备的直流输出直接供电。

在操作电源的二次回路中，保护回路、信号回路、合闸回路，需用不同的小母线供电。硅整流设备应有两套，一套供控制、保护信号用，一套供断路器合闸用。为了节省设备投资，也可以用一套硅整流设备，另加接限流电阻，如图 3-67 所示。

图 3-67 中表示，双路互投交流电源，经 GZH 硅整流设备整流，变为 220V 直流，引向 HM（±）小母线供合闸回路用，另一路经限流电阻 R，再分为 KM（±）小母线和 DM（±）小母线，分别供保护回路和信号回路用电。

3.4.3.2　交流操作电源

直流操作电源的设备昂贵。对于小型设备，现在都倾向于直接利用车间的动力、照明电源来进行交流操作，有的小型设备，还从其本身的电压互感器和电流互感器取用电源，但由于容量小，故运用范围不广。

采用交流操作电源，可以节省

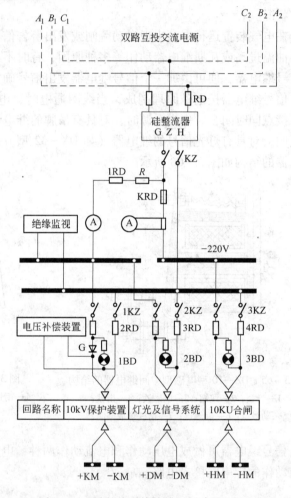

图 3-67　硅整流系统接线图（直流 220V）

投资运行，维护简单，它的缺点是可靠性太差，当系统停电时，也就失去了操作电源，如果采用双路互投电源接线，可以提高交流操作电源的可靠程度。

3.4.4　继电保护回路

保护装置的接线方式与许多因素有关，如保护装置所反映故障类型、互感器与继电器线圈的连接方式、电炉器形式及操作电源的种类等。

二次配电设备之间电气连接的图纸，称二次回路接线图。这种图纸不仅可以用来说明保护装置的原理，并可以按照各个二次设备端子的接线顺序画得非常具体，在实际中运用得很广泛。

3.4.4.1 二次回路接线

保护装置的接线图，按用途分为原理图、展开图和安装图。

安装图仅安装施工时运用方便，在这里不讲述。

A 原理图

原理图是表示二次回路构成原理的基本图纸。在图纸上，所有的二次回路设备都用形象的整体图形表示，并和一次回路画在一起，可以表达出整套装置工作原理的总概念。

图 3-68 和图 3-69 是定时限和反时限过电流保护原理图。

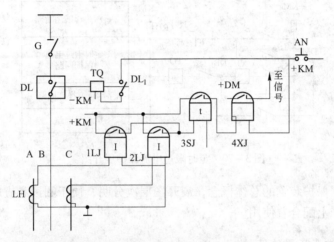

图 3-68 定时限过电流保护装置原理图

定时限过电流保护的原理是：当线路工作中发生过电流时，电流继电器 1LJ、2LJ 动作，常开接点闭合，使时间继电器继 3SJ 线圈得电，经一定时限后，时间继电器接点闭合，经过信号继电器 4XJ，将继电器跳闸回路接通，使断路器跳闸。同时信号继电器发出保护装置动作的信号，信号牌吊下，并接通灯光影响回路，使值班人员发现故障，进行分析和处理。图 3-68 中的按钮 AN 是用来进行手动跳闸的。

反时限过电流保护的原理同定时限过电流保护类似，由于采用了感应型电流继电器反时限的特性，不需安装时间继电器。

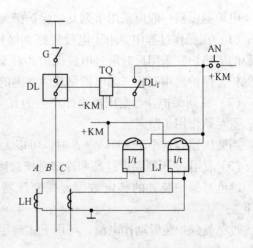

图 3-69 反时限过电流保护装置原理图

继电器本身还带有吊牌信号装置，也不需要另装信号继电器，保护装置动作的时间与过电流大小成反比，因此，称为反时限过流保护。而定时限过电流保护的动作时间继电器的整定时间与过电流的大小无关。

B　展开图

展开图的特点是把二次回路设备展开表示，即把线圈和接点按交流电路回路、交流电压回路和直流回路分开画在图纸上。为了避免混淆，属于同一元件的线圈和接点等用相同字母代号表示，回路的排列按照动作顺序由左到右、由上到下依次排列，并在右侧用文字说明各回路的作用。如图 3 – 70 所示。

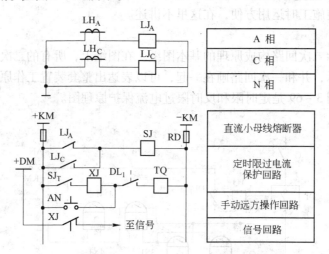

图 3 – 70　定时限过电流保护展开图

原理图建立了保护装置的总体概念，展开图层次分明，便于阅读和查对回路，根据它们的特点，在生产上配合着使用。

3.4.4.2　电炉变压器的保护

电炉变压器一般应采用下列几项保护措施：

（1）在操作过程中，由于电极短路和操作过负荷的有时限过电流保护，对于负荷不平稳的矿热炉宜采用反时限过电流保护，对于负荷较平稳的矿热炉，亦可采用定时限过电流保护，保护选用三相三继电器是较为完善的。

（2）瓦斯保护。当变压器内部产生的瓦斯气体推动瓦斯继电器时，轻瓦斯作用于信号；重瓦斯作用于跳闸。

当变压器容量小于 400kV · A 时，可以无瓦斯保护装置。

（3）防止变压器温度过高和冷却系统故障的温度保护，作用于音响信号。

继电器保护装置的整定数据，视变压器容量大小和系统短路容量而定。计算方式如下。

过电流保护装置动作电流，可用下式确定：

$$I_{dz \cdot j} = K_K K_{ix} \frac{I_{ed}}{K_f K_j}$$

式中　$I_{dz \cdot j}$——动作电流；

　　　K_K——可靠系数，取 1.1 ~ 1.25；

　　　K_{ix}——接线系数，相电流为 1，两相间电流差接线为 $\sqrt{3}$；

I_{ed}——变压器额定电流；

K_f——继电器返回系数，取 0.85；

K_j——电流互感器变比。

保护装置动作时限，一般由供电局提供，以与上一级相配合。

为了减少由于动作过负荷、短路器满载遮断大电流的次数，可以加装过负荷预报信号电流继电器。预报信号的电流继电器，整定动作电流为额定值的 1.25 倍左右，延时时限可以整定到 15~30s。

3.4.4.3 保护回路和信号回路

继电保护的作用是当设备出现故障时，或是作用于断路器跳闸，或是对出现的不正常状态发出警告信号。

在电路装置上，这些不正常情况，可能由于电极短路，变压器升温过高及变压器内部产生过量瓦斯，这时必须迅速排除故障。

而当变压器内部升温和瓦斯刚达到极限允许值，或由于电极操作时出现的过负荷，并不需要马上切除，但应向值班人员发出不正常状态的预报信号。

图 3-71 画出了一般中小型电炉变压器继电保护原理图，这张图与图 3-62 合起来就是一张基本完整的二次回路原理图。

在图 3-71 中，左边是作用于断路继电器跳闸的继电保护回路；右边是作用于发出音

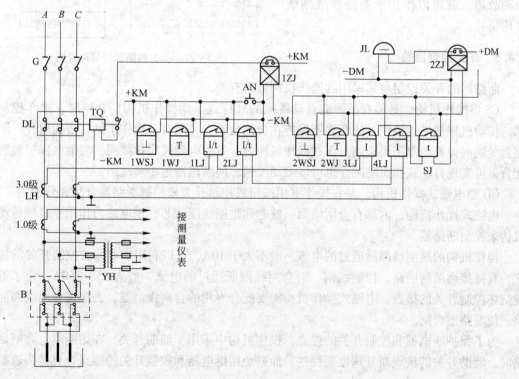

图 3-71 中小型电炉变压器继电保护原理图

WSJ—瓦斯继电器；WJ—温度继电器；LJ—电流继电器；SJ—时间继电器；

ZJ—中间继电器；JL—警钟

响预报的信号回路，这两个回路在接线方式上是一样的，都应用了中间继电器来"放大"接点容量。在保护回路中，运用了 GL 型反时限电流继电器；而信号回路中，采用的是 DL 型电流继电器和时间继电器定时限式接线。

　　两个回路实质上都是另一个回路的"开关"，一个是跳闸回路的操作电源小母线 KM（±）的开关，另一个是操作电源小母线 DM（±）电铃信号回路的开关。

　　分析这些开关连接的特点，各个继电器的常开接点和手动按钮接点，都是相互并联以后，再一起串联进操作电源的小母线回路，作为一个"复合开关"来使用。这种关系在保护回路和信号回路的展开图中表现得更为清楚，如图 3 – 72 所示。

　　复合开关在逻辑电路中称为逻辑开关。这种由单个接点互相并联后组成的复合开关，叫"或"开关。也就是说，"或者"那一个接点闭合，回路就被接通。因此，只要电流继电器、瓦斯继电器、温度继电器所反应的其中一个部分出现故障，就可以作用于断路器跳闸或发出信号。

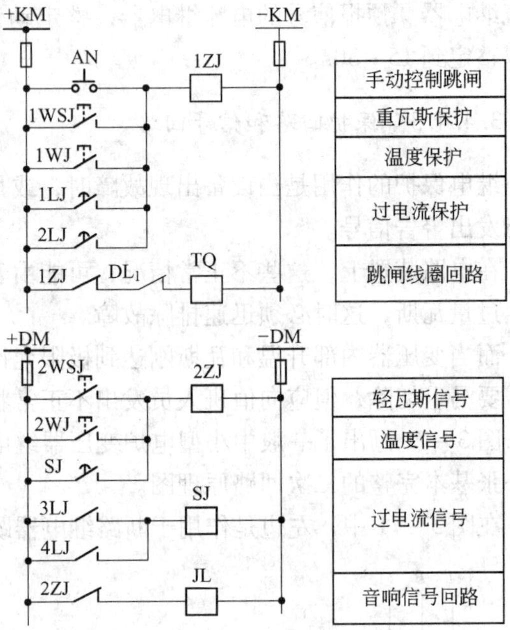

图 3 – 72　保护回路和信号展开图

3.4.5　开关控制回路

　　断路器的开关控制与其采用的操作机构形式有关。

　　CS 型操作机构，是装有吊牌能自动跳闸的杠杆式手动操作机构，合闸时，操作控制柄，传动机械被搭钩锁住，使断路器保持在合闸位置。分闸时，操作手柄，搭钩脱开，断路器受跳闸弹簧的作用而跳闸。而在操作机构内，带有电磁式脱扣线圈，与继电保护装置配合，可实现自动脱扣而跳闸，也可以掀动按钮，使断路器远距离跳闸。

　　CD 型电磁式操作机构，是在操作室用按钮或控制开关来控制断路器合闸和分闸的。

　　电磁式操作机构，内部有合闸线圈，铁芯和跳闸线圈铁芯，用电磁力作用于机械传动机构来控制断路器。

　　操作机构的跳闸线圈所通过的电流一般不大于 10A，可以利用继电器或控制开关的接点，直接接通跳闸回路，控制跳闸。而合闸线圈所通过的电流一般为 35～250A，为了避免烧坏控制开关的接点，电磁式操作机构需要配合专用的合闸接触器，去接通合闸线圈回路，使断路器合闸。

　　为了保护断电器和控制开关的接点，操作机构中采用了辅助开关，在切断跳、合闸回路时，辅助开关的接点断开速度要快些，而避免用继电器和控制开关的接点，直接去遮断电流。

　　辅助开关有数量较多的常开接点和常闭接点，红灯与常开接点串联，可以指示断路器的合闸位置；绿灯与常闭接点串联，用来指示断路器的跳闸位置。同时这些接点，还可以组成电气闭合锁和自动控制回路。

图 3-73 是按钮控制的最基本的开关控制回路原理图。

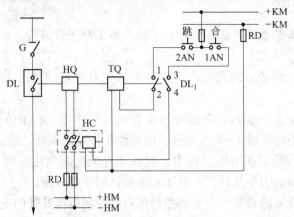

图 3-73 开关控制回路原理图

G—隔离开关；DL—断路器；DL₁—辅助开关；TQ—跳闸线圈；

HQ—合闸线圈；HC—合闸接触器；RD—熔断器；AN—按钮

为了说明它的动作情况，画出它的展开图，如图 3-74 所示。

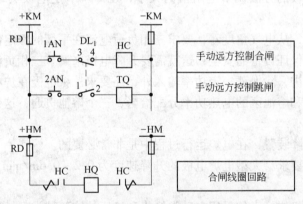

图 3-74 开关控制回路展开图

当断路器 DL 处于跳闸位置时，辅助开关 DL₁ 的常开接触点 1—2 是断开的，常闭接触点 3—4 应闭合，准备好合闸回路。操作人员掀动手动合闸按钮 1AN 时，接通合闸接触器 HC 的操作电源小母线 KM（±）回路，合闸接触器动作，再接通断路器合闸线圈 HQ 的操作电源小母线 HM（±）回路，此时断路器合闸。辅助开关常接触点 1—2 闭合，红灯亮（指示灯在图中未画出），并准备好跳闸回路，常闭接触点 3—4 断开，绿灯灭，并切断接触器线圈回路，合闸操作完毕。

如果断路器处于合闸位置状态，操作人员按动跳闸按钮 2AN，发出跳闸操作命令，跳闸线圈 TQ 回路接通，动作断路器跳闸。辅助接点 1—2 断开，切断跳闸回路，红灯灭，完成跳闸操作。同时辅助接点 3—4 闭合，绿灯亮，又准备好合闸回路。

图 3-74 中：跳、合闸线圈 TQ、HQ（合闸接触器除外）及辅助开关 DL 都是装置在断路器的操作机构箱内而跳合闸控制按钮装在操作盘上，两个地点之间的回路用控制电缆连接，以实现手动远方控制。由于按钮开关操作简单，很容易发生误操作，所以一般用转

动手柄的控制开关来操作。

3.5 电极升降控制

电极是电炉设备的重要组成部分。为了使冶炼工作正常进行，电机装置具备以下三大功能：

（1）能够传输大电流。因此导电铜瓦对电极应有一定的夹持力，彼此接触良好，使电能损失最小。

（2）便于电极下放。铜瓦以下的电极称为电极工作端，在冶炼过程中，电极是要逐渐消耗的。一般 8 小时下放 1～2 次电极，以补偿工作端的损耗，维持其一定长度。

（3）电极升降灵活。在冶炼过程中，能够随着炉况的变化，调节电极在炉料中的插深，以调整入炉功率的大小及其在炉料区和熔池区的功率分配。

侧重介绍电极升降的必要性及手动控制和自动控制电极升降的电气线路基本原理。

3.5.1 手动控制

电炉负载电阻值的大小，与电极下端对金属熔池或炉底的距离有关，电极插入炉料深，阻值小；反之阻值就大。所以这个电阻是一个可变电阻，称为操作电阻。根据这一规律，可以用升降电极的方法调节电阻值的大小，也即调节了电极负载电流和入炉功率的大小。

在三相电炉中，从电气角度看，要求三相负荷电流在平衡的额定值下运行，才能充分发挥设备的潜力并保证设备的安全，这就需要升降电极来调节三相负荷电流的大小。

从冶炼工艺来讲，除保证一定功率输入外，还要求三根电极在炉料内有一定的和一致的插深，使炉料区和熔池区的电热功率分配恰当，三个熔池贯通，这样能取得较好的生产效果。

总之，电极升降装置，在电炉运行过程中是非常必要的。

根据冶炼工艺要求：大型电炉电极的升降速度为 0.2～0.6m/min；小型电炉为 0.5～1.0m/min。

至于电极升降机构，大致采用电动卷扬机和液压油缸两种类型。这在矿热炉机械设备课程中已有介绍。

对于液压系统，其电器控制线路非常简单，只需用转换开关接通电液换向阀的"上升"或"下降"的电磁铁，使液压油缸活塞上、下动作，就可以控制电极的升降。下面着重讲述电动作动系统的电炉控制原理。

学习电工学时，我们已知道，要改变三相异步电动机的旋转方向，只需改变三相电源的相序即可。因此实用线路里可用两只接触器，通过其触头把主电路的两相电源对调就行了。

图 3–75 示出了常用小型异步电动机的可逆旋转"点动"控制线路。其中：交流接触器 ZC 控制电动机正向旋转，而 FC 则控制其反向旋转。很明显，两个接触器是不能同时接通的，否则将使电源短路。在两接触器之间必须实行机械和电器双重连锁。

接触器是一种利用电磁吸引力来接通和分断大电流电路的一种低压电器，其主触头的动作是由包括它的电磁线圈在内的控制回路来控制的。采用它可以实行远距离控制。

电路的工作情况如下：闭合电源刀开关 DK，按下按钮 ZQ，则正转接触器 ZC 的电磁线圈接通，使其常开主触头闭合，电动机接通电源，正方向转动而使电极上升。松开按钮，电动机即断开电源而停转。用"点动"操作，非常灵活方便。

欲使电极下降，只需按下按钮 FQ，则反转接触器 FC 的电磁线圈接通，其主触头闭合，电动机反向转动而使电极下降。

关于电动机的"正转"、"反转"的规定，在这里是相对的，只要在操作台上标明各按钮所示"升"、"降"，就可以方便操作。

为了使电极能准确可靠地停止在所需要的位置上。通常以电动机联轴节为

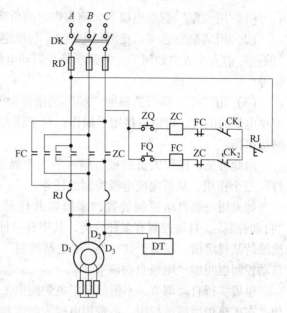

图 3 − 75 电极升降电动机手动控制线路

制动轮，安装有电磁制动器。制动器的电磁线圈与电动机的绕组并联。当电动机通电时，制电器的电磁线圈同时通电，松开制动轮，电动机旋转，当切断电源时，其电磁线圈与电动机同时断电，制动轮被制动器的闸瓦通过摩擦片抱紧，使电动机迅速而准确地停车。

用按钮"点动"，有可能误操作，中型以上电炉，多采用转换开关，来接通或断开电动机的控制回路。

电路中常具有下列保护：

（1）短路保护——在主电路各相中，串入熔断器 RD。当主回路或控制回路发生短路故障时，熔丝熔断，切断电源。待查明原因排除故障后，换上新的合格熔丝，才能恢复正常工作。

（2）过载保护——主电路两边相中，装有热继电器 RJ。当电动机过载温度过高时，其发热元件能通过其常闭接点断开控制回路，从而断开主回路的电源。考虑到电动机以短期反复工作制运行，有时未装用。

（3）限位保护——为保证电极在规定的行程内升降。设有上限行程开关 CK_1 及下限行程开关 CK_2。当电极失控到达上、下极限位置时，限位开关的常闭接点断开，切断控制回路而使电动机停转，从而避免事故的发生。

除小电炉外，一般采用 JZR 型起重机专用电动机，并常在转子回路中接入一定阻值的平衡常接电阻，以改善电动机的启动性能。

有条件时，还可以采用特制的小型凸轮控制器或主令控制器，选用一定的调速线路，使电极升降速度可以有高速、中速及低速几个级，更可根据炉况的需要，进行电极升降的调节。

3.5.2 自动控制

人工控制电极的时候，操作者必须做到：

（1）用"眼"观察电流表，测得当时的负荷电流 $I_{测}$。

（2）用"脑"思考：把测得电流 $I_{测}$ 与规定值 $I_{给}$ 进行"比较"，看是否有"偏差"，"偏差"的大小方向如何等。并判断是否需动电极，是升还是降，应按什么动作规律去操作等。

（3）用"手"执行：根据"脑"的指挥命令，按照规定的规律去操作电极。对实验室小电炉的电极，可以直接用手操作；对于较大的电极，可以通过遥控开关和"执行器"间接操作。

由此可见，操作人员的眼、脑、手三个器官，分别起着"观察"、"运算"和"执行"三个作用，从而完成电极控制的任务。

如果用一套自动控制装置，来模拟并代替上述人的三个作用，进行操作，就叫做"自动控制"。自动控制有多种分类，其中有一种叫"定值控制。"正如电极控制中要求电流维持某规定值，就属于这一类。"定制控制"在习惯上常称"自动调节。"因此，电极自动控制也叫做"电极自动调节。"

电极实行自动调节，不但减轻了电炉配电工的劳动强度，而且提高了调解的质量。例如，在矿热炉冶炼过程中，不希望电极大幅度和频繁升降，以免炉料塌陷，炉况不稳，以及电热利用不合理等弊端。故人工调节时，当电流偏差不大或三相电流不平衡度不大时，都不进行操作。这样，电炉就会常处于电流与规定值有一定偏差或三相不平衡状态下运行。

但是，某些调节装置，却可以在较小的偏差下进行微小调节，还可以同时考虑电流与电压之间的关系进行调节。这就保证了三相电流平衡和恰当的电流与电压比，电极在炉料插深稳定，电炉始终以全功率、恒功率运行，有利于提高电炉产品的技术经济指标。

3.5.2.1　电机自动调节预备知识

自动调节系统有关概念及名词术语，介绍如下。

A　自动调节系统

自动控制调节装置与在它控制下的生产设备或生产过程配合，就构成一个自动调节系统，这种生产设备或生产过程，在自动调节中，特称为被调对象。在这里，电炉这一生产设备就可说是被调对象，也可直接说电炉电极调节区域是被调对象。

自动调节装置或称自动给调节设备，通常主要是由代替人的三相功能的测量元件、调节器及执行器所组成。其工作原理是：

测量元件测出被调量电流 I_d 的大小，得出其实测值 $I_{测}$，输出到下面的"调节器"。

调节器在开始工作以前，就事先被人们按工艺需要，向它输入了规定的被调量电流的给定值 $I_{给}$，现在又被测量元件向它输入被调量的实测值 $I_{测}$，它把两值进行比较，得出偏差 $I = I_{给} - I_{测}$。有时可以偏差作为调节命令，有时偏差值过小，必须先通过放大器放大后，作为调节命令 I，输出给执行器。

执行器当输入调节命令后，即根据它操纵调节量（这里指：电极升降速度 V 或电极的位移 L）以改变被调量电流的大小，使它达到给定值。

电炉的电流为什么会产生偏差呢？原因有：炉料比电阻变化大，操作不当，系统电压波动及炉内熔池中合金的积聚等，这种使被调量产生偏差的原因，特称之为干扰或扰动，

习惯上用 Z_1、Z_2、Z_3、…表示。

B 自动调节系统的方框

为了简明表示自动调节系统中各设备的相互作用关系，通常采用方框图。图中每一方框代表系统中一个设备、一个元件或几个设备的组合体，称为一个环节。方框图指明系统中各环节之间信号的传递和相互关系的示意图，它表明系统运行中几个变化着的信号之间的因果关系。凡是引起环节变化的原因，都是该环节的输入信号，而环节变化的结果，都是该环节的输出信号，两者分别用箭头向内及箭头向外来表示。一定要注意：方框图不同于系统实际接线图，也不同于生产流程图。

图 3-76 就是一个最基本的电极自动调节系统的方框图。由图 3-76 可见：该系统中信号箭头方向是串联成一个闭合回路的。这类系统称为"闭环调节系统"，也称为反馈调节系统。其特点是：其被调量变化信号反馈到调节设备的输入端，成为设备产生调节作用的依据，只要存在着被调量的偏差，调节设备就对调节对象施加作用，直到被调量符合要求值（给定值）为止。

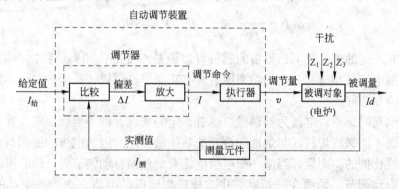

图 3-76 电极自动调节系统的方框图

所谓反馈，是通过某种方式把系统的输出信号送回到系统的输入端，和输入信号相减（或加）的过程。这个反馈量如果是减弱输入量的，称为负反馈（在电极自动调节过程中，被调量的实测值与给定值的偏差逐渐减少，而等于零，故为负反馈），反之称为正反馈。

另有开环调节系统，或称前置反馈系统。例如，在多个干扰中，找出其主要干扰，把它送到系统的输入端。当这个干扰发生后，调节系统能对它及时抵消它对被调节对象的直接影响。这种系统的缺点是没有被调量的反馈，因而不能最后检查被调量是否等于给定值，但也有它的特殊用途，此外不加讨论。

C 连续调节系统与断续调节系统

自动调节系统随其所采用的调节装置的性能不同可分为"连续调节系统"与"断续调节系统"两大类。

某些调节设备具有这样的性能：它可使系统中的"被调量"（如电极电流）只要有偏差，都能连续跟随其给定值。换句话说，这类调节设备，可使其系统中的调节（如电极升降速度 v）能在某一定范围内，以无级、连续的变化，来保证在允许的精度范围内稳定地运行。采用这类调节设备的系统，称为"连续调节系统"。功率不稳的精炼炉，必须采用这类调节设备。当然，功率较稳定的矿热炉也可采用。

另一类调节设备的性能不同。它的被调量（如电极电流）只有在系统中有一定偏差时，才以一个、一个的脉冲形式进行调节。其执行器只能工作于两种状态之一：动作或停止（电的接通或断开）。采用这类调节设备的系统，叫做断续式调节系统。

这类断续式调节系统，当其进行调节时，只能以固定、单一的速度调节电极。由于它具有升、停、降三个位置，也被称为三点式调节系统。一般对于较稳定的矿热炉，采用这类调节设备也基本能够满足工艺要求。

3.5.2.2　电极自动调节中被调量的选择

被调量亦称被调参数。前面的例子，只以负荷电流作为被调量，那是传统的人工调节中选定的。实际上，电炉上可测定的电力参数，除电流外，还有电压、有功功率、功率因数，以及包括电流、电压在内的操作电阻及阻抗等多项。哪几项最适宜被选作被调而最有利于工艺操作呢？经过实践及理论分析，现在一般认为，在自动调节中，以选操作电阻或阻抗为最好，其次才选电流。对于这些参数的应用情况，先略加讨论，如下。

以电流作为被调量，也就是对电炉有功功率进行调节。根据公式：

$$\cos\Phi = \frac{R}{\sqrt{R^2 + X^2}} \quad 及 \quad P = \sqrt{3}UI\cos\Phi$$

可知，在一定的电压级下，设备的感抗可以说是不变的，如果炉料比电阻值也一定，那么，一定的电流就相应有一定的功率因数及有功功率。再说，从保护主变的角度，也应取电流作被调量为好。

但自动调量时，单以电流为被调量，也有一定的缺点，即不能保证电极在炉料中一定的插深，因而不能保证炉料区与熔池区恰当的热能量分配。因为电极的插深与电流值的大小是不成线性比例的。而且，当某一根电极电流有偏差而自动调节时，势必影响另外两极也同时参加自动调节。因而在三相电炉中，使三根电极的电流，在炉底中点的矢量和为零。一相电流增大，其他两相也相应增大，就是调节过程有点不稳定。

如果选功率因数，一方面，它的变化速度比不上电流，其灵敏度较低；另一方面，一定的电流已能代表一定的功率因数，故不必选它。

有功功率更不宜选作被调量。一方面它的变化速度比不上电流；另一方面，在差距很大的两个电流值下，会得到两个完全相同的有功功率值，这就更不能保证电极在炉料中的一定位置。

如果选用电压作被调量，也不恰当。它的变化速度既不如电流，又对系统电压波动非常敏感。何况，电路参数中，电压与电流是一对矛盾中的对立面，选其一，不如选择它们两者在内的操作电阻或阻抗。

操作电阻是有效相电压与电极电流的比值，有关它的含义及其在电炉运行中的重要性，在本书将作较详阐述。选它作为被调量，可以控制电炉在运行中的四个方面：

（1）电极有效相电压、电极电流以及两者的比值；

（2）电炉入炉的有效功率；

（3）电热在炉料区与熔池区的能量分配；

（4）电极在炉料中的插深。

此外还可以避免前述选电流时的后一缺点。某一相电极电流增大，而自动调节时，其他两相电极将继续保持原地不动。现举其极端情况：故障相对炉底短路时，其电流达短路电流，而有效相电压趋近于零，因此其操作电阻与给定值偏差甚大而自动调节。另外两相，由于中点位移，电流、电压同时增大为原值的$\sqrt{3}$倍，因而其比值不变，即操作电阻与给定值没有偏差而不参加自动调节。

故障相电流降低时也同样如此。假设故障相带电极电流为零（电路断开）。而自动调节时，另外两相的电流、电压也均按同一比例下降为原值的$0.5 \times \sqrt{3} = 0.886$倍，而维持操作电阻不变，仍不参加调节。

至于系统电压波动，由于电压、电流同时按同一比例升降，故不进行调节，只是有功功率有所变化。因为，在一定操作电阻下，电炉有功功率是与电压的平方成正比的。当系统电压降低时，对电源来说，是一个自动减负荷的措施，力图使电压不再降低，当系统电压升高时，对电源来说，是增负荷措施，又力图使电压不再降低，又力图使电压不再升高，间接起了调荷、调压作用。

综上所述，选用操作电阻这一参数作为被调量，是最恰当不过了。

在这里，值得指出的是：对于实际整定的操作电阻给定值，必须事先经过慎重的实地优选，然后确定，才能取得好的效果，达到预期目的。如果整定值不恰当，电炉就会始终运行于不好的情况下。

此外，炉料比电阻有大的变化时，还应及时重新优选，改变其给定值。

取阻抗作为被调量，对于铁合金电炉来说，一般也能满足需要。所谓阻抗，就是每相电极相电压与相电流的比值，也是包括两因素在内，只是具体接线时所取电压值不同。前者是不包括短网电压降的入炉有效相电压，即一端接炉底中点，一端接到铜瓦来近似取得。后者则一端接炉底中点，另一端接到变压器低压出线端，取得的是包括短网电压降的电炉相电压。

由于包含了感抗成分，而电炉的感抗基本可认为不变。根据$Z = \sqrt{R^2 + X^2}$公式可知，为了使Z值产生一定变化，当断网感抗X大时，电炉电阻R必须有较大的变化；当X值小时，电炉电阻R要改变的量程就小，就是说，为电流$I = \dfrac{U}{Z}$产生一定变化，X值大时比X值小时的电极调节量要大些。

无论是取操作电阻或阻抗电阻为被调量，一般均采用给定值：

$$R_{给} = \frac{U}{I} = 常数 \tag{3-17}$$

或

$$U - IR_{给} = 0 \tag{3-18}$$

的平衡原则来进行给定或整定的。比如，在两相比较的电流和电压线圈中，整定后，在正常情况下，电流线圈与电压线圈的电磁力保持平衡（即相等），如果运行中实际的电阻值有了偏差，则平衡被破坏，而两线圈的电磁力便有了差异（此外，采用电压、电流平衡电阻臂的原则也是如此）。具体接线原理见图3-77及图3-78。

3.5.2.3 断续式电极自动调节系统接线原理

这里将重点介绍一种典型但比较老式的采用平衡杆调节器、按触器、电动卷扬机的调节系统，如图3-77所示。对于比较稳定的矿热炉，它能在开、断次数很少的情况下，比较准确地把电极的操作电阻或阻抗调节到给定值上。

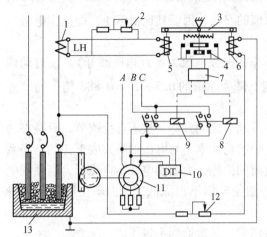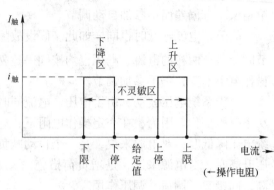

图 3-77　采用平衡调节系统的断续式　　　图 3-78　三点式电极调节系统的不灵敏区
　　　　　电极自动调节系统

1—电流互感器；2，12—电流、电压调节电阻；

3—平衡杆；4—触头系统；5，6—电流、电压线圈；

7—延时环节；8，9—正、反接触器；10—制动器；

11—卷扬电动机；13—电炉

平衡杆调节器亦称平衡继电器，它的电流线圈 5 接到电流互感器 LH 的次级出线端，它的电压线圈 6 则引入有效相电压。经过优选操作电阻，调节电阻 2 和 12，进行给定。在给定值下，两线圈的电磁力相等，故正常情况时，平衡杆得以保持其水平位置。

当实际操作电阻偏小时，相当于电流偏大（亦即电压偏小），则电流线圈的电磁力大于电压线圈，平衡杆即偏离水平位置，且偏转幅度与偏差成正比例，使其接触点系统接通，从而使上升接触器电磁线圈通电，电动机正向旋转，提升电极。因而电流减小，有效相电压相应上升。达到给定值后，平衡杆水平位置，接触器断电，电动机在电磁制动器作用下立即停转。

反之，当实际操作电阻偏大时，相当于电流偏小（或电压偏高）。则平衡继电器接触头系统接通下降接触器而使电极下降，同样调节到给定值为止。

在接触器控制回路中，加装时间环节延时，可以避免在瞬时而过的偏差下进行调节而动作过于频繁：这种延时通常可以将平衡继电器的不灵敏区调节得比较小。

所谓"不灵敏区"，是指开始动作时的偏差上限与下限之间的那一个区域。如图 3-78 所示，图中以电极电流为横坐标，接触器线圈的电流（即平衡继电器的通、断状态）为纵坐标。

这三点式调节系统，由于动作是以脉冲形式来完成的，偏差常要达到一定值，才开始动作进行调节。用单因素进行说明，电流达到上限或下限值时接触器才开始接通动作，一经动作，便持续到上停或下停的电流值下，接触器才停止动作。实际上，电流若在上限到下限以上这个范围，是不会动作的，因此称之为不灵敏区。不过，这个不灵敏区的大小，却是可进行调整的，使之尽量缩小。另外，其上停点或下停点是可以调整的（操作电阻包含电流、电压两因素，故用单因素说明）。

若以操作电阻值为横坐标，则电流的上限便是电阻值的下限，电流的下限便是电阻值的上限。相应地，上停对下停也应对调。以单因素电流说明，便于理解。

如果要进行自动调节与手动调节的互相切换，可以通过切换用的转换开关，将电流互感器次级短路，电压线圈开路；并将接触器转换到手动操作回路。

如果电极升降是液动时，只需将接触器的电磁线圈换接成电液换向阀的电磁线圈，便可构成液动三点式调节系统。

3.5.2.4 连续式电极自动调节系统的接线原理

图 3-79 是以电液伺服阀为主控制元件的液动调节系统。从电流互感器的次级出来的

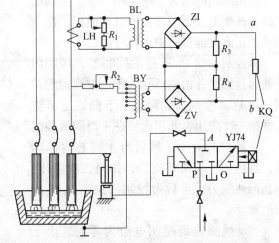

电流，经过升级变压器 BL 升为一定的电压值，经过整流后成为直流信号，加于比较电阻 R_3 的两端。隔离变压器 BY 是具有多抽头的降压变压器，以适应电炉变压器各电压极的需要，且避免电炉次级系统接地。它把有效相电压降为一定的电压值，经过整流，加于比较电阻 R_4 的两端。为了便于整定的进行，在电流回路里，加装有可调电阻 R_1，而在电压回路加装可调电阻 R_2。电液伺服阀的动圈绕组 KQ 并接与比较电阻的两端。

图 3-79 采用电液伺服阀的连续式电极自动调节系统
BL—升压变压器；BY—降压变压器；R_1，R_2—电流、
电压回路调节器；ZI，ZV—电流、电压回路整流器；
R_3，R_4—电流、电压比较电阻；KQ—电液伺服阀
动圈绕组；YJ74—电液伺服阀

按优选得到的操作电阻整定后，电极在正常阻值下运行时，比较电阻 R_3 及 R_4 所得到的电压是数值相等而极性相反保持平衡的。因此，R_3 常被称为电流平衡电阻臂，而 R_4 为电压平衡电阻臂。

当运行的电阻值低于给定值时，相当于电流偏大，电压偏小，因此 $I_信 > U_信$，电液伺服阀动圈绕组 KQ 中，将有由 a 到 b 方向的电流通过，使电液伺服阀动作，而将电极上升。

反之，当运行的操作电阻大于给定值时，$U_信 > I_信$，KQ 中将有由 b 到 a 方向的电流通过，使电液伺服阀动作，而将电极下降。

图 3-80 是北京冶金液压机械厂所生产的 YJ74 系列电液伺服阀（该厂最近还有 YJ77 系列产品与之类似）。其工作原理如下：

YJ74 系列电液伺服阀由电磁部分及液压部分组成。电磁部分在上半部，采用动圈式永磁力马达作为电气机械信号转换器。液压部分在下半部，采用直接位置反馈的滑阀式前置放大级和滑阀式功率放大级（统称双级滑式），其前置级和功率级是供体结构（YJ77 系列则两级是各自独立的）。

动圈式永磁力马达主要由磁路系统、动绕组、平衡弹簧、零点调节机构和插头座等组成。

下半部的滑阀式液压放大器由控制滑阀的主滑阀组成。控制滑阀的阀芯在功率级主阀

芯中间，因此，主阀芯也是控制滑阀的阀套，构成直接位置反馈。液压放大器采用对称的桥式油路，有上、下两固定节流孔和上、下两节流口（控制滑阀的两控制边）组成。

当动圈绕组 KQ 中有控制电流通过时，产生一个和电流大小及方向相应的电磁力，克服平衡弹簧和其他阻力，将电量转换为一个位移量，带动相连的控制滑阀运动。

控制滑阀的位移，产生相对于主滑阀的位移，改变上、下节流口的过流面积，使滑阀式液压放大器得到输入信号。

从控制油口 P_c 通过的控制油，经阀内滤油器过滤，并由减压孔减压，成规定的控制压力 P_c。控制油先经上、下两固定节流孔做第一次降压，并作用到在主滑阀两端的上、下两控制腔上，然后由主阀芯内部油道，到达上、下两节流口，作第二次降压，达到回油压力，最后由控制回路油口 O_c 流回油箱。

当动线圈绕组控制电流为零时，由于上、下两节流口的面积相等，而且上、下两固定节流口的面积也相等，故上、下两路油流相等。经固定节流孔降压后，在上下控制

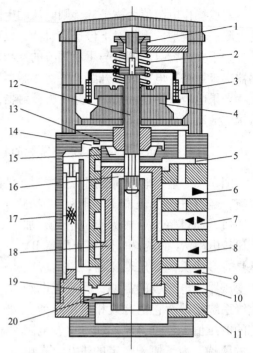

图 3 - 80　YJ74 系列电液伺服阀

1—零点调节机构；2—平衡弹簧；3—动圈；4—磁钢；
5—控制回油口 O_c；6—回油口 O；7—工作油口 A；
8—供油口 P；9—控制油口 P_c；10—漏油口 L；
11—阀体；12—控制滑阀；13—上控制腔；
14—上固定节流口；15—上节流口；
16—下节流口；17—滤油器；18—主滑阀；
19—下固定节流口；20—下控制腔

腔中的压力也相等。因此，主滑阀处于平衡状态，故工作油口 A 没有油流进或流出，电极不动。

当运行的阻值低于给定值时，即 $I_信 > V_信$，如前所述，此时动圈绕组 KQ 中将有控制电流由 $a \rightarrow b$ 流通。动圈将带动控制滑阀向下运动（其位移量与控制电流大小成正比例），使节流口关小，而下节流口开大，这就使得：

（1）流过上控制腔的油流减小，其在上固定节油孔的压降也减小，因而上控制腔的控制压力相对增高。

（2）流经下控制腔的油流增大，压力减小。

（3）由于上、下控制腔压力差的作用，主滑阀跟随向下移动，使高压的工作油由供油口 P 流入，直接由工作油口 A 流出，推动油缸活塞，带动电极上升。

反之，当 $V_信 > I_信$ 时，动绕组 KQ 中，将有控制电流由 b 向 a 流通，则动圈带动控制阀上移，主滑阀也因下腔压力较高而上移，引起供油口 P 被封闭，电极升降油缸中的油，由工作油口 A 流入电液伺服阀，经由回油口 O 流出，油缸卸压，电极靠自重下降。

YJ74 系列及 YJ77 型电液伺服阀，吸取了目前国内应用在电炉上的伺服阀的许多优点，考虑了国外同型号产品的特点，认真听取了用户的改进意见和应用经验，调节性能颇

为良好，是一个成功的产品。根据某厂在矿热炉运行的经验，动圈绕组中的控制电流，一般为 15～20mA，相应电极升降速度约为 0.2～0.16m/min。而在特殊情况下，控制电流为 92mA 时，电极速度竟达 1.15m/min，因此取得电极负荷稳定的效果。

为了便于自动与手动互相切换，只需在油压管道内，加装电磁换向阀，使其与电液伺服阀并联，就可通过切换开关停用自动电液伺服阀油路，而用接通换向阀的上升、下降电磁铁线圈的方式，以调节电极升降。

以上只重点介绍了两种典型的接线原理，实际上，电极自动调节装置可根据环节组合的不同而有多种形式。但它们的测量、比较环节多数还是采用图 3-79 所采用的那一种方式。其他环节也采用磁放大器，可控硅等，在此从略。

3.6 电炉的基本电路

前面简要介绍了矿热炉电气设备基础知识，以下章节将着重讨论电炉电路各电气参数之间的关系和电热冶炼基本原理。

从定性方面来认识电炉的基本电路，比较简单。但是，如果要定量计算电路级别电路参数，就不是那么容易了。

电气参数和炉子尺寸的确定是电炉设备高效生产能力的基本前提。为此，我们必须对基本电路要有一个比较清楚的认识。

电炉电路是一个动负载电路，电气条件和冶金条件联系得非常紧密，电气参数之间有着较为复杂的因果关系，而且由于电炉变压器接线组别的差异和高压、低压侧的参数不同，加上短网的复杂布线。在计算电炉电路参数的时候，容易使人感到茫然无措，无从着手。本章将着重介绍用等效变换和折算的方法来简化电炉电路；进而分析电炉全电路和炉内电路中各电气参数之间的关系，使我们基本上能掌握电炉的正常运行。

3.6.1 电路的等效变换及折算

3.6.1.1 三相系统的星三角变换

关于三相系统的星三角变换的原理及方法在此不做详细介绍，此处着重用实例说明其应用。

例 3-3　一个星形连接的感应电机，经供电线路接到三相 400V 对称电源上，如图 3-81 所示。若知电动机每相阻抗为 $R_{机}=4\Omega$ 与 $X_{机}=3\Omega$ 相串联，输电线路每相阻抗为 $R_{线}=0.5\Omega$ 及 $X_{线}=0.7\Omega$ 相串联，试计算各项有关负载数据：

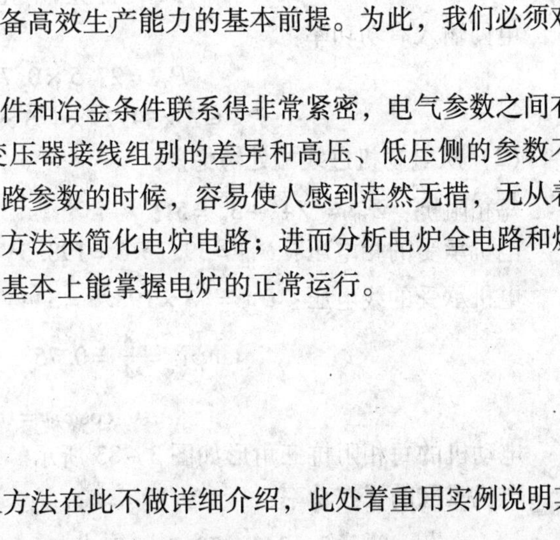

解：（1）首先从电源处考虑。（即包括线路阻抗在星形相位内）。

图 3-81　包括线路阻抗的星形对称负载

每相总电阻：$R_{总}=R_{机}+R_{线}=45+0.5=4.5\Omega$

每相总感抗：$X_{总} = X_{机} + X_{线} = 3 + 0.7 = 3.7\Omega$

每相总阻抗：$Z_{总} = \sqrt{4.5^2 + 3.7^2} = 5.82\Omega$

$$\tan\varphi = \frac{3.7}{4.5} = 0.823 \qquad \varphi_{总} = 39.4°$$

$$\cos 39.4° = 0.773$$

可画出每相总阻抗三角形，如图 3-82 所示。

星形相电压：

$$U_{相} = \frac{400}{\sqrt{3}} = 231\text{V}$$

星形相电流：

$$I_{相} = \frac{231}{5.82} = 39.7\text{A} = I_{线}$$

电网输入视在功率：

$$S_{总} = \sqrt{3} \times 400 \times 39.7 \times 10^{-3}$$

或　　　　　　$S_{总} = 3 \times 231 \times 39.7 \times 10^{-3}$

$$= 27.5\text{kV} \cdot \text{A}$$

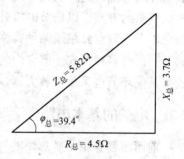

图 3-82　总阻抗三角形

电网输入有功功率：

$$P_{总} = 27.5 \times 0.773\text{kV} \cdot \text{A}$$

或　　　　　　$P_{总} = 3 \times 39.7^2 \times 4.5 \times 10^{-3} = 21.3\text{kW}$

（2）从电动机进线端处考虑。

每相阻抗：$Z_{机} = \sqrt{4^2 + 3^2} = 5\Omega$

电机承受的相电压：$U_{相} = 39.7 \times 5 = 198.5\text{V}$

电机承受的线电压：$U_{线} = \sqrt{3} \times 198.5 = 344\text{V}$

$$\tan\varphi_{机} = \frac{3}{4} = 0.75 \qquad \varphi_{机} = 36.8°$$

$$\cos\varphi_{机} = 0.8$$

电动机的每相阻抗三角形如图 3-83 所示。

电机吸取的视在功率：

$$S = \sqrt{3} \times 344 \times 39.7 \times 10^{-3}$$

或　　　　　　$S = 3 \times 198.5 \times 39.7 \times 10^{-3}$

$$= 23.6\text{kV} \cdot \text{A}$$

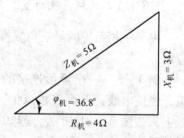

电机吸取的有功功率：

$$P_{机} = 23.6 \times 0.8$$

或　　　　　　$P_{机} = 3 \times 39.7^2 \times 4 \times 10^3$

$$= 18.9\text{kW}$$

图 3-83　电动机阻抗三角形

（3）每相电压分配（各段的电压降）。

电机有功电压降 = $39.7 \times 4 = 158.7\text{V}$

电机无功电压降 = $39.7 \times 3 = 119\text{V}$

电机总阻抗电压降 = $\sqrt{158.7^2 + 119^2} = 198.5\text{V}$

线路有功电压降 $= 39.7 \times 0.5 = 19.85 \mathrm{V}$

线路无功电压降 $= 39.7 \times 0.7 = 27.8 \mathrm{V}$

线路总阻抗电压降 $= \sqrt{19.85^2 + 27.8^2} = 34.2 \mathrm{V}$

画出每相的电压分配，如图 3 - 84 所示。

$$\cos\varphi_{机} = \frac{158.7}{198.5} = 0.8$$

$$\cos\varphi_{总} = \frac{158.7 + 19.8}{231} = \frac{178.55}{231}$$

$$= 0.773$$

例 3 - 4　一个三角形连接的感应电动机，经供电线路接到三相 400V 对称电源，如图 3 - 85 所示。若知电机每相阻抗为 $R_{机} = 12\Omega$ 与 $X_{机} = 9\Omega$ 相串联，输电线路每相为 $R_{线} = 0.5\Omega$ 及 $X_{线} = 0.7\Omega$ 相串联，试计算有关数据。

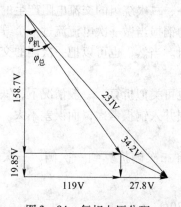

图 3 - 84　每相电压分配

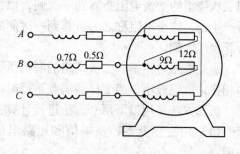

图 3 - 85　包括线路阻抗的三角形对称负载

解：因为电机相位的阻抗与线路相位中的阻抗存在着相角差，不能像例 3 - 2 一样把它们串联后的等效值看成一相中的阻抗，按通常的方法计算非常繁杂。

根据星、三角等效变换的原理。把电机实际的三角连接，也当做是星形连接，其阻抗值是：

电机三角接法时：$R_{机} = 12\Omega$，$X_{机} = 9\Omega$，即：

$$Z_{机} = \sqrt{12^2 + 9^2} = 15\Omega$$

变换为等效星形时，当取 $R_{机} = \frac{12}{3} = 4\Omega$，$X_{机} = \frac{9}{3} = 3\Omega$，$Z_{机} = \frac{15}{3} = 5\Omega$。

画等效星形图，如图 3 - 86 所示，恰好和图 3 - 81 一样。

因此算出电机进线端的电压。由例 3 - 3 已经知道电机进线端的电压为三相 344V，核算电机三角接法的参数如下：

每相阻抗　$Z_{机} = 15\Omega$

$$I_{相} = \frac{344}{15} = 22.96 \mathrm{A}$$

$$I_{线} = \sqrt{3} \times 22.95$$

$$= 39.7 \mathrm{A}$$

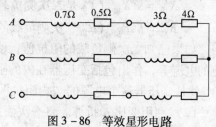

图 3 - 86　等效星形电路

情况完全相符。

通过比较例 3 - 3 和例 3 - 4 可知，当带有线路阻抗时，负载本身若是三角接线，也可按等效变换法，当做星形接法进行计算比较方便。

3.6.1.2 变压器原、副绕组间阻抗折算

变压器原、副绕组间，只有磁的耦合，而没有电的直接联系，两侧的电压、电流、阻抗值（r 和 x）各不相同。因此，给计算工作带来了许多不便。经过理论研究，变压器两侧间各值，均可利用匝比 K 值，进行等效折算成另一侧的数值，这样可以大为简化计算工作。现举一例说明如下。

例 3 - 5 有一台单相 $100kV \cdot A$ 变压器，一、二次电压分别为 10000/231V，电流为 10A 及 433A，额定的铜铁损总值为 3kW，短路电压为 5%，试分别求其折算到一、二次侧的电阻、感抗及阻抗值。

解： 变压器的铜损是由一、二次电流分别流过一、二次绕组的交流电阻产生的。如果把二次绕组的交流电阻折算到一次侧，而将变压器的铜损当做一次电流流过一个等效电阻所产生的，这个电阻称之为折算到一次侧的等效电阻。当然，也可以把一次侧的交流电阻折算到二次侧。

短路电压是由一、二次绕组的漏抗所引起的，也可类似折算。一般情况下，铁损与铜损相比，数值较小，当变压器满载运行时，可把铁损并入铜损考虑，而误差不大。

折算方法可用以下两个方法进行计算：

（1）用变压器铜、铁损值和短路电压折算。将二次侧折算到一次侧，一次侧的总电阻：

$$R_{1总} = \frac{P}{I^2} = \frac{3000}{10^2} = 30\Omega$$

折算到一侧的总阻抗：

$$Z_{2总} = \frac{U_k U}{I} = \frac{0.05 \times 10000}{10} = 50\Omega$$

折算到一侧的总感抗：

$$X_{1总} = \sqrt{Z_{1总}^2 - R_{1总}^2} = \sqrt{50^2 - 30^2} = 40\Omega$$

因此可画出这台变压器折算到一次侧的等效电路，如图 3 - 87 所示。图中的 X_1 下以 $X_1 + K^2 X_2$ 表示；$R_{1总}$ 以 $R_1 + K^2 R_2$ 表示（K 是变压器的匝比）；右上角加一撇的符号，是指折算到一次侧的数值。例如：

$X'_负 = K^2 X_负$（$X'_负$ 是二次侧负载的感抗）

$R'_负 = K^2 R_负$（$R'_负$ 二次侧负载的电阻）

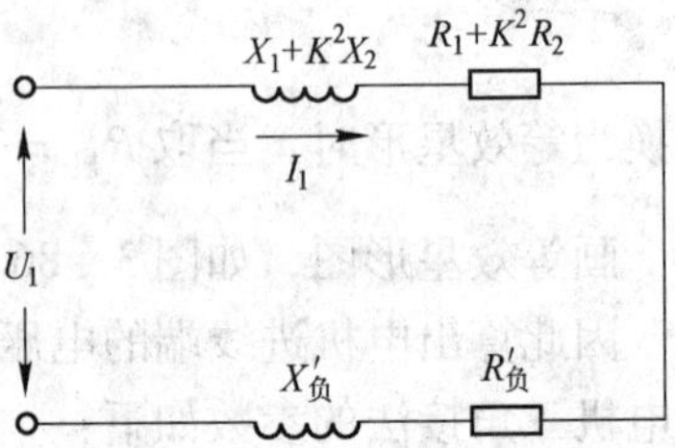

图 3 - 87 折算到一次侧的等效电路

如果已知二次侧负载的阻抗值，便可计算确定一次侧的电流等，作出包括变压器在内的阻抗三角形、电压三角形以及功率三角形。而 $R_{1总}$ 及 $X_{1总}$ 就是变压器这个电源的"内阻抗"，在物理意义上，相当于直流电源的"内阻"。

（2）利用变比 K 折算。将一次侧折算到二次侧：首先要求匝比（此处即变比）：

$$K = \frac{10000}{231} = 43.3$$

折算到二次侧总电阻:

$$R_{2总} = \frac{Z_{1总}}{K^2} = \frac{50}{43.3^2} = 0.016\Omega = 16\text{m}\Omega$$

折算到二次侧总阻抗:

$$Z_{2总} = \frac{Z_{1总}}{K^2} = \frac{50}{43.3^2} = 0.0267\Omega = 26.7\text{m}\Omega$$

折算到二次侧总感抗:

$$R_{2总} = \frac{X_{1总}}{K^2} = \frac{40}{43.3^2} = 0.02135\Omega = 21.35\text{m}\Omega$$

由此可知:已知的一次侧总阻抗值折算为二次侧等效值时,只要把一次值各除以变比 K^2 就行了。相反,由二次侧值折算为一次侧等效值时,则需把一次侧值各乘以变比 K^2。当然,也可以用前一种方法从一次侧折算到二次侧。

现将这台变压器折算到二次侧的等效电路画出,如图 3-88 所示。

当二次侧的负载阻抗为一定值的时候,便可计算电路有关的电量了。

(3)当然,不利用变比值,也可像开始那样求出折算到二次侧的各值。折算到二次侧的总电阻:

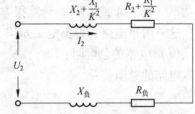

图 3-88 折算到二次侧的等效电路

$$R_{2总} = \frac{P}{I^2} = \frac{3000}{433^2} = 0.016\Omega = 16\text{m}\Omega$$

折算到二次侧总阻抗:

$$Z_{2总} = \frac{U_k U}{I} = \frac{0.05 \times 231}{433} = 0.0267\Omega = 26.7\text{m}\Omega$$

折算到二次侧总感抗:

$$X_{2总} = \sqrt{0.0267^2 - 0.016^2} = 0.02135\Omega = 21.35\text{m}\Omega$$

3.6.2 电炉的全电路

运用等效变换及折算的方法,不论电炉变压器高、低压的实际接线如何,都可以把它们视为某一侧的星形连接进行计算。而星形连接的三相对称负荷,又可以从三相中抽出一相,用相电压及相电流进行分析计算。其余的两相完全相同。这就是说,三相又可以简化为单相。至于变压器的高、低压间电压、电流及阻抗,也不难折算到另一侧。电炉的电路一般是折算到二次侧。

电极所载为线电流,其阻抗即是处在电路星形回路的相位内。在电极上作三角形连接的短网,从变压器低压出线端到电极处的母线所载的都是相电流,其阻抗值处在三角形的相位内,必须进行等效变换。

电炉炉内负荷可以视为纯电阻负载。在这里且称之为操作电阻,它是一个可变电阻。炉内三根电极,可认为它们经过操作电阻按星形接法在炉底汇合为中性点,也处于电炉星形回路相位之内。

3.6.2.1　电炉全电路电气参数之间的关系

按照以上分析，将电炉电路进行逐次简化，最后可简化为一个感抗固定、电阻可变的单相电路，如图 3 – 89 所示。

图 3 – 89 中：感抗 $X_损$ 主要是电炉变压器和短网的感抗经变换及折算后的值。对于既定的设备，感抗基本上是一个恒定的值。电阻 $R_损$ 是设备的有损电阻，也基本上是一恒定的值。可变电阻 R 是电炉负载电阻，称之为操作电阻，它是随电机的升降而变化的电阻。

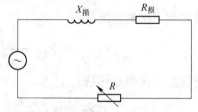

图 3 – 89　简化后的电炉全电路

由于电路工作电流很大，常为数万安培。在计算式，电流常以 "kA" 为单位。这样一来，以 "kA" 值乘 "mΩ" 值即得电压 "V" 数，而 "kA" 值的平方乘以 "mΩ" 值即得功率（kV·A 或 kW），计算很方便。

这一简单电路，根据电工知识，很容易计算出电路的各电气参数。

（1）电路的总电阻：
$$R_总 = R_损 + R$$
电路的总阻抗：
$$Z_总 = \sqrt{R_总^2 + X_总^2}$$

（2）电路电流：
$$I = \frac{U_相}{Z_总} = \frac{U_相}{\sqrt{R_总^2 + X_总^2}}$$

（3）功率因数：
$$\cos\varPhi = \frac{R_总}{Z_总}$$

（4）电路的电压分配。
设备的无功压降：
$$U_无 = IX_总 = U_相 \sin\varPhi$$
设备损耗的有功压降：
$$U_损 = IR_损$$
电路总的有功压降：
$$U_损 = IR_总 = I(R_损 + R) = U_相 \cos\varPhi$$
入炉电压降：
$$U_{相效} = IR$$

入炉电压降常称之为有效相电压。在这里计算的是变换及折算后二次侧星形相位内的电压（相应地有入炉有效线电压），有效的电压才对电炉生产有实际的意义。

近年来，有的单位在电炉上安装有效相电压表，按式 $U_{相效} = IR$，则操作电阻值很容易求得。有效相电压与负载电流有关，因此，有效相电压与电极电流值应同时读数计算。计算得出的电路的阻抗三角形和电压分配如图 3 – 90 所示。

(5) 电路的功率分配。

电网输入的有功功率：

$$P_{损} = I^2 R_{总} = I^2 (R_{损} + R) = U_{相} I\cos\Phi$$

设备的损失功率：

$$P_{损} = I^2 R_{损}$$

入炉有效功率：

$$P_{效} = I^2 R = \frac{U_{相效}^2}{R}$$

电路的无功功率：

$$Q = I^2 X_{总} = U_{相} I\sin\Phi$$

电网输入的视在功率：

$$S = \sqrt{P_{总}^2 + Q^2} = I^2 Z_{总}$$

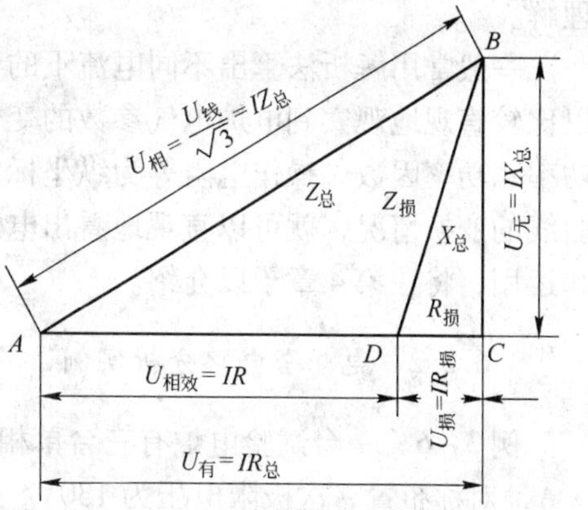

图 3-90 阻抗三角形和电压分配

以上各种功率是按一相计算的，全炉三相应乘以 3。

应该注意：电路的总有功功率包括变压器、短网、电极有损工作段的损失和入炉有效功率。

入炉有效功率与电网输入的总有功功率之比，称为电效率 η。一般所指的电效率和功率因数，是变压器一次侧的计算值。对于电网输入的视在功率，并不一定就是电炉变压器铭牌的额定（视在）功率，应该按照实际使用的负荷来计算。以上计算的电炉电路的各个电气参数值，一般都是瞬时值。在电炉运行过程中，变压器在某一级电压下稳定运行，随着变压器铭牌额定二次电压，随电网电压波动和负载电流大小不同，而有变化。分析电炉电路时，还是假定其电网电压保持不变。而当随电极的上升或下降，操作电阻也随之改变，这样一来，电流也将随之变化，功率因数也有改变，进而，电路功率分配以及电效率都将按着一定的规律随之变化。因此，这些参数之间的函数关系还是比较复杂的。对于既定的电炉设备，其感抗是不变的，如果设工作电压 U 和感抗 X 为常量，R 为变量，I 为因变量，有下列函数式：

$$I = \frac{U_{相}}{\sqrt{(R + R^2) + X_{总}^2}} = \frac{U_{相}}{\sqrt{R_{总}^2 + X_{总}^2}}$$

这是一个标准圆的方程式，可画出所谓的电流圆。如果取不同的电流值，功率因数角 Φ 也相应变化，虽然工作电压 U 是不变的，但其有功分量 $U_{有}$ 和无功分量 $U_{无}$ 却随着 Φ 角的变化而变化，电压三角形顶点的变化规律也是一个圆，即：

$$U_{有} = U_{相} \sin\Phi$$

$$U_{无} = U_{相} I\sin\Phi$$

这是圆方程的参数方程，称之为电压圆。

因为电路电流和电压互隔 Φ 角，它们的有功分量和无功分量又相隔 90°相角，因此，电压圆和电流圆可以画在同一直角坐标系之中而组成电路特性圆图，当圆图按电流、电压值的一定比例画出时，圆上的某一点，也就是电路运行的某一时刻，根据图上所代表电量的长度，按比例推算出各电气参数值的大小，这就是一般资料上所介绍的用圆图法来求得的电炉电气参数间关系的方法。利用原图的轨迹来定电炉各参数很方便，但解析法，更易理解。

　　一般常用解析法算出不同电流下的各相电气参数，画出的各电气参数的变化曲线，可以比较直观地观察到电炉电气参数的变化情况。电炉特性曲线，以电极电流为横坐标，以功率、功率因数、操作电阻等为纵坐标，画出电压等级下相应的电气参数变化曲线。根据曲线的变换情况，就可以直观地看出电炉电气参数之间的关系。关于电炉特性曲线的绘制和运用，将在第4章予以介绍。

3.6.2.2　电炉全电路分析实例

　　例 3 – 6　一台试验电炉有三台单相组成的变压器组，额定容量为 $3 \times 3750 = 11250\text{kV} \cdot \text{A}$，对称布置，次极限电压为 130V，次极限电压用到 $50\text{kV} \cdot \text{A}$ 时，变压器的铜损耗共计为 150kW，短路电压 $U_K = 8\%$，接线组别为 △/△ – 12 组。

　　电极直径为 100cm，按等边三角形布置于圆形电炉。电极有损工作段长度为 0.8m。（铜瓦下缘到料内）。

　　短网在电极上闭合三角接线，每相短网的每一个极性的交流电阻平均值为 $0.063\text{m}\Omega$，感抗为 $0.878\text{m}\Omega$，电炉布置如图 3 – 91 所示。

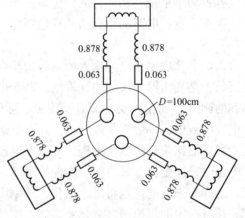

图 3 – 91　某电炉布置示意图

　　解：首先把电路简化：把变压器、短网的三角形等效变换为星形。

　　第一步：将三角形相位内短网（两个极性）的阻抗变换为等效星形相位内的阻抗：

$$R_2 = \frac{R_{角}}{3} = \frac{2 \times 0.063}{3} = 0.042\text{m}\Omega$$

$$X_2 = \frac{X_{角}}{3} = \frac{2 \times 0.087}{3} = 0.585\text{m}\Omega$$

　　其次，计算星形相内电极的电阻，取自焙电极的比电阻 $\rho = 85\Omega \cdot \text{mm/m}$，故电极 0.8m 的电阻为：

$$R_{极} = \frac{85 \times 0.8}{0.7854 \times 10000^2} = 0.087 \times 10^{-3}\Omega = 0.087\text{m}\Omega$$

　　画出电炉等效星形电路图，如图 3 – 92 所示，在相应部位注明其阻抗值。

　　第二步：根据变压器损耗 150kW 及短路电压 8%，全部折算为二次侧的等效阻抗。折算为二次侧的每相等效星形相位内的交流电阻：根据 $P = I^2R$ 关系，现 $P = 150\text{kW}$，$I = 50\text{kA}$。

$$R_1 = \frac{150}{3 \times 50^2} = 0.02\text{m}\Omega$$

　　折算为二次侧的每相等效星形相位内的阻抗：

$$Z_1 = \frac{0.08 \times 130}{\sqrt{3} \times 50} = 0.12\text{m}\Omega$$

　　由于容量较大的变压器在设计时，取电抗电压降作为阻抗电压降（电阻电压降很小，

故可忽略)。因此,求出的阻抗值实为感抗值:

$$X_1 = Z_1 = 0.120 \text{m}\Omega$$

画出折算到二次侧的等效星形电路图,如图 3-93 所示。

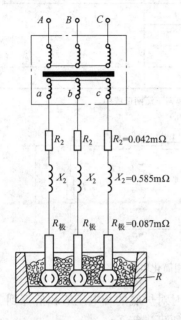

图 3-92 等效星形电路图

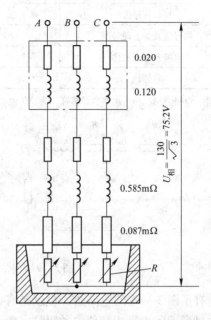

图 3-93 折算到二次侧的等效星形电路

在图 3-93 所示中,指出折算到二次侧等效星形后的每相设备阻抗值。该炉设备的各段阻抗值见表 3-1 和表 3-2。

表 3-1 某电炉每相交流有效电阻及损失功率(50kA·h)

项 目	有效电阻		损失功率	三相损失功率
	数值/mΩ·相$^{-1}$	符号	/kW·相$^{-1}$	/kW
变压器	0.0200	R_1	50.00	150
10m 穿墙硬母线	0.0083		20.75	62.25
软母线	0.0027	R_2	6.75	20.25
3m 炉上硬母线	0.0110		27.5	82.50
铁体涡流损失	0.0200		50.00	150.00
0.8m 自焙电极	0.0870	$R_极$	217.50	652.50
共 计	0.1490		372.50	1117.50

对表 3-1 中的数值进行比较,可见电极有损工作虽短,只有 0.8m,但其损失功率很大,故应尽量缩小其运行长度。

第三步:进一步简化,选图 3-93 中的一相进行分析,如图 3-94a、b。至此,电路简化即完成。

实际上,对于既定的电炉设备,可以运用电炉特性曲线试验。很快一步就求出折算到二次侧的每相阻抗值。这里分三步减缓,主要是便于分析理解。

表 3 - 2　电炉设备每相感抗值

部　　　位	数值/mΩ·相⁻¹	符　　号
变压器	0.120	X_1
10m 硬母线	0.035	
软母线及炉上硬母线	0.200	X_2
电极及邻近铁体	0.350	
总感抗	0.705	

注：电极有损工作段也有少量感抗，为简化说明计算，前面已把他列于短网母线中。

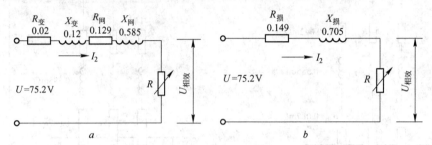

图 3 - 94　电炉等效星形中一相简化电路

有了图 3 - 94 的电路图，也就是有了变压器空载时对炉底的相电压值和折算到二次侧等效星形回路中每相相位内的阻抗，电路的计算分析便可进行了。

（1）满载运行时（即电极电流恰为 50kA 时）：

1）电阻网输入视在功率：$3 \times 75.2 \times 50 = 11250 \text{kV} \cdot \text{A}$。

2）设备的无功电压降：$50(0.120 + 0.585) = 35.25 \text{V}$。

3）功率因数。因在电压三角形中已知 $U = 75.2 \text{V}$，$U_无 = 35.25 \text{V}$

即　　　　　　　　　　　　$\sin\Phi = \frac{35.25}{75.2} = 0.47$

故　　　　　　　　　　　　$\cos\Phi = 0.88$

4）电网输入有功功率：$11250 \times 0.88 = 9900 \text{kW}$，即每相输入 3300kW。

5）损失功率：$3 \times 50^2 \times (0.2 + 0.129) = 1117.5 \text{kW}$，即每相输入 372.5kW。

6）入炉有效功率：$9900 - 1117.5 = 3782.5 \text{kW}$，即每根电极输入电炉 2927.5kW。

7）电效率：$\frac{8782.5}{9900} = 88.8\%$。

8）总有功电压降：$75.2 \times 0.88 = 66.1 \text{V}$。

9）设备的有功电压降部分：$50 \times 0.149 = 7.5 \text{V}$。

10）有效相电压：$66.1 - 7.5 = 58.6 \text{V}$。

11）运行的操作电阻值：$\frac{58.6}{50} = 1.17 \text{mΩ}$。

12）电路总阻抗：$\frac{75.2}{50} = 1.5 \text{mΩ}$。

13）短网阻抗：$\sqrt{0.129^2 + 0.585^2} = 0.598 \text{mΩ}$。

14）短网阻抗电压降：$50 \times 0.598 = 29.9 \text{V}$。

15) 变压器阻抗：$\sqrt{0.02^2 + 0.12^2} = 0.1215\text{m}\Omega$。

16) 变压器阻抗电压降：$50 \times 0.1215 = 6.07\text{V}$。

17) 短网及电炉负荷总阻抗：$\sqrt{(0.129 + 1.17)^2 + 0.585^2} = 1.43\text{m}\Omega$。

18) 变压器低压出线端处引出的"对地电压表"其指示值：$50 \times 1.43 = 71.5\text{V}$。

19) 每相无功功率：$50 \times 35.25 = 1762.5\text{kV} \cdot \text{A}$。

根据以上求出的各参数值，可画出该电炉当电极电流为 50kA 时的每相阻抗三角形、电压三角形，如图 3 - 95 所示。

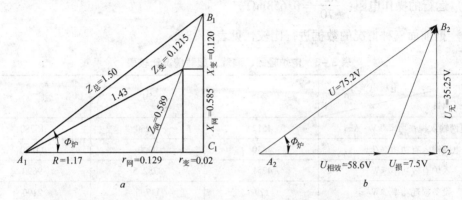

图 3 - 95　电极电流为 50kA 时电炉阻抗三角形（a）和电压三角形（b）

（2）轻载电极电流 20kA 时：

1) 电网输入视在功率：$3 \times 75.2 \times 20 = 4512\text{kV} \cdot \text{A}$。

2) 设备无功电压降：$20 \times 0.705 = 14.1\text{V}$。

3) 功率因数：因为 $\sin\Phi = \dfrac{14.1}{75.2} = 0.188$，所以 $\cos\Phi = 0.982$。

4) 电网输入有功功率：$4512 \times 0.982 = 4430\text{kW}$。

5) 损失功率：$3 \times 20^2 \times 0.149 = 179\text{kW}$。

6) 入炉有效功率：$4430 - 179 = 4251\text{kW}$。

7) 电效率：$\dfrac{4251}{4430} = 96\%$。

8) 总有功电压降：$75.2 \times 0.982 = 73.8\text{V}$。

9) 设备有功电压降：$20 \times 0.149 = 3.0\text{V}$。

10) 有效相电压：$73.8 - 3.0 = 70.8\text{V}$。

11) 运行的操作电阻：$\dfrac{70.8}{20} = 3.54\text{m}\Omega$。

（3）超载运行电极电流为 70kA 时：

1) 电网输入视在功率：$3 \times 75.2 = 70 = 15780\text{kV} \cdot \text{A}$。

2) 设备无功电压降：$70 \times 0.705 = 49.35\text{V}$。

3) 功率因数：因为 $\sin\Phi = \dfrac{49.35}{75.2} = 0.675$，所以 $\cos\Phi = 0.752$。

4) 电网输入有功功率：$15780 \times 0.752 = 11880\text{kW}$。

5）损失功率：$3 \times 70^2 \times 0.149 = 2190 kW$。

6）入炉有效效率：$11880 - 2190 = 9690 kW$。

7）电效率：$\dfrac{9690}{11880} = 81.6\%$。

8）总有功电压降：$75.2 \times 0.752 = 56.5 V$。

9）设备有功电压降：$70 \times 0.149 = 10.4 V$。

10）有效相电压：$56.5 - 10.4 = 46.1 V$。

11）运行的操作电阻：$\dfrac{46.1}{70} = 0.658 m\Omega$。

（4）把前面三种情况的数据进行比较，见表 3 - 3。

表 3 - 3　电炉轻载、满载、超载情况比较表

电极电流/kA 数据项目	20	50	70
电网输入视在功率/kV・A	4512	11250	15780
电网输入有功功率/kW	4430	9900	11880
入炉有效功率/kW	4251	8782.5	9690
设备损耗功率/kW	179	117.5	2190
功率因数	0.982	0.88	0.752
电效率	0.960	0.888	0.816
设备无功压降/V	14.1	35.25	49.35
总有功压降/V	73.8	66.1	56.5
有效相电压/V	70.8	58.6	46.1
操作电阻/mΩ	3.54	1.17	0.685

讨论如下：

（1）电路内的阻抗绝对值虽然不大（以 mΩ 为单位时，也在小数点以后）。但当电流越大，由它产生的电压降，特别是损失功率却很大。

（2）从设备的感抗与设备电阻的对比来看，感抗值为电阻值的 4.73 倍。这个倍数虽不是一个规律，但在电炉设备中，基本上是感抗大于电阻，电炉是一感性电路，电流总是滞后于电压。

（3）无功电压降总比有功电压降滞后一个 90°的相角。因此，这两个电压分量与外施电压（即变压器次级对炉底的相电压）组合成一直角三角形。随着电流值的大小不同，三角形顶点活动的轨迹，都在以外施电压为直径的半圆的圆周上，如图 3 - 96 所示，即为电压圆。

（4）电极电流大时，在设备感抗时产生的无功电压降就大，相对的有功电压分量就小，在有功分量中，设备电阻的有功电压降也随电流的增大而增大，故随着电流的增大，进

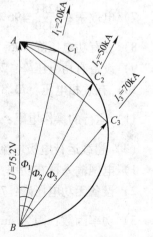

图 3 - 96　电炉的电压圆

入电炉实际的有效相电压值越来越小。因此，即使是两台容量相同的电炉，采用相同的电压级及电极电流，但由于设备的阻抗值不相同，生产效果大有差别。因为电炉的有效相电压并不相同，加上炉料物理性能以及工人实际操作工艺的不同，即使同容量的电炉，生产指标也有很大的差距。

（5）电流大时，无功电压降大，相应的电流与电压的角差大，因而功率因数减小。这就是说电流大时功率因数小，因此，超载运行并不就是经济的。

（6）电流大时，有效相电压在有功电压分量中的比例越来越小，相反，设备电阻中损耗的电压在有功电压分量中所占比例越来越大。这就是说，电流大时电效率低，又说明了超载运行经济技术指标并不会好。

（7）当对冶炼品种原料有了准确的认识，使配料组成在物理和化学性质方面最佳化，严格操作管理，可以提高操作电阻，而使电炉可以运行于较高的工作电压等级，电炉的有功功率与电压的平方成正比，在同一功率下，工作电流就可以使用得较小，因而提高了电效率和功率因数。但是，盲目地升高电压，为了取得正常的炉况，势必增大电流，如上所述，而得到相反的结果。

3.6.3 炉内电路与操作电阻

电流在炉内是怎样流动的？电炉负荷值电阻值的大小与哪些因素有关，怎样才能得到最佳的电热转换？这是电冶工作者所关心而致力于探讨的几个问题。

一般认为，在矿热炉里，电流从某一相电极，可能存在着下面几条回路，如图3-97所示：

A—A回路：电流从某一电极下端，经过电弧区、熔料层、液态金属而到电炉底的炭砖，再穿过另一电极下的液态金属、熔料层、电弧区而至另一电极。

B—B回路：电流从某一极至另一极，比A—A回路少经过炉底炭砖。

C—C回路：电流从某一极至另一极，路径更短，比B—B回路少经过液态金属层。

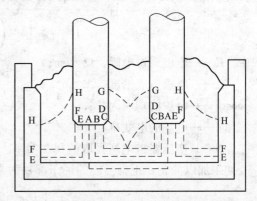

图3-97 炉内电流回路示意

D—D回路：电流从某一极下电弧而抵达另一极下电弧，形成电弧串联，也即比C—C回路更短，少经过熔料层。

以上四个回路的电流所发生的热能，是使炉内反应进一步完成的主要热源，其中路程最长的A—A回路和B—B回路，电流较小，而且由于炉底炭砖及液态金属电阻值相对较小，故在这两部分发热量不大，但对保持炉底温度还有一定作用。

E—E及F—F回路：电流自某一极长短的路径而至炉壁炭衬后转到另一电极。因为电流流向炉壁，使炉壁温度升高，腐蚀炉衬。所以这部分电流希望尽量减小。设计时常使电极边与炉壁的距离大于电极间距离的一半以上，使炉壁处形成保护层。其电阻很大，以减少经过炉壁炭衬的电流。另外，炉壁炭衬不宜过高，防止这一部分电流影响电极下插。

G—G 回路：电流由某一电极的侧面经炉料而到达另一电极的侧面。

H—H 回路：电流由某一电极的侧面经炉料而到达炉壁的炭衬，炉壁炭衬不宜过高，也是增大这一回路的电阻。如果炭衬高出炉底只有电极直径的 0.8 倍左右，则可堵塞经过炭衬的几个有害回路。

以上所述各回路进一步可归纳简化为星形与三角形两种回路。

怎样才能实现最佳的电热转换呢？各国都有很多人进行过研究。有的从生产实践数据进行大量数理统计，有的用模型炉进行模拟，有的用水溶液进行各种电路模拟，得出了许多有用的参考资料。在这里，我们简要介绍一些电热理论观点。

1933 年和 1950 年，安德烈（F. V. Andreac）两次提出了他从实践中得出的电极周边电阻概念：用同样的原料生产某一产品时，电极下端与炉底间的电阻值乘以电极直径为一常数。或者说：电极圆周上每单位宽度的电阻值为一常数。以式子表示：

$$K = R \cdot \pi \cdot D \qquad (3-19)$$

式中　K——电极周边电阻，随产品而异，称"安氏常数"、"同料产品电阻常数"或"K 因子"；

　　　R——电炉的负荷电阻（过去有的称为"电弧电阻"或"炉料电阻"）；

　　　D——电极直径。

安德烈第一次把电气条件与冶金条件联系起来，对电炉操作与设计都起过很大作用。电炉变压器二次工作电压的经验公式可由安氏公式推导而得：

$$U_{线} = 5.15 \times \left(\frac{K^2 \Delta}{\cos^2 \Phi \eta^2} \right)^{\frac{1}{3}} S^{\frac{1}{3}} \qquad (3-20)$$

式中　K——电极周边电阻，$\Omega \cdot cm$；

　　　Δ——电极电流密度，A/cm^2；

　　　$\cos\Phi$——电炉的功率因数；

　　　η——电炉的电效率；

　　　S——变压器自电网吸取的视在功率，$kV \cdot A$。

如果加以简化，把括号内的因子都视为常数，简化如下：

$$U_{线} = 5.15 S^{\frac{1}{3}}$$

1959 年第四届国际电热会议上，马尔克拉麦（M. Morkramer）在三个假定的前提下，根据电场理论，给安氏实验公式作了数学的证明。这三个假定是：

（1）电极下端为半球体，其下端面即半个圆球面。

（2）电流只从电极下端进入炉内。

（3）电流垂直于电极的下端半球面均匀地离开电极。

与此同时，提出了所谓"电极半球面功率密度"或称"电极端头功率"的概念。

日本青野武雄也曾从电阻体的相似关系，得出了类似的电炉负荷电阻与电极直径呈倒变的关系式。

以后随着电炉单台容量的日益增大及实践数据的增多，发现安氏公式有所不足。因此克利（W. M. Kclly）及伯森（J. A. Persson）两人，先后于 1958 年及 1970 年对安氏公式进行了修正。

挪威电化学公司（有的资料按其原文缩名 ELKem 音译为"埃肯"）的威士特里（J. Westly）在继承前人研究的基础上，总结该公司大量实践资料，于 1974 年第一届国际铁合金会议上，发表了"潜弧炉的电阻及热分配"一文，提出"操作电阻"的概念，进一步修正了安氏公式。1975 年底他在美国电炉会议上又发表了"埋弧电炉设计和运行中的主要参数"一文（铁合金 1978 年第 1～2 期合刊上已有其译文）。本书将吸收威氏的观点，也结合其他资料和实践，加以综合阐述。

3.6.3.1 炉内电路的简化与操作电阻

操作电阻的大小，可用有效相电压与电极电流的比值来计算，即：

$$R = \frac{U_{相效}}{I_{极}} \tag{3-21}$$

式中　R——操作电阻，$m\Omega$；

　　$U_{相效}$——有效相电压，V；

　　$I_{极}$——电极电流，kA。

电流在炉内可能的路径虽多，但主要可分为炉料区及熔池区两大部分的电流，因此，操作电阻可认为是由下列两电阻并联而成：

（1）熔池电阻 $R_{池}$——也就是电极下端反应的电阻。从电极下端面流出的电流，经过它而转换为热量。这个电阻值的大小，主要取决于电极下端对炉底的距离，反应区直径的大小及该区的温度。正常情况下，这个电阻值很小，因此来自电极的电流，绝大部分都流过它，又因这一电阻处在电炉的星形回路内，故可理解为电炉星形回路的相位电阻。

（2）炉料电阻 $R_{料}$——指未熔化的炉料区的电阻。从电极圆周侧面辐向流出的电流，经过它而变为热能，这个电阻大小，主要取决于炉料的组成、电极插入炉料的深浅、电极距离的远近，也与该区温度有关。正常情况下，这个电阻值比熔池区的电阻值大得多，因此，来自电极的电流，只有极少一部分流过它。这一电阻也可理解为电炉三角回路的（支路的）相位电阻，并已按星形、三角形等效变换法折算到电炉星形回路内，以与熔池电阻并联。

所谓操作电阻就是上述两电阻的并联的等效电阻，即：

$$R = \frac{R_{池} R_{料}}{R_{池} + R_{料}} \tag{3-22}$$

或

$$\frac{R}{R_{料}} = \frac{R_{池}}{R_{池} + R_{料}} \tag{3-23}$$

对熔池电阻及炉料电阻，虽然难以准确测量其电阻值，但由式（3-21），却可确知它们并联后的等效值，即操作电阻。

熔池电阻，又是由下列两电阻串联而成的：

（1）电弧电阻——电极下端与金属溶液或熔渣间气态空间的电阻。它的高度是便于调节的。

（2）溶液电阻——气态空间下面金属溶液或熔渣的电阻。它的高度是难于调节的。

其等效电阻，是由两电阻串联相加而得，故可不必分别详加区分，而只认它们的总等效电阻即熔池电阻便可以了。综上所述，可知炉内电路可以简化为图 3-98 所示的简单电路。

应当注意：这里对炉料电阻、熔池电阻、电弧电阻等名词分别赋予了新的含义，以后提到这些名词，都是指本段所述含义，请勿与本节引言中的安德烈等名词含义相混。另外，"操作电阻"与安氏的电阻相当，都是电炉的负荷电阻，但操作电阻包含了新的内容，为了避免互相混淆，故特称之为"操作电阻"。

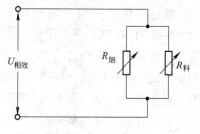

图 3 - 98　简化后的炉内电路

3.6.3.2　操作电阻在电炉运行中的重要性

操作电阻是一个非常重要的电气参数。因为控制了它，就等于控制了下列四项：

（1）有效相电压及电极电流以及它们的比值。

（2）电炉的热能在炉料与熔池两个区域的分配。

（3）全炉三根电极输入的有效功率。

（4）电极在炉料中的插深。

除第一项为已知外，现就其余三项依次说明如下。

A　操作电阻与炉内热能的分配关系

进入电炉的有效功率，在电炉中都变为热能，这些热能，除主要部分用于熔池反应区，决定该区的温度，促进该区化学反应的进行外，另一部分则用于未熔化的炉料区，提高炉料温度，并进而熔化炉料，为熔池区的反应创造良好的条件。这两部分热能的合理分配是电炉能够运行良好的重要条件。为此，引入"炉料配热系数"的概念，令"炉料配热系数"：

$$C = \frac{Q_料}{Q_总} = \frac{P_料}{P_炉} \qquad (3-24)$$

式中　C——炉料配热系数，表明未熔化的炉料区所分得热量占总热量的大小比例；

$Q_料$——未熔化的炉料区所分得热量，kcal；

$Q_总$——进入炉内的有效功率所转换的总热量，kcal；

$P_料$——未熔化炉料区所消耗功率，kW；

$P_炉$——进入电炉的总有效功率，kW。

根据电工原理，功率在并联电阻上的分配关系，并由式（3-23）得：

$$C = \frac{P_料}{P_炉} = \frac{\dfrac{U^2_{相效}}{R_料}}{\dfrac{U^2_{相效}}{R}} = \frac{R}{R_料} \qquad (3-25)$$

即操作电阻：

$$R = CR_料 \qquad (3-26)$$

式中　C——炉料配热系数；

R——操作电阻，mΩ；

$R_料$——未熔化炉料区的炉料电阻，mΩ；

$U_{相效}$——有效相电压，V。

由式（3-26）可知：

（1）当炉料组成一定时，则炉料电阻也一定，那么，操作电阻值的大小只随炉料配热系数而变化。某电炉的操作电阻过大，便表明该炉的炉料配热系数过大，也说明该炉过多的热量用于加热和熔化炉料，相对地降低了熔池的热量。这就会造成熔料过多，而反应未及时进行，因而也降低了熔池的温度，甚至造成炉底积渣上涨。反之，操作电阻过小，便表明该炉的炉料配热系数过小，也说明该炉用于加热和熔化炉料的热量太少，几乎把热量全部用于熔池，因而熔池温度过高，熔料太少，两者之间没有互相衔接配合好，因而产量不高，单位电耗指标落后。

（2）如果改进了炉料，使炉料电阻提高了。操作电阻也可相应运行于较高的值，而不会改变电炉的炉料配热系数，始终得保持良好的热量分配。运行于较高的操作电阻，意味着工作电压较高，特指有效相电压较高，工作电流较小，因而提高了电炉的电效率，也提高了电炉的功率因数。这正是电冶工作者所追求的事。故如何提高操作电阻而不引起炉料配热系数的增大，是个非常重要的问题。

（3）每种产品，当炉料组成一定时，也即其物理性能一定时，总有其最恰当的炉料配热系数。虽然难以确知炉料配热系数的值，但由式（3-26），却可由操作电阻的大小，间接地掌握它的变化，使电炉的热量分配达到最佳状况。当然，每一电炉，当使用一定组成的炉料冶炼某种产品时，开始需经过优选，得到其最恰当的操作电阻值。一旦优选得出，便可随着供电电网电压的高低变化，相应地增、减电极电流，始终保持其良好的操作电阻，也就维持其良好的热量分配，这是指电炉始终满载运转，有效功率值变化不大时的情况。如果由于电网限电，电炉必须欠载运转时，可按式（3-29）得出其恰当而较大的操作电阻值，指导运行。

（4）热能分配恰当和配料的固定碳足够是电炉还原反应充分的两个必要条件。因此，即使料中所配还原剂的固定碳量足够，但热分配不恰当时，熔池反应区达不到所需温度，电炉将发生类似缺碳现象，出现大数炉渣，使人迷惑，误判定为缺碳，又在炉料中增加碳量，将更使炉况恶化。

操作电阻过高，会引起什么情况呢？

（1）炉料熔化过快，熔池温度降低，渣多而产品少，继续下去，电极上抬，料面升高，甚至造成炉内结瘤。

（2）电流从电极圆周侧面流出过多，引起电极下端削成尖形，甚至在筋片处形成大槽口，以致电极破裂。而热能分配正常的电极下端直径，一般能保持有本身直径的0.8倍左右。

（3）由于操作电阻过高，意味着炉料配热系数大，因此，在炉料电阻内流过的电流所占比例增大，这样，电极升降时，电流表读数相应的变化不很明显，而正常情况下，熔池电阻内流过的电流变化也大，故电流表读数相应的反应较明显。

操作电阻过小，会引起什么情况呢？

（1）炉料熔化过慢，产品过热，有用金属挥发损失大，单位电耗高而产量少。还会引起三根电极下面的炉底形成三个圆坑，甚至破坏炉底。

（2）电流从电极侧面流出过少，反应区的扩大非常迟缓。电极下端直径几乎保持其原有尺寸。

（3）电极略微升降，电流表读数变化太大，必须设法降低电极升降速度，才便于调节。

B　操作电阻与有效功率的关系

矿热炉所炼产品，多为吸热反应。热能的取得主要来自电炉的有效功率。威斯特里对安氏公式的重要修正为：

$$K^2 \Delta = A \tag{3-27}$$

式中　K——电极周边电阻；

　　　　Δ——电极电流密度；

　　　　A——常数。

把式（3-19）中 K 值代入式（3-27），可得操作电阻与有效功率的关系：

$$R \propto \frac{1}{P_{炉}^{\frac{1}{3}}} \tag{3-28}$$

其他许多研究者，从不同的角度研究电炉时，也得出：运行良好的电炉，即炉料配热系数恰当的炉子，其操作电阻与其有效功率之间存在着这样一函数关系，可用下式表示：

$$R = K_{炉}\, P_{炉}^{-\frac{1}{3}} = \frac{K_{炉}}{\sqrt[3]{P_{炉}}} \tag{3-29}$$

或

$$R = K_{极}\, P_{极}^{-\frac{1}{3}} = \frac{K_{极}}{\sqrt[3]{P_{极}}} \tag{3-30}$$

式中　R——操作电阻，$m\Omega$；

　　　　$P_{炉}$——全炉三极电极总入炉有效功率，kW；

　　　　$P_{极}$——每根电极输入电炉的有效功率，kW；

　　　　$K_{极}$——电极电阻常数；

　　　　$K_{炉}$——产品电阻常数，随产品而不同。同一产品，又随所用炉料的比电阻而有波动。从多台大小容量的电炉用不同炉料生产某些产品所得产品电阻常数的平均值见表 3-4。

表 3-4　某些产品的产品电阻常数平均值

产　品	$K_{炉}$	$K_{极}$	产　品	$K_{炉}$	$K_{极}$
45% 硅铁	33.6	23.3	硅　铬	35.2	24.4
75% 硅铁	34.3	23.8	碳素锰铁	22.2	15.4
90% 硅铁	30.9	21.4	硅　锰	26.7	18.5
结晶硅	28.6	19.8	碳素铬铁	42.3	29.3
硅　钙	24.2	16.8	电　石	31.5	21.8

注：这些产品的电阻常数，因炉料的比电阻不同而有变化，波动范围可能达到 ±（10%~25%）。但在一般正常操作下，只要炉料相同，则常数不变。

由式（3-29）及式（3-30）可知：

（1）操作电阻随着电炉有效功率的增大而降低。这就说明了为什么大功率电炉的功率因数常常偏低，而小功率电炉的功率数偏高。

（2）在炉料一定的情况下，一定的有功功率，必有一定的操作电阻值与之相适应，而得到良好的热能分配。

（3）要想提高操作电阻，亦即运行于较高的操作电阻值而不影响其良好的热分配，必须首先提高产品电阻常数，即必须提高炉料比电阻。

C　操作电阻与电极插深的关系

为了说明这一问题，先探讨一下炉料电阻值的大小与哪些因素有关，炉料电阻的积分关系见图 3–99。

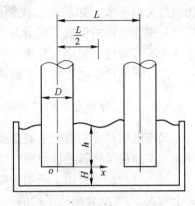

图 3–99 中：L 为电极中心距，cm，$L = K_心 D$；$K_心$ 为心距倍数；D 为电极直径，cm；h 为电极在炉料中插深，cm；H 为电极端对炉底距离，cm。

一般情况下，$H = (0.7 \sim 1.3)D$，高温产品以下限为宜。并令 ρ 代表在 h 深度范围内，各层炉料的平均比电阻，$\Omega \cdot cm$。

图 3–99　炉料电阻的积分关系

我们已知道，炉料电阻是从电极侧面辐向流出的电流经过炉料区的电阻，根据基本关系：

$$R = \frac{PL}{S}$$

不过，此时截面积为炉料圆柱形侧面积，随圆柱半径而变。令：X 代表炉料圆柱侧面离电极轴心距离（cm）。微分炉料电阻，得：

$$dR_料 = \frac{PdX}{2\pi Xh}$$

将 $X = \frac{D}{2}$ 到 $x = \frac{L}{2}$ 区的微分电阻进行积分，得一根电极的炉料电阻：

$$R_料 = \int_{\frac{D}{2}}^{\frac{L}{2}} \frac{Pd_x}{2\pi Xh} = \frac{P}{2\pi h}\ln\frac{L}{D} = \frac{P}{2\pi h}\ln K_心 \qquad (3-31)$$

由式（3–31）可知：炉料电阻是与炉料比电阻成正比，而与电极插深成反比的，且与电极分布有关。

由式（3–31）所得的炉料电阻，其单位为 Ω，改用 $m\Omega$ 作单位时，等式右侧应乘以 1000，即：

$$R_料 = \frac{P}{2\pi h}\ln K_心 \times 10^3 \qquad (3-32)$$

将式（3–32）代入式（3–26）中得操作电阻（$m\Omega$）：

$$R = \frac{CP}{2\pi h}\ln K_心 \times 10^3 \qquad (3-33)$$

可知，在电炉既定下（C 及 $K_心$ 已定）及炉料组成既定下（ρ 值已定），操作电阻值仅与电极插深呈倒变关系。一定的操作电阻值就代表一定的电极插深。不过，电极插深，不易经常量测、观察与掌握，而操作电阻值，则可借助电气仪表随时观察控制，而保持其最佳插深。

综合上述，可知控制操作电阻，对电炉运行确有其重要意义，比单独控制变压器二次电压或变压器二次侧的"电流电压比"是要更进一步了。原因如下：

（1）单独控制变压器的二次电压还只是一个"虚"的电压值，它需再乘上当时的电炉功率因数及电效率才是有效的（线）电压。何况，某一电压值，在某一电流下运行是合适的，在其他的负荷电流下就可能是不合适的。

（2）控制变压器二次侧的电流电压比。正如前述，二次的电压值还是"虚"的，故比值意义也不大。如果取二次侧的实际的负荷电流（即电极电流）与有效相电压相比，那就是操作电阻的倒数"电导"了。因而操作电阻是有效功率的函数，不是常数，因此，电导也不可像过去那样把它视为常数。

怎样控制操作电阻呢？下面将用实例说明。

3.6.3.3　操作电阻的观察与优选

操作电阻在电炉运行中的重要性已如前述，那么，实际工作中如何去控制它呢？为了控制，又如何优选其最佳值呢？这就是本节所要探讨的问题。

每一电炉，主要由于所用炉料物理性能，特别是导电性能的不同，其产品常数不可能完全和表3-4所介绍的平均值——相同。当然也与操作水平有一定关系。为此，对于表3-4中的数据，一般只可供借鉴和对比，而必须通过自己的实践找出自己电炉当时的最合宜的操作电阻，以及自己所用炉料的产品电阻常数。通过对比，进而改进炉料，又可提高操作电阻和产品电阻常数了。

对于大型电炉，能对应每根电极，配装一只特别的操作电阻表，在运行中，随着有效相电压及电极电流的变化，直接用指针或数字示出该电极当时的操作电阻值，以便观察、记录、优选，当然是最方便的事。中小型电炉，也可用普通仪表及曲线图配合方法，进行观察并优选操作电阻。今用实例说明如下。

一台10000kV·A电炉，生产75%硅铁，高压额定电压为35kV，次级额定线电压为148.5V。在正常情况下，电极电流为39kA，测得：每根电极进炉料处对炉口炭衬之间电压为69.5V（即有效电压）。电极壳对大地电压均为75V，为有效相电压（69.5V）的1.08倍，可近似地代表有效相电压。

A　准备工作

a　配装近似有效相电压表

根据次级额定线电压为148.5V，故选用0~150V的交流电压表3~5只，接成星形，中点接地（最好到炉底）。每个电压表的电源线一根，则经软线以两只鳄鱼夹分别接到楼上的三个电极壳附焊的钢带或电极壳上（最好通过滚轮与电极壳保持良好接触）。这样，运行时，每个电压表的指示值便近似地代表入炉有效电压了（由于没有去掉铜瓦到料面那段电极的电压降，指示的电压值一般比有效相电压偏高3%~10%，误差不大。现时某些大电炉所装用的每相操作电阻表，实际也是如此）。

电炉原来已装有三只"对地电压表"的，则只需把三根电源线，由变压器次级出线处，改接到楼上电极壳供电即可。

b　准备该炉的操作电阻曲线图

以75V 30kA为准，计算几种电压及电流下的操作电阻，见表3-5。

为把非线性函数直线化，用一张"双对数计算纸"，横坐标为电极电流刻度，纵坐标为操作电阻刻度。将每种电压下算出的各点布于计算纸上，可联成七条相互平行的直线。这样，该炉操作电阻曲线图便准备好了，如图3-100所示。

无低压电流表的，还可在横坐标上加注高压电流值，这台电炉变压器变比为：35000/148.5=236，故用236去除电极电流，得高压电流值，加注在图3-100中。

表 3 – 5 1000kV · A 电炉电极电流、有效相压、操作电阻计算表

$U_{极数}/V$	$I_{极}/kA$					
	10	15	20	30	40	50
	$R = \dfrac{U_{相效}}{I_{极}}/m\Omega$					
55	5.5	3.67	2.75	1.84	1.38	1.1
60	6.0	4.0	3.0	2.0	1.5	1.2
65	6.5	4.33	3.25	2.16	1.63	1.3
70	7.0	4.67	3.5	2.33	1.75	1.4
75	7.5	5.0	3.75	2.5	1.88	1.5
80	8.0	5.33	4.0	2.67	2.0	1.6
85	8.5	5.66	4.25	2.83	2.13	1.7

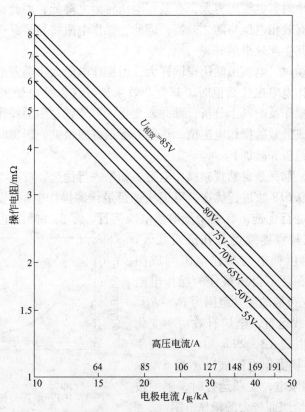

图 3 – 100 10000kV · A 电炉 148.5V 级的操作电阻曲线

有了这张曲线图，配合所装的近似有效相电压表，随时都可根据所用电极电流的大小，读出每根电极操作电阻的近似值。例如电极电流为 39kA，有效相电压的确实值为 69.5V，可在图上读得操作电阻的确实值为 1.78mΩ，但按电极壳对地电压 75V 看，则读得操作电阻的近似值为 1.92mΩ。

c 计算出推荐的操作电阻平均值以备优选

根据 $I_{极}$ = 39kA，$U_{相效}$ = 69.5V，故操作电阻实际值：

$$R = \frac{69.5}{39} = 1.78\text{m}\Omega$$

全炉三极有效功率：

$$P_{炉} = 3 \times 39^2 \times 1.78 = 8100\text{kW}$$

按推荐的电阻常数平均值 34.3，此时运行操作电阻值应为：

$$R = 34.3 \times 8100^{-\frac{1}{3}} = 1.71\text{m}\Omega$$

考虑到近似的有效相压偏高 8% 及炉料电阻的波动（取得大范围为 ±20%），故定优选的操作电阻范围的两端点：

最小值：　　　　　　　$R_{小} = 1.71 \times 1.08 \times 0.8 = 1.47\text{m}\Omega$

最大值：　　　　　　　$R_{大} = 1.71 \times 1.08 \times 1.2 = 2.22\text{m}\Omega$

也就是所装的近似相压表进行观察并优选操作电阻的范围为 $1.47 \sim 2.22\text{m}\Omega$。

B　观察并优选

电网电压无波动时，电流用得大，有效相电压将因之降低，因此，操作电阻将显著降低；电流用得少，有效相电压将随之升高，因此，操作电阻将显著升高。记录并比较操作电阻在什么值时，其生产效果最好。

电网电压有波动时，电流虽然用得同样大，但操作电阻大小随着电网电压的升降而升降。记录并比较操作电阻在什么值时，其生产效果最好（以往电炉上出现偶然的生产特别好或特差，只从操作及配料上分析，都并未变化，可能就是因为操作电阻因供电电压而变化，达到最优的或最差的操作电阻值，热能分配最好或最差。因那时未观察、记录操作电阻，故未总结出经验和教训）。

以上两种情况，都只是自然观察操作电阻。如果进行优选，可在 $1.47 \sim 2.22\text{m}\Omega$ 的操作电阻范围内，按 0.618 法进行优选，可很快选得最佳的操作电阻。万一生产上不许可，也可按瞎子爬山法进行优选，有意少量增减电流运行，那么，操作电阻将随之降低或升高，选定的每个试验点连续运行几班或几天，将各试验点平均单位耗电与操作电阻列成图 3-101 的关系曲线，便可得出最佳的操作电阻 $R_{佳}$ 了，也可得出它可能的波动范围为 $R_1 \sim R_2$。

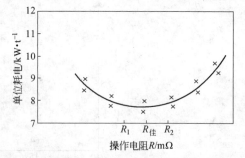

图 3-101　单耗与操作电阻关系曲线

以上指一般满载运行，全炉有效功率变化不大的情况。因为由式（3-29）知，有效功率变化不过 ±20%，其操作电阻波动不过 6% ~ 7%。如果由于电网限电，欠载运行时，则须按式（3-29），重选恰当而较大的操作电阻。

上面所得的 $R_{佳}$，如上所述，还是近似的偏高值。必须在该值运行情况下，实际测定有效相电压及电极电流，算出实际的操作电阻最佳值及此时的全炉有效功率，予以校正。计算可仿前面计算进行。

C　所用炉料产品电阻常数的求得

所用炉料产品电阻常数的求法具体如下：

（1）操作电阻与有效功率关系为：

$$R = K_{炉} \cdot P_{炉}^n$$

且指数 n 为负数，属于双曲线型。

如果几台大小电炉，当用相同炉料时，在不同的入炉有效功率都优选出相应的 $R_{佳}$ 及 $P_{炉}$ 值。便可求出其曲线代表式，看 n 值是否确为 $+0.33$ 或 -0.33，及 $K_{炉}$ 值为多少？

（2）单台电炉的优选数据，也可得产品电阻常数：

$$K_{炉} = R \cdot P_{炉}^{\frac{1}{3}}$$

只是所得 $K_{炉}$ 值，不及（1）法求得的准确。

3.6.4 电炉的功率因数及电效率

在配料恰当、操作工艺合理的条件下，电炉是否能达到高产、优质、低消耗，取决于电炉的功率因数、电效率及热效率。因为在一定的变压器视在功率下，功率因数高时，才能从电网多取得一些有功功率，为高产创造有利条件，这样既充分发挥了国家发电设备的潜力，也为本单位避免或减少了电费罚金。

电效率高，才可能把从电网得到的一定的有功功率，充分输入炉内进行生产，设备有功损耗减少，产品单位电耗相应降低。

热效率高，电炉所得到的总热能，可以充分利用于生产，这总的热能，其主要部分是由进入电炉的有效功率的电能转变而来，当然，也有少量的其他热源，如副反应中的放热反应以及炭材的燃烧等，但相对较少，以致可忽。

因此电炉的实际生产能力，可以用变压器视在功率与功率因数、电效率及热效率的乘积来表示，它们都能左右电炉的实际能力。其后面三个因数都恒小于1，因此，对它们必须进行仔细研究。

怎样才能使热效率高呢？首先是电炉炉体的绝热能力强及其散热面积足够小。如果电炉已定，那么，就要求炉面温度低及电极的合理深插了。因此，电炉工作者，对于电极的合理深插，都是非常注意的。

怎样才能使功率因数及电效率都高呢？首先要求变压器，短网等设备的阻抗低。如果设备已定，那么，就要求尽可能运行于较高的操作电阻。因为由电炉阻抗三角形及电压三角形可得：

（1）电炉的功率因数：

$$\cos\Phi = \sqrt{1 - \left(\frac{X_{损}}{Z_{总}}\right)^2} = \frac{R + R_{损}}{Z_{总}} \tag{3-34}$$

（2）电炉的电效率：

$$\eta = \frac{R}{R + R_{损}} \tag{3-35}$$

式中　$X_{损}$——折算到低压等效星形回路的设备每相感抗，$m\Omega$；

$R_{损}$——折算到低压等效星形回路的设备每相电阻，$m\Omega$；

R——操作电阻，$m\Omega$；

$Z_{总}$——折算到低压等效星形回路的每相总阻抗，$m\Omega$。

根据式（3-34）可知，降低设备的感抗，可以提高功率因数，而提高操作电阻，也可提高功率因数。

根据式（3-35）可知，降低设备的电阻，可以提高电效率，而提高操作电阻，也可提高电效率。

由此可知：提高操作电阻的运行值，是一举两得的事，既提高了功率因数，也提高了电效率，而且是从电炉本身内因去解决问题，更易发挥电炉工作者的主观能动性，不比改造设备，既要耗用大量资金，又往往须得其他单位的支援。

但是，提高运行的操作电阻值，绝不是一件轻而易举的事，必须对它进行必要而较全面的研究。采取适当的对策措施才可，否则，贸然提高，势必造成电极插深不够，炉料区与熔池区热能分配不合理，炉面温度高，工人劳动强度大，热效率低等弊病。

由式（3-26）知，操作电阻 $R = CR_{料}$。

由式（3-29）知，操作电阻 $R = K_{炉} P_{炉}^{-\frac{1}{3}}$。

因此，要想提高操作电阻运行值，而不产生副作用。必须首先使炉料电阻提高，或者更恰当地说，应该首先设法提高产品电阻常数。

前由式（3-32），炉料电阻：

$$R_{料} = \frac{P}{2\pi h} \ln K_{心}$$

即炉料电阻是与炉料比电阻成正比的，因此，提高炉料的比电阻，就可提高炉料电阻以及操作电阻。关于提高产品电阻常数，下段将进一步讨论。

（1）影响产品电阻常数的因素。比较式（3-29）及式（3-32）得：操作电阻：

$$R = \frac{K_{炉}}{\sqrt[3]{P_{炉}}} = \frac{CP \ln K_{心}}{2\pi h}$$

从实践得知，电极插深与电极直径，对于有效功率三次方根之间，有线性关系，即：

$$h \propto D \propto P_{炉}^{\frac{1}{3}}$$

因此可得相关式：

$$K_{炉} \propto CP \ln K_{心} \tag{3-36}$$

这就可以知道，要提高操作电阻的运行值，必须设法提高其产品电阻常数，而产品电阻常数，却是由"炉料配热系数"、"炉料比电阻"及"电极心距倍数"三者所构成的。只要我们能设法提高这三者的数值，就提高了产品电阻常数。因而也就可以运行于较高的操作电阻，而不影响电极的合理插深、良好的热分配、较高的热效率。

现在来讨论产品电阻常数的三要素：

1）炉料配热系数。这一因素在一般情况下，特别是当炉底结构的绝热水平一定的情况下，固然为一常数，但当炉底结构的绝热水平提高后，它也可相应提高。因为分配到熔池区的热能，有部分是以"热流"形式经过炉底绝热层而向大气散失掉的，提高炉底绝热水平后，则此"热流"有所减少，相应之下，进入炉内的热能，便可多分配给炉料区而不影响熔池区的正常工作，这就提高了"炉料配热系数"，从而提高了产品电阻常数。

2）炉料比电阻。这一因素是大有文章可做的，也是三因素中的主要成分。由于问题比较复杂，拟在下段专题讨论。

3）电极的心距倍数。提高了电极的心距倍数，便提高了产品电阻常数。但心距倍数不能取得过大，否则，三根电极之下，将造成三个孤立的熔池。因此，只能在一定的有效功率条件的许可下，适当地采取较大的数值，以便提高"产品电阻常数"。

（2）影响炉料比电阻的因数。对于炉料比电阻的重要性，许多单位都已熟知，并已进行过一些测试工作，发表了许多数据及曲线图。虽然这些数据多是在温室下测得的，但一般认为：温室下的比电阻，比高温下的在绝对值上虽然相差很大。但两者之间，很可能有相似关系存在，在实践中有许多现象可说明这一点，但更深入的理论研究工作还有待于将来进行。

在室温下测量炉料比电阻的设备，一般采用内径（或边宽）不小于电极直径 1/4 的绝缘圆筒（或方筒），其高度等于或略大于电极直径。两端各有一块导电极板，筒内充以炉料，极板上承受一定压力后，加上一定电压，测量其电压及电流值，求出其电阻，再由已知的料柱长度及断面积，确定其比电阻值。有的单位由于非常重视这一工作，对于入炉的混合料，每天都抽测其比电阻 1~2 次，以作操作电阻的参考。

现将一部分资料所提供的数据及曲线——求出其初步的经验代表式，以便了解其变化趋势，或"内插"或"外推"，进而在可能的情况下，提高其炉料比电阻、产品电阻常数以及操作电阻值。

1）还原剂比电阻与其粒度及炭种的关系式。焦炭粒度大，则比电阻小，粒度小，则比电阻大。这是众所周知的"定性"认识。根据有关资料，可得焦炭比电阻与其名义粒度的关系式：

$$\rho = \frac{a}{B^{0.58}} \qquad (3-37)$$

式中　ρ——焦炭在一定粒度下的比电阻，$\Omega \cdot cm$，$1\Omega \cdot cm = 1\left(\dfrac{\Omega \cdot cm^2}{cm}\right) =$

$10000\left(\dfrac{\Omega \cdot mm^2}{m}\right)$；

B——焦炭名义粒度或平均粒度，mm；

a——常数，随焦炭品种不同而有所差异，$a = 46 \sim 59$。

另外，无烟煤比电阻与其粒度关系为：

$$\rho = \frac{6920}{B^{0.236}} \qquad (3-38)$$

式中符号含义及单位同式（3-37）。

由式（3-37）和式（3-38）可知：

①同样是焦炭，它们的比电阻也是有很大差异的（常数相差达 28%），无烟煤的比电阻比焦炭的大得多。这就使我们认识到选择还原剂的重要性和可能性。

②由式（3-38），焦炭粒度增大 1/2，比电阻即下降 21%，粒度减小 1/2，比电阻即提高近 50%（不论常数如何）。可见焦炭粒度的大小，对其比电阻的影响是何等大。

③由式（3-38）知，无烟煤粒度增大 1/2，比电阻才下降 9%，粒度减小 1/2，比电阻只增大 20% 左右。可见无烟煤的比电阻虽也受粒度的影响，但不及焦炭那么敏感。

2）还原剂比电阻与温度的关系。根据多处资料整理，综合研究，可得以下几个概念：

①不同电源、品种的焦炭，在低温阶段，其比电阻差别很大（正好是处在炉料区，

便于利用其差别大这一特点进行选择）。例如，在 0℃ 时，其比电阻为 $0.35 \sim 4.5\Omega \cdot cm$ 不等，相差 10 倍多。但随着温度的升高，其比电阻却逐渐降低而靠拢，差别减小。例如：1100℃ 时，其比电阻为 $0.1 \sim 0.26\Omega \cdot cm$ 不等，差别不过 3 倍了。

②虽然比电阻普遍都是随温度的升高而降低，但不同来源、品种的焦炭，在不同的温度范围内，其降低的速度各不相同。因此，曲线之间产生互相交叉现象。

③不同粒度的焦炭，在各种温度下，仍保持粒度大者比电阻小及粒度小者比电阻大的规律。

④从 $0 \sim 1100℃$ 范围内的各条比电阻曲线，虽然很不规则，但十多根曲线形成的"曲带"，其共同的中心线仍有指数函数倾向，可以近似地表达如下：

$$\rho = 1.05 e^{1.6T} = \frac{1.05}{e^{1.6T}} \tag{3-39}$$

式中　ρ——焦炭比电阻，$\Omega \cdot cm$；

T——温度，K（℃）；

e——2.718（自然对数之底）。

这样，多数的数据点，都落在式（3-39）所得值的 ±45% 范围的"曲带"面积内。

3）混合料（配料）比电阻与其含碳量的关系。根据资料，对于生产电石资料，采用各有一定粒度组合的石灰及焦炭，每 100kg 石灰配用 X 公斤焦炭时，根据其混合料的比电阻与焦量的关系，可得下式：

$$\rho = \frac{193000}{X^{1.75}} = 193000 X^{-1.75} \tag{3-40}$$

式中　ρ——电石混合料的比电阻，$\Omega \cdot cm$；

X——每 100kg 石灰配料用的焦炭量，kg。

可见，炭比大小对混合料的比电阻影响很大。由式（3-40）可知，炭量增加 1/10，比电阻即下降 15%，炭量减小 1/10，比电阻可增加 20%。因此，应当尽量避免采取过高的炭比。必要时，可以理论计算炭量为起点，通过生产实践的统计，得出日产量或单位电耗与炭量的关系曲线，在日产量的峰值及单位电耗的谷值之间，选用合理的炭比（即在统计图上，以炭量为横坐标，其他两项为纵坐标）。

4）混合料比电阻与矿石粒度的关系。根据资料，石灰粒度在 $5 \sim 10mm$、$10 \sim 20mm$、$20 \sim 40mm$ 三种粒度范围内，其比电阻都是 $1.98 \times 10^3 \Omega \cdot cm$，没有差别。这可能是因为矿石密度大，接触电阻对它的比电阻的影响不显著。其他矿石是否如此有待进一步研究。但当固定 100kg 石灰配用 65kg 有一定粒度组合的焦炭的混合料中，石灰粒度的大小对混合料的比电阻却影响很大。

①石灰粒度小于 25mm 范围内：

$$\rho = 640 - 21.7A \tag{3-41}$$

②石灰粒度达 25mm 或以上后，比电阻下降速度减小，但仍成直线下降：

$$\rho = 148 - 2.1A \tag{3-42}$$

式中　ρ——电石混合料的比电阻，$\Omega \cdot cm$；

A——石灰的平均粒度，mm。

5）混合料比电阻与用无烟煤置换焦炭量的关系。某单位在电石料中，固定 100kg 石灰配炭量65kg的情况下，用部分无烟煤置换焦炭量，进行测定其混合料的比电阻，由其所得数据整理，可得混合料比电阻与无烟煤占炭量分数的关系式：

$$\rho = 88e^{0.0563X}$$

$$X = \frac{无烟煤量}{无烟煤量 + 焦炭} \times 100$$

式中　ρ——电石混合料的比电阻，$\Omega \cdot cm$；

　　　　X——炭量中，无烟煤炭所占百分数。

根据上述，可知炉料比电阻虽为产品电阻常数的三因数中的主要矛盾，但对它的研究还是初步的，有待进一步深入。不过从已知的几个经验式中，也可指出提高炉料比电阻的一些方向。

（1）尽量选用比电阻较高的焦炭，可能时也配用部分其他高比电阻的炭料（如无烟煤、兰炭置换部分焦炭等）。

（2）炭料的粒度大小，在不妨碍炉料透气性的原则下，应尽可能小。

（3）注意炭比不可过高，慎重选择还原剂过剩系数。

（4）矿石粒度也不可忽视。

3.7　电炉特性曲线

3.7.1　电炉特性曲线的用途

电炉在一定的电压级下运行，当电极电流变化时，电炉的许多参数都会相应发生变化，例如：

（1）电网输入的视在功率（kV·A）：

$$S = \sqrt{3}U_{线}I_{线}$$

由此可见，I增大1倍，S也相应增大1倍，也就是S与I有直线变化关系。

（2）设备的损失功率（kW）：

$$P_{损} = 3I^2R_{损}$$

由此可见，I增大1倍，则$P_{损}$值增大到原值的4倍，也就是$P_{损}$与I之间存在抛物线变化关系。

此外，功率因数（$\cos\Phi$）、电效率（η）、有功功率（$P_{有}$）、全炉三极有效功率（$P_{炉}$）、每极操作电阻（R）及有效相电压（$U_{相}$）等，也同样随着电极电流的大小而产生相应的变化，只是关系更为复杂。

为了能对上述的这种关系随时有较明确的了解，便于掌握电炉运行，常将这些参数列成如图3-102和图3-103所示的曲线图，这就是所谓"电炉特性曲线"。

"电炉特性曲线"通常均按每一定运行的电压等级，经过实地实验，算出每一曲线上的许多点后，连接而成。

在一定电压级下运行的电炉，有此一张曲线图，便可对符合电流变化后电炉的各项参数的变化趋势，了如指掌了。

3.7.2　特性曲线的阅读分析

请看图3-102，这是一台12500kV·A冶炼某种产品的电炉，变压器一次侧额定电压

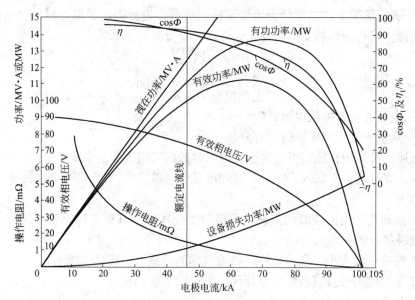

图 3 - 102　某电炉特性曲线

（10kV/157V 时，$R_{损} = 0.18m\Omega$，$X_{损} = 0.88m\Omega$）

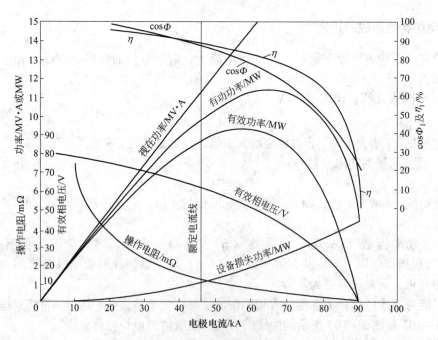

图 3 - 103　某电炉特性曲线

（10kV/157V 降为 8980V/141V 时，$R_{损} = 0.18m\Omega$，$X_{损} = 0.88m\Omega$）

为 10kV，二次侧线电压为 157V（相应的 $E_{空相} = 157 \div 1.73 = 90.75$），折算到二次侧等效星形相位内的：

$$R_{损} = R_{网} + R_{变} = 0.18m\Omega$$

$$X_{损} = X_{网} + X_{变} = 0.88m\Omega$$

图用普通坐标纸绘成。

横坐标按电极电流 I（kA）分度，从零开始，一直到短路电流为止（所谓短路电流，可认为指在料面上，把三根电极用导电良好的材料短路时的最大短路电流，此时全部由电网输入的电力均消耗于变压器及短网内部，进入电炉的电力便完全没有了）。

纵坐标计有四种标尺，即操作电阻标尺、功率标尺、有效相电压标尺及功率因数与电效率标尺。前面三种标尺的起点均从原点开始，后一种标尺的起点有意识地提高，以便曲线的安排。

图中计有八根曲线，各自根据自身的特点，而选读相应的纵坐标标尺读数。

这八根曲线是：

（1）功率因数（$\cos\Phi$）曲线。它总的变化趋势是随着电极电流增加而下降。当电流很小时，它的数值大于电效率（η），电流达 42.5kA 左右，它的数值与电效率相等，此后低于电效率。电流再增大到接近短路电流时，由于电效率急剧下降，它的数值又变到高于电效率，最后到了短路电流时，它下降到 20%。

（2）电效率（η）曲线。它总的变化趋势是随着电流增加而下降。在电流变化过程中，它与功率因数曲线两次相交，互有上下，如前所述，最后达短路电流时，它下降为零。

下面介绍四条功率曲线：

（3）一次视在功率曲线。它总的变化趋势是随着电流的增加而直线上升（图中未全示出 55kA 以后的数值）。

（4）设备损失功率曲线。它总的变化趋势是随着电流增加而急剧地按抛物线规律上升，最后在短路电流时，它与一次有功功率曲线相交，表明电网输入的全部电力，均消耗于它。

（5）一次有功功率曲线，它总的变化趋势，是先随着电流的增加而增加，等到增大到最大值后，便反转过来，随着电流的增大而下降，达到短路电流时，它只有 5500kW 左右，全部供给变压器及短网消耗，因此与设备损失功率相汇合。以最大值分界，曲线的左侧为上升阶段，曲线的右侧为下降阶段。在上升阶段，它虽然总是随着电流的增加而增加，但开始时，由于功率因数较高，它的视在功率差别不大，随后便差别大了，这是因为电效率降低的缘故。

（6）入炉有效功率曲线。它总的变化趋势和一次有功功率曲线相似，也是先随着电流的增大而增大，达到它的最大值后又反转过来，随着电流的增大而减小，达到短路电流时，它下降到零，表明对电炉实际没有功率输入了。以最大值分界，它也有上升阶段和下降阶段之分。上升阶段电流小时，它与一次有功功率差别不大，随后便差别大了，这是因为电效率降低的缘故。

（7）有效相电压曲线。它总的变化趋势是随着电流的增加而慢慢下降。当电流为零时，由于变压器短网等未产生电压降，因此它的数值为 $E_{空相}=90.75\text{V}$，电流达到短路电流时，它下降为零，因为全部的 90.75V，都被变压器短网的电压降消耗了。有时电炉设计不当，选定的电压值与变压器额定电流匹配不当，因此电炉操作者常采用过负载（即增大电流值）来使它降低。尽管操作人员未了解这曲线的变化趋势，但他从实践中得到这样做有使电极下插的好处。例如这台电炉，额定电流为 46kA，有效相电压为 72.7V 左右，但电流升到 60kA，它便下降到 62.8V 左右了。

（8）操作电阻曲线，它的变化趋势也是随着电流增加而下降。略为增大电流，它下降很快，其后下降速度便不那么快了。我们设计电炉时，计算选用的操作电阻值，应能使电路运行在额定电流时，电极能有适当的插入深度，使热分配最好（这可通过所用炉料在半工业性炉上实测优选得到的产品电阻常数 $K_{炉}$ 推算得出）。例如这台电炉在额定电流为 46kA 时，操作电阻 $R = 1.58\text{m}\Omega$，电炉有效功率 $P_{炉} = 10040\text{kW}$，由

$$R = \frac{K_{炉}}{\sqrt[3]{P_{炉}}}$$

得 $$K_{炉} = 1.58 \times 10040^{\frac{1}{3}} = 34$$

这时有三种情况：

（1）如果实际优选的 $K_{炉}$ 值确为 34，则该炉可运行良好，热分配合理。

（2）如果实际优选的 $K_{炉}$ 值大于 34，假设为 50，则当 $P_{炉} = 10040\text{kW}$ 时，应该运行的操作电阻：

$$R = \frac{50}{10040^{\frac{1}{3}}} = 2.32\text{m}\Omega$$

现在只有 1.58mΩ，表明电极插入过深，炉料加热不够，放出铁水温度过高，挥发损失大，热效率低。为了避免这一情况，操作人员会提升电极，减少电流，使操作电阻增大，有效功率减少，得到良好的热分配，但变压器未能发挥其应有的能力。

（3）如果实际优选的 $K_{炉}$ 值小于 34，假设为 20，则当 $P_{炉} = 10040\text{kW}$ 时，应该运行的操作电阻：

$$R = \frac{20}{10040^{\frac{1}{3}}} = 0.93\text{m}\Omega$$

现在却有 1.58mΩ，表明电极不能深插，上浮料面，反应区温度降低，产生垫炉子，即热分配不当。为了避免这种情况，操作人员会下放电极，增大电流，使操作电阻减小，增大有效功率，得到良好的热分配，但变压器可能要大大超负荷。若无适当的冷却措施，甚至会烧毁设备。

每台电炉在一定电压等级下可有这八根曲线，变化规律也相似，只是具体数值不同。

读数很简单，例如电流为 46kA 时，做一垂线，与各曲线相交，再看各曲线的交点，按相应的纵坐标读数即可。此时可知：$\cos\Phi = 0.894$，$\eta = 0.897$，$S = 12.5\text{MV} \cdot \text{A}$，$P_{有} = 11.18\text{MW}$，$P_{炉} = 10\text{MW}$，$U_{相效} = 72.7\text{V}$，$R = 1.58\text{m}\Omega$，设备损失功率 $= 1.14\text{MW}$（即 1140kW）。

此外，从电炉特性曲线图，还可知道：

（1）电路设备的设计，应使变压器的额定电流在电流有效功率最大值的左侧，即其上升阶段，且最好距离最大值有一定的距离，而绝不能在其右侧。

（2）炉料的粒度及其物理性能尽可能一致，以保证一定的产品电阻常数，这就需要配料人员和冶炼人员密切配合。

（3）开炉初期，电流未用足额定值时，操作电阻往往偏高，这就意味着"炉料配热系数"偏大，也就是热能用于熔料部分偏多，因此，操作人员不注意时，往往易很快就

加料满炉，造成炉底温度过低而垫炉。为了避免这一弊病，故开炉初期，最好采用较低的电压级。本例中：当 $K = 34$ 时，若电流值用到 30kA，实际上，$P_炉 = 7.3\text{MW} = 7300\text{kW}$，$R = 2.7\text{m}\Omega$，而实际分配良好的操作电阻应为：

$$R = \frac{34}{7300^{\frac{1}{3}}} = 1.8\text{m}\Omega$$

$\dfrac{2.7}{1.8} = 1.5$ 倍，即高出 50% 左右，标明炉料区配热太多，熔池区配料热过少。何况开炉初期炉底是冷的，实际的炉料配热系数更应低于正常值，亦即操作电阻应低于正常值。

关于短路电流也可理解为电极继续下降时，最后炉内恰有一炉满满的铁水，将三根电极下面一段全部浸没，造成短路时的电流（这种较易理解）。

实际上，由于：

（1）炉内不见得恰有一炉铁水，即使有，也有一定的电阻值串联入相位内，增大了阻抗。

（2）炉内没有铁水，三根电极直插，都接触炉底，高温的炭底把三根电极短路，这时炭底将有更大的电阻串入相位内，更增大了阻抗。

阻抗增大了，短路电流更减少了。因此，图上表明的短路电流数值，实际总达不到的，只是一种理论推论而已。真正的短路电流值总是小于它（这是指炉内而言，如果在料面以外短路，那又当别论了）。

3.7.3　电网电压变化对电炉特性的影响

电炉特性各曲线，是由下列三个起始数据决定的：

（1）变压器低压空载线电压（$E_{空线}$）或空载相电压（$E_{空相}$）。例如图 3 - 102 中的 $E_{空线} = 157\text{V}$，$E_{空相} = 90.75\text{V}$。

（2）折算到二次侧等效星形的每相有损电阻（$R_损$）。例如图 3 - 102 中的 $R_损 = R_网 + R_变 = 0.18\text{m}\Omega$。

（3）折算到二次侧等效星形的每相有损电抗（$X_损$）。例如图 3 - 102 中的 $X_损 = X_网 + X_变 = 0.88\text{m}\Omega$。

一台电炉设备投产后，其 $R_损$ 及 $X_损$ 基本可认为不变，但 $E_{空线}$ 和 $E_{空相}$ 是按变压器变比由一次供电的高压电压降低而来。因此，当电网供电电压高于或低于变压器一次额定电压值时。$E_{空线}$ 和 $E_{空相}$ 也相应高于或低于原值，这就不可避免地使电炉特性曲线发生变化。

为了掌握好电炉，我们必须对这种变化有充分的了解，才能适当采取对策。

由于供电电压偏高的情况正好与偏低情况相反，因此下面我们只对供电电压偏低的情况进行讨论。

图 3 - 102 的那台电炉，是按供电电压恰为 10kV，当变压器变比为 $\dfrac{10000}{157\text{V}} = 63.7$，$E_{空线} = 157\text{V}$ 的情况下绘制的。

如果电网供电电压降为 8980V，则：

$$E_{空线} = \frac{8980}{63.7} = 141\text{V}; \qquad E_{空相} = \frac{141}{1.73} = 81.5\text{V}$$

三个起始条件，变化了一个，根据这种变化后的情况，另绘制成图 3 - 103 的电炉特性曲线。比较这两曲线图，可知：

（1）短路电流变小了。

（2）在一定的电流下，除设备损失功率不变外，其余视在功率、有功功率、有效功率、有效相电压、操作电压及 $\cos\Phi$ 与 η 的值均普遍下降。

现在以 46kA 为例，将两图读数对比如表 3 - 6 所示。

表 3 - 6　图 3 - 102、图 3 - 103 读数对比

参　　　数	图 3 - 102 $E_{空线} = 157V$	图 3 - 103 $E_{空线} = 141V$	结　　果
$\cos\Phi$	0.894	0.87	降低
η	0.897	0.88	降低
一次视在功率/kV·A	12500	11300	降低
一次有功功率/kW	11180	9700	降低
入炉有效功率/kW	10040	8550	降低
有效相电压/V	72.7	62	降低
操作电阻/mΩ	1.58	1.3	降低
设备损失功率/kW	1140	1140	不变

综合上述可知：

（1）当原设计的电炉有效相电压或操作电阻偏高时，电网供电电压降低后，炉况有所改善。

（2）当原设计的电炉有效相电压或操作电阻值恰当正确时，电网供电电压降低后，则变化后的有效相电压及操作电阻显得过小，炉配热系数偏小，因此只有恰当降低电极电流以调整它或提升电压级。

（3）总的来说，只要我们电炉设计正确，电网供电电压偏低，是有百害而无一利的，因此我们总希望供电电压不要过低。

对于各特性曲线，当电网供电电压偏低后，可以概括为：

（1）设备损失功率曲线不变，只是长度缩短（因为短路电流减小了）。

（2）$\cos\Phi$、η、有功功率、有效功率、有效相电压、操作电阻六根曲线普遍向左、向下偏移，特别是有功功率及有效功率的最大值向下偏移。

（3）视在功率曲线向右下移。以上讨论，均指供电电压变化较大的情况，至于变化不大，且互有正负，则影响较小。应当注意，同一变压器，在不同的电压级运行时，其阻抗值也不同，因而三个起始数据，同时变化了。

3.7.4　电炉特性的测试

绘制电炉特性曲线图，必须先了解该炉的三个起始数值：$E_{空线}$ 或 $E_{空相}$ 及 $R_{损}$、$X_{损}$。因此，准确设计电炉时，这三个值均已算出，可依之进行绘制。

但是，一般都在电炉投产实地运行后，炉况正常，三相电流稳定平稳时进行测试，确定这三个数值，以防因实际制造工艺或电炉设备失修引起的偏差（特别是防后者引起的

偏差，故常须隔离一定时间测一次，比较 $R_损$、$X_损$ 两值有什么变化，而对设备进行检修解决）。测试方法一般可分两种，介绍如下。

3.7.4.1 较精确法

用0.5级的电压表、电流表、瓦特表仿变压器短路试验接法，接入变压器高压侧的电压互感器与电流互感器的二次回路内，同时读数，得出正确的瞬时值。另外还需要用0.5级电压表同时测读三根电极入料处的有效相电压，具体接线如图3-104所示。

由当时测得的电网电压与变压器高压电流值，可得电网输入的视在功率；两瓦特表直接读出当时电网输入的有功功率千瓦值。以上两值相比，可得到电炉当时的功率因数。

当高压电流值乘以当时运行电压级变压器的变比，即得当时的电极电流，三个有效相电压表，经过接触棒读出当时有效相电压值。考虑操作电阻为纯阻性负荷，因此可得到有效功率。

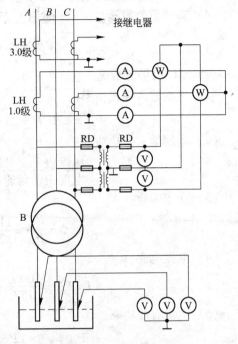

图3-104 电炉特性测试接线图

电网输入的有功功率与输入电炉的有效功率之差，即为当时的损失功率，同时也可得到当时的电效率。

由损失功率及电极电流，可得到折算到二次侧等效星形的每相的设备有损电阻值。

根据视在功率及相角正弦值，可得到当时无功功率值。再由无功功率及电极电流，可得设备的有损感抗值（总感抗）。

空载的相电压更容易由空载线电压决定，因此，不难找出电炉特性的三个起始数据。由于试验的进行，必须有专业电气试验人员参加，故在此只给予简单说明。

3.7.4.2 近似法

确知仪表屏上正确，只需一只0.5级电压表及一只秒表即可进行。例如，今有一台电炉，其设备概况如下：

(1) 变压器规格：12500kV·A，高压10kV，低压运行于157V级，$\triangle/\triangle-12$组接法。

(2) 高压线电压表：表面0~15000V，由10000/100V P.T. 供电。

(3) 高压线电流表：表面0~1000A，由1000/5C.T. 供电。

电度本身常数：$1kW·h=2500r$

折算：

$$千瓦常数 = \frac{3600kW·s}{2500r} \times \frac{10000}{100} \times \frac{1000}{5} = 28800kW·s/r$$

在该炉炉况正常，三级电流稳定下测试数据如下：

(1) 高压线电压：三相平均为10000V；

（2）高压线电流：三相平均为 722A；

（3）电极入炉料处线电压，三相平均为 125.7V；

（4）有功电度表转盘走 10r 时用去 25.9s，即（用秒表测定）：

$$转盘速度 = \frac{25.9s}{10r} = 2.59s/r$$

核算测试时炉子情况：

（1）电网输入视在功率：

$$P_{视} = \sqrt{3}U_1I_1 = \sqrt{3} \times 10 \times 722 = 12500kV \cdot A$$

（2）电网输入有功功率：

$$P_{有} = \frac{电度表千瓦常数}{电度表转盘速度} = \frac{28800kW/r}{2.59s/r} = 11180kW$$

（3）功率因数：

$$\cos\varPhi = \frac{P_{有}}{P_{视}} = \frac{11180}{12500} = 0.89(\varPhi = 27°)$$

（4）电极电流：

$$I = KI_1 = \frac{10000}{157} \times 722 = 45760A = 46kA$$

（5）电炉有效功率：

$$P_{炉} = \sqrt{3} \times 125.7 \times 45.76 = 10040kW$$

（6）设备损失功率：

$$P_{损} = P_{有} - P_{炉} = 11180 - 10040 = 1140kW$$

（7）无功功率：

$$P_{无} = P_{视}\sin\varPhi = 12500\sin27° = 12500 \times 0.45 = 5600V \cdot A$$

（8）设备有损电阻：

$$R_{损} = \frac{P_{损}}{3I^2} = \frac{1140}{3 \times 45.76^2} = 0.18m\Omega$$

（9）设备有损电抗：

$$X_{损} = \frac{P_{无}}{3I^2} = \frac{5600}{3 \times 45.76^2} = 0.88m\Omega$$

（10）空载相电压：

$$E_{空相} = \frac{E_{空线}}{1.73} = \frac{157}{1.73} = 90.75V$$

这样，三个起始数据就求出来了。因此，正如关于电炉电路的简化一样，现在可画出这台电炉等效星形中一相的简化电路，如图 3-106 所示。

如果把图 3-105 与图 3-94 相比较，便可发现他们接线完全相同，不同的只是具体的三个起始数据。

3.7.5　电炉特性曲线图的绘制

仍以上节所述电炉为例，在确定以下三值后：

（1）$R_{损} = R_{网} + R_{变} = 0.18m\Omega$；

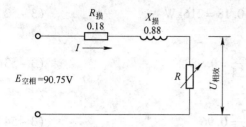

图3-105 12.5MV 电炉简化电路图

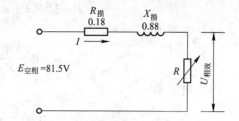

图3-106 电网电压低落时简化电路

（2）$X_损 = X_网 + X_变 = 0.88\text{m}\Omega$；

（3）$E_空相 = 90.75\text{V}$。

首先，做好准备计算工作，先求出各重要数据数值：

（1）设备短路电流：

$$I_K = \frac{E_空相}{(R_损^2 + X_损^2)^{0.5}} = \frac{90.75}{(0.18^2 + 0.88^2)^{0.5}} = 100.12\text{kA} \tag{3-43}$$

（2）一次有功功率达到最大值时的电流：

$$I_有大 = \frac{E_空相}{\sqrt{2}X_损} = \frac{90.75}{\sqrt{2} \times 0.88} = 73.2\text{kA} \tag{3-44}$$

（3）电炉有效功率达到最大值时的电流：

$$I_效大 = \frac{E_空相}{X_损}\left\{\frac{1}{2} \times \left[1 - \frac{R_损}{(X_损^2 + R_损^2)^2}\right]\right\}^{0.5}$$

$$= \frac{90.75}{0.88} \times \left\{\frac{1}{2} \times \left[1 - \frac{0.18}{(0.88^2 + 0.18^2)^{0.5}}\right]\right\}^{0.5} \tag{3-45}$$

$$= 103.1 \times \left[0.5 \times \left(1 - \frac{0.18}{0.898}\right)\right]^{0.5} = 65.05\text{kA}$$

其次，假设电极电流 $I = 20\text{kA}$ 时，计算当时相应各参数数值：

（1）每相总阻抗：

$$Z_总 = \frac{E_空相}{I} = \frac{90.75}{20} = 4.45\text{m}\Omega \tag{3-46}$$

（2）每相总电阻（包括操作电阻及设备有损电阻）：

$$R_总 = \sqrt{Z_总^2 - X_损^2} = (4.54^2 - 0.88^2)^{0.5} = 4.45\text{m}\Omega \tag{3-47}$$

（3）操作电阻：

$$R = R_总 - R_损 = 4.45 - 0.18 = 4.27\text{m}\Omega \tag{3-48}$$

（4）视在功率：

$$P_视 = 3E_空 I = 3 \times 90.75 \times 20 = 5440\text{kV} \cdot \text{A} \tag{3-49}$$

（5）有功功率：

$$P_有 = 3I^2 R_总 = 3 \times 20^2 \times 4.45 = 5340\text{kW} \tag{3-50}$$

（6）电炉有效功率：

$$P_炉 = 3I^2 R = 3 \times 20^2 \times 4.27 = 5124\text{kW} \tag{3-51}$$

（7）设备损失功率：

$$P = 3I^2R = 3 \times 20^2 \times 0.18 = 216\text{kW} \qquad (3-52)$$

（8）功率因数：

$$\cos\varPhi = \frac{R}{Z_\text{总}} = \frac{4.45}{4.54} = 0.98 \qquad (3-53)$$

（9）电效率：

$$\eta = \frac{R}{R_\text{总}} = \frac{4.27}{4.45} = 0.96 \qquad (3-54)$$

（10）有效相电压：

$$U_\text{相效} = IR = 20 \times 4.27 = 85.4\text{V} \qquad (3-55)$$

以后，可分别假定 $I = 30\text{kA}$、40kA、50kA、60kA、65.05kA、70kA、73.2kA、80kA、90kA 等，分别仿前十步骤算出各相应数值，见表 3-7。

选取适当大小的坐标纸，横坐标以 I 值分度，纵坐标确定有效相电压、操作电阻、功率、$\cos\varPhi$、η 等标尺，取表 3-7 中的每种参数在各种电流下的数值，在坐标图上布点，用曲线板联成每种参数的曲线，即得到图 3-102 的电炉特性曲线图。

至于图 3-103，则是假定电网供电电压降为 8980V 的情况。此时变压器的次级线电压的实际值也相应降为：

$$E_\text{空} = \frac{8980}{63.7} = 141\text{V}$$

而空载相电压为：

$$E_\text{空相} = \frac{141}{1.73} = 81.5\text{V}$$

于是，三个起始数据变了一个，图 3-105 的电路图变成图 3-106 那样。

为了做好准备计算工作，先求出各重要数值：

（1）设备短路电流：

$$\begin{aligned}
I_\text{K} &= \frac{E_\text{空相}}{(R_\text{损}^2 + X_\text{损}^2)^{0.5}} \\
&= \frac{81.5}{(0.18^2 + 0.88^2)^{0.5}} = 90.7\text{kA}
\end{aligned}$$

（2）一次有功功率达到最大值时的电流：

$$I_\text{有大} = \frac{E_\text{空相}}{\sqrt{2}X_\text{损}} = \frac{81.5}{\sqrt{2} \times 0.88} = 65.5\text{kA}$$

（3）电炉有效功率达到最大值时的电流：

$$\begin{aligned}
I_\text{效大} &= \frac{E_\text{空相}}{X_\text{损}} \left\{ \frac{1}{2} \times \left[1 - \frac{R_\text{损}}{(X_\text{损}^2 + R_\text{损}^2)^2} \right] \right\}^{0.5} \\
&= \frac{81.5}{0.88} \times \left\{ \frac{1}{2} \times \left[1 - \frac{0.18}{(0.88^2 \times 0.18^2)^{0.5}} \right] \right\}^{0.5} \\
&= 92.6 \times \left[0.5 \times \left(1 - \frac{0.18}{0.898} \right) \right]^{0.5} = 58.5\text{kA}
\end{aligned}$$

其次，假设电极电流 $I = 20\text{kA}$ 时，计算当时相应各参数数值：

（1）每相总阻抗：

$$Z_{总} = \frac{E_{空相}}{I} = \frac{81.5}{20} = 4.075\text{m}\Omega$$

（2）每相总电阻（包括操作电阻及设备有损电阻）：

$$R_{总} = \sqrt{Z_{总}^2 - X_{损}^2} = \sqrt{4.075^2 - 0.88^2} = 3.97\text{m}\Omega$$

（3）操作电阻：

$$R = R_{总} - R_{损} = 3.97 - 0.18 = 3.79\text{m}\Omega$$

（4）视在功率：

$$P_{视} = 3E_{空}I = 3 \times 81.5 \times 20 = 4890\text{kV} \cdot \text{A}$$

（5）有功功率：

$$P_{有} = 3I^2 R_{总} = 3 \times 20^2 \times 3.97 = 4764\text{kW}$$

（6）电炉有效功率：

$$P_{炉} = 3I^2 R = 3 \times 20^2 \times 3.97 = 4548\text{kW}$$

（7）设备损失功率：

$$P_{损} = 3I^2 R_{损} = 3 \times 20^2 \times 0.18 = 216\text{kW}$$

（8）功率因数：

$$\cos\Phi = \frac{R}{Z_{总}} = \frac{3.97}{4.075} = 0.975$$

（9）电效率：

$$\eta = \frac{R}{R_{总}} = \frac{3.79}{3.97} = 0.955$$

（10）有效相电压：

$$U_{相效} = IR = 20 \times 3.79 = 75.8\text{V}$$

之后，可分别假定 $I = 30\text{kA}$、40kA、50kA、58.5kA、60kA、66.5kA、70kA、80kA、90.7kA 等，分别仿前十步骤算出各相应参数值列成表3-7，进而得图3-103。

表3-7 电炉参数

$Z_{总}$	$R_{总}$	R	$P_{视}$	$P_{有}$	$P_{炉}$	$P_{损}$	$\cos\Phi$	η	$U_{相效}$
$\dfrac{E_{空相}}{I}$ /mΩ	$(Z_{总}^2 - X_{损}^2)^{0.5}$ /mΩ	$R_{总} - R_{损}$ /mΩ	$3E_{空}I$ /kV·A	$3I^2 R_{总}$ /kW	$3I^2 R$ /kW	$3I^2 R_{损}$ /kW	$\dfrac{R}{Z_{总}}$	$\dfrac{R}{R_{总}}$	IR/V
	4.45	4.27	5440	5340	5124	216	0.98	0.962	85.4
4.54	2.89	2.71	10900	7800	7305	486	0.952	0.937	81.2
	2.09	1.91	12500	10010	9155	864	0.921	0.914	76.3
1.973	1.76	1.58	13600	11180	10040	1140	0.894	0.897	72.7
	1.57	1.41	16300	11900	10520	1350	0.875	0.885	70.3
	1.228	1.048	17700	13250	11305	1944	0.813	0.854	62.8
	1.08	0.898	19000	13700	11420	2280	0.775	0.833	58.4
	0.943	0.763		13800	11154	2646	0.731	0.810	53.4
1.51	0.875	0.695		14000			0.707		
	0.709	0.529		13600	10144	3456	0.628	0.745	42.3
	0.482	0.302		11700	7335	4365	0.480	0.625	27.2
	0.180	0	27420	5490	0	5490	0.20	0	0

矿热炉辅助设备

4.1 配料、上料及炉顶布料设备

4.1.1 配料秤

小型电炉车间通常选用人工配料小车,而大中型还原电炉车间通常设置配料站,采用电子秤或核子秤等称量设备,并按炉料配比实现 PLC 或微机控制。

4.1.1.1 料斗式电子秤

料斗式电子秤技术性能如表 4 – 1 所示。

表 4 – 1 料斗式电子秤技术性能

秤规格/kg	100	300	500	750	1000
称量范围/kg	0 ~ 100	0 ~ 300	0 ~ 600	0 ~ 750	0 ~ 1200
称量精度/%	1.0	1.0	1.0	1.0	1.0
容许最大料块度/mm	50 ~ 100	50 ~ 100	100	100	100
称量斗有效容积/m³	0.25	0.25	0.50	0.75	1
配料周期/min	1	1	1 ~ 2	1 ~ 2	1 ~ 2
控制方式	自动和手动				

料斗式电子秤配料系统如图 4 – 1 所示。

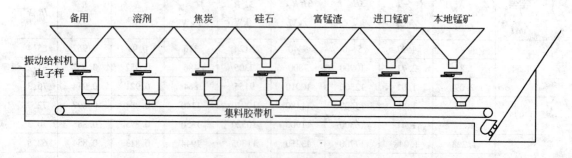

图 4 – 1 料斗式电子秤配料系统简图

4.1.1.2 胶带电子秤

胶带电子秤配料系统与料斗式电子秤配料系统基本相似,其主要特点是系统的配料精度较高,一般散状料可达 0.4% ~ 0.7%。

胶带电子秤配料系统如图 4 – 2 所示。

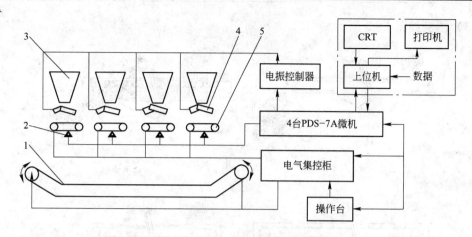

图 4－2　胶带电子秤配料系统简图

1—集料胶带输送机；2—传感器；3—料仓；4—电磁振动给料机；5—称量胶带机

4.1.1.3　核子秤

核子秤是一种新型非接触式在线计量和控制仪表，适用于带式、螺旋、链斗、刮板等输送机的物料计量和称量。它具有不受恶劣环境干扰，安装维护简单，动态精度高，可靠性好等特点。

核子秤是先进的核探测技术与计算机技术相结合的产物。它使用 Cs－137 放射源，可连续使用多年，并符合 GB 4792—84 标准规定。

核子秤主机配套及技术参数如下。

（1）主机配套：

1）32KB EPROM 存储器；

2）16KB RAM 存储器；

3）8KB RAM 断电保护器；

4）输入：模拟电压输入 0～10V，DC 光电隔离脉冲输入，光电隔离开关输入；

5）输出：模拟电压输出 0～5V，DC 光电隔离脉冲输出，脉冲输出，批量控制输出。

（2）技术参数：

1）测量精度：计总质量误差，小于1.0%（输送带正常负荷下标定）；

2）累计质量：100000t；

3）输送距离：1000m（主机至测量点）；

4）输送带宽：小于3000mm；

5）使用环境：

①微机系统：

温度：0～40℃；

相对湿度：小于90%（40℃）。

②电离室系统：

温度：－35～50℃；

相对湿度：小于90%（40℃）（特殊要求可提升至100℃）；电源：AC，220V（＋10%，－15%），50Hz，250V·A。

（3）图例如图 4 - 3 所示。

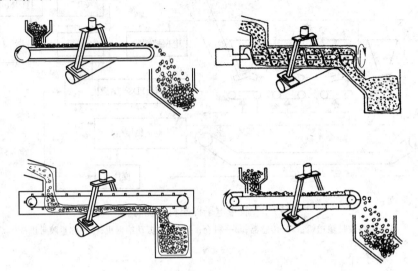

图 4 - 3   核子秤主机配套示意图

4.1.2   炉顶上料设备

电炉炉顶上料通常采用料车式斜桥上料机和胶带输送机。

4.1.2.1   斜桥上电炉炉顶上料通常采用料车式斜桥上料和胶带输送机

作为提运设备，斜桥式上料机与胶带输送机相比，其主要技术特点如下：

（1）结构较简单，运行安全可靠；

（2）倾斜角度大，占地面积较小，厂房布置紧凑。目前矿热炉厂所用的斜桥上料机，其斜桥倾斜角度一般为 50° ~ 60°；

（3）投资费用小，料车装满系数为 0.75。

斜桥上料机可分为两种类型，一种为双料车式，它生产率较高，多用于高炉上料；另一种为单料车，常用于电炉车间上料。

斜桥上料机由料车、料车卷扬机、绳轮及斜桥等组成，如图 4 - 4 和图 4 - 5 所示。

斜桥上料机的作业率 n 为：

$$n = \frac{m_1}{m_2} \times 100\% \tag{4 - 1}$$

式中 m_1——车间每昼夜的最大上料批数；

m_2——上料机允许每昼夜的最大上料批次：

$$m_2 = \frac{24 \times 60 \times 60}{T} \times a$$

T——一次提升周期时间（包括辅助时间和装卸料时间），s；

a——每一料车平均装载的料批数。

关于斜桥上料机的作业率，当使用 1 台斜桥上料时，可选 $n = 65\% ~ 75\%$，当使用 2 台以上斜桥上料机时，可选 $n = 70\% ~ 75\%$。

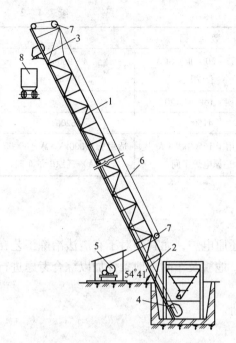

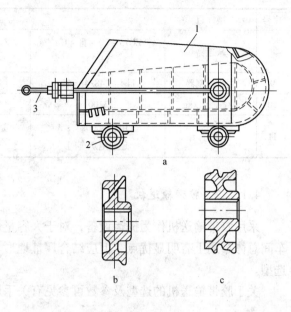

图 4 - 4　料车式斜桥上料机

1—斜桥；2—主轨道；3—辅助轨道；4—料车；

5—卷扬机；6—钢绳；7—导向轮；8—小车

图 4 - 5　料车

a—料车；b—前车轮；c—后车轮

1—车身；2—车轮；3—辕架

斜桥上料机的生产率 Q 为：

$$Q = \frac{nm_2 q}{24} \tag{4-2}$$

式中　Q——生产率，t/h；

　　　　q——每一批料质量，t。

斜桥上料机的技术性能如表 4 - 2 所示。

表 4 - 2　斜桥上料机技术性能

序号	项　目	数　据		
1	料车有效容积/m³	0.7	1.0	2.0（4.0）
2	钢丝绳最大张力/N	196000	32709	
3	允许最大行程/m	45	38	约 42
4	卷扬机最大速度 /m·s⁻¹	1.2	1.3	0.43
5	钢丝绳型号	6W（19）- 17.5 - 170 - 特 - 乙镀 - 右交	E×37 - 21.5 - 185 - 特 - 光 - 右同	6W（36）+7×7 - 26.5 - 185 - 特 - 光 - 右同 26.5
6	电动机	YZR250MA - 8 $N = 30kW$，$n = 720r/min$	YZR280M - 10 $FC = 40\%$，45kW，560r/min	YZR280S - 6 $FC = 60\%$，48kW，560r/min
7	制动器	YWZ400/90 液压推动器	YWZ500/90 液压推动器	YWZ400/90

序号	项　目	数　　据		
8	减速器	ZQ75 - 20 - Ⅲ - CA $i = 20$	ZQ85 - 20 - Ⅲ - 6CA $i = 20$	$A = 960mm$ $i = 83$
9	主令控制器	Lk4 - 148/4i = 20	Lk4 - 148/4i = 20	
10	设备质量/kg	3100	4150	6200
11	附注	适用于 6000kV·A 还原电炉车间	适用于 16500kV·A 还原电炉车间	适用于 30000kV·A（50000 kV·A）还原电炉车间

4.1.2.2　胶带输送机

采用胶带输送机作为提运设备，对于大容量还原电炉，尤其是对于有渣法冶炼工艺在车间总体布局上有明显优点，但应结合厂址地形、地貌及车间占地条件加以综合考虑进行选型。

关于胶带输送机的选型及参数可参见有关手册。

4.1.3　炉顶布料设备

还原电炉的炉顶布料设备，通常采用 2~3 条可逆胶带输送机和环形料车两种布料设备。对于全封闭式还原电炉，大多采用环形料车，以利于料管布置。

4.1.3.1　可逆式胶带机

常用的可逆式胶带机的主要技术性能如表 4-3 所示。

表 4 - 3　可逆式胶带机的主要技术性能

名　　称	数　　值
胶带宽度/mm	800，650
胶带长度/mm	11（可根据需要定）
胶带速度/m·s^{-1}	1.25
小车速度/m·s^{-1}	0.3
驱动功率/kW	4
小车功率/kW	1.5
驱动滚筒直径/mm	500
回转滚筒直径/mm	500

4.1.3.2　环形料车

环形料车的主要技术性能及结构形式如表 4-4 所示。

表4-4　环形料车的主要技术性能及结构形式

序号	项　目	数　据	
1	料车有效容积/m³	0.7	2.0
2	料车行走速度/m·s⁻¹	0.5	0.3
3	环形一周时间/s	50	约30
4	回转半径/m	3.5	2.3
5	车轨距/mm	900	
6	钢轨型号	P24	80mm×60mm
7	电动机	YZRB2MA-6FC=40% N=2.2kW n=908r/min	Y802-4 2×0.75kW
8	供电方式及电压/V	低压轨道供电 三相380/36~36/380 或 220/380	
9	车轮直径（小）/mm	φ300	DDG500H50W
	车轮直径（大）/mm	φ394	
10	开门电动缸或液压缸	DDG250H33W，推力2500N，行程330mm	0.75kW，推力500kPa
11	料车质量/kg	约1600	

图4-6为炉顶采用环形料车布料的设施的示意图。

图4-6　炉顶采用环形料车布料的设施

4.2　炉口操作设备

炉口操作设备是还原电炉车间的关键设备之一，随着电炉的大型化及其机械化和自动化装备水平的提高，炉口操作设备日益成为必备的设备之一。

全封闭式还原电炉采用料管下料兼布料，而敞口或半封闭式硅铁、工业硅和硅钙合金电炉，一般采用料管下料并辅以自由行走的多功能加料拨料捣炉机或单功能直轨式捣炉机。半封闭式的锰铁及铬铁还原电炉也采用料管下料并辅以加料推料机，或者辅以移动料槽布料设备。

4.2.1 单功能直轨行走式捣炉机

目前我国中小型硅铁电炉采用捣炉设备，通常一座还原电炉设备采用3台捣炉机，其主要技术参数如表4-5和图4-7所示。

表4-5 捣炉机及挑料机主要技术参数

项　目	捣　炉　机		挑料机
	1	2	
进出速度/mm·s^{-1}	270	460	510
进出长度/mm	2800	1800	1200
升降速度/mm·s^{-1}	53	166~250	
捣(挑)炉最大角度/(°)	约50	约35	40
小车行走速度/mm·s^{-1}	250	人推	人推
轨距/mm	1000	750	850(无轨)
轮距/mm	850	800	1000
电动机型号	JO$_2$-42-4,JO$_2$-51-4 JO$_2$-22-4	JZ-12-6	JZR$_2$-22-6
电动机功率/kW	5.5,7.5,10	3.5	9.5
电动机台数/台	3(各1)	2	1
外形尺寸/mm×mm×mm	4400×1250×1500	3600×1000×1250	3000×1200×2000
设备质量/kg	1710	922	

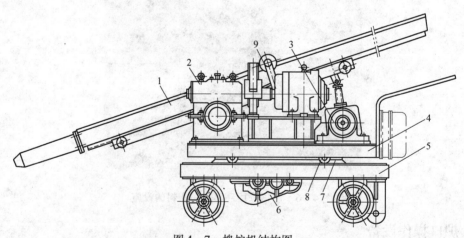

图4-7 捣炉机结构图

1—捣杆；2—捣杆进退机构；3—捣杆升降机构；4—上车面；5—下车面；
6—小车行走机构；7—回转盘；8—回转轮；9—压辊

4.2.2 单功能直轨道行走式加料机

我国有的硅铁电炉曾摸索使用加料机直接加料，但是其使用效果、结构和工作情况还不够理想，有待改进和提高。表4-6和图4-8为某厂使用的加料机的主要技术参数。

表4-6　我国某厂加料机的主要技术参数

项　目	技术参数
加料槽内宽/mm	270
加料槽内高/mm	145
往复摆动距离/mm	140
往复摆动速度/次·min^{-1}	45.7
轨距/mm	1000
电动机型号	JO$_2$-41-4，JO$_2$-32-6，JO$_2$31-4，JO$_2$-32-8
电动机功率/kW	4，2.2，2.2，1.5
电动机台数/台	4（各1）
外形尺寸/mm×mm×mm	5650×1950×1790
设备质量/kg	4380

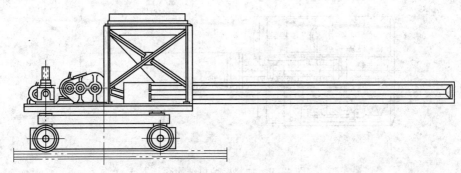

图4-8　加料机结构图

4.2.3　自由行走式加料拨料捣炉机

自由行走式加料拨料捣炉机是目前世界上大中型硅铁还原炉及其他同类型电炉生产铁合金时用作加料、推料和捣炉的常用设备。这种加料拨料捣炉机，一座电炉配备一台即可，实现炉口操作区三个大料面的加料、推料及捣炉操作机械化。制造这种专用设备的厂家主要是德国丹戈和丁南塔尔（Dango & Dienenthal，简称DDS）公司。20世纪80年代以来，我国先后从DDS公司引进8台、负载能力分别为1500kg和2000kg两种规格，在12500kV·A、25000kV·A和50000kV·A半封闭式硅铁电炉上使用，如图4-9所示。

4.2.3.1　DDS型加料拨料捣炉机

DDS加料捣炉机的主要特点如下：

（1）炉内布料均匀，扩大反应区，消除悬料，减少结壳"刺火"；

（2）操作简单，可由一人驾驶；

（3）可采用电缆卷盘式或环形滑接线供电；

（4）三轮行走，前两轮为主动轮，它们由主泵驱动，主泵由脚踏板控制。后轮为转向轮，由手控液压缸推动，可做水平摆动；

（5）操作部分为四连杆机构，料杆臂可上下摆动，也可前后伸缩；

（6）料箱内设有卸料推料刮板；

（7）做捣炉用时可迅速将装料箱换成捣杆。

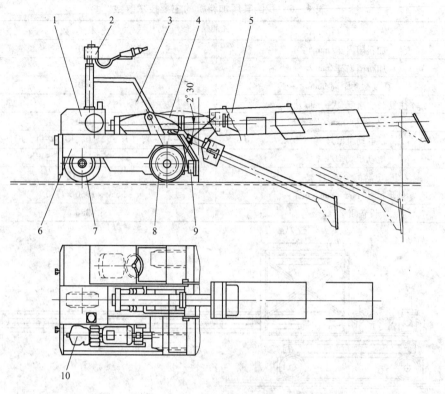

图 4 - 9　加料捣炉机结构图

1—油箱；2—电缆引入装置；3—驾驶舱；4—工作机构；5—料箱；6—机架；
7—后轮及转向装置；8—前轮装置；9—缓冲器；10—油泵装置

4.2.3.2　DDS 加料捣炉机主要技术参数

DDS 公司生产的加料捣炉机系列产品技术参数列于表 4 - 7 中。

表 4 - 7　DDS 公司生产的加料捣炉机系列产品技术参数

性　能	型　号	MCH2ATS		MCH5ATS
总载重量/kg		900	1500	2000
推料力/kN		33	33	41
负荷力矩/N·m		26500	44130	74530
操作臂长度/mm	料箱（缩回时）	2000	2000	2870
	料箱（伸出时）	3200	3200	4170
	捣料杆（缩回时）	3100	3100	3950
	捣料杆（伸出时）	4300	4300	5250
质量/kg		5800	7000	9800
料箱容积/m³		0.36	0.50	0.78
料箱质量/kg		470	550	660

4.2.4 几种加料捣炉机主要技术参数对比情况

DDS 公司 MCH2ATS 型加料捣炉机与其他几个主要国家的产品主要技术性能参数对比列于表 4 – 8 中。

表 4 – 8 各个厂商加料捣炉机主要技术参数对比

性能 \ 型号	MCH2ATS（DDS）	MT42R（瑟勒蒂·汤法尼）	FB1000 – E（日本制钢）	TRCM – 59WP（东京流机）
装料能力/kg	650	420	300	420
推料行程/mm	1200	1200	1500	1300
推出时间/s	4		6	6.5
捣料力/kN	33		10	10
料杆臂伸缩距离/mm	1200	不可缩	不可缩	不可缩
料杆上下摆动角度/(°)	+2°~22°	+2°~ -22°	+2°~ -30°	+2°~ -25°
料杆上下摆动时间/s	4	3	3	
行走速度/m·min⁻¹	0~110	75	60	42
电动机容量/kW	30		行走：15；推料：5.5；捣料：11	18.5
传动方式	全液压	机械行走液压操作	全机械	全液压
机体最小回转半径/mm	2760	2750	3900	2750
机器自重(不计附件)/kg	7000		7000	7500
外形尺寸(带料箱)/mm 长	伸出 5940,缩回 4740	6000	7540	5600
外形尺寸(带料箱)/mm 宽	2000	2000	1900	2045
外形尺寸(带料箱)/mm 高	2500	2800	3000	2780

现在的加料拨料捣炉机可以除掉电缆引入装置，可用像汽车那样反复充电或柴油机装置，自除电动车带一个辫子在平台上走，不方便又不经济。

4.2.5 钨铁挖铁机

钨铁挖铁机主要技术参数见表 4 – 9 和图 4 – 10。

表 4 – 9 钨铁挖铁机主要技术参数

行走部分				回转部分			挖铁机构						外形尺寸/mm			压缩空气压力/kPa	自重/t
轨距/mm	速度/m·min⁻¹	电动机型号	功率/kW	速度/r·min⁻¹	电动机型号	功率/kW	主汽缸/mm 内径	主汽缸/mm 有效行程	升降汽缸/mm 内径	升降汽缸/mm 有效行程	卡勺汽缸/mm 内径	卡勺汽缸/mm 有效行程	长	宽	高		
1100	35.6	JZ – 11 – 6	2.2	1.33	J0 – 41 – 6	1	203	1000	115	900	115	140	2730	1372	1700	392.3	1.56

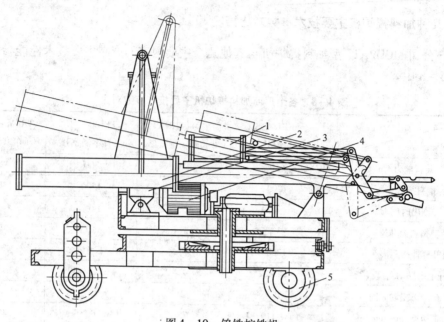

图 4 - 10　钨铁挖铁机
1—卡勺汽缸；2—主汽缸；3—升降汽缸；4—回转电动机；5—行走机构

4.3　电炉炉前设备

4.3.1　开堵铁口设备

对于中小型还原电炉，开堵铁口的操作多采用电弧烧穿器开眼和人工堵眼；而对于大型电炉多选用机械化程度较高的开眼堵眼机。

4.3.1.1　电弧烧穿器

电弧烧穿器广泛用于各类中小型还原电炉的烧穿出铁口和修补炉眼。这种烧穿器按供电方式分为两种形式：一种是与炉用变压器低压侧中的一相直接连接；另一种是设专用单相烧穿用变压器，其操作电压可参照还原电炉的常用电压，操作电流一般为3000~5000A。

电弧烧穿器的结构如图 4 - 11 所示。

4.3.1.2　开眼堵眼机

开眼堵眼机这种机械化设备广泛用于大中型还原电炉的出炉操作。根据电炉设置出铁口的数量及布置形式的不同，开眼堵眼机的选型也有所不同，目前主要有组合式和单一式两类。根据结构类型分为吊挂式和落地式，根据传动方式分为电动式、液压式和气动式。下面介绍一下国内及国外开眼堵眼机的一些情况。

A　国产开眼堵眼机

THJ1800 - 12 型全气动电炉开眼堵眼机是国产的一种高效率炉前机械化出铁设备，该机使用范围较广，凡炉眼中心距炉前平台梁底部有近 470mm 净空高度的大、中型矿热炉

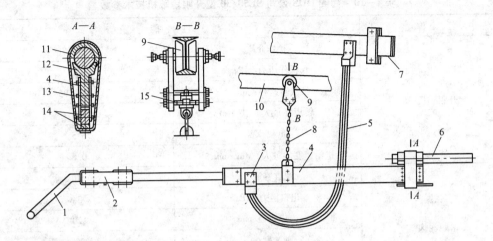

图 4 – 11 电弧烧穿器

1—手把柄；2—木方梁；3—铜接头；4—导电板；5—软电缆；6—石墨电极棒；7—输入母线；

8—悬挂链子；9—滑轮；10—工字梁；11—轴瓦；12—铜头；13—钢箍；14—销键；15—绝缘垫

均可使用。

该开眼机的主要特点是具有双向回转机构；与气动掐钎器配合可以实现机动卸钎杆，从而减轻了工人的劳动强度。堵眼机的主要优点是具有双活塞往复机构，对中性好，传动方式简单，日常维护量极少。

THJ1800 – 12 型全气动电炉开堵眼机的技术规格如下：

外行尺寸（长×宽×高）：4580mm×2500mm×1730mm；

机器质量：约 6507kg；

冲击频率：1800r/min；

钻杆扭矩：98.1N·m；

钻孔耗气量：8.5m^3/min；

进给气马达功率：1.84kW；

进给速度：10.5m/min；

装泥容量：40L；

泥缸直径：250mm；

气压缸直径：530mm；

活塞行程：770mm；

堵泥推力：125kN；

工作气压：0.49～0.69MPa；

小车行走速度：24.5m/min；

大车行走速度：14.5m/min；

小车行走电动机功率：2.2kW；

大车行走电动机功率：4.0kW。

B 国外开眼堵眼机

德国 DDS 公司 SE50/30 型开眼堵眼机技术参数如表 4 – 10 所示。

表 4 – 10　德国 DDS 公司 SE50/30 型开眼堵眼机技术参数

名　称	性　能	
	操作介质	压缩空气
	操作压力/MPa	0.6
开眼钻机	带载转速/r·min⁻¹	180~195
	转矩（最大）/N·m	325
	负载/kW	6.5
	进给速度（最大）/m·min⁻¹	0.8
	泥缸容量/L	50
	出口压力/MPa	3
	出口直径/mm	120
堵眼泥炮	小车行驶速度/m·min⁻¹	20
	驱动装置负载/kW	1.6
	泥炮对炉壳的压力/kN	29.5

日本千代田公司开眼机及堵眼机技术参数如表 4 – 11、表 4 – 12 所示，堵眼机实际使用效果如表 4 – 13 所示。

表 4 – 11　日本千代田公司开眼机技术参数

性　能	型　号	TY90	TY110
	空气消耗/m³·min⁻¹	4.5（0.5MPaSTP）	6.8（0.5MPaSTP）
	转速/r·min⁻¹	160	90
	活塞行程/mm	60	80
	冲击频率/次·min⁻¹	2400	1900
开眼钻机	冲击形式	直接打击	直接打击
	锥杆长度/mm	2700	2700
	锥杆断面六边形/mm	22	25
	钻头直径/mm	42	42
	空气消耗/m³·min⁻¹	0.3（0.5MPaSTP）	1.5（0.5MPaSTP）
自身进给器	推力/N	1300	3000
	进给长度/mm	2190	3000
移动梁	移动速度/m·min⁻¹	5	5
	电动机/kW	2×0.4	2×0.4

表 4 – 12　日本千代田公司 MGR 型堵眼机技术参数

堵泥量/L·行程⁻¹	行程/mm	汽缸容积/L·行程⁻¹	空气压力/MPa	堵泥压力/MPa
40	770	350	0.6	2.24

表 4 – 13 日本千代田公司开堵眼机实际使用效果

项　目		使用泥塞时（传统方法）	使用泥炮时
每次出铁的辅助材料消耗/%	圆钢棒（φ25mm）	100	55
	管子（φ16mm×5.5m）	100	34
	氧气	100	33
操作时间/min		10 ~ 20	5 ~ 10
封眼密实时间/min		5	0
铁口寿命/%		100	220
每次出铁的开眼费用/%		100	38

C　组合式吊挂环轨开眼堵眼机布置

组合式吊挂环轨开眼堵眼机示意如图 4 – 12 所示。

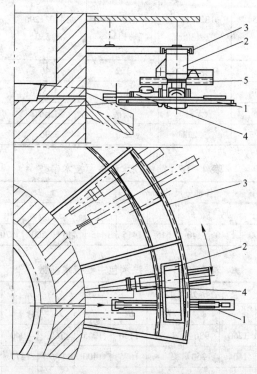

图 4 – 12　组合式吊挂环轨开眼堵眼机示意图
1—钻机；2—小车；3—轨道；4—泥炮；5—中间架

4.3.2　铁水包、渣包（盘）及牵引设备

4.3.2.1　铁水包

铁水包包括还原电炉车间用铁水包和精炼电炉车间用铁水包。

还原电炉车间铁水包的容积可按下列公式计算：

$$V_1 = \frac{KP}{n\rho_1 m_1} \qquad (4-3)$$

式中　V_1——铁水包有效容积，m^3；

　　　K——出铁不均衡系数，取 $K = 1.2$；

　　　P——电炉日产量，t/d；

　　　n——一昼夜出铁次数，次；

　　　ρ_1——铁水密度，t/m^3；

　　　m_1——铁水包装满系数，无渣法取 $0.85 \sim 0.9$，有渣法取 $0.7 \sim 0.75$。

铁水包的种类很多，其主要技术参数见表 4-14 ~ 表 4-16。

表 4-14　铁水包主要技术参数

容积/m^3	1.0	1.11	1.15	1.2	2	8（单位为 t）
盛铁合金种类	锰硅合金，高碳锰铁	高碳铬铁	硅铬合金	75% 硅铁	锰硅合金	75% 硅铁
外形尺寸（上口/下口×高）/mm×mm	$\phi1554/1454$ ×1434	$\phi1820/1570$ ×1380	$\phi1518/1384$ ×1444	$\phi1420/1290$ ×1550	$\phi1700/1530$ ×1750	$\phi1630/1480$ ×1866
钢结构质量/t	1.454	铸钢 3.228	1.2	1.46	2.3	3.51
砖衬质量/t			1.5	1.5	2.5	
砖衬材质	黏土砖	无衬	镁砖	黏土砖	黏土砖	黏土砖
总质量/t		3.228	2.7	2.96	4.8	

表 4-15　铸钢铁水包主要技术参数

各部分尺寸/mm													容积/mm	质量/t
L_1	L_2	L_3	ϕ_1	ϕ_2	ϕ_3	ϕ	H_1	H_2	H_3	H_4	H_5	R_1	R_2	
2000	1736	2176	1860	700	1740	140	615	1415	1445	445	200	570	520	1.11	3.22

表 4-16　砌砖铁水包主要技术参数

列号	各部分尺寸/mm										容积/m^3	质量/t
	ϕ_1	ϕ_2	ϕ_3	ϕ_4	ϕ_5	H_1	H_2	H_3	H_4	L		
1	1380	1356	1116	1260	936	1180	1130	1045	760	1940	0.7	2.9
2	1816	1760	1400	1604	1260		1675	1400	940	1177	1.7	6.5
3	1400	1376	1050	1348	990	1470	1424	1230	716	2562	1.0	钢结构 1.459
4	1300	1270	1040	1150	920	1100	1020	900	560	1560	0.7	2.5

无内衬的铸钢铁水包（图 4-13）使用前先挂渣，与带内衬的铁水包（图 4-14）比较，节省耐火砖和砌筑劳动力，但需要有较大的铸铁设备。为了降碳，盛硅铬合金的铁水包最好为下注。

精炼电炉采用的铁水包有铸钢铁水包和砌砖铁水包两种，相比之下，铸钢铁水包的使用效果较好。铸钢铁水包也可以当渣包使用，每吨产品节约耐火材料 25 ~ 30kg，减少砌包劳动力，降低生产成本，但需要有铸钢车间制造。砌砖铁水包制造简单，投资省，但耐火材料消耗量大，需要有专门的修包场地。

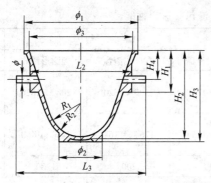

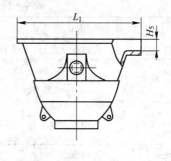

图4-13 无内衬的铸钢铁水包

4.3.2.2 渣包（盘）

渣包包括还原电炉车间用渣包和精炼车间用渣盘。

还原电炉渣包需要量可按下列公式计算：

$$Q = Q_1 + Q_2 + Q_3 \qquad (4-4)$$

式中　Q——渣包需要量，个；

Q_1——正常生产时一昼夜内周转使用的渣包个数，个；

Q_2——备用的渣包数量，个，一般取 $1\sim2$；

Q_3——扒渣用渣包数量，个，一般取 $1\sim2$。

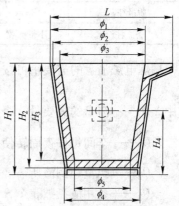

图4-14 衬砖铁水包

$$Q = \frac{KPit_1}{24\rho_2 m_2 V_2} \qquad (4-5)$$

式中　t_1——渣包周转时间，与渣子运输工具及离渣厂远近等因素有关，h；

i——渣铁比，t/t；

ρ_2——熔渣密度，t/m^3；

m_2——渣包装满系数，取 0.9；

V_2——渣包容积，m^3；

其余符号与式（4-3）中的相同。

渣包有方口（或称渣盘）和圆口两种（图4-15、图4-13）。用平板火车或汽车运干渣时，使用方口渣盘为宜；用渣罐车运渣或水冲渣时，使用圆口渣罐较好（即无内衬的铸钢铁水包）。渣盘的材质有铸铁与铸钢两种，前者易裂寿命短，后者易变形造价高，易补焊，两种材质的渣盘使用起来没有太大差异。渣包（盘）的性能见表4-17。

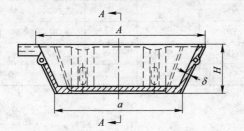

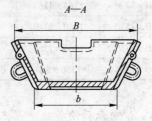

图4-15 方口渣盘

表 4 - 17　渣包（盘）性能

容积/m³		1.0	1.4	1.4	1.5	2.0
形　状		方口浅渣盘	方口浅渣盘	方口浅渣盘	椭圆形罐式	椭圆形罐式
外形尺寸 /mm × mm	上部 $A \times B$	1760 × 1280	2320 × 1720	2420 × 1820	2080 × 1820	1950 × 1900
	下部 $a \times b$	1410 × 1000	1764 × 1164	1764 × 1164	球形 $\phi1460$	球形 $\phi1460$
高度 H/mm		600	600	700	1200	1560
材　质		铸铁	HT10 - 26	HT10 - 26	ZG55	ZG35
质量/kg			2708	2900	3000	3370
备　注		不带流嘴	不带流嘴	带流嘴	不带流嘴	带流嘴

精炼电炉渣盘的需要量可按下列公式计算：

$$Q' = Q_1' + Q_2' + Q_3' \qquad\qquad (4-6)$$

式中　Q'——渣盘的需要量，个；

$\qquad Q_1'$——车间每昼夜周转使用的数量，$Q' = \dfrac{Ant_1}{24}$，个；

$\qquad Q_2'$——扒渣、倒渣所需经常使用个数，个，一般为 1 ~ 2；

$\qquad Q_3'$——备用渣盘数，个，一般为每座炉子 1 个；

$\qquad A$——每出一炉铁需要渣盘数，计算时按渣比、渣子密度、渣盘容积（m³），计算出每一炉铁需用的渣盘数，个；

$\qquad n$——车间每昼夜出铁次数，次；

$\qquad t_1$——渣盘作业周期，h。

精炼电炉使用的渣盘有铸钢和铸铁两种。前者使用寿命较长，一般为 6 ~ 12 个月；后者使用寿命较短，一般为 2 ~ 3 个月。

精炼电炉用渣盘主要技术参数见表 4 - 18 和图 4 - 15。

表 4 - 18　精炼电炉用渣盘主要技术参数

例号	外形尺寸				容积/m³	质量/t	材质	备注
	上部 $A \times B$ /mm × mm	下部 $a \times b$ /mm × mm	高度 H/mm	壁厚 δ/mm				
1	1760 × 1280	1410 × 1000	600	30	1.0		铸铁	
2	2000 × 1720	1764 × 1164	600	50		2.692	铸铁	带嘴
3	2120 × 1510	1740 × 1140	570		1.4	3.77	铸钢、铸铁	
4	2320 × 1730	1764 × 1164	600	50	1.4	2.707	铸钢、铸铁	
5	1956 × 1406	1356 × 800	540	60	0.7	2.1	铸铁	

4.3.2.3　炉前牵引设备

炉前牵引设备包括立式卷扬机、牵引车及运输车辆，如表 4 - 19 ~ 表 4 - 21 所示。

表4-19 牵引用卷扬机主要技术性能

卷扬机参数	立式卷扬机	锭模卷扬机
钢绳牵引力/kN	10	20
滚筒上钢绳速度/m·min^{-1}	16.5	
钢绳直径/mm	11	
卷筒直径/mm		200
电动机型号	MTK-12-6	JO-41-4
功率/kW	3.5	1.7
设备质量/t	0.655	0.383
备　注	牵引各种室内车辆	

表4-20 硅铁包牵引车主要技术性能

小车参数	参　　数
硅铁包车载重量/kN	约150
轮距 L/mm	800
轨距 S/mm	直线段1422，曲线段（$R=5500$）1437
行走速度/m·min^{-1}	28.5
电动机型号	JZR-12-6
功率/kW	3.5
外形：长（C）×宽（D）×高（H）/mm×mm×mm	2340×1832×896
钢轨型号/kg·m^{-1}	38
质量/t	2.4

表4-21 运输车辆主要技术参数

	小车名称	铁水包小车		渣盘小车	跨间小车			锭模车		
主要技术参数	载重量/kN	约85			约150			约60	约120	约45
	台面尺寸 $A×B$ /mm×mm	800×1831		820×1650	920×1900	1200×1832	2090×1813	2000×1800	3000×2100	1760×1070
	车高 H/mm	966		950	1186	1106	726	420	535	565
	轮距 L/mm	1600		1600	2000	1700	1600	1200	1600	840
	轨距 S/mm	1435	1435			1422	1435	1435	1524	750
	外形 $C×D$ /mm×mm	2098×1831		2268×836	2520×1850	2200×1832	2090×1813	同 $A×B$	同 $A×B$	同 $A×B$
	质量/t	1.868	0.811	1.185	1.971	2.025	1.797	0.655	1.90	0.56
	钢轨型号/kg·m^{-1}	38	38	38	38	38	38	38		
	铁、渣包容积/m³	1.0	铸钢包 1.11	1.2	2	8（单位为t）	1.4			

4.3.3 炉渣处理设备

目前我国对铁合金炉渣水淬常采用两种方式，即炉渣间水淬和炉前直接水淬。

炉渣间水淬工艺所采用的主要设备有双沟桥式起重机、桥式抓斗起重机、渣罐、中间罐、冲渣罐及供水设备等，其设备配置如图 4 – 16 所示。它的优点是水淬过程在电炉车间外进行，大量水汽在露天散发，保证了车间内部环境，不足之处是它需多占一定的炉渣处理场地面积，使用的设备较多。

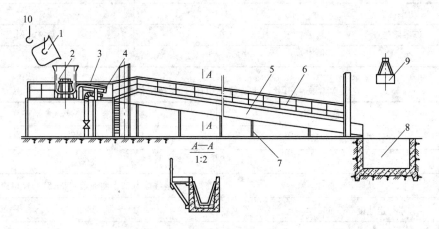

图 4 – 16　硅锰渣水淬设备配置

1—渣罐；2—中间罐；3—流渣槽；4—喷嘴；5—冲渣槽；6—栏杆；
7—流渣槽支架；8—集渣坑；9—抓斗起重机；10—双吊钩起重机

炉前直接水淬的工艺设备配置如图 4 – 17 所示。这种水淬方式减少了渣罐，省掉桥式起重机等设备。它的缺点是车间内水蒸气较多，炉前环境差，水蒸气对某些电器及仪表设备有一定锈蚀作用；尤其是操作难度大，一旦操作不当就会造成粒化渣在冲渣槽内堵塞的现象，不够安全。对于高熔点的高碳铬铁渣不宜采用此方式水淬。

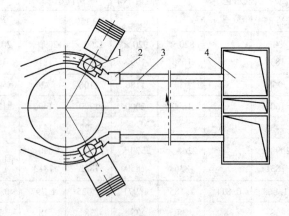

图 4 – 17　直接水淬的工艺设备配置

1—渣罐；2—流渣槽；3—冲渣槽；4—集渣坑

干渣处理多用于高熔点或难水淬的炉渣，干渣处理常采用热泼渣和渣盘空冷后托盘等，常用设备为桥式起重机、渣包、渣盘。

我国某些厂炉渣水淬工艺及设施参数见表 4 - 22。

表 4 - 22 炉渣水淬工艺及设施参数

项 目		水 冲①	水 冲①	水 冲①
工艺参数	水压/MPa	上水：0.12 ~ 0.20 喷嘴：0.24 ~ 0.45	上水：0.25 ~ 0.30	水泵扬程：41.3m 288
	水量/m³·h⁻¹	160 ~ 280		
	水淬速度/t·min⁻¹	0.6 ~ 1.0	约0.6	约0.3
水渣沟	内衬材质	黏土砖厚65mm	铸铁	铸铁
	宽×深/mm×mm		400×700	400×700
	坡度/%	16		
水渣池	长×宽×深/m×m×m	13×8×3.5	8×4×2.5	8×4×2.5
	贮存时间/班	2	2	3
捞渣设备	名 称	5t 履带式起重机	5t 抓斗电葫芦	5t 抓斗电葫芦
	性 能	抓斗：1.5m³ 电机：74kW		
水渣堆场	长×宽	50m×20m	2个金属贮藏	2个金属贮藏
	堆高/m	3		
	贮存时间/d	5 ~ 7	1	
运渣设备名称		火车	汽车	汽车

① 分别表示三个厂的水冲。

4.4 浇铸成型设备

铁合金的浇铸方式有砂模浇铸、金属锭模浇铸、浇铸机浇铸和粒化等。有些厂在生产高碳锰铁、锰硅合金时，常采用铁水直接流入砂模进行浇铸的方式，其特点是可以不用铁水包，不用锭模，但劳动条件差，产品表面质量差，需要精整，砂模每用一次要修理一次。锭模浇铸除了某些品种外，还适用于各种铁合金，其特点是产品质量好，铁损少，如炉前浇铸可将锭模直接放在锭模车上，这种方式在小型电炉中使用的十分普遍，但要消耗锭模，劳动条件差，废锭模难处理。大型电炉趋向使用浇铸机或场地浇铸，采用浇铸机浇铸，机械化程度高，劳动条件好，铁锭块小，便于加工制造。但浇铸质量不如锭模浇铸，铁损大，设备维修量大，浇铸时间较长；而场地浇铸日趋被广泛使用，其工艺简单，设备少，不消耗锭模。粒化的特点是简化工艺，节省设备，但我国铁合金的粒化产品只有再制铬铁，随着粒化技术而发展，将会生产出各种粒化产品。

4.4.1 带式浇铸机

4.4.1.1 带式浇铸机的类型

带式浇铸机分单带式和双带式，按传动方式又分滚轮移动式和固定式两种。

单带式浇铸机的主要技术参数如表4-23和表4-24所示。

表4-23 还原电炉车间用浇铸机主要技术参数

项　　目	滚动移动式	滚动固定式
生产能力/t·h^{-1}	硅铁9	高碳铬铁30（以 $v=6m/min$ 计）
首尾轮中心距/L·m^{-1}	22.80	25.20
链带斜度 α/(°)	6	6
链带速度 v/m·min^{-1}	3	3.10~9.30
锭模个数/个	126	136
铸锭质量/kg	硅铁20	铬铁35~55
铸模中心距/m	0.4	0.4
电动机型号	JO-51-4	JZT-72-4
功率/kW	4.5	30
冷凝时间/min	7	
设备质量/t	58.80	51.87（支架未计入）

注：首轮与尾轮离地高度（H_1、H_2）由具体设计确定。

表4-24 精炼电炉车间用浇铸机主要技术参数

项　　目		滚轮移动式
链带移动速度/m·min^{-1}		3
链带节距/mm		400
链带斜度 α		6°50′
传动电动机		JO-51-4型，4.5kW，1450r/min
总传动比		$i=2330$
生产能力/t·h^{-1}	锭重50kg	22.5
	锭重20kg	9
锭模数量/个		102
两轮中心距 L/mm		17862
铁锭冷凝时间/min		约6.0
最大高度 H_2/mm		4850
最大宽度/mm		4926
设备质量/t		38.52
生产品种		中、低碳锰铁

4.4.1.2 带式浇铸机设备配置

带式浇铸机设备配置如图4-18所示。

4.4.2 环式浇铸机

环式浇铸机由机体、液压驱动设备、推动机构、铁水包倾翻机构、锭模、浇铸槽、锭

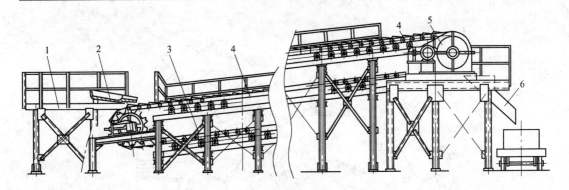

图 4-18 带式浇铸机装置

1—操作平台；2—中间流槽；3—浇铸机机架；4—浇铸机；5—传动装置；6—出铁流槽

模倾翻机构及喷浆装置组成。

4.4.2.1 环式浇铸机主要参数

环式浇铸机主要参数如下：

锭模数量：20 个；

锭模质量：3050kg；

浇铸机直径：15310mm；

浇铸机高度：1450mm；

锭模容积和充满质量：

模深/mm	容积/dm³	充满质量/kg
40	72	201.6
60	108	302.4
80	144	403.2

4.4.2.2 环式浇铸机设备组成及结构特点

环式浇铸机的组成及结构示意图如图 4-19 所示，其结构特点如下：

(1) 铁水包。它是由钢壳和砌衬组成的专用于浇铸的设备，最大容量为 11.5t。

(2) 回转盘。它由旋转盘和环轨组成，浇铸时 1 个带有 20 个铸模和 6 个滚动轮的盘形装置在环轨上回转。

(3) 推动机构。它是旋转盘的推力装置，由一个推缸和一个连锁缸组成。

(4) 铁水包倾翻机构。它包括铁水包卡紧、倾翻和流铁槽的倾动，两个机构均由液压缸操作。

(5) 锭模翻转机构。该机构的作用是将锭模托起并翻转脱模，使被冷却到一定程度的固态硅铁锭装入预定的箱内。

(6) 液压驱动机构。旋转盘的回转、铁水包倾翻和锭模翻转等动作均有液压缸操作，浇铸机单独配置一套液压驱动机构，由两台 45kW 电动机分别带动两台轴向柱塞泵和相应的一套控制元件组成。

(7) 硅铁粉粒的加料装置。它是一个容积为 1.7m³ 的料仓，其下部出口处设有气动闸

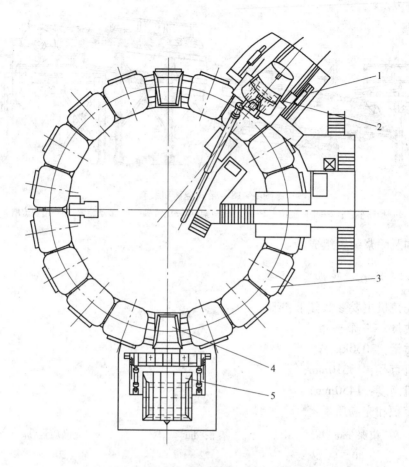

图 4 – 19　环式浇铸机结构示意图

1—铁水包倾翻装置；2—可倾流槽；3—锭模；4—旋转盘；5—翻模装置

门，气缸内直径为 54mm，行程为 100mm，气体压力为 0.5MPa。

（8）石灰乳喷浆装置。它具有一个带有搅拌装置的石灰乳槽，容积为 5000L，有两台空气输液泵，石灰乳由空气泵打到 5 个喷头上，通过喷头将石灰乳喷洒在锭模上。

（9）除尘系统。该系统采用了一台带 8 个单元滤室的负压袋式除尘器，风机的驱动电机为 132kW。

浇铸时，车间内起重运输机将盛满铁水的铁水包坐于倾翻机构上，同时启动旋转盘，在推动机构的推动下旋转盘旋转，经过几秒钟后倾翻机构升起，铁水经流铁槽流入转盘中的锭模。在整个浇铸过程中，除了铁水包的倾翻和流铁槽的升降是采用手动之外，其余有关浇铸过程均是按程序自动进行的，并且各部分之间均设有连锁以保证安全运行。当锭模浇铸后回转 252° 以后，通过锭模翻转机构脱模，然后脱模后的锭模再喷以石灰乳和洒上硅铁粉粒进行下一次浇铸。

浇铸所用的时间是可以调整的，主要是根据所浇铸铁锭厚而定，在铁锭厚度为 140mm 时，每浇铸一块锭模所需时间约为 115s。

操纵室和控制柜均设在旋转盘的中央，是一个两层的小屋，上面是操纵室，下面安装液压驱动装置。

4.4.3 浇铸锭模

4.4.3.1 还原电炉车间用锭模

锭模的数量可按下列公式计算：

$$Q^n = Q_1^n + Q_2^n \tag{4-7}$$

式中 Q^n——需要锭模数，个；

Q_1^n——备用锭模数，个，取 1~2 个；

Q_2^n——正常生产一昼夜周转使用的锭模数，个。

对于 75% 硅铁：

$$Q_2^n = \frac{KP}{n\rho_1 m_3 V_3} \tag{4-8}$$

对于其他还原电炉产品：

$$Q_2^n = \frac{KPt_2}{24\rho_1 m_3 V_3} \tag{4-9}$$

式中 K——出铁不均衡系数，取 1.2；

P——电炉日产量，t/d；

ρ_1——铁水密度，t/m^3；

t_2——锭模周转时间，h，一般取 4~6h；

m_3——锭模装满系数，取 0.9；

V_3——锭模容积，m^3。

锭模按形状分为浅锭模（图 4-20）和深锭模（图 4-21）两种。前者供浇铸 75% 硅铁及高碳铬铁用，后者供浇铸其他还原电炉产品用。某些生产硅铁的小型电炉车间还使用分块拼装的锭模（图 4-22），每块锭模质量小于 1t，其优点是便于制造，局部损坏便于更换。有些厂还使用炭块作锭模（图 4-23）浇铸硅铁，其优点是锭模易于加工制造，使用寿命较铸铁长，但铁锭含硅偏析比较严重，产品表面质量差，需要进行清理。

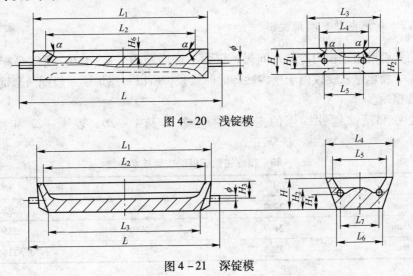

图 4-20 浅锭模

图 4-21 深锭模

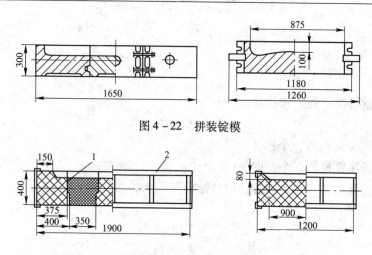

图 4 - 22 拼装锭模

图 4 - 23 炭块拼装锭模

1—炭块；2—角钢框架

锭模的主要技术参数见表 4 - 25。

表 4 - 25 锭模主要技术参数

容积/m³		0.13	0.17	0.16	0.27
适用产品种类		75% 硅铁	除 75% 硅铁外	75% 硅铁	除 75% 硅铁外
电炉容量/kV·A		1800	1800	9000 ~ 16500	9000 ~ 25000
锭模尺寸 /mm × mm	上口	1650 × 1020	1600 × 1000	2550 × 1100	2600 × 960
	下口	1650 × 1020	1400 × 880	2550 × 1100	2300 × 660
高度/mm		300	350	400	410
深度/mm		100	150	70	170
锭模材质		MT15 - 33	MT15 - 33	铸铁	铸铁
锭模质量/t		2.641	2.128	6.08	4.837

4.4.3.2 精炼电炉车间用锭模

精炼铬铁锭模由于模内冷却时间短，仅为冶炼周期的 1/5 ~ 1/6，所以每座炉子一套锭模就够了。精炼锰铁锭模由于模内冷却时间较长，所以每座炉子一般配两套锭模，一套工作，一套模冷。

精炼铬铁和精炼锰铁锭模的主要技术参数见表 4 - 26、表 4 - 27 和图 4 - 20、图 4 - 21。

表 4 - 26 精炼铬铁锭模的主要技术参数

例 号	1	2	3
L/mm	2700	2900	2950
L_1/mm	2400	2550	2550
L_2/mm	2280	2350	2350

续表 4 – 26

例　号	1	2	3
L_3/mm	1150	1100	1100
L_4/mm	1090	960	846
L_5/mm	760	600	600
H/mm	290	420	450
H_1/mm		200	350
H_2/mm		210	225
H_3/mm	110	50	50
ϕ/mm	60	80	80
α/(°)	37	30	30
质量/t	4.7	6.6	7.56
化学成分/%	$w(P)<0.1$ $w(C)<2.5$ $w(Mn)<0.5$ $w(S)<0.03$ $w(Cr)=2$	$w(P)<0.1$ $w(C)<2.5$ $w(Mn)<0.5$ $w(S)<0.03$ $w(Cr)=2$	$w(C)=3.3\sim3.8$ $w(Mn)=0.5\sim0.9$ $w(Si)=1.4\sim1.9$ $w(Cr)=0.2\sim0.5$ $w(Ni)=0.2$ $w(S)<0.12$ $w(P)=0.2$

表 4 – 27　精炼锰铁锭模的主要技术参数

例号	各部分尺寸/mm													容积/m³
	L	L_1	L_2	L_3	L_4	L_5	L_6	L_7	H	H_1	H_2	H_3	ϕ	
1	2880	2600	2420	2300	960	780	660	560	410	240	180	230	80	0.27
2	2220	1940	1760	1640	900	720	600	500	350	200	150	200	80	0.17

4.4.4　粒化设备

铁合金产品（或中间产品）粒化设施，通常采用粒化池和制粒装置两种。我国再制造铬铁大多采用粒化池进行粒化，而国外常用制粒装置。

4.4.4.1　粒化池粒化设备

粒化池粒化设备主要由粒化流槽、高压循环水系统及链板机等设备组成，如图 4 – 24 所示。再制铬铁粒化装置的技术要求如表 4 – 28 所示。

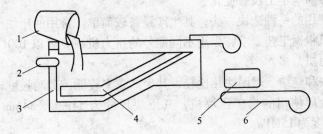

图 4 – 24　粒化池粒化设备配置
1—铁水包；2—高压水喷嘴；3—水池；4—链板机；5—振动筛；6—胶带机

表 4 – 28　再制铬铁粒化装置的技术要求

项　目		要　求
粒化速度/kg·s^{-1}		<25
出口水压/kPa		≥294.2
水量/m^3	补充量	2~3
	循环量	10~12
粒化池水深/m		≥4

4.4.4.2　制粒装置

制粒装置由铁水包、粒化器、粒化罐、卸料系统、脱水装置、干燥装置与成品包装设备等组成。射粒法流程简图如图 4 – 25 所示。

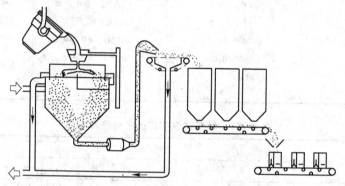

图 4 – 25　射粒法流程简图

4.5　造块、烧结及干燥设备

造块是精料入炉，充分利用粉矿，使炉矿顺行，以改善或提高冶炼技术经济指标。造块的方法通常可分为压块、烧结和球团三种类型。

4.5.1　压块设备

在粉矿中加入适当的黏合剂，用机械加压的方法（一般采用压力机），使粉矿在模型中受压，成为具有一定几何形状的块矿工艺，叫做压块。这种块矿的形状大小一定，结构比较致密，化学性质基本上没有变化。

压块是最早使用的一种造块方法，其生产设备较简单。常用的压块模型有圆柱形、砖形等多种。压力机根据工艺要求，采用不同型号的压力机，一般以 100t、200t、500t 以上的双盘摩擦式压力机为多。

压块这种方法和烧结、球团法相比较，其生产效率较低，劳动强度较大。

我国某铁合金厂使用的粉矿压块机，其压块尺寸为 54mm × 54mm × 30mm，密度为 3.3g/m^3，抗压强度为 15MPa。

美国贝普克斯（Bepex）公司使用 MS—200 型压块机，压块机规格为 54mm × 54mm × 30mm。压块经 10~12h 干燥固化，一般强度可达 8~25MPa。

德国韩克机械厂（Henke）制造的压块机，压块规格（可调节）为六边形柱体，80/90mm×86mm，分为 1.0kg/个、1.5kg/个和 2.0kg/个三种规格，密度为 2.5～2.7g/m³，正常抗压压强为 8MPa，最大抗压压强为 12MPa。

印度费克公司的压块尺寸为 80mm×62mm×30mm 和 58mm×47mm×23mm，均为枕状，密度为 3.4～3.6g/m³，堆密度为 1700～1750kg/m³；生压块抗压强度为 350～500N/块，熟压块强度为 10kg 压块从 3m 高处落至钢板上 5 次，大于 40mm 约占 82%。

4.5.2 烧结设备

烧结是把粉矿用燃料，溶剂等均匀混合，置于容器内点火燃烧；在高温作用下，使混合料局部熔化，形成液相，冷却后黏结成块的一种造块方法，完成这一工艺的机械称为烧结设备。冶炼厂矿使用的烧结设备种类很多，如带式烧结机、烧结盘、烧结锅等。铁合金厂多采用带式烧结机、环式烧结机、步进式烧结机等。

4.5.2.1 带式烧结机

带式烧结机的给料、烧结、卸料等过程都是连续性的，它是通过一台从上向下吸风的焙烧运输机，如图 4-26 所示。在烧结过程中能同时除掉原料中的某些有害元素。

我国已建成的锰矿烧结与球团设备情况如表 4-29 所示。

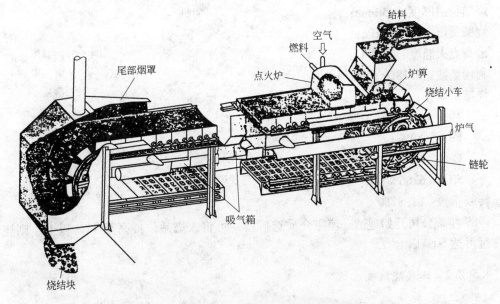

图 4-26 带式烧结机剖视图

表 4-29 锰矿烧结与球团设备

烧结或球团厂	机 型	规模/万吨·年⁻¹	投产时间
烧结厂 1	18m²×2	26	1970 年
烧结厂 2	24m²×2	40	1972 年 5 月
烧结厂 3	24m²×1	18	1983 年 9 月

烧结或球团厂	机　型	规模/万吨·年$^{-1}$	投产时间
烧结厂 4	$12m^2 \times 1$（$24m^2$ 机上冷却）	8	1987 年 10 月
烧结厂 5	$12m^2 \times 1$（$24m^2$ 机上冷却）	8	1987 年 8 月
烧结厂 6	$80m^2 \times 1$ 带式烧结机	24	1977 年 3 月

南非萨曼科公司 1988 年 7 月在马马特旺建成一座规模为 50 万吨的烧结厂，烧结机面积为 $100m^2$，采用机上冷却，烧结与冷却面积比为 1∶1，烧结矿温度小于 120℃。烧结机的技术参数如下：

烧结机（长×宽）：41.5m×2.44m；

机速：0～2m/min（可控）；

烧结机面积：$101.26m^2$；

　　其中烧结段：$53.6m^2$；

风机能力：25×10^4 ～ $35 \times 10^4 m^3/h$；

粉锰矿粒度：100% 小于 6mm；

粉锰矿品位：36% ～37.5%；

焦粉粒度：100% 小于 3mm；

焦粉配比：6%（C78%）；

烧结料层厚度：450mm；

烧结负压：12.748kPa；

最高点火温度：1300℃；

利用系数：1.18t/（m^2·h）；

烧结矿成分：

　　Mn：44.75%；

　　Fe：5.89%；

　　CaO：17.34%；

　　SiO_2：6.66%；

转鼓指数：81.87%。

1989 年该公司开始建造一座重介质选矿厂，可将入烧品位提高至 43% 以上，则烧结矿含锰可达 50% 以上。

4.5.2.2　环式烧结机

A　环式烧结机设备

环形烧结机设备如图 4 – 27 所示。

环形烧结机主要用于铁矿烧结和氧化镍矿烧结，从生产规模和技术合理性考虑，环形烧结机更适合电炉冶炼镍铁配备使用。环形烧结机各部件和主要功能如下：

（1）原料系统。配料系统由配料仓、圆盘给料机、配料皮带机等组成。用装载机将粉矿、燃料、溶剂、返粉矿等物装入配料室料仓内，通过圆盘给料机将以上物料按要求比例，送到配料皮带机上，由皮带机将物料运至圆筒混料机进行混匀，圆盘混料机具有混料

图 4 – 27 环形烧结机设备

范围广，能适应原料的变动，构造简单，生产可靠及生产能力大等优点。

混料布料系统主要由圆辊给料机、反射板、扇形闸门等组成。按工艺要求通过调节扇形闸门的开启长度和圆辊给料机的转速将混合料供到反射板上，通过调节反射板的角度来达到不同的布料效果。

（2）煤气点火系统。煤气点火系统由空气调节系统、烧嘴、助燃风机、点火室等组成。煤气点火系统可用高炉煤气，或者煤气发生炉煤气天然气。点火器采用自身预热装置对助燃空气进行预热，可提高助燃空气温度 100～150℃，从而取得良好的节能效果。

（3）烧结主机。烧结主机系统主要由传动装置、头尾端部密封、石车 – 风箱、吸风装置、机架、粉尘收集系统等组成。主传动机构设在大盘下部侧方，由电动机、减速机、涡轮减速机等组成，通过普通减速机及涡轮减速机配合，保证设备正常运转。卸料器采用 3kW 电动机，位于大盘尾部，独立的动力系统完成卸料。石车与风箱紧密连接，没有空隙，有效地防止漏风。

（4）烧结矿的破碎、筛分系统。双齿辊破碎机或锤式破碎机的尾部，它主要负责将石车卸下来的大块烧结矿破碎成 100mm 以下的小块，并进行筛分，大于 5mm 的块矿送电炉冶炼使用，小于 5mm 的粉矿返回配料系统重新进行混合烧结用。

（5）抽风除尘系统。抽风除尘系统由降尘管、除尘器、主引风机、管路等组成。除尘下来的粉尘可运到配料室料仓配料使用。

B　$32m^2$ 环形烧结机主要设备

配合用 $32m^2$ 环形烧结机主要机电设备如表 4 – 30 所示。

表 4 – 30　$32m^2$ 环形烧结机主要机电设备

序号	用 途	设备名称	规 格	数量	说 明
1	烧结盘	减速机	ZQ – 350 – 1 – 1 – Z	1	速比为 10.35
		调速电机	YCT225 – 4B – 15	1	
2	布料器	减速器	ZQ – 350 – 1 – 1 – Z	1	速比为 48.57
		调速电机	YCT200 – 4B – 7.5	1	
	上料输送机	电动滚筒			视现场定
3	点火车	风机	5.5kW – 风量 1600	1 套	引风助燃风机
4	双辊热破机	电机	Y180L – 8 – 11KW – B3	2	

序号	用　途	设备名称	规　格	数量	说　明
5	圆盘给料机	减速器	ZQ350 - 48.57	6	随设备提供
		电机	5.5kW 调速电机	6	随设备提供
	水池淘渣机	减速器	ZQ350 - 48.57	2	采用水封拉链时无此项
		电机	Y100L2 - 4 - 3KW	2	
6	滚动筛	减速器	ZQ - 500 - 1 - 2 - Z	1	速比为 48.57
		电机	Y160L - 6 - 11KW - B3	1	
7	混料滚筒	减速器	ZQ - 1000 - 1 - 5 - Z	2	速比为 48.57
		电机	Y25M - 4 - 55KW - B3	2	二混为 Y280S - 75
8	单辊破碎机	减速器	转速 125 - 9 - 1	1	传动比为 9，装配型式
		电机	Y200L2 - 6 - 22KW	1	为 1（简易的无此项）
9	机尾除尘	风机	G4 - 73 - 12NO12D	1	风量 36100 - 45677
		风机电机	Y250M - 6 - 37	1	配套
10	环形卸料器	减速器	ZQ - 350 - 1 - 1 - Z	1	随设备提供
		调速电机	YCT200 - 4B - 7.5	1	随设备提供
11	烧结风机	风机	SJ3000	1	风量为 3000m³/d
		风机电机	配套	1	功率为 1250kW

4.5.3　球团设备

　　球团是粉矿和一定量的黏结剂均匀地混合在一起，加工成一定直径的生球，经过干燥和低于烧结温度焙烧，使粉矿颗粒固结的工艺，叫球团。用球团法生产出来的球状矿料叫球团矿，生产生球的设备叫造球机。常用的造球机有圆筒造球机、圆盘造球机等。

4.5.3.1　圆筒造球机

　　圆筒造球机是工业上采用最早的一种造球机，它的主要部分是一个倾斜回转的圆筒，筒径为 1~3m，长度是直径的 2.3~3 倍，混合料在筒内滚动成球。图 4-28 是圆筒造球机的工作示意图。这种造球机的造球粒度不均匀，强度较差，而且生球滚动后必须过筛，在冶金系统将被逐渐淘汰。

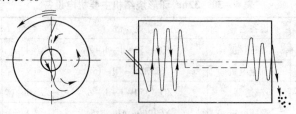

图 4-28　圆筒造球机的工作示意图

4.5.3.2　圆盘造球机

　　圆盘造球机是一种设备体积较小、产量大、动力消耗低、料球粒度均匀、强度高的造球设备，这种造球机在铁合金厂使用较广。

圆盘造球机有一个带周边的倾斜旋转的圆盘（图4-29）。盘底与水平成45°~55°的倾斜角，盘底固定在中心轴上，电动机通过减速机构，带动中心轴使圆盘转动；盘上有下料漏斗、喷水管以及刮板等装置。料粉加入盘底内被水湿润，由于物料不断翻滚，湿的粒子与干粉黏附，逐渐形成料球。小球偏向盘的中部继续滚大，大球则向盘边溢出。

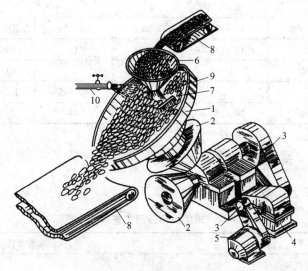

图4-29 圆盘造球机

1—圆盘；2—伞齿轮；3—皮带轮；4—减速器；5—电动机；6—下料漏斗；

7—刮板；8—皮带运输机；9—帆布袋；10—喷水管

成球用水是通过喷头（或若干根开有小孔的水管）把细小的水滴喷入盘内，水管装有旋阀，便于调节水量。盘上刮板用于清除积料。刮板的形式很多，一般采用扁钢做成，固定在角钢支架上；刮板与盘面约成20°角，距盘面的距离可根据工艺要求定。下料漏斗口套有一个紧贴盘面的帆布筒，防止料粉飞扬；喷水头位于下料漏斗下方，为了清除盘边所沾的物料和帮助出料，有的成球盘还设有盘边挂料刀以及挂料耙子。

虽然造球机较烧结机有许多优点，但它们两者的关系并不是互相排斥的，而是互相补充的，根据不同的条件，适当选用。例如，原料是细磨矿，则无疑使用球团机更好；如果粒度较粗，那就没有必要花大量劳动力去破碎粉磨做球团，而直接采用烧结机较适宜。

4.5.3.3 圆盘造球机技术性能

圆盘造球机技术性能如表4-31所示。

表4-31 圆盘造球机技术性能

规格/mm	圆盘边高/mm	产量/t·h^{-1}	圆盘转速/r·min^{-1}	圆盘倾角/(°)	电动机	
					型号	功率/kW
φ1000	250	1	19.5~34.8	35~55	JO51-4	4.5
φ1600	300	3	19	45	JO62-8	4.5
φ2000	250	4	17	40~50	JO63-4	14

规格/mm	圆盘边高/mm	产量/t·h⁻¹	圆盘转速/r·min⁻¹	圆盘倾角/(°)	电动机	
					型　号	功率/kW
φ2200	500	8	14.25	35 ~ 55		
φ2500		8 ~ 10	12	35 ~ 55	JO271 – 8	13
φ3000		6 ~ 8	7			
φ3200	480 ~ 640	15 ~ 20	9.06	35 ~ 55	JO271 – 4	22
φ3500		12 ~ 13	10	47	JO82 – 6	28
φ4200	950	33	7		JO73 – 8	40
φ4200				40 ~ 45	JO292 – 8	55
φ5500	600	20 ~ 35	6.5 ~ 8.1	47	JO115 – 6	75

4.5.3.4　球团 – 预还原工艺参数及指标

球团 – 预还原工艺参数及指标如表 4 – 32 所示。

表 4 – 32　球团 – 预还原工艺参数及指标

项　　　目	参数及指标
造球机倾角/(°)	49
造球机转速/r·min⁻¹	10.5 ~ 11.0
造球机生产能力/t·h⁻¹	18 ~ 20
盘上停留时间/min	7 ~ 9
湿球含水量/%	21 ~ 24
生球堆松散密度/t·m⁻³	1.45 ~ 1.55
生球抗压强度/kg·球⁻¹	1.0 ~ 1.6
干球抗压强度/kg·球⁻¹	4.0 ~ 5.6
落下强度（0.5m 高）/次	8
球团堆密度/t·m⁻³	1.5
球团孔隙度/%	34.5 ~ 35.0

4.5.4　干燥设备

　　常用的干燥设备是转筒干燥机，也有采用干燥坑或干燥炉的，但后者热效率低，劳动条件差，生产能力小。

　　转筒干燥机按物料与热烟气的流向分为顺流式和逆流式两种。前者常用于易燃物料的干燥，如焦炭、煤、谷物等；后者热效率高，用于非易燃物料的干燥。

4.5.4.1　转筒干燥机的选型计算

　　每小时需要蒸发水量的计算公式为：

$$W = Q \frac{W_1 - W_2}{100 - W_1} \qquad (4-10)$$

式中　W——每小时需要蒸发水量，kg/h；

　　　Q——干燥后物料量，kg/h；

　　　W_1——进干燥机物料含水量，%；

　　　W_2——出干燥机物料含水量，%。

需要的干燥机容积计算公式为：

$$V = \frac{W}{A} \qquad (4-11)$$

式中　V——需要的干燥机容积，m³；

　　　W——每小时需要蒸发水量，kg/h；

　　　A——干燥机单位容积蒸发能力，kg/(m³·h)，见表4－33。

表4－33　转筒干燥机单位容积蒸发能力

干燥物料名称	单位容积蒸发能力 A/kg·(m³·h)⁻¹	干燥物料名称	单位容积蒸发能力 A/kg·(m³·h)⁻¹
磁选铁精矿	40~60	焦炭	约25
硫化铁精矿	50~55	锰矿	30~40
水渣	40~50	铬矿，白云石	30~40
煤	25~50	金属铬水浸返回渣	约25

4.5.4.2　转筒干燥机的技术规格

标准转筒干燥机的技术规格见表4－34。

表4－34　标准转筒干燥机的技术规格

项　目		规　格							
		φ1m× 5m	φ1.2m× 6m	φ1.5m× 12m	φ2.2m× 12m	φ2.2m× 14m	φ2.4m× 18m	φ2.4m× 18.35m	φ2.8m× 14m
筒体长度/mm		5000	6000	12000	12000	14000	18000	18350	14000
筒体直径/mm		1000	1200	1500	2200	2200	2400	2400	2800
筒体体积/m³		3.9	8.1	21.2	38	53	81	83	86
筒体转速/r·min⁻¹		2.66	2.1	2.08	4.9	4.9	3.2	3	4.9
筒体倾斜度/(°)		5	5	5	5	3	4	4	5
允许最高进气温度/℃		700	700	700	700	800	700	800	800
扬板形式		扇形	升举式叶片	升举式叶片	升举式叶片	顺流浆叶式	升举式	升举式	浆叶式
减速器	型　号	JZQ500- Ⅲ-3F	JZQ400- Ⅵ-2F	JZQ500- Ⅵ-2F	PM800- Ⅲ-1K	ZL750	PM650- Ⅵ-2K	JZQ1000- I-1Z	ZL115 -14-Ⅱ
	速　比					30		48.57	31.5
	中心距					750		1000	1150

项　目		规　格							
		$\phi 1m \times$ 5m	$\phi 1.2m \times$ 6m	$\phi 1.5m \times$ 12m	$\phi 2.2m \times$ 12m	$\phi 2.2m \times$ 14m	$\phi 2.4m \times$ 18m	$\phi 2.4m \times$ 18.35m	$\phi 2.8m \times$ 14m
电动机	型　号	JO2 – 52 – 8	JO2 – 52 – 8	JO2 – 61 – 6	JO2 – 81 – 6	JO2 – 71 – 6	JO2 – 81 – 6	JO2 – 81 – 6	JO2 – 91 – 6
	功率/kW	5.5	5.5	10	30	17	30	30	55
	转速/r · min^{-1}	720	720	970	970	970	970	970	970
机器质量/kg		8050	10329	17462	28928	31380	48269	56000	64600

4.5.4.3　转筒干燥机生产实例

转筒干燥机的生产实例如表 4 – 35 所示。

表 4 – 35　转筒干燥机的生产实例

干燥机规格	干燥物料名称	干燥筒容积/m^3	实际生产能力/t · h^{-1}
$\phi 1600mm \times 9150mm$, 6r/min	锰矿	18.3	约 4
$\phi 2200mm \times 12000mm$, 5 ~ 6r/min	焦炭	38	约 11.5
$\phi 1100mm \times 7000mm$, 3.5r/min	锰矿	6.8	1 ~ 2
$\phi 1200mm \times 6000mm$	浸出铬渣	8.1	约 3[①]
$\phi 1100mm \times 6000mm$	铬铁矿	5.7	2 ~ 2.5[①]
$\phi 1100mm \times 5000mm$, 3r/min	铁矿	4.7	约 1

①生产能力是指干燥后物料含水量较高（约 3%）时的能力，若要求含水量较低，则需降低其生产能力。

4.6　石灰窑的构造

4.6.1　窑体

电石工厂所采用的石灰窑大多为竖式混合石灰窑。图 4 – 30 所示的是 5m 直径的大型竖式混合石灰窑。窑身是圆筒形，外径 7.17m，高 27m。外壳由 15mm 厚的钢板制成，钢壳 1 内衬红砖 2 两层，厚 490mm，其内再砌两层耐火砖 3，厚 575mm，红砖与内火砖之间填充保温灰（硅藻土），一定要夯实。耐火砖的耐火温度为 1790℃以上，常温耐压强度大于 2.2MPa。如果采用异形耐火砖，其使用时间可达 4 ~ 6 年，最长可达 8 年。窑身各热区均装有测温孔 4，测量各区的温度。窑的底部有窑门，可进入检查卸灰机的工作情况。空气由窑的底部经风帽 5 送入窑内。窑顶装有布料器 6，窑下装有锥形卸灰阀 7 和裙式卸灰阀 8。

石灰窑的内径（D）与高（H）是一个比例关系。根据许多工厂的实际生产经验，找到了这个比值：中型窑为 5.5 ~ 7，小型窑为 6 ~ 8。

4.6.2　布料器

石灰窑的布料器种类很多，现就常用的海螺型布料器和多击式溜子形活动布料器简单介绍一下。

4.6.2.1　海螺型布料器

海螺型布料器是一个 45°的生铁圆锥体
（图 4－31），圆锥体附有一个围裙状分布器，
并分为四个象限。第一个象限使一部分混合料
偏斜入窑的中心；第二个象限使一部分窑料分
布于稍外层的地方；第三个象限使加料至更远
的部位；第四个象限则将物料分布到窑壁布料
器的旋转可以采用电动机，也可采用油泵，提
升钟罩时而用伞齿轮转动使其旋转。每次布料
时转动的角度为 40.5°，如此能使石灰石和焦
炭均匀分布在整个窑内。

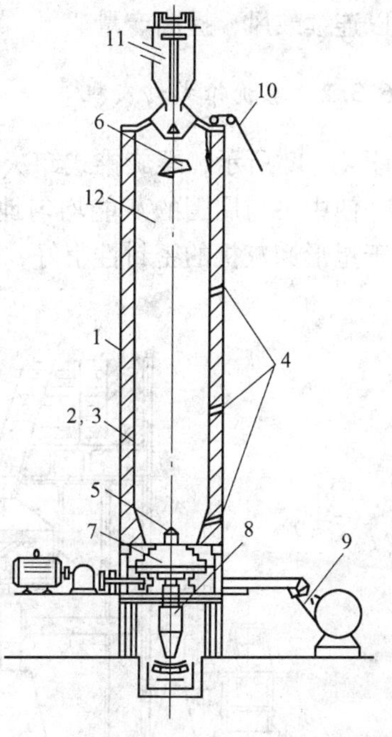

4.6.2.2　多击式溜子形活动布料器

多击式溜子形活动布料器如图 4－31 所
示。多击式溜子活动布料器是一个口朝上的铁
漏斗，漏斗的下接一个弯形圆筒（溜子），每
一节均以 45°角相接，圆筒直径为 600mm，当
混合料加入时，必须在布料器内有三次撞击，
以期达到混合均匀的目的。溜子的出口必须与
斜面成 45°倾斜角。料的熔点应在窑心与窑壁之中间偏窑壁处。

图 4－30　竖式石灰窑的结构图
1—钢壳；2—红砖；3—耐火砖；4—测温孔；
5—风帽；6—布料器；7—锥形卸灰阀；
8—裙式卸灰阀；9—鼓风机；10—探石器；
11—钟罩密封罐；12—石灰窑窑体

这种布料器随着料斗倒料而转动，这样所散布的料层较薄且
均匀，俗称活分布，切记料面成馒头形，且要求石头与燃料分布
均匀，靠近窑壁周围燃料要适当多一些，吊斗倒料还必须控制一
定的时间，不可过快或过慢，使料均匀倒入分布器的铁漏斗，每
倒一斗料，角度转动 60°。此外，分布器能顺转、倒转、顺转时，
料离窑壁远些，倒转时，料离窑壁近些。通过顺转和倒转，可灵
活地控制布料位置，避免物料发生离析现象。

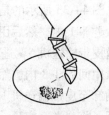

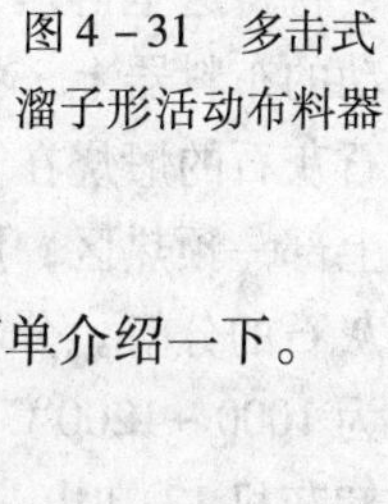

图 4－31　多击式
溜子形活动布料器

4.6.3　卸灰机

石灰窑的卸灰机种类很多，现就常用的平板式和螺旋锥式两种简单介绍一下。

4.6.3.1　平板式卸灰机

平板式卸灰机是采用铸铁转盘，在出灰口处装有活动刮板，随着改变转盘的方向
（顺时针或逆时针转）可相应地改变此刮板的搅灰方向，以此来纠正窑底各部位的落灰单
边，可以控制偏窑现象。

经刮板挂下来的石灰，由一流槽经过一道塞形阀门，进到中间灰仓，如果先关住中间
仓的门，将灰卸到中间仓内，然后关闭塞形阀门，打开中间仓的门，将灰卸到链板机上，

这样可以连续鼓风，提高产量。

4.6.3.2　螺旋锥式卸灰机

如图 4 – 32 所示，螺旋锥式卸灰机是一个是铸铁螺旋锥体，它的螺旋阶层和坡度有一定比例，使中央与周围的灰能均匀地卸出，卸出的石灰再用星形卸灰机或裙式卸灰机卸出，由于星形卸灰机的密封性很好，出灰时可以不停止鼓风，对增加产量、稳定操作较为有利。

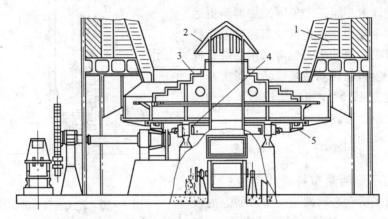

图 4 – 32　螺旋锥式卸灰机
1—窑身本体；2—风帽；3—锥形卸灰机；4—托盘；5—齿轮

4.6.4　直径 5m 的竖式混料石灰窑

图 4 – 33 所示的是直径 5m 的大型竖式混料石灰窑的生产工艺流程图。石灰石自火车卸入贮斗 1 内，然后用卸料器 2 将石灰石卸至斜形斗式提升机 3，再由此经皮带输送机 4、可逆皮带输送机 5，进入中间贮斗 6 内。由皮带输送机 7 送来的焦炭也经皮带输送机 4、5 进入中间贮斗 8 内。然后用卸料器 9、10 分别将石灰石和焦炭加入自动秤 11、12 称量后，自动卸至皮带输送机 13，再由此装入双斗提升机 14 的斗子内（甲或乙）。当斗子装满料以后，将料送至窑顶，然后通过油泵控制的加料装置，将混合窑料加入石灰窑 15 内，落到转动的布料器上，将窑料均匀地分布在窑内。煅烧所需的空气用鼓风机 16 自窑下送入。

石灰石的煅烧在竖式石灰窑内进行。窑的尺寸是：内径 5m，高 27m。窑料首先落入窑的上部一预热区，用窑气将其预热至 800℃，然后再继续下移至窑的中部一煅烧区，进行石灰石的分解。分解石灰石所需的热量由焦炭燃烧所生成的热量供给。煅烧区中心的温度约为 1000～1200℃，靠窑壁处的温度为 800～1000℃，煅烧好了的石灰借锥形卸灰机、裙式卸灰机 17 卸出，再经斜形斗式提升机 18 送至贮斗内贮存。窑内的气体由窑顶的排风管排至大气中。

整个工艺流程分为两个系统。由卸料器 2 至中间贮斗 6、8 为原料输送系统，所有设备都集中在操纵盘上，由电气连锁集中控制。由卸料器 9、10 开始到石灰出窑，为上料和出灰系统，此系统用逻辑原理进行控制。在操作室内还没有工业电视机用以监督检查窑顶上的设备运行情况。

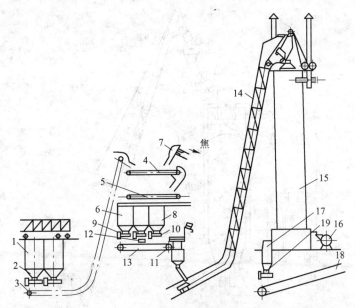

图 4 – 33　直径 5m 的大型竖式混料石灰窑的生产工艺流程图

1—贮斗；2，9，10，19—卸料器；3，18—斜形斗式提升机；4，7，13—皮带输送机；5—可逆皮带输送机；
6，8—中间贮斗；11，12—自动秤；14—双斗提升机；15—石灰窑；16—鼓风机；17—裙式卸灰机

4.6.5　气烧石灰窑

气烧石灰窑大多数采用负压操作，但也有采用正压操作的。因为电石厂的气烧石灰窑大多数是采用电石炉气（CO）作燃料，一氧化碳是一种易燃易爆的有毒气体，所以气烧石灰窑的设备要有较好的密闭性。正压操作的气烧石灰窑窑顶不需要严格的密闭，但窑下需要严格的密闭，以防一氧化碳气体从窑下泄露，引起中毒。正压操作的气烧石灰窑只能用来煅烧较大粒度的石灰石。负压操作的气烧石灰窑不论窑顶或窑下都需要严格的密闭，以便生产中保持窑顶的负压。负压操作的石灰窑可以采用 30 ~ 60mm 的小块石灰石，而且所制得的石灰质量较好，在生产过程中又比较安全，所以是较好的气烧石灰窑。

4.6.5.1　负压气烧石灰窑工艺流程

图 4 – 34 所示的为负压操作的气烧石灰窑的工艺流程。石灰石自贮斗 1 经加料机 2 加入自动秤 3 称量之后，经吊斗提升机 4 提升到窑顶。然后再经星形加料机 5 和三段密封闸门 6 投入窑体 7 内。电石炉气（CO）经氧化氮鼓风机 8 送入混合器 9，石灰窑气（CO_2）经二氧化氮鼓风机 10 送至混合器与一氧化碳气体稀释至发热值（标准状态）达到 1200kcal/m^3。稀释后的混合气体送至中心喷嘴 19 和周边喷嘴 20 进行燃烧。空气则由空气鼓风机 11 出来后分成两路：一路送至中心喷嘴和周边喷嘴，叫做一次空气；另一路经中心喷嘴的外筒自窑下送入窑内，叫做二次空气。煅烧好了的石灰则从窑下经卸灰器 12、星形卸灰器斗链输送机 13 送至料仓贮存。从窑顶出来的废气经过文氏管 14 和旋风除尘器 15 除去灰尘后，用排风机 16 抽出送至大气中。整个系统是负压操作，窑顶真空度为 900 ~ 1500mmH_2O（1mmH_2O = 9.8Pa）。因此要求窑的上部和下部的设备都要有较好的密闭性。目前所采用的三段密封闸门和窑下的星形卸灰器都能满足这个要求。

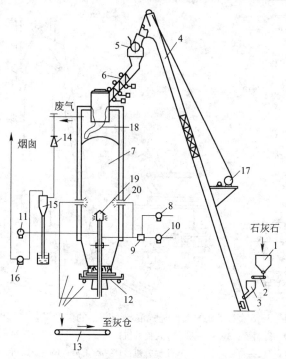

图 4 – 34　负压操作的气烧石灰窑的工艺流程图

1—贮斗；2—加料机；3—自动秤；4—吊斗提升机；5—星形加料机；6—三段密封闸门；7—窑体；
8—氧化氮鼓风机；9—混合器；10—二氧化氮鼓风机；11—空气鼓风机；12—卸灰器；13—斗链输送机；14—文氏管；
15—旋风除尘器；16—排风机；17—卷扬机；18—布料器；19—中心喷嘴；20—周边喷嘴

负压操作的气烧石灰窑有以下优点：

（1）所制得的生石灰比较柔软，反应性较好，对电石生产有利。

（2）实现自动控制比较容易。

（3）劳动生产率高，劳动强度低。

（4）临时性的开停窑操作非常方便。

（5）可以综合利用电石炉气（CO）节约能源，并降低成本。

（6）可综合利用小块石灰石（30～60mm），使矿山资源得到充分利用。

4.6.5.2　正压操作的气烧石灰窑

图 4 – 35 所示的为正压操作气烧石灰窑的工艺流程图。石灰石自贮斗 2 经加料机 3 加入计量斗 4，计量之后，经吊石斗 7 提升到窑顶，然后再经加料器 8 投入石灰窑 9 内。从电石炉来的一氧化碳气体经罗茨鼓风机 22 送至混合器 23，石灰窑气 CO_2 经文氏管 18 和旋风除尘器 19 洗涤后，再经鼓风机 20 也送入混合器与一氧化碳气体混合，将一氧化碳稀释至发热值（标准状态）达到 1200～1400kcal/m³。稀释后的混合气体送至中心喷嘴 10 和周边喷嘴 12 进行燃烧。空气则由鼓风机 1 出来后分成两路：一路送至中心喷嘴和周边喷嘴，叫做一次空气；另一路经中心喷嘴的外筒自窑下送入窑内，叫做二次空气。煅烧好了的石灰则从窑下经卸灰机 14 和出灰阀 15 卸至石灰贮斗 16，再经输送机 17 送至仓库。从窑顶来的废气经烟囱排至大气中。整个系统是正压操作，因此要求窑下的设备要有较严密的密封。

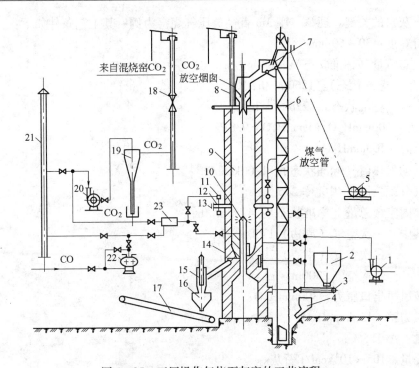

图 4-35　正压操作气烧石灰窑的工艺流程

1—鼓风机；2—贮斗；3—加料机；4—计量斗；5—吊石机；6—吊石架；7—吊石斗；8—加料器；
9—石灰窑；10—中心喷嘴；11—煤气环管；12—周边喷嘴；13—空气环管；14—卸灰机；
15—出灰阀；16—石灰贮斗；17—输送机；18—文氏管；19—旋风除尘器；
20—鼓风机；21—防空烟囱；22—罗茨鼓风机；23—混合器

4.6.5.3　气烧石灰窑的操作和工艺条件

操作气烧石灰窑的最关键问题是如何掌握好窑内温度，尤其是采用电石炉气作燃料的气烧石灰窑。因为电石炉气（CO）的发热值（标准状态）大约为 2800kcal/m³，这种气体直接用来烧制石灰，必然会在火焰部分产生超过 1250℃ 以上的高温，使石灰石在窑内喷嘴附近熔融，产生结瘤，烧坏窑壁及喷嘴，造成事故。因此，用电石炉气烧制石灰，必须掺入惰性气体，以调节电石炉气的发热值，使其达到 1200~1400kcal/m³。由于气烧石灰窑自身窑气含氧量波动较大，所以一般都不采用气烧石灰窑的窑气来稀释电石炉气，大多采用混烧石灰窑的窑气作为稀释气。由此可见，电石厂必须有多台石灰窑同时进行，才能满足气烧石灰窑的工艺需求。

电石炉气（CO）在石灰窑内燃烧时，如果大量的气体在喷嘴端燃烧，热量必然都会集中在喷嘴附近，会使石灰过烧；而在远离喷嘴的地方燃烧，热量又会不够，就会造成石灰生烧。因此，必须严格控制一次空气量，使一氧化碳气体在窑内缓慢而均匀地燃烧，在窑内形成一个保持一定温度和一定燃烧高度的煅烧区，这样才能烧出质量良好的石灰来。

生产操作实践证明：一次空气比为 0.5~0.6 时，一氧化碳气体在窑内燃烧情况较好。炉气（CO）开始在喷嘴出口燃烧，温度较低，而和二次空气相遇后，燃烧升到最高温度。所以，怎样稀释电石炉气（CO）使其在窑内缓慢而均匀地燃烧，控制适当的空气比，是操作气烧石灰窑的关键。现举一座 3m 直径负压气烧窑为例，其工艺条件如下：

石灰石粒度：30~60mm；

燃料气总流量（标准状态）：3840m³/h；

CO 流量（标准状态）：1560m³/h；

CO_2 流量（标准状态）：2280m³/h；

CO 压力：500mmH₂O（1mmH₂O=9.8Pa）；

CO_2 压力：500mmH₂O；

燃料气的发热值（标准状态）：1200kcal/m³；

燃料气分配：周边/中心=2.5/1；

进入窑内空气总量（标准状态）：4750m³/h；

　　其中：一次空气（周边）1750m³/h；

　　　　　二次空气（中心）700m³/h；

　　　　　二次空气 2300m³/h；

空气鼓风机出口压力：300mmH₂O；

窑上压力：-1500mmH₂O；

生烧量：小于 5%；

热消耗量：105×10⁴kcal/t 石灰。

4.6.5.4　燃烧喷嘴的结构

气烧石灰窑的喷嘴分为中心喷嘴和周边喷嘴，中心喷嘴 5~6 个，周边喷嘴 10~12 个。其结构和布置如图 4-36~图 4-38 所示。

周边喷嘴的位置是可调的，但一经找到了最合适的位置之后，就不需要再调节了。

中心喷嘴上部有耐火黏土砌筑的保护层，需承受压力和耐高温（1300℃）。外壳及喷嘴均由耐热钢制成。耐热铸钢含有 25% 铬，20% 镍。这种喷嘴可用好几年。周边喷嘴也是采用这种耐热铸钢制成的。

图 4-36　气烧石灰窑周边喷嘴和中心喷嘴的布置图

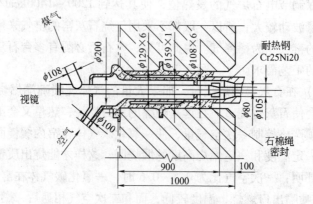

图 4-37　气烧石灰窑周边喷嘴的结构图

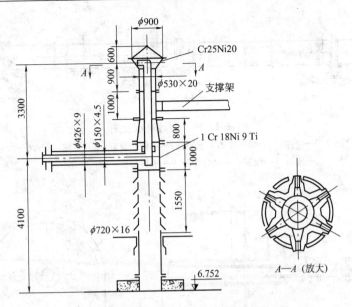

图 4 - 38 气烧石灰窑中心喷嘴的结构图

4.6.6 焙烧设备

4.6.6.1 回转窑

回转窑是一种常用的焙烧设备，在铁合金的湿法生产中，回转窑是浸取前焙烧物料的主要设备，在镍铁生产中，回转窑可作为红土矿的焙烧设备。

回转窑属于回转圆筒类设备，筒体内有耐火砖衬及换热装置，以低速回转。物料与热烟气一般为逆流换热。物料从窑尾加入，由于窑体倾斜安装，物体在窑内随窑体回转，沿轴向移动。燃烧器在窑头端喷入燃料，烟气由窑尾排出，物料在移动过程中得到加热，发生物理化学变化，烧成物料由窑头卸出。

回转窑的分类，可以从不同角度来进行：

（1）按喂料方法分：根据入窑的物料是否带附着水，分干法窑和湿法窑。

（2）按长径比 L/D 分：$L/D \leqslant 16$ 为短窑，$L/D \geqslant 30 \sim 42$ 为长窑。

（3）按窑型分：可分为直筒窑和变径窑。

（4）按加热方式分：可分为内热窑与外热窑。多数窑是内热窑，当处理物料为剧毒物质或要求烟气浓度大及产品纯度高时，才使用外热式回转窑。铁合金厂也是有使用外热式的。外热式一般用电热丝或重油在筒体外对物料进行间接加热，使用固体燃料的较少。

回转窑由窑头、窑体、支撑装置、传动装置和窑尾等几大部分组成。图 4 - 39 为国内生产的回转窑示意图，其长度一般为 38 ~ 40m，窑筒外径为 2.0 ~ 2.4m，窑内衬有 0.2 ~ 0.3m 厚的异型耐火砖，窑体的斜度为 2% ~ 4%，转速为 0.25 ~ 1.0r/min，窑内最高温度可达 800 ~ 1300℃。

（1）窑头：窑头是连接窑体和流程中下道工序设备的中间体，它装在小车上，可以沿轨道移动（也有固定不动的），如图 4 - 40 所示。窑体通过密封装置 3 与窑体相连，内壁衬有耐火砖，端部有燃烧孔一个，看火孔两个和检修门一个，燃烧器通过燃烧孔伸入窑

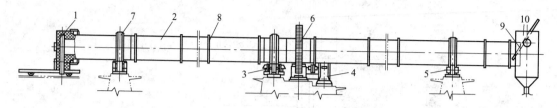

图 4 - 39　回转窑示意图

1—窑头；2—窑体；3—带挡轮的支承装置；4—传动装置；5—支撑装置；6—大齿圈；
7—滚圈；8—加固圈；9—喂料装置；10—窑尾

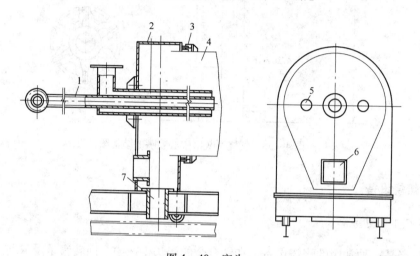

图 4 - 40　窑头

1—燃烧器；2—窑头；3—窑头密封；4—窑体；5—看火孔；6—检修门；7—出料口

内。燃烧器用的燃料有固体、液体和气体三种，铁合金厂一般采用煤气和重油，这种燃料燃烧温度高，工艺流程简单，劳动条件好。图 4—40 所示为煤气式燃烧器，内部小管为煤气输入管，外部套管为空气输入管，此回转窑就是把煤气燃烧产生的高温作为热源。看火孔供观察窑况用，是看火工操作的地方。检修门可供人员出入窑内检修用，又可作生产时取样化验用。窑头下方的出料口供烧成料流入下道工序的设备用。

（2）窑体：铁合金厂回转窑的窑体大多是直筒式，变径的较少。窑体外壳由钢板卷成若干个段节，然后用焊接组合而成，也有用铆接的。但因铆接工艺复杂，耗金属多，铆钉易松动等原因，现在较少采用。为了防止窑体下陷和加强窑体的刚度，在窑体上焊有若干个加固圈，并在滚圈的大齿圈部位用厚钢板加固，使窑体在回转时能保持正规的圆筒形，窑体中心线始终成一条直线，窑体变形会使窑衬过早地损坏。

为了防止窑壳受高温烧损变形和减少热损失，窑体内衬有隔热材料和耐火砖，但生产时窑体表面温度还是很高，特别是在最高温度带，这样窑体的长度和直径要比冷却状态时将有所伸长和扩大，这一点在安装和使用时都要考虑到。在窑体伸长的同时，窑体上的滚圈和拖轮的相对位置要发生变化；窑热端和冷端的密封装置连接零件的位置也要改变；大齿轮和小齿轮的位置也要移动。窑体上的滚圈对拖轮的位置移动多少，应该在安装窑体之前准确地计算好，以使窑生产时窑体因受热而伸长之后，滚圈始终位于拖轮的中间位置。

窑体借滚圈支撑在拖轮上，滚圈在拖轮上滚动时其工作表面要磨损，如果拖轮安装的位置平行于窑体中心线，则滚圈整个宽度上的磨损是均匀的，此时滚圈保持圆柱形，当拖轮对窑体中心线发生较大歪斜时，滚圈的磨损就不均匀，以致变成圆锥形。这样窑体在拖轮上就会失去稳定，所以平时加强对滚圈的维护是很重要的。滚圈是铸钢的，一般分箱形断面和矩型断面。安装方式有固定式和活动式两种，如图4-41所示，活动式的间隙要周密确定，既要考虑受热后的膨胀，又不能因太松而活动，活动式的安装方法较为简便，实践证明也是可靠的。

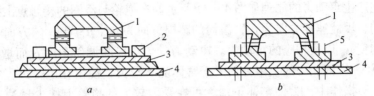

图4-41　滚圈安装方式

a—活动式；b—固定式

1—滚圈；2—挡板；3—垫板；4—筒体；5—铆钉

　　大齿圈的安装方式也有多种，图4-42所示的为用于窑体或切线位置的弹簧钢板固定在窑体上，也有用于窑体母线平行的钢板固定。在前一种中，弹簧钢板2一端焊于窑体1上，另一端焊于钢板3上，钢板3通过铆钉4与大齿圈相连，这种固定方式的特点是有较大的弹性，使窑体在稍许弯曲的情况下也能安全运转。

　　为了掌握窑内温度，窑头和窑尾留有测温孔安装测温装置，有的在窑体适应位置还设有滑环式热电偶。测温装置都通过仪表在操纵室反映出来。

　　(3) 支撑装置：支撑装置由拖轮、挡轮、底座等组成，如图4-43所示。拖轮承受回转部分的质量，它既允许窑体滚圈自由转动，又向基础传递巨大的荷重，拖轮成对配置在距通过窑体面中心的垂直面相等距离的对称位置，一般是使其通过窑体断面中心线的长度，既通过拖轮中心和窑体断面中心所连成的两直线的夹角等于60°，这样安装，窑体不至于向两侧移动，同时也不会被拖轮挤紧，每个拖轮通过滚动轴承或滑动轴承支撑在两个轴承座上。滚动轴承拖轮组按轴承转动与否，又分为转轴式和心轴式两种。心轴式的轴是不转的，拖轮在轴承座上的位置是可调的。

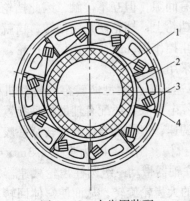

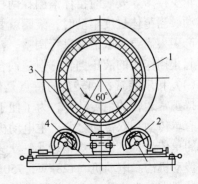

图4-42　大齿圈装配　　　　　　　　　图4-43　带挡轮支撑装置

1—窑体；2—弹簧钢板；3—钢板；4—铆钉　　　1—窑体；2—托轮；3—挡轮；4—底座

　　拖轮对窑体中心线位置的调整，根据生产中的维护经验，要保证回转窑机械部分长期安全运转，关键问题在于调整拖轮。回转窑安装与水平线成一定倾角，因此窑体托轮要向着窑头方向窜动（有时运转着的窑体，由于热工制度改变发生变形时也往往先向上窜动），在拖轮与滚圈接触面之间产生的摩擦力将阻止这种窜动，但在一定的操作条件下，这种摩擦力往往不足以防止窑体向下窜动，为了限制这种窜动，就必须将拖轮对着窑体中心线做小量的歪斜。

　　拖轮调整产生窜动力的原理如图 4 - 44 所示。在拖轮与滚圈的接触点上处，由于拖轮轴线是固定的，因此速度方向为 μ_t，滚筒的圆周方向为 μ_r。μ_r 与 μ_t 的方向不同就对滚圈产生了窜动速度 μ_c 以及相应的窜动力。窜动力的大小可随调斜角度 β 而增减。β 角度一般不大于 0°30′，应使获得的上窜力稍大于窑体的下滑力，使窑在运转过程中，滚圈趋于上窜状态。实际操作中，为使窑体下滑，可在受力较大的拖轮上抹少量油，以减少摩擦系数。

　　为了获得上窜力，拖轮调斜方向与窑体回转方向有如图 4 - 45 所示的关系。一个拖轮向着一个方向歪斜，而一对中的另一个拖轮向着另一个方向歪斜，或者是一个窑墩上的两个拖轮向右歪斜，而另一个窑墩上的一对拖轮向左歪斜，这是绝对不允许的。当窑安装正确时，使一对拖轮或者在极少数情况下使两对拖轮歪斜就可使窑体在拖轮上保持稳定的位置。

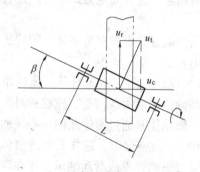

图 4 - 44　拖轮调斜

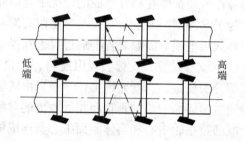

图 4 - 45　拖轮歪斜方向与窑体回转方向关系示意图

　　挡轮是起管制窑体在拖轮上的位置的作用，成对对称配置，对数随窑体长度而定，但比拖轮少得多。安装时窑体滚圈在两挡轮中间，留有间隙，但互不接触，因此挡轮平时也不转动。当窑体过度窜动时，滚圈就要压在某一个挡轮上，挡轮便开始回转，这就等于告诉生产工人需要采取措施进行调整。普通挡轮不起止挡作用，故又称作信号挡轮。近年来已有起止挡作用的液压挡轮，但是铁合金厂尚未见采用。

　　（4）传动装置：回转窑的特点是低速旋转，减速比大。大型回转窑的传动机构除了有维持正常运转的主传动外，为了便于检修和处理停电事故，还配有辅助传动装置。传动形式有单传动和双传动之分，主电动机一般要求能调速，但铁合金厂的回转窑一般采用无调速的单传动，且因窑规格较小，大多无辅助传动机构。图 4 - 46 为直径 2.3 m × 40 m 回转窑传动机构。电动机（128 kW，750 r/min）通过联轴器带动三级圆柱齿轮减速器，再通过联轴器带动小齿轮，由小齿轮带动固定在窑体上的大齿轮旋转，从而使窑体回转。整个传动装置都必须装成与窑体同样的倾斜度。

　　（5）窑尾：窑尾通过窑尾密封装置与窑体相连，它一般是钢筋混凝土结构，内部砌有耐火砖和保温材料，进料装置设在其顶部，物料一般由斗式提升机或其他机械运上去，通过进料口送入窑内。窑尾在一定程度上起到了烟气重力沉降室的作用，积存的烟气定期由下部漏斗排出。为了使窑内烟气顺利泄出，促进窑内正常反应和综合利用尾气，在窑尾外设有抽风和尾气利用设施。

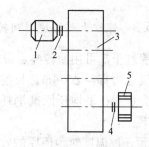

图 4-46 直径 2.3m×4m 回转窑传动机构
1—电动机；2—联轴器；3—减速器；
4—联轴器；5—小齿轮

（6）密封装置：回转窑一般是在负压下进行操作的，回转窑中的窑体和窑头、窑尾之间，不可避免地存在缝隙，为防止外界空气被吸入窑内或窑内空气携带物料外泄，必须设有密封装置。

拟制一个构造简单而又操作可靠的密封装置是很困难的，因为这种装置操作的条件非常不好，一方面窑体在操作中要发生轴向位移；另一方面高温和含有粉尘的气体也加速零件的磨损。

窑头和窑尾密封的结构形式比较多，这里不再一一叙述。

4.6.6.2 焙烧设备实际生产能力

目前我国铁合金厂焙烧设备实际生产能力见表 4-36～表 4-38。

表 4-36 回转窑实际生产能力（入窑料量）

焙烧物料名称	回转窑规格/mm×mm	生产能力/t·h⁻¹
钒精矿 + 纯碱 + 食盐	φ2300×40400	4.0～5.0
钒精矿 + 芒硝	φ2320×38000	约 4.0
钒渣（一次）+ 纯碱 + 食盐	φ(2320～2470)×(38000～38800)	1.7～2.0
钒渣（二次）+ 食盐	φ(2320～2470)×(38000～38800)	3.0～4.0
铬矿 + 纯碱 + 白云石 + 残渣	φ2300×32000	3.0～3.5
钛精矿	φ1500×12000	约 3.0

注：生产能力是按生料（即窑尾加料量）计算。

表 4-37 煅烧窑实际生产能力

煅烧物料名称	回转窑规格及加热方式	生产力[1]/t·(d·台)⁻¹
氢氧化铬[2]	φ1856mm×34000mm，中心燃油加热煅烧	15～18
三氧化二铬	φ1500mm×16000mm，中心燃油高温煅烧	13

[1] 生产能力按烧后三氧化二铬计算。
[2] 包括氢氧化铬脱水及高温煅烧。

表 4-38 单位炉底面积生产能力

物料及目的	炉 型	燃料名称	生产能力/kg·(m²·h)⁻¹
五氧化二钒	反射炉	煤气	约 60
	马弗式还原炉	煤油	100～120
重铬酸钠还原		燃油	约 28

注：生产能力按加料量计算。

4.6.6.3　镍红土矿焙烧用回转窑实例

焙烧镍红土矿可用回转窑、带式烧结机和环式烧结机等。我国某厂焙烧镍红土矿用回转窑主要尺寸为直径 φ3.4m，长度 33m；加料速度为 19t/h；焙砂排除温度为 800℃；还原剂类型为焦炭；平均还原剂消耗量为 23kg/t；物料在窑内停留时间为 800min。具体工艺条件如下：

（1）预还原温度对预还原的效果有显著的影响。当预还原温度从 750℃ 升高到 1000℃ 时，红土矿预还原后镍的预还原率随之提高，综合考虑回转窑实际生产工艺条件，预还原温度确定为 900℃。

（2）预还原时间对红土矿中镍的预还原率的影响，时间太短则还原程度不够，时间过长则回转窑预还原焙烧工艺过程能耗加大，因此预还原时间确定为 80min。

（3）焦炭作为主要还原剂对预还原的影响。实验确定最佳预配焦炭量为红土矿量的 2.3%。当预配焦炭量超过红土矿量 2.3% 之后，提高焦炭量对预还原的促进作用并不明显。

（4）硅石在加入量对镍预还原率的影响。加入量太少时，固相反应不完全，加入量过多时，减少了红土矿与焦炭之间的反应比表面积，使还原速度降低。

4.7　破碎、粉碎及筛分设备

4.7.1　普通破碎设备

在生产中，矿石、石灰、中间合金等的破碎一般采用颚式破碎机（图 4-47），焦炭采用对辊式破碎机（图 4-48、图 4-49），钢屑采用立式钢屑破碎机。近年来，一些铁合金厂将产品破碎后按一定规格的粒度供给钢铁厂使用，破碎机仍采用普通的颚式破碎机。

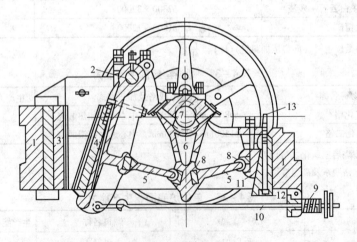

图 4-47　颚式破碎机

1—机架；2—动颚轴；3—固定颚板；4—可动颚板；5—肘板；6—连杆；
7—偏心轴；8—滑块；9—弹簧；10—拉杆；11，12—楔铁；13—螺栓

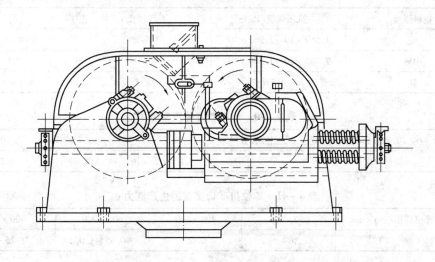

图 4-48　对辊式破碎机

4.7.1.1　破碎机生产力能力的计算和确定

破碎机的生产能力与物料性质（硬度、密度、粒度等）、破碎机类型、规格、破碎机操作条件（破碎比、负荷系数、给料均匀程度）等因素有关；目前尚未得出包括所有这些因素的理论计算方法，因此，在计算破碎机生产能力时，应参照同类企业生产设备的实际能力予以确定，也可用下述经验公式进行概略计算，并参考样本数据或按照实际条件加以校正。

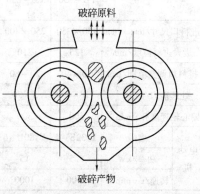

图 4-49　对辊式破碎机的工作原理图

A　颚式破碎机生产能力计算

在均匀给料，连续生产的条件下，颚式破碎机的生产能力可按下列公式计算：

$$Q' = K_1' K_2' K_3' q_0 e \tag{4-12}$$

式中　Q'——连续生产时的生产能力，t/h；

K_1'——物料可碎性系数，见表 4-39；

K_2'——物料密度修正系数，$K_2' = \dfrac{\rho}{1.6} \approx \dfrac{\rho_0}{2.7}$；

ρ——破碎物料堆密度，t/m³；

ρ_0——破碎物料真密度，t/m³；

K_3'——给料粒度修正系数，见表 4-40；

q_0——单位排矿口宽度的生产能力，t/(mm·h)，见表 4-41；

e——破碎机排矿口宽度，mm。

颚式破碎机的规格、性能见表 4-42，颚式破碎机的生产实例见表 4-43。

表 4 – 39　物料可碎性系数 K_1'

物料强度	抗压强度/Pa	普氏硬度 f	K_1'
硬	$1.569 \times 10 \sim 1.961 \times 10$	$16 \sim 20$	$0.90 \sim 0.95$
中硬	$7.845 \times 10 \sim 1.569 \times 10$	$8 \sim 16$	1.0
软	$< 7.845 \times 10$	< 8	$1.1 \sim 1.2$

表 4 – 40　给料粒度修正系数 K_3'

给料最大粒度 DL 和破碎机给矿口宽度 B 之比 DL/B	0.85	0.6	0.4
给料粒度修正系数 K_3'	1.0	1.1	1.2

表 4 – 41　单位排矿口宽度的生产能力 q_0

颚式破碎机规格/mm × mm	250×400	400×600	600×900	900×1200
$q_0/\text{t} \cdot (\text{mm} \cdot \text{h})^{-1}$	0.4	0.65	$0.95 \sim 1.0$	$1.25 \sim 1.3$

表 4 – 42　PE 型复摆颚式破碎机的规格、性能

技术参数		型号 PE					PE × (细碎)		
		PE – 150	PE – 250	PE – 400	PE – 600	PE – 900	XP – 250 ×1200	PEX – 150 ×750	PEX – 250 ×1000
进料口尺寸/mm × mm		150×250	250×400	400×600	600×900	900×1200	250×1200	150×750	250×1000
最大进料粒度/mm		125	210	350	480	750	210	120	210
排料口调整范围/mm		$10 \sim 40$	$20 \sim 80$	$40 \sim 100$	$75 \sim 200$	$95 \sim 165$	$25 \sim 50$	$10 \sim 40$	$15 \sim 50$
处理能力/t · h^{-1}		$1 \sim 4$	$5 \sim 20$	$20 \sim 60$	$52 \sim 192$	180	$40 \sim 85$	$8 \sim 35$	$15 \sim 50$
偏心轴速度/r · min^{-1}		300	300	275	250	170	300	320	330
电动机	型号	Y132S – 4	Y180L – 6	Y250M – 8	YR280M – 8	JR126 – 8	JR115 – 8	JQ3 – 160M – 6	Y280S – 8
	功率/kW	5.5	15	30	75	110	60	15	37
	转速/r · min^{-1}	1500	1000	750	750	750	725	960	740

表 4 – 43　颚式破碎机的生产实例

破碎机规格/mm × mm	破碎物料名称	给料块度/mm	排矿口宽度/mm	生产能力/t · h^{-1}
250×400	铬矿	<210	40	约 16
	铬矿	<210	20	约 8
	钒渣	<210	25	$6 \sim 8$
	白云石, 石灰石	<210	25	$10 \sim 12$
	锰矿	<210	60	约 30
	石灰	<210	80	约 24
400×600	铬矿	约 300	50	约 30
	铬矿	<350	40	约 24
	钒渣	<350	40	$14 \sim 16$
250×400	白云石, 石灰石	<350	40	$24 \sim 28$

破碎机规格/mm×mm	破碎物料名称	给料块度/mm	排矿口宽度/mm	生产能力/t·h^{-1}
400×600	锰矿	<350	60	约36
	硅石	<350	100~120	约50
	75%硅铁，萤石	<350	25	11~17
	铁矿（Fe64%）	<350	25	约5

B 辊式破碎机的生产能力计算

可按下列公式计算：

$$Q = 60\pi D_1 L_1 dn\rho C' \qquad (4-13)$$

式中 Q——生产能力，t/h；

D_1——轧辊直径，m；

L_1——轧辊长度，m；

d——破碎机最大出料粒度，m；

n——轧辊转速，r/m^3，对焦炭取 0.9~1；

C'——松散系数，为 0.2~0.3，对于焦炭之类脆性物料取上限值。辊式破碎机的技术性能见表 4–44，生产实例见表 4–45。

表 4–44 ZPGC 系列双齿辊式破碎机的技术性能

规格型号	ZPGC600×75	ZPGC600×900	ZPGC800×1050	ZPGC900×900	ZPGC1050×760
辊子直径/mm	600	600	800	900	1050
辊子长度/mm	750	900	1050	900	960
最大进料粒度/mm	300~600	300~600	500~800	600~900	700~950
排料粒度/mm	30~150	30~150	30~150	30~200	30~200
产量/t·h^{-1}	60~100	80~120	100~160	150~200	150~200
电动机功率/kW	11×2	18.5×2	22×2	22×2	45×2

表 4–45 辊式破碎机生产实例

辊式破碎机规格（直径×长度）/mm×mm	物料破碎名称	给料块度/mm	最大出料粒度/mm	生产能力/t·h^{-1}
610×400	焦炭	约40	约20	15
		约20		7~8

C 锤式破碎机的生产能力计算

可按下列公式计算：

$$Q = \eta \frac{N}{\gamma\alpha} \qquad (4-14)$$

式中 Q——按粒度 0~3mm 占 90% 计算的破碎机产量，t/h；

N——电动机功率，kW；

α——破碎单位质量成品石灰石所需要的平均电耗，$kW \cdot h/t$；

η——筛分效率，一般取 70%；

γ——要求石灰石粒度 0~3mm 的含量，取 90%。

从各厂使用锤式破碎机的情况来看，虽然破碎机的类型、原料性质和操作水平不完全相同，但破碎单位质量的成品（如石灰石）所消耗的功率差别并不大。根据生产和实验，当石灰石水分不大于 3%，给料中 0~3mm 的级别在 30% 以内，锤式破碎机满负荷运转，锤头与算条的间隙在 10~20mm 范围内，产品全部为 0~3mm 时，则单位电耗一般在 2.5$kW \cdot h/t$。锤式破碎机的规格、性能见表 4-46。

表 4-46　锤式破碎机的规格、性能

产品型号		PC44	PC88	PC1010	PCK66	PCK88	PCB86	PCB108	PCB	PCB
规格($\phi \times L$) /mm × mm		400 × 400	800 × 800	1000 × 1000	600 × 600	800 × 800	800 × 600	1000 × 800	400 × 175	1000 × 800
转速/r · min^{-1}		1500	980	980	1250	1250	980	800	1000	1000
进料口尺寸/mm × mm		420 × 180	800 × 410	1000 × 410	600 × 200	800 × 410	570 × 350	880 × 580	145 × 270	580 × 850
最大进料尺寸/mm		煤 100，石 40	200	200	煤 120，石 80	煤 120，石 80	200	200	50	250
出料粒度/mm		10	15	15	3	3	10	15	3	13
生产能力/t · h^{-1}		煤 5~10，石 2.5~5	35~45	60~80	煤 0~15，石 8~15	煤 0~50，石 25~30	18	煤 35~65，石 13~32	0.5	25
电动机	型　号	Y132M -4	Y132M -6	JR125 -6	Y225M -4	Y280M -4	Y280M -6	JR117 -6	Y132M2 -6	YR315S -6
	功率/kW	7.5	55	130	45	90	55	115	5.5	110
	转速/r · min^{-1}	1500	1000	980	1500	1500	1000	980	1000	1000

4.7.1.2　破碎机台数计算

破碎机需要的台数可按下列公式计算：

$$N = \frac{Q_c}{T K_1 Q' K_2} \tag{4-15}$$

式中　N——所需台数，台；

Q_c——每昼夜所需破碎加工量，t/d；

T——理论工作时间，h，三班连续生产为 24h，两班制生产为 16h，一班制生产为 8h；

K_1——有效工作时间系数，三班制为 0.75，两班制及一班制取 0.85~0.9；

Q'——破碎机生产能力，t/h；

K_2——工作不均衡系数，0.8~0.9。

4.7.2 强力破碎机

产品多选用普通颚式破碎机，而对某些硬度高，韧性好的中低碳产品及特种铁合金产品宜选用强力颚式破碎机。

4.7.2.1 德国克虏伯公司冲击式强力破碎机

德国克虏伯公司冲击式强力颚式破碎机主要由下列部件组成：坚固的焊接结构框架（框架上装有锰钢固定齿板）、可以水平方向摆动的锰钢动颚齿板及衬板、带有连杆的偏心轮和环形弹簧组件、飞轮，偏心轴、自定位滚柱轴承和 V 型皮带轮。

摆动颚装在固定颚下边，使破碎腔处于倾斜位置。

由两台齿轮干油泵集中润滑，一台鼠笼型电机驱动。

冲击式强力颚式破碎机用电动机驱动，带动偏心轮及连杆，使摆动颚上下冲击，位于破碎腔内的铁合金边破碎边向排料口移动直至出料口。

如果遇到废钢或废钢质零件掉入破碎腔，环形弹簧组件被压缩，使摆动颚得以缓冲保护机架不被损坏。

该机器的固定齿板和活动齿板是由锰钢铸造而成的，开始使用前表面并不是很坚硬，用锋利的刀器猛击齿面，会出现刻痕。但是，随着破碎使用，齿面呈光亮色且越来越硬。其寿命比国产锰 13 铸钢齿板高几十倍。该机齿板耐磨寿命长，国产锰 13 铸钢齿板寿命一般为 10 ~ 12 天（指 400mm × 600mm 颚式破碎机破碎钼铁），而该机已破碎钼铁和钨铁 5000t 以上，齿面无明显磨损。另外，破碎时很少出现卡料情况，由于卡料现象少，产生的小于 10mm 的碎屑也少，设备本身紧凑、坚固。该机主要用于破碎铬铁、钨铁、钼铁、钒铁、锰铁及硅铁等坚硬的铁合金产品。

德国克虏伯公司制造的冲击式破碎机系列产品技术参数见表 4 - 47。

表 4 - 47 冲击式强力颚式破碎机系列技术参数

型 号	喂料口尺寸 /mm × mm	转速 /r·min⁻¹	间隙/mm	电机/kW	质量/kg
4NV40 - 15	400 × 150	350	12/60	45	7500
5SV50	500 × 400	335	25/100	75	15600
6SV50	500 × 450	315	40/130	90	25600
7SV50	550 × 250	310	40/130	110	42000

4.7.2.2 日本大家制铁公司简摆式强力破碎机

我国某铁合金厂在 1985 年从日本大家株式会社引进了两台简摆式强力破碎机。日本大家制铁公司制造的简摆式强力颚式破碎机是专门用于破碎合金产品的破碎机，该破碎机主要由驱动电机、飞轮、曲轴、连杆及摆动齿板和机架组成，其外形如图 4 - 50 所示，外形尺寸如表 4 - 48 所示，型号及技术参数如表 4 - 49 所示。

电动机带动飞轮、曲轴转动，曲轴偏心带动连杆上下运动，通过前后肘板推动动颚呈弧形前后摆动，实现破碎功能。

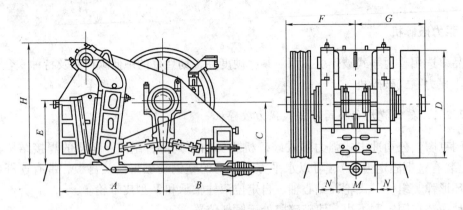

图 4 – 50　简摆式强力破碎机外形

表 4 – 48　简摆式强力破碎机外形尺寸　　　　　　　　　（mm）

型　号	A	B	C	D	E	F	G	H	M	N
BG – 126	990	660	520	980	660	710	710	1200	420	170
BG – 209	1535	1015	865	1550	915	1030	1030	1740	610	250
BGM – 249	1800	1150	1010	1700	1060	1100	1100	1950	740	270

表 4 – 49　简摆式强力破碎机型号及技术参数

型　号	入口尺寸 /mm × mm	成品尺寸及处理量/t·h⁻¹						转速 /r·min⁻¹	电机 /kW	质量/t
		40	50	65	80	100	125			
BG – 126	300 × 150	4.2	5.5	6.8				275	15 ~ 22	5.0
BG – 209	500 × 230		8.0	11.0	14.0			275	30 ~ 45	15.0
BGM – 249	600 × 230				15.0	20.0	25.0	275	110 ~ 130	30.0

4.7.3　粉碎机

目前铁合金生产及金属热法生产使用的原料粉碎设备主要有格子型球磨机及悬辊式磨矿机两类（粉碎结块物料，如纯碱、氧化胺等，一般使用万能粉碎机或锤式破碎机），前者属于强制排矿，易于控制粒度要求，后者可磨碎获得特细（0.043mm）的产品。

粉碎设备生产能力涉及因素很多，主要取决于物料性质和要求的磨碎细度，而这又很难采用计算的方法获得。因此，在选择粉碎设备时应根据企业实际生产能力或参考产品样本数据，并做必要的校正。

4.7.3.1　粉碎设备台数计算

粉碎设备所需的台数可用下列公式计算：

$$N = \frac{Q_c}{TK_1Q'K_2} \qquad\qquad (4 – 16)$$

式中　N——所需台数，台；

Q_c——每昼夜所需粉碎加工量，t/d；

T——工作时间，h，三班制为 24h，两班制为 16h，一班制为 8h；

K_1——有效工作时间系数，即扣除交接班、日常维修等的影响，一般为 0.75 ~ 0.9，三班制及粉碎钒渣设备取小值，两班及一班制取大值；

Q'——粉碎设备生产力，t/h；

K_2——生产不均衡系数，一般为 0.8 ~ 0.9。

4.7.3.2 粉碎设备实际生产能力

球磨机实际生产能力见表 4 - 50。悬辊式磨矿机技术性能及实际生产能力见表 4 - 51 和表 4 - 52。磨细度小于 0.074mm 所占的比例见表 4 - 53。

表 4 - 50 球磨机实际生产能力

球磨机规格(直径×长度) /mm × mm	磨碎物料名称	给料粒度/mm	出料粒度/mm	生产能力/t·h⁻¹
900 × 1800	75% 硅铁	20 ~ 40	< 1	0.75
	铁矿（Fe64%）	< 40	< 1	0.3
	萤石	< 40	< 1	0.4
956 × 1830	石灰		< 1	1.0
1500 × 1500	钒渣一次磨	< 40	0.2	1.3 ~ 1.5
	钒渣二次磨	< 30	< 0.12	2 ~ 3
	铁矿（Fe64%）	0.2	< 1	约 2
2700 × 1400	75% 硅铁	20 ~ 60	1 ~ 3	3
1500 × 5700	铬矿	< 40	< 0.08 ~ 0.10	3 ~ 4
	白云石、石灰石	< 40	< 0.121	4 ~ 5
	铬精矿	< 3	< 0.08 ~ 0.10	约 5
	钒渣	< 50	< 0.121	约 5

表 4 - 51 悬辊式磨矿机技术性能

项 目	型 号		
	3R2714	4R3216	5R4018
磨辊直径/mm	270	320	400
磨辊高度/mm	140	160	180
磨辊数量	3	4	5
磨环直径/mm	830	970	1270
磨辊转速/r·min⁻¹	145	124	95
进料最大尺寸/mm	30	35	40
储料斗容积/m³	1	1.5	2.5
提升机输送量/m³·h⁻¹	13.9	13.9	18
成品粒度/mm	0.044 ~ 0.125	0.044 ~ 0.125	0.044 ~ 0.125
产量/t·h⁻¹	0.3 ~ 1.5	0.6 ~ 3	1.1 ~ 6
主机电机型号	JRQ2 - 71 - 4	JRO - 82 - 6	JRQ2 - 94 - 6

项　目		型　号		
		3R2714	4R3216	5R4018
主机电机功率/kW		22	28	75
主机电机转速/r·min^{-1}		1450	980	980
主机质量/t		4.5	6	18.4
鼓风机转速/r·min^{-1}		1460	1460	1460
风量/m^3·h^{-1}		12000	19000	43000
风压/kPa		1.70	2.75	2.75
鼓风机用电机型号		JO2 – 61 – 4	JO2 – 72 – 4	JO2 – 82 – 4
功率/kW		13	30	55
转速/r·min^{-1}		1460	1460	1460
外形尺寸/mm	长	4800	4900	11800
	宽	8400	7800	8000
	高	7900	10600	14000
总重(不包括电机)/t		9.12	14.2	28.32

表 4 – 52　悬辊式磨矿机实际生产能力

磨矿机规格型号	磨碎物料名称	给料粒度/mm	出料粒度/mm	生产能力/t·h^{-1}
4R3216	铬矿	<25	<0.08 ~ 0.10	0.08 ~ 1.0
	铬精矿	<3	<0.08 ~ 0.10	0.7
	白云石	<25	<0.121	1.2 ~ 1.5
	石灰石	<25	<0.121	1.2 ~ 1.5

表 4 – 53　磨细度小于 0.074mm 所占的比例

磨细粒度/mm	0.5	0.4	0.3	0.2	0.15	0.1	0.074
筛网/目	32	35	48	65	100	150	200
小于 0.074mm 含量/%		35 ~ 45	45 ~ 55	55 ~ 65	70 ~ 80	80 ~ 90	90

4.7.4　钢屑切削破碎机

根据结构形式的不同，钢屑破碎机可分为立式和卧式两种。

4.7.4.1　立式切削破碎机

我国国产立式切削破碎机如图 4 – 51 所示，其生产能力为 1.6 ~ 2t/h，由转速为 710r/min 的 20kW 电动机带动。

4.7.4.2　卧式切削破碎机

近年来硅铁厂所采用的卧式钢屑切削破碎机生产效率高，维修方便，出料块度合适，其结构如图 4 – 52 和图 4 – 53 所示。

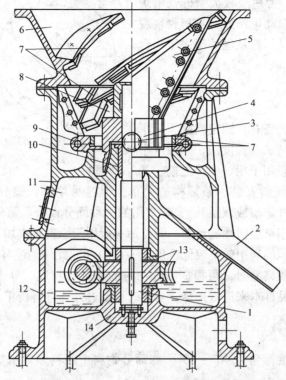

图4-51 立式切削破碎机

1—主轴；2—出屑槽；3—保险器；4—柱形破碎器；5—刀头；6—上锥形破碎器；7—刀片；
8—中锥形破碎器；9—扇形破碎器；10—上轴套；11—中部外壳；12—下部外壳；13—下轴套；14—止推轴承

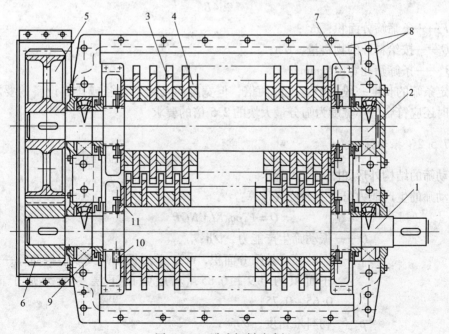

图4-52 卧式切削破碎机

1—高速轴；2—低速轴；3—大刀片；4—小刀片；5—大齿轮；6—小齿轮；
7—防护箱；8—下箱体；9—挡圈；10—圆螺母；11—隔环

20 世纪 80 年代，为适应较大型硅铁电炉上料、配料及加料的自动生产线对钢屑物料粒度控制的要求，我国某厂曾从国外引进了一台钢屑破碎机。

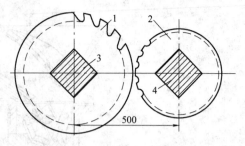

图 4 –53   刀片装配
1—大刀片；2—小刀片；3, 4—方形轴

4.7.5   筛分设备

生产常用的筛分设备有：固定格筛，用于大块料仓上部，作控制矿石粒度用，一般水平安装；固定条筛，一般用于粗、中碎之前，起预先筛分之用，一般倾斜安装。条筛构造简单，但容易堵塞，筛分效率较低，一般为 50% ~ 60%。振动筛（单层或双层），是较常用的一种筛分设备。筛分焦炭多用双层惯性振动筛；筛分矿石多用单层惯性振动筛。圆筒筛一般用于原料集中加工的场所，其特点是工作平稳，但筛分面积的利用效率较低，仅为 1/6 ~ 1/8。此外，还有滚轴筛。

筛分设备的具体规格型号，可根据筛分物料的特点（粒度、分级要求、筛分量等），结合生产实践，按产品样本来进行选择，必要时可通过计算进行校正。

4.7.5.1   固定条筛

固定条筛一般安装倾角为 40° ~ 50°。如筛分物料中细料多含水量大时，可将倾角适当加大 5° ~ 10°。

固定条筛的筛分面积可按下列经验公式计算：

$$F = \frac{Q}{2.4B'} \tag{4 - 17}$$

式中 F——条筛筛分面积，m^2；

$\quad Q$——按给料计的物料量，t/h；

$\quad B'$——条筛筛孔宽度，mm。

固定条筛的长度一般等于宽度的两倍，但宽度应与给料设备或排料设备的要求相适应，同时还应符合最小宽度为筛分最大块的 2.5 倍的要求。

4.7.5.2   振动筛

振动筛的结构外形如图 4 –54 所示。

振动筛的生产能力可按下列公式计算：

$$Q = F_1 \rho q_0 KLMNOP$$

式中

$\quad Q$——振动筛生产能力，t/h；

$\quad F_1$——振动筛有效筛分面积，m^2，单层振动筛或双层振动筛一般为筛子面积的 0.9 ~ 0.85，双层筛的下层一般为筛子面积的 0.65 ~ 0.75；

$\quad \rho$——物料堆密度，t/m^3；

$\quad q_0$——单位筛分面积平均生产能力见表 4 –54，$m^3/(m^2 \cdot h)$；

K, L, M, N, O, P——校正系数，见表 4 –55。

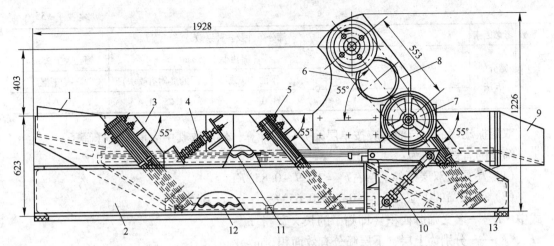

图 4 – 54 双轴双层振动筛

1—进料槽；2—固定机架；3—筛箱体；4—螺旋弹簧；5—板弹簧；6—振动器；7—电动机；
8—三角皮带；9—排料口；10—调节螺杆；11—上筛网；12—下筛网；13—橡胶垫

表 4 –54 单位筛分面积平均生产能力 q_0

筛孔尺寸/mm	q_0 /m³ · (m² · h)⁻¹	筛孔尺寸/mm	q_0 /m³ · (m² · h)⁻¹	筛孔尺寸/mm	q_0 /m³ · (m² · h)⁻¹
0.16	1.9	2	5.5	25	31
0.2	2.2	3.15	7	31.5	34
0.3	2.5	5	11	40	38
0.4	2.8	8	17	50	42
0.6	3.2	10	19	80	56
0.8	3.7	16	25.5	100	63
1.17	4.4	20	28		

表 4 –55 系数 K、L、M、N、O、P 值

系数	考虑因素	筛分条件及各种系数									
K	细粒的影响	给料中粒度小于筛孔的含量/%	0	10	20	30	40	50	60	70	80	90
		K 值	0.2	0.4	0.6	0.8	1.0	1.2	1.4	1.6	1.8	2.0
L	粗粒的影响	给料中颗粒大于筛孔的含量/%	10	20	25	30	40	50	60	70	80	90
		L 值	0.94	0.97	1.0	1.03	1.09	1.18	1.32	1.55	2.0	3.36
M	筛分效率	筛分效率/%	40	50	60	70	80	90	92	94	96	98
		M 值	2.3	2.1	1.9	1.6	1.3	1.0	0.9	0.8	0.6	0.4
N	颗粒和物料的形状	颗粒形状	各种破碎后的物料（除煤外）			圆形颗粒（例如海砾石）			煤			
		N 值	1.0			1.25			1.5			
O	湿度的影响	物料的湿度	筛孔小于25mm				筛孔大于25mm					
			干的		湿的		成团		视湿度而定			
		O 值	1.0		0.75 ~ 0.85		0.2 ~ 0.6		0.9 ~ 1.0			

系数	考虑因素	筛分条件及各种系数			
P	筛分的方法	筛分方法	筛孔小于 25mm		筛孔大于 25mm
			干的	湿的（附有喷水）	不论干湿
		P 值	1.0	1.25 ~ 1.4	1.0

双层振动筛的生产能力应按单层筛分分别计算，然后取其中大值来选择筛子。

筛子的有效面积为：

（1）单层或双层筛的上层：$F_u = (0.9 \sim 0.85)F$；

（2）双层筛的下层：$F_d = (0.75 \sim 0.65)F$。

式中 F——名义筛分面积（即筛子的长×宽），m^2；

F_u，F_d——分别为上层、下层筛分有效面积，m^2。

不同形状的筛孔，筛下最大粒度按下列公式计算：

$$D_{max} = K_h a \tag{4 – 18}$$

式中 D_{max}——筛下产品最大粒度，mm；

K_h——筛孔系数，圆形取 0.7，方形取 0.9，长方形取 1.2 ~ 1.7；

a——筛孔尺寸，mm。

双层振动筛技术性能如表 4 – 56 所示。

表 4 – 56 双层振动筛技术性能

序 号	型号及名称			数 据	备 注
1	生产能力/$m^3 \cdot h^{-1}$			30 ~ 40	筛分焦炭
2	筛网层数/层			2	
3	筛孔尺寸 /mm × mm		上层	20 × 20	筛网可更换
			下层	5 × 5	
4	电动机		型号	JO251 – 4	
			功率/kW	7.5	
			转速/r · min⁻¹	1450	
5	皮带轮传动比			1.96	
6	振动频率/次 · s⁻¹			12.3	
7	设备外形尺寸/mm × mm × mm			3145 × 1932 × 1220	
8	设备质量/kg			1740	

4.7.5.3 滚筒筛

滚筒筛是一种应用较早的筛分设备，铁合金厂多用于筛选冲洗硅石。

滚筒筛转速很低，工作平稳，但这种筛子筛孔易堵塞，筛分效率低（一般是 60%），机体笨重，占地面积较大。滚筒筛适用于物料的多级筛分，当采用由小到大的筛分方式时，可按筛孔大小把筛子分成几段。而当采用由大到小的筛分方式时，则筛筒可一个套着一个。

滚筒筛有圆柱形、截圆锥形、角柱形和角锥形等多种工作表面。柱形筛的回转轴线通常装成不大的倾角（4°～7°），而锥形筛的轴线则装成水平的。其支撑方式有滚子支撑、轴承支撑和混合支撑（即筒体一端支撑在轴承上，而另一端支撑在滚子上）等几种。滚筒筛由齿轮和减速器传动，或由托辊传动。

图 4-55 所示为一轻型圆柱形滚筒筛，其筒体支撑采用混合式结构，它有内外两个筛分圆筒。内圆筒直径较小，它由两个筛孔大小不同的圆筒 1 和 2 组成，外圆筒 3 直径较大，包在内圆筒装料端的第一段外面。

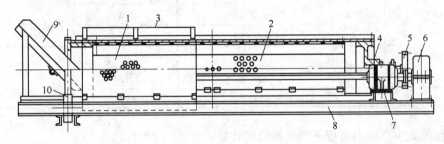

图 4-55 轻型圆柱形滚筒筛

1~3—圆筒；4—十字架；5—中间齿轮；6—减速器；

7—电动机；8—框架；9—装料槽；10—滚柱

圆筒一端的轮缘支撑在滚柱 10 上，而另一端则装有铸铁十字架 4 和轴颈，轴颈支撑在框架 8 上的轴承中。圆筒的转动是用电动机 7，经减速器 6 和中间齿轮 5 来实现的。由装料槽 9 进行装料，筒体向卸料端倾斜一定角度。物料靠圆筒的转动而被逐级筛分。

近来，有的单位用细钢辊焊制滚动代替筛板，实践证明，在用于硅石筛分时，抗磨损效果较好。

圆筒筛的生产能力可按下列公式计算：

$$Q = 600\rho n \tan 2a \sqrt{R^3 h^3} \qquad (4-19)$$

式中　Q——圆筒筛生产能力；t/h；

　　　ρ——物料堆密度，t/m^3；

　　　n——圆筒转速，一般取 $\dfrac{8}{\sqrt{R}} \sim \dfrac{14}{\sqrt{R}}$，r/min；

　　　a——圆筒安装倾角，（°），一般为 4°～7°；

　　　R——圆筒半径，m；

　　　h——料层高度，一般为给料最大粒度的 2 倍至筛孔的 2 倍，m。

圆筒筛技术性能如表 4-57 所示。

4.7.5.4　滚动筛

滚动筛常用于粗物料的筛分，也有用于洗矿或作给料机使用。它与条筛相比，优点是筛分效率高，安装高差小；缺点是构造复杂，在运输硬物料时，滚轴磨损快。滚轴筛给矿粒度一般在 500m 以下。

表 4 – 57　圆筒筛技术性能

序　号	型号及名称		数　据	备　注
1	圆筒筛	生产能力/t·h⁻¹	25 ~ 28	水洗筛分硅石
		筛孔尺寸/mm	40、80	
		筛孔长度/mm	2360	
		大端直径/mm	φ1230	
		小端直径/mm	φ900	
2	电动机	型　号	Y132M2 – 6	
		功率/kW	5.5	
		转速/r·min⁻¹	960	
3	减速机	型　号	ZQ50 – 50 Ⅱ Z	
		速　比	51.17	
4	设备总质量/kg		3470	

滚轴筛的生产能力可按下列经验公式计算：

$$Q = qF \tag{4 - 20}$$

式中　Q——滚轴筛生产能力，t/h；

　　　q——单位筛分面积的生产能力，t/(m²·h)，见表 4 – 58；

　　　F——筛分面积，m²。

表 4 – 58　单位筛分面积的生产能力（q 值）

筛孔尺寸/mm	50	75	100	125
q/t·(m²·h)⁻¹	40 ~ 45	60 ~ 65	75 ~ 85	100 ~ 110

4.8　给料、输送设备

4.8.1　给料机

4.8.1.1　板式给料机

板式给料机能够承受仓库中的压力，因此，在铁合金生产中，大块物料（300 ~ 400mm）的给料，一般选用板式给料机，重型板式给料机最大给料高度可达 1200mm，且给料均匀可靠。链板宽度一般按最大给料块度的 2 ~ 2.5 倍选取，其长度按配置需要确定。

板式给料机的生产能力可按下列式计算：

$$Q = 3600vBh\rho\varphi \tag{4 - 21}$$

式中　Q——生产能力，t/h；

　　　v——链板速度，m/s，一般为 0.02 ~ 0.15；

　　　B——料仓口宽度或链板工作宽度，m，一般为链板宽的 0.85 ~ 0.9；

　　　h——料层厚度，m；

　　　ρ——物料堆密度，t/m³；

　　　φ——充满系数，一般为 0.8 ~ 0.9。

4.8.1.2　槽式给料机

槽式给料机适用于中等块度物料（100～150mm）的给料，槽的大小可根据最大给料块度查阅产品样本选定。

槽式给料机的生产能力可按下列公式计算：

$$Q = 120Bhn_1R\rho \tag{4-22}$$

式中　　Q——生产能力，t/h；

　　　　B——槽宽，m；

　　　　h——料层厚度，m，一般取侧壁高的0.7～0.9；

　　　　n_1——偏心轮连杆往复次数，次/min；

　　　　R——往复行程，m；

　　　　ρ——物料堆密度，t/m³。

4.8.1.3　摆式给料机

摆式给料机适用于小块和粒状物料的给料。摆式给料机具有结构简单、管理方便的特点，但给料不连续，计量不方便。

摆式给料机的生产能力可按下式计算：

$$Q = 60Bh'R\rho n_1\varphi \tag{4-23}$$

式中　　Q——生产能力，t/h；

　　　　B——出料口宽度，m；

　　　　h'——料口高度，m；

　　　　R——摆动行程，m；

　　　　ρ——物料堆密度，t/m³；

　　　　φ——充满系数，一般为0.3～0.4。

4.8.1.4　电磁振动给料机（或电机振动给料机）

电磁振动给料机或电机振动给料机结构简单，无旋转件，不用加润滑剂，使用维护方便，比其他给料设备质量轻，给料比较均匀，给料量易于调节，便于实现给料量的自动控制，给料粒度范围大（粒度范围为0.6～500mm），在料仓出料时具有松散物料的作用，但不适用于黏结物料的给料。

电磁（或电机）振动给料机的生产能力可按下式计算：

$$Q = 3600Bhv\rho\varphi \tag{4-24}$$

式中　　Q——生产能力，t/h；

　　　　B——槽宽，m；

　　　　h——槽内物料高度，m；

　　　　v——物料输送速度，m/s；

　　　　ρ——物料堆密度，t/m³；

　　　　φ——充满系数，一般取0.6～0.9，按物料粒度大小选定，力度大时取小值，粒度小时取大值。

物料输送速度 v 与物料特性、料层厚度，频率 f、振幅 S 和斜置角 β 有关。物料输送速度 v 的计算公式如下：

$$v = \lambda \frac{gI^2}{2K_c f} \cot\beta \tag{4-25}$$

式中 v——物料输送速度，m/s；
λ——速度系数，一般取 0.75~0.9；
g——重力加速度，9.81m/s²；
K_c——周期系数，一般取 1.0；
I——系数，为抛料时间与一个振动期之比，可由图 4-56 查出；
f——振动频率，Hz；
β——电磁振动给料机斜置角，一般为 20°。

图 4-56 中抛物指数 γ' 是槽体最大垂直加速度与重力加速度的比值，可由下式求出：

$$\gamma' = \frac{4\pi^2 f^2 S\sin\beta}{g} \tag{4-26}$$

式中 S——振幅，按单振幅值计算，mm；
其余符号意义同式 4-25。

振幅 S 可由下式求得：

$$S = \frac{Kg}{4\pi^2 f^2} \tag{4-27}$$

式中 K——机器指数，K 为槽体最大加速度与重力加速度的比值，可表示为下式：

$$K = \frac{4\pi^2 f^2 S}{g} \tag{4-28}$$

一般 K 取值为 4~10。

上述运送速度为水平运输时的参数，如将电磁振动给料机向下倾斜安装，可提高给料能力，其关系见图 4-57。但倾角一般不大于 15°，槽体也可向上倾斜安装，最大不超过 12°，但每提高 1°，产量降低 2%。

我国下振式标准系列电磁振动给料机（水平安装时）的生产能力见表 4-59。

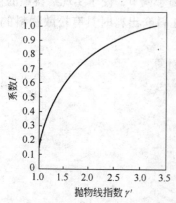

图 4-56   系数 I 与抛物线指数
γ' 的关系曲线

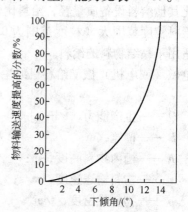

图 4-57   物料运送速度与槽体
倾斜角大小的关系

表4-59 下振式标准系列电磁振动给料机参数

型 号	抛物指数 γ'	功率/kW	水平安装生产能力 /t·h^{-1}	型 号	抛物指数 γ'	功率/kW	水平安装生产能力 /t·h^{-1}
DZ1	3.34	0.06	5	DZ6		1.5	150
DZ2	3.30	0.15	10	DZ7	2.560	3.0	260
DZ3	3.30	0.20	25	DZ8	2.560	4.0	400
DZ4	3.32	0.45	50	DZ9	2.562	5.5	600
DZ5	3.10	0.65	100	DZ10	2.562	7.0	750

注：1. 表中生产能力系数是按物料堆密度1.6t/m³计算的;

2. 给料最大粒度，DZ1~4型小于50mm，DZ5型小于100mm，DZ6型小于300mm，DZ7~9型小于400mm，DZ10型小于500mm。

4.8.1.5 圆盘给料机

圆盘给料机一般适用于粉状及细粒状物料的给料，给料的粒度范围为0~50mm。有些厂使用大型圆盘给料机（ϕ2000mm）为大块硅石给料，也取得较好的效果。圆盘给料机给料均匀准确，运转平稳可靠，容易调整，管理方便。

圆盘给料机按传动机构封闭形式，分为封闭式和敞开式两种。

A 刮刀卸料圆盘给料机

刮刀卸料圆盘给料机的圆盘见图4-58，其生产能力可按下式计算：

$$Q = \frac{\pi h^2 n_0 \rho}{\tan\alpha}\left(\frac{D_1}{2} + \frac{h}{3\tan\alpha}\right) \qquad (4-29)$$

式中 Q——圆盘给料机生产能力，t/h；

h——供料套筒离圆盘的高度，m；

n_0——圆盘转速，r/min；

ρ——物料堆密度，t/m³；

α——圆盘上物料的堆角，即动安息角，见表4-60；

D_1——供料套筒内径，m。

表4-60 各种物料的堆密度和动安息角

物料名称	堆密度 /t·m^{-3}	动安息角 /(°)	物料名称	堆密度 /t·m^{-3}	动安息角 /(°)
铁矿石，Fe60.4%	2.85	30~35	铁烧结矿	1.70~2.00	35
铁矿石，Fe53.0%	2.44	30~35	黄铁矿球团	1.20~1.40	
铁矿石，Fe34.0%	2.20	30~35	高炉灰	1.40~1.50	25
铁矿石，Fe33.0%	2.10	30~35	轧钢铁鳞	2.00~2.50	35
钒钛铁矿，Fe40%~45%	2.30	30~35	焦炭	0.50~0.70	35
碳酸锰矿，Mn22%	2.20	37~38	无烟煤粉	0.60~0.85	30
氧化锰矿，Mn35%	2.10	37	石灰石（中块）	1.20~1.60	30~35
堆积锰矿	1.40	32	石灰石（小块）	1.20~1.60	30~35
次生氧化锰矿	1.65		生石灰（粉状）	0.55	25
松软锰矿	1.10	29~35	熟石灰（粉状）	0.55	30~35
铁精矿，Fe60%	1.60~2.50	33~35	白云石（碎块）	1.6	35

圆盘最大允许转速 n 按下式计算：

$$n < 9.5\sqrt{\frac{g f_1}{R_1}} \qquad (4-30)$$

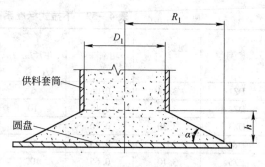

图 4-58　刮刀卸料圆盘示意图

式中　n——圆盘最大允许转速，r/min；

　　　g——重力加速度，$g = 9.8 \mathrm{m/s^2}$；

　　　f_1——物料与圆盘的摩擦系数，对经过烧结的各种原料 f_1 可取 0.8；

　　　R_1——物料所形成的截头锥体的底半径，m。

B　带闸门套筒的圆盘给料机

带闸门套筒的圆盘给料机的圆盘见图 4-59，其生产能力可按下式计算：

$$Q = 60\pi n_0 (S_2^1 - S_2^2) h\rho \qquad (4-31)$$

式中　Q——圆盘给料机生产能力，t/h；

　　　h——排料口闸门开口高度，m；

　　　n_0——圆盘转速，r/min；

　S_1，S_2——排料口内、外侧与圆盘中心距，m；

　　　ρ——物料堆密度，t/m³。

镍铁炉常用圆盘给料机，这种给料机特别适合大量需要的配料系统，它由三种出轮带动料盘均匀转动，下有 8 个料斗和料管蓄料和供料，上有闸刀拨料定时拨料到料斗中，已在大型电石炉和镍铁炉中得到广泛的应用。

叶轮式给料机（图 4-60）密封性好，适合于粉状物料的给料，但不能调节给料量。

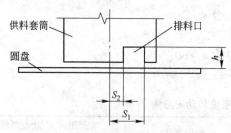

图 4-59　带闸门套筒圆盘示意图

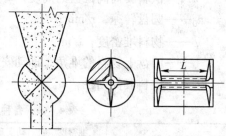

图 4-60　叶轮式给料机示意图

叶轮式给料机的生产能力可按下式计算：

$$Q = 60 Z F L n_0 \rho \varphi \qquad (4-32)$$

式中　Q——叶轮式给料机生产能力，t/h；

　　　Z——叶轮格数；

　　　F——每格截面积，m²；

　　　L——叶轮工作长度，m；

　　　n_0——叶轮转速，r/min；

　　　ρ——物料堆密度，t/m³；

　　　φ——充满系数，一般取 0.8。

4.8.1.6 螺旋式给料机

螺旋式给料机（图4-61）密封性好，适合于粉状物料的给料，但设备磨损量较大。
螺旋式给料机的生产能力可按下式计算：

$$Q = 47D^2 Sn\rho\varphi \qquad (4-33)$$

式中　Q——螺旋式给料机生产能力，t/h；

　　　D——螺旋直径，m；

　　　S——螺距，m；

　　　n——螺旋转速，r/min；

　　　ρ——物料堆密度，t/m³；

　　　φ——槽体容积充满系数，对无磨损性物料、

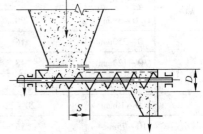

图4-61　螺旋式给料机示意图

粉粒料，无中间轴承时一般取0.8；对

有磨损性大颗粒物料，一般取0.6～0.7。

4.8.1.7 胶带给料机

胶带给料机适用于中等以下的均匀粒度物料的给料，其特点是给矿均匀，给料距离较长，在配置上有较大的灵活性，但不能承受料柱的压力，因此使用较少。

胶带给料机的生产能力计算参见4.8.2节。

4.8.2 胶带运输机

胶带运输机一般有移动式和固定式两类。前者用于露天贮矿场等不固定的装卸地点，后者用于固定的装卸地点。矿热炉车间多使用固定式带式运输机。

4.8.2.1 胶带运输机的技术特性

胶带运输机的技术特性如下：

（1）使用输送堆密度为1.0～2.5t/m³的各种块状、粒状等散装物料，也可运送成件物品（输送带上单位面积压力小于4903.3Pa）。

（2）适用于工作环境温度在-10～+40℃，一般物料温度不超过50℃。采用耐热橡胶输送带，物料温度不高于120℃。

（3）所用输送带有普通橡胶带（带宽有500mm、650mm、800mm、1000mm、1200mm和1400mm六种）和塑料带（现有带宽500mm、650mm和800mm三种）两种。输送具有酸性、碱性、油类物质和有机溶剂等成分的物料时，需采用耐油、耐酸碱的橡胶带或塑料带。耐热橡胶带可输送120℃以下的物料。

（4）可用于水平或倾斜输送。倾斜向上输送时，允许最大倾角见表4-61。向下倾斜输送时，允许最大倾角为表4-61所列值的80%。若需用高倾角输送时，可选用花纹带式输送机。

（5）输送机可布置成带凸弧曲线段或凹弧曲线段，或既带凹弧曲线段也带凸弧曲线段，但给料及卸料装置不允许设在曲线段内。

（6）给料点最好设在水平段内。倾角大时给料点设在倾斜段内容易掉料。

（7）各种卸料装置通常用于水平段。

表 4 - 61　胶带输送机允许最大倾角

物料名称		最大倾角/(°)	物料名称		最大倾角/(°)
筛分后焦炭		17	干精矿		18
焦炭	0 ~ 25mm	18	干砂		15
	0 ~ 3mm	20	湿砂		25
矿石	0 ~ 350mm	16	水泥		20
	0 ~ 120mm	18	块煤		18
	0 ~ 60mm	20	原煤		20
	0 ~ 10mm	20 ~ 22	湿水渣		18 ~ 20
筛分后矿石 10 ~ 75mm		16	石灰石	0 ~ 10mm	20
筛分后石灰石，大块		12		0 ~ 3mm	20 ~ 21
湿精矿		20			

4.8.2.2　输送量计算

A　输送量计算公式

胶带运送机的输送量可按下式计算：

$$Q = B^2 v \rho K C \varepsilon \tag{4 - 34}$$

式中　Q——输送量，t/h；

　　　B——带宽，m；

　　　v——带速，m/s；

　　　ρ——物料堆密度，t/m³，见表 4 - 62；

　　　K——断面系数，与带面上物料动堆积角 ρ_0 及带宽 B 有关（表 4 - 62、表 4 - 63）；

　　　C——倾角系数（表 4 - 64）；

　　　ε——速度系数。

表 4 - 62　物料堆密度 ρ 与带面上的动堆积角 ρ_0 的取值

物料名称	堆密度 ρ /t·m⁻³	带面上的动堆积角 ρ_0/(°)	物料名称	堆密度 ρ /t·m⁻³	带面上的动堆积角 ρ_0/(°)
煤	0.8 ~ 1.0	30	小块石灰石	1.2 ~ 1.5	25
煤渣	0.6 ~ 0.9	35	烧结混合料	1.6	30
焦炭	0.5 ~ 0.7	35	砂	1.6	30
锰矿	1.7 ~ 1.8	25	碎石和砾石	1.8	20
黄铁矿	2.0	25	干松泥土	1.2	20
富铁矿	2.5	25	湿松泥土	1.7	30
贫铁矿	2.0	25	黏土	1.8 ~ 2.0	35
铁精矿	1.6 ~ 2.5	30	盐	0.8 ~ 1.2	35
白云石	1.2 ~ 1.6	25	粉状生石灰	0.55	20
石灰石	1.6 ~ 2.0	25	粉状熟石灰	0.55	20

注：动堆积角一般为静堆积角的 70%。

按上述计算选定的带宽 B 值，还应用物料块度来校核。带宽与推荐输送物料最大块度见表 4 - 65。如带宽不能满足块度的要求，则可把带宽提高一级。但不能单从块度考虑把带宽提高二级或二级以上，否则将造成浪费。

表 4 - 63 断面系数 K 与物料动堆积角 ρ_0 和带宽 B 的关系

B/mm	$\rho_0/(°)$									
	15		20		25		30		35	
	槽形	平形	槽形	平形	槽形	平形	槽形	平形	槽形	平形
	K									
500, 650	300	105	320	130	355	170	390	210	420	250
800, 1000	335	115	360	145	400	190	435	230	470	270
1200, 1400	355	125	380	150	420	200	455	240	500	285

表 4 - 64 倾角系数 C 与输送机倾角 β 的关系

$\beta/(°)$	≤6	8	10	12	14	16	18	20	22	24	25
C	1.0	0.96	0.94	0.92	0.90	0.88	0.85	0.81	0.76	0.74	0.72

表 4 - 65 带宽与推荐输送物料最大块度

带宽 B/mm		500	650	800	1000	1200	1400
物料块度/mm	筛分后的物料	100	130	180	250	300	350
	未筛物料（大块不超过15%）	150	200	300	400	500	600

单纯作为给料设备的输送机，当受料设备为振动筛、锤式破碎机、辊式破碎机时，带宽应与各受料设备进口宽度相适应，不宜相差悬殊。

输送成件物品时，带宽应比物件的横向尺寸大 50 ~ 100mm。

B 输送量的计算

散状物料的输送量可按式（4 - 34）计算。

表 4 - 66 列出物料堆密度 $\rho = 1.0t/m^3$，倾角系数 $C = 1.0$，带面上物料动堆积角 $\rho_0 = 30°$ 时，各种带宽的输送量。

随物料堆密度 ρ 的改变，输送量 Q 值应按比例增减。随带面上的物料动堆积角 ρ_0 改变，输送量（Q 值）按表 4 - 66 数值乘以表 4 - 67 所列的系数变化。

成件物品的输送量可按下式计算：

$$Q = 3.6 \frac{Gv}{t} \qquad (4 - 35)$$

式中 Q——输送量，t/h；

G——单件物品质量，kg；

v——带速，m/s；

t——物件在输送带上的平均间距，m。

表 4 - 66 各种带宽的输送量

断面形式	带速 $v/\mathrm{m}\cdot\mathrm{s}^{-1}$	带宽 B/mm					
		500	650	800	1000	1200	1400
		输送量 $Q/\mathrm{t}\cdot\mathrm{h}^{-1}$					
槽形	1.25	143	242	366	572	825	1125
	1.6	183	310	469	733	1055	1440
	2.0	229	387	586	918	1322	1800
	2.5	286	483	732	1145	1650	2250
	3.15			922	1445	2080	2830
	4.0					2640	3600
平形	1.25	65	110	167	261	376	512
	1.6	84	142	214	335	481	655
	2.0	104	177	268	419	602	820
	2.5	130	221	335	522	752	1020

表 4 - 67 不同物料动堆积角的系数表

断面形式	槽 形				平 形			
带面上的物料动堆积角 $\rho_0/(°)$	10	20	25	35	10	20	25	35
系 数	0.69	0.84	0.92	1.08	0.31	0.64	0.82	1.18

成品物品的输送件数可表示为：

$$每小时输送件数 = \frac{3600v}{t}$$

4.8.2.3 输送带速度的选择

输送散状物料时，带速选择参见表 4 - 68。

表 4 - 68 散状物料输送带速选择

物 料 特 性	带宽 B/mm		
	500，600	800，1000	1200，1400
	带速 $v/\mathrm{m}\cdot\mathrm{s}^{-1}$		
无磨损性或磨损性小的物料，如原煤、盐、精矿	1.25 ~ 2.5	1.25 ~ 3.15	1.25 ~ 4.0
有磨损性的中小块物料（小于160mm），如矿石、砾石、炉渣	1.25 ~ 2.0	1.25 ~ 2.5	1.25 ~ 3.15
有磨损性的大块物料（大于160mm），如大块矿石	1.25 ~ 1.6	1.25 ~ 2.0	1.25 ~ 2.5

注：1. 较长的水平输送机应选较高带速。输送机倾角愈大，输送距离愈短，则带速应愈低；

2. 用作给料设备或输送灰尘很大的物料时，带速可取 0.8 ~ 1.0m/s；

3. 采用电动卸料车时，带速不宜超过 2.5 ~ 3.15m/s；

4. 人工配料称重的输送机，带速选用 1.25m/s；

5. 采用犁式卸料器时，带速不宜超过 2.0m/s；

6. 手选输送机的带速为 0.4m/s。

输送成件物品时，带速一般取 1.25m/s 以下，或与整个机械化输送线取值一致。

在选择输送带速度时还必须考虑速度系数。速度系数 ξ 与输送带速度 v 的关系见表4－69。

表 4－69　速度系数 ξ 与输送带速度 v 的关系

$v/\mathrm{m \cdot s^{-1}}$	≤1.6	≤2.5	≤3.15	≤4.0
ξ	1	0.98～0.95	0.94～0.90	0.84～0.80

4.8.2.4　传动滚筒轴功率简易计算

输送机为头部驱动时，其计算公式为：

$$P_0 = (k_1 L_h v + k_2 Q L_h \pm 0.00273 QH) k_3 k_4 + \sum k_5 v + k_8 \rho \tag{4－36}$$

输送机为尾部驱动时，其计算公式为：

$$P_0 = (k_1 L_h v + k_2 Q L_h \pm 0.00273 QH) k_6 k_7 + \sum k_5 v + k_8 \rho \tag{4－37}$$

式中　　P_0——传动滚动轴功率，kW；

$k_1 L_h v$——输送带及托辊转动部分运行功率，kW；

$k_2 Q L_h$——物料水平运输功率，kW；

$0.00273 QH$——物料垂直提升功率，物料向上输送用正值，向下用负值，kW；

$\sum k_5 v + k_8 \rho$——犁式卸料器、清扫器、导料栏板所需功率及物料加速所需功率，kW；

L_h——输送机水平投影长度，m；

H——输送机垂直提升高度，若采用电动卸料车时，应加电动卸料车提升高度 H'，m，见表4－70；

Q——输送量，t/h；

v——带速，m/s；

ρ——物料堆密度，t/m³；

k_1——输送带及托辊转动部分运行功率系数，与托辊阻力系数 ω' 有关，见表4－71和表4－72；

k_2——物料水平运行功率系数，也与托辊阻力系数 ω' 有关，见表4－73；

k_3——尾部改向滚动功率系数，与输送机水平投影长度 L_h、倾角、物料堆密度 ρ 及托辊阻力系数 ω' 有关，见表4－74；

k_4——中部改向滚动功率系数，见表4－75，当中部有两个或两个以上改向滚筒时应为各改向滚筒功率系数的乘积；

k_5——犁式卸料器、清扫器、导料栏板的功率系数，见表4－76；

k_6——头部改向滚动功率系数，见表4－77；

k_7——增面轮功率系数，见表4－78；

k_8——物料加速功率系数，见表4－79。

表 4－70　电动卸料车提升高度 H'

带宽 B/mm	500	650	800	1000	1200	1400
电动卸料车提升高度 H'/m	1.7	1.8	1.96	2.12	2.37	2.62

表 4 – 71　托辊阻力系数 ω'

工作条件	槽形托辊阻力系数		平形托辊阻力系数	
	滚动轴承	含油轴承	滚动轴承	含油轴承
清洁、干燥	0.020	0.040	0.018	0.034
少量尘埃、正常湿度	0.030	0.050	0.025	0.040
大量尘埃、湿度大	0.040	0.060	0.035	0.050

表 4 – 72　输送带及托辊转动部分运行功率系数 k_1

带宽 B/mm	托辊阻力系数 ω'				
	0.02	0.03	0.04	0.05	0.06
500	0.0067	0.0100	0.0134	0.0167	0.0200
650	0.0082	0.0124	0.0165	0.0206	0.0247
800	0.0110	0.0165	0.0220	0.0274	0.0329
1000	0.0153	0.0229	0.0306	0.0382	0.0459
1200	0.0212	0.0318	0.0424	0.0530	0.0635
1400	0.0255	0.0383	0.0510	0.0638	0.0765

表 4 – 73　物料水平运行功率系数 k_2

托辊阻力系数 ω'	0.02	0.03	0.04	0.05	0.06
k_2	5.45×10^{-5}	8.17×10^{-5}	10.89×10^{-5}	13.62×10^{-5}	16.34×10^{-5}

表 4 – 74　尾部改向滚动功率系数 k_3

输送机倾角 /(°)	输送机水平投影长度 L_h/m						
	5 ~ 10	10 ~ 15	15 ~ 30	30 ~ 45	45 ~ 60	60 ~ 100	> 100
0	1.8 ~ 3.0	1.4 ~ 2.0	1.3 ~ 1.7	1.2 ~ 1.4	1.1 ~ 1.2	1.06 ~ 1.16	1.04 ~ 1.10
3	1.5 ~ 1.6	1.2 ~ 1.3	1.15 ~ 1.20	1.07 ~ 1.10	1.05 ~ 1.07	1.03 ~ 1.05	1.02 ~ 1.03
6	1.3 ~ 1.4	1.14 ~ 1.18	1.10 ~ 1.12	1.06	1.04	1.03	1.02
12	1.19	1.10	1.06	1.03	1.02	1.02	1.01
16	1.15	1.08	1.05	1.03	1.02	1.01	1.01
20	1.12	1.06	1.04	1.02	1.01	1.01	1.01

表 4 – 75　中部改向滚动功率系数 k_4

改向滚动名称	增面轮	垂直拉紧装置（包括三个改向滚筒）	电动卸料车	凸弧段	双滚筒传动时头部改向滚筒
光面传动滚筒	1.014	1.10	1.16	1.03	1.05
胶面传动滚筒	1.005	1.03	1.11	1.02	

表 4 - 76 犁式卸料器、清扫器、导料栏板功率系数 k_5

带宽 B/mm	500	650	800	1000	1200	1400
犁式卸料器	0.3	0.4	0.5	1.0	1.4	
弹簧清扫器	0.75	0.75	0.75	1.5	1.5	1.5
空段清扫器	0.10	0.13	0.16	0.20	0.23	0.25
导料栏板	0.37	0.67	1.00	1.57	1.25	3.00

表 4 - 77 头部改向滚动（尾部传动）功率系数 k_6

传动滚筒情况	光面	胶面
k_6	1.8	1.6

表 4 - 78 增面轮（尾部传动）功率系数 k_7

传动滚筒情况	光面	胶面
k_7	1.8	1.6

表 4 - 79 物料加速功率系数 k_8

带速 v/m·s^{-1}	带宽 B/mm					
	500	650	800	1000	1200	1400
1.25	0.03	0.05	0.08	0.13	0.18	0.25
1.6	0.7	0.11	0.16	0.26	0.38	0.52
2.0	0.13	0.22	0.32	0.51	0.74	1.02
2.5	0.25	0.42	0.62	1.00	1.43	1.98
3.15		1.25	2.00	2.88	3.98	
4.0					5.90	8.10

4.8.2.5 电动机功率计算

电动机的功率可按下式计算：

$$N = k' \frac{N_0}{\eta} \tag{4 - 38}$$

式中 N——电动机功率，kW；

N_0——传动滚筒轴功率，kW；

k'——功率安全系数和满载启动系数，对 JO3 型电动机及采用粉末联轴器或液力联轴器的驱动装置，一般取 $k' = 1.0$；对 JO2 型电动机，取 $k' = 1.4$；

η——总传动效率，对光面传动滚筒取 $\eta = 0.88$，对胶面传动滚筒取 $\eta = 0.90$。

4.8.3 斗式提升机

斗式提升机是垂直提升设备，一般分为以橡胶输送带为牵引构件的 D 型和以链条牵引的 HL 型（环链）、PL 型（链斗，也称为 ZL 型）两类。

4.8.3.1 技术特性

斗式提升机的技术特性如下：

（1）提升最大高度与提升的物料密度有关，一般提升高度小于30m。

（2）输送物料温度：D型一般不超过60℃，如果用耐热胶带，可提高到120℃以下；HL型允许输送温度较高（200℃以下）的物料；PL型可用于输送250℃以下的物料。

（3）D型和HL型适用于粉状、粒状或小块状（最大块度小于25~50mm）的无磨损性或半磨琢性的物料，如煤、砂、焦末、水泥及碎矿石等。

（4）PL型适于输送块状、粒状、而密度又较大的磨琢性物料，最大块度小于50~100mm，如块煤、砂石、石灰、矿石等。

（5）D型和HL型有两种料斗，深圆底型料斗以"S"表示，充满系数为0.6，适用于干燥松散物料；浅圆底型料斗以"Q"表示，充满系数为0.4，适用于易结块难抛出的物料，如湿砂等。

（6）D型和HL型两种斗式提升机的技术规格见表4-80。

（7）PL型（ZL型）斗式提升机的技术规格见表4-81。

表4-80　D型和HL型斗式提升机的技术规格

提升机型号	D16		D250		D350		D450		HL300		HL400	
	S	Q	S	Q	S	Q	S	Q	S	Q	S	Q
输送量/$m^3 \cdot h^{-1}$	8.0	3.1	21.6	11.8	42	25	69.5	48	28	16	47.2	30
斗容量/L	1.1	0.65	3.2	2.6	7.8	7.0	14.5	15	5.2	4.4	10.5	10
斗距/mm	300		400		500		640		500		600	
斗宽/mm	160		250		350		450		300		400	
胶带宽/mm	200		300		400		500					
运行部分质量/$kg \cdot m^{-1}$	4.72	3.8	10.2	9.4	13.9	12.1	21.3					
料斗运行速度/$m \cdot s^{-1}$	1.0		1.25		1.25		1.25		1.25		1.25	
传动轴转速/$r \cdot min^{-1}$	47.5		47.5		47.5		37.5		37.5		37.5	

表4-81　PL型（ZL型）斗式提升机的技术规格

提升机型号		PL250（ZL25）	PL350（ZL35）	PL450（ZL45）	（ZL60）
输送量/$m^3 \cdot h^{-1}$	$\varphi \approx 1$	30（55）	59（80）	100（120）	（160）
	$\varphi = 0.75 \sim 0.85$	22.3（44）	50（64）	85（96）	（128）
斗容量/L		3.3（7）	10.2（9.8）	22.4（18）	（24）
斗距/mm		200（250）	250（250）	320（300）	（300）
斗宽/mm		250（250）	350（350）	450（450）	（600）
运行部分质量/$kg \cdot m^{-1}$		36（50）	64（60）	92.5（100）	（110）
料斗运行速度/$m \cdot s^{-1}$		0.5（0.58）	0.4（0.58）	0.4（0.58）	（0.58）
主动链轮转速/$r \cdot min^{-1}$		18.7（27.4）	15.5（27.4）	11.8（19）	（19）

注：1. 括号内数字为ZL型斗式提升机参数；

　　2. φ为料斗充满系数。

4.8.3.2　输送量计算

斗式提升机的输送量除参见上述技术规格表所列数据外，可按下式计算：

$$Q = 3.6 \frac{v}{t} q\varphi \tag{4-39}$$

式中　Q——输送量，m^3/h；

　　　v——料斗运行速度，m/s；

　　　t——斗距，mm；

　　　q——每个斗容积，L；

　　　φ——物料在斗内的充满系数，对 D 型和 HL 型，"S" 型斗一般取 0.6；"Q" 型斗一般取 0.4；PL 型（ZL 型）一般取 0.75~0.85，个别块度小易挖取的物料可约取为 1。

4.8.3.3　功率计算

D 型（HL 型）斗式提升机的功率可按下式计算：

$$N = 1.2 \frac{QH}{367\eta\eta_1} \tag{4-40}$$

式中　N——所需电动机功率，kW；

　　　Q——输送物料量，t/h；

　　　H——提升高度，m；

　　　η——传动效率，一般取 0.7~0.8；

　　　η_1——提升机效率，块状时取 0.25~0.4，粒状、粉状时取 0.4~0.6。

PL 型（包括 ZL 型）斗式提升机的功率可按下式计算：

$$N = \frac{k'QHK}{367\eta} \tag{4-41}$$

式中　k'——功率备用系数，其值为：提升高度 $H \le 10m$ 时，$k' = 1.45$；$H = 10~20m$ 时，$k' = 1.25$；$H > 20m$ 时，$k' = 1.15$；

　　　K——规格系数，其值为：提升机规格 PL250（ZL25），$K = 1.45$；提升机规格 PL350（ZL35），$K = 1.20$；提升机规格 PL450（ZL45），$K = 1.42$；

　　　其余符号意义同式（4-40）。

根据上述计算按产品样本选择传动装置。

4.8.4　螺旋输送机

GX 型螺旋输送机属标准产品系列，按螺旋类型分为实体螺旋 "B1" 和带式螺旋 "B2" 两种。按驱动方式分为单端驱动 "C1" 和双端驱动 "C2" 两种。中间悬吊轴承衬材料有带巴氏金轴衬 "M1" 和耐磨铸铁轴衬 "M2" 两种。

4.8.4.1　技术特性

螺旋输送机的技术特性如下：

（1）适于水平及倾斜角小于20°的情况下输送煤粉、石灰、水泥、小块煤炭、炉渣等粉状或粒状物料。

（2）要求工作环境温度为 -20 ~ 50℃，输送物料温度低于200℃。

（3）运输距离为3 ~ 70m（最好不大于50m），每隔0.5m为一级。螺旋输送机的公称直径有150mm、200mm、250mm、300mm、400mm、500mm及600mm，共7种。

（4）一般驱动装置最好装在出料口的头节端，使螺旋轴处于受拉状态，适于单向送料。

（5）实体螺旋的螺旋距为螺旋直径的0.8倍，带式螺旋的螺旋距等于螺旋直径。

（6）GX型螺旋输送机的技术规格见表4-82。

表4-82   GX型螺旋输送机的技术规格

螺旋输送机公称直径/mm			150	200	250	300	400	500	600
输送量	运煤粉时	输送量/m³·h⁻¹	9(4.5)	17(8.5)	33(16.3)	58(23.3)	108(54)	170(79)	300(139)
		转速/r·min⁻¹	190	150	150	150(120)	118	97(90)	97(90)
	运纯碱时	输送量/m³·h⁻¹	4.5(3.0)	8(6.7)	16(10.7)	22(17.7)	53(35.5)	84(70.4)	145(97.2)
		转速/r·min⁻¹	118	95(120)	95(90)	75(90)	75	60(75)	60
	运水泥时	输送量/m³·h⁻¹	3.1(4.1)	5.6(7.9)	11(15.6)	15(21.2)	36(50)	55(84.8)	95(134.2)
		转速/r·min⁻¹	97(90)	75	75	60	60	47.5(60)	47.5(45)
输送机轴容许功率与转速之比	"C1"		0.013	0.03	0.06	0.10	0.25	0.48	0.85
	"C2"		0.26	0.06	0.12	0.20	0.50	0.96	1.70
输送物料块度界限/mm	总量80%左右		15	20	25	30	40	50	60
	总量不大于15%		30	50	60	75	100	125	150
许用最大轴端悬臂负荷/kg			210	370	580	800	1500	2400	3500

注：括号内数字为上海起重运输机械厂的数据。

4.8.4.2   输送量计算

螺旋输送机的输送量除参见表4-82中数据外，可按下式计算：

$$Q = \left(\frac{D}{Z^{2.5}}\right)^2 \varphi\rho C \tag{4-42}$$

式中 Q——物料输送量，t/h；

   D——螺旋输送机公称直径，m；

   Z——物料特性的综合经验系数，见表4-83；

   φ——物料充满系数，一般取0.2 ~ 0.4，磨琢性大，块度大的物料取小值，具体参见表4-83；

   ρ——物料堆密度，t/m³；

   C——输送机倾斜校正系数，见表4-84。

表 4 – 83 物料充满系数 φ 及综合经验系数 Z、A

物料粒度特性	物料磨琢性	物料典型	推荐的螺旋类型	推荐的充满系数 φ	Z	A
粉状	无或少磨琢性	煤粉、面粉	实体螺旋	0.35 ~ 0.40	0.0415	75
粉状	半磨琢性	纯碱、石灰、石墨	实体螺旋	0.30 ~ 0.35	0.0415	50
粉状	磨琢性	水泥、石膏粉、细矿粉	实体螺旋	0.25 ~ 0.30	0.0565	35
粉状	无或半磨琢性	谷物、泥煤、粒状食盐	实体螺旋	0.25 ~ 0.35	0.049	50
粉状	磨琢性	型砂、炉渣、矿石	实体螺旋	0.25 ~ 0.30	0.060	30
块度小于60mm	无或半磨琢性	煤、石灰石	实体螺旋	0.25 ~ 0.30	0.0537	40
块度小于60mm	磨琢性	卵石、砂石、干炉渣	实体或带式螺旋	0.20 ~ 0.25	0.0645	25
最大块度大于60mm	无或半磨琢性	块煤、块状石灰	实体或带式螺旋	0.20 ~ 0.25	0.060	30
最大块度大于60mm	磨琢性	干黏土块、硫矿石、焦炭块	实体或带式螺旋	0.125 ~ 0.20	0.0795	15
圆状	黏性或易黏块	含水的糖、淀粉质团	带式螺旋	0.125 ~ 0.20	0.0710	20

表 4 – 84 螺旋输送机倾斜校正系数 C

倾角/(°)	0	≤5	≤10	≤15	≤20
C	1.0	0.9	0.8	0.7	0.65

4.8.4.3 螺旋输送机转速计算

螺旋输送机转速可按下式计算：

$$n = \frac{A}{\sqrt{D}} \tag{4-43}$$

式中　n——输送机轴极限转速，r/min；

　　　A——物料特性综合系数，见表 4 – 83；

　　　D——输送机公称直径，m。

4.8.4.4 螺旋输送机轴功率

螺旋输送机所需轴功率按下式计算；

$$P_0 = k' \frac{Q(\omega' L \pm H)}{367} \tag{4-44}$$

式中　P_0——所需轴功率，kW；

　　　k'——功率备用系数，一般为 1.2 ~ 1.4；

　　　Q——输送量，t/h；

　　　ω'——物料阻力系数，无或少磨琢性物料，如细磨后粉状物料取 2.5；半磨琢性物料，如黏土、白云石、细矿粉等取 3.2；磨琢性物料，如焦炭、粒状矿石、消化石灰等取 4.0；

　　　L——螺旋水平投影长度，m；

　　　H——螺旋垂直提升高度，m，向下输送为 " – "，向上输送为 " + "。

将计算机的轴功率 P_0 及计算机选定的输送机轴转速 n 两者之比（即 P_0/n）对照技术

规格表，若此值超过表中数值，则应选用直径较大的螺旋输送机。

4.8.4.5　螺旋输送机驱动装置功率计算

螺旋输送机驱动装置的功率可按下式计算：

$$P = \frac{P_0}{\eta} \qquad\qquad (4-45)$$

式中　P——驱动装置功率，kW；

　　　P_0——所需轴功率，kW；

　　　η——驱动装置效率，一般取 0.94。

4.8.4.6　驱动装置选择

一般驱动装置常采用 JO2 型电动机，JZQ 型减速机（简称 JJ 型），其型号第一段表示其规格（其中前两位数字表示电动机机座型号，后两位数字表示减速器中心距，以 cm 为单位），第二段表示装配方式，"1"表示右装，"2"表示左装（以站在电动机尾部看，减速器低速轴在电动机轴之右，称右装，反之称左装）。例如：JJ3225·1 即表示采用 JO2 型电动机，JZQ 型减速机，JO232 型机座，减速器中心距为 250mm，右装。

根据上述计算，确定了螺旋转数和驱动装置功率，就可由表 4-85 和表 4-86 查得电动机及减速器的全部型号。

表 4-85　输送机转速与电动机极数、减速机速比的关系

	螺旋输送机轴转速/r·min⁻¹		20	30	35	45	60	75	90	120	150	190
JJ型驱动装置	JO2 型电动机	转速/r·min⁻¹	1000	1500	1500	1500	1500	1500	1500	1500	1500	1500
		极速	6	4	4	4	4	4	4	4	4	4
	JZQ 型减速机	速比 i	48.57	48.57	40.17	31.50	23.34	20.49	15.75	12.64	10.35	8.23
		代号 左装	I-1Z	I-1Z	II-1Z	III-1Z	IV-1Z	V-1Z	VI-1Z	VII-1Z	VIII-1Z	IX-1Z
		右装	I-2Z	I-2Z	II-2Z	III-2Z	IV-2Z	V-2Z	VI-2Z	VII-2Z	VIII-2Z	IX-2Z

表 4-86　JJ 型驱动装置所能发出的最大功率　　　（kW）

驱动装置型号	输出轴转速/r·min⁻¹									
	20	30	35	45	60	75	90	120	150	190
JJ2125	0.55	0.80	0.95	1.10	1.10	1.10	1.10	1.10	1.10	1.10
JJ2225	0.55	0.80	0.95	1.35	1.50	1.50	1.50	1.50	1.50	1.50
JJ3125	0.55	0.80	0.95	1.35	1.80	2.00	2.20	2.20	2.20	2.20
JJ3225	0.55	0.80	0.95	1.35	1.80	2.00	3.00	3.00	3.00	3.00
JJ3135	1.25	1.90	2.20	2.20	2.20	2.20	2.20	2.20	2.20	2.20
JJ3235	1.25	1.90	2.30	3.00	3.00	3.00	3.00	3.00	3.00	3.00
JJ4135	1.25	1.90	2.30	4.00	4.00	4.00	4.00	4.00	4.00	4.00
JJ4235	1.25	1.90	2.30	3.00	4.10	4.60	5.50	5.50	5.50	5.50
JJ5135	1.25	1.90	2.30	3.00	4.10	5.00	6.90	7.50	7.50	7.50

驱动装置型号	输出轴转速/r · min^{-1}									
	20	30	35	45	60	75	90	120	150	190
JJ5235	1.25	1.90	2.30	3.00	4.10	4.60	6.90	8.50	9.50	10.50
JJ4140	2.50	2.70	4.00	4.00	4.00	4.00	4.00	4.00	4.00	4.00
JJ4240	2.50	2.70	4.50	5.50	5.50	5.50	5.50	5.50	5.50	5.50
JJ5140	2.50	2.70	4.50	6.20	7.50	7.50	7.50	7.50	7.50	7.50
JJ5240	2.50	2.70	4.50	6.20	8.50	9.70	10.00	10.00	10.00	10.00
JJ6140	2.50	2.70	4.50	6.20	8.50	9.70	12.7	13.00	13.00	13.00
JJ6240	2.50	2.70	4.50	6.20	8.50	9.70	12.7	16.10	17.00	17.00
JJ4150	3.00	4.00	4.00	4.00	4.00	4.00	4.00	4.00	4.00	4.00
JJ4250	4.00	5.50	5.50	5.50	5.50	5.50	5.50	5.50	5.50	5.50
JJ5150	4.30	6.40	7.50	7.50	7.50	7.50	7.50	7.50	7.50	7.50
JJ5250	4.30	6.40	7.80	10.00	10.00	10.00	10.00	10.00	10.00	10.00
JJ6150	4.30	6.40	7.80	10.80	13.00	13.00	13.00	13.00	13.00	13.00
JJ6250	4.30	6.40	7.80	10.80	14.60	16.60	17.00	17.00	17.00	17.00
JJ7150	4.30	6.40	7.80	10.80	14.60	16.60	22.00	22.00	22.00	22.00
JJ7250	4.30	6.40	7.80	10.80	14.60	16.60	23.00	26.00	30.00	30.00
JJ5165	5.50	7.50	7.50	7.50	7.50	7.50	7.50	7.50	7.50	7.50
JJ5265	7.50	10.00	10.00	10.00	10.00	10.00	10.00	10.00	10.00	10.00
JJ6165	10.00	13.00	13.00	13.00	13.00	13.00	13.00	13.00	13.00	13.00
JJ6265	10.10	15.20	17.00	17.00	17.00	17.00	17.00	17.00	17.00	17.00
JJ7165	10.10	15.20	18.40	22.00	22.00	22.00	22.00	22.00	22.00	22.00
JJ7265	10.10	15.20	18.40	25.50	30.00	30.00	30.00	30.00	30.00	30.00
JJ8165	10.10	15.20	18.40	25.50	34.50	39.50	40.00	40.00	40.00	40.00
JJ8265	10.10	15.20	18.40	25.50	34.50	39.50	50.00	55.00	55.00	55.00
JJ7175	14.50	21.50	22.00	22.00	22.00	22.00	22.00	22.00	22.00	22.00
JJ7275	14.50	21.50	26.50	30.00	30.00	30.00	30.00	30.00	30.00	30.00
JJ8175	14.50	21.50	26.50	36.50	40.00	40.00	40.00	40.00	40.00	40.00
JJ8275	14.50	21.50	26.50	36.50	49.00	55.00	55.00	55.00	55.00	55.00

4.8.5 斗链输送机

斗链式输送机主要用于供热、电力、冶金、化工、建材等部门，作为运输大宗块状、散状、粉状物料的输送设备。斗链式运输机如图 4 – 62 所示。

斗链式输送机的性能特点为：

（1）运输量大、不散漏；

（2）爬升角度大、减少占地；

（3）耐腐蚀、耐高温、耐冲击；

（4）故障率低、维护简单；

（5）高效节能；

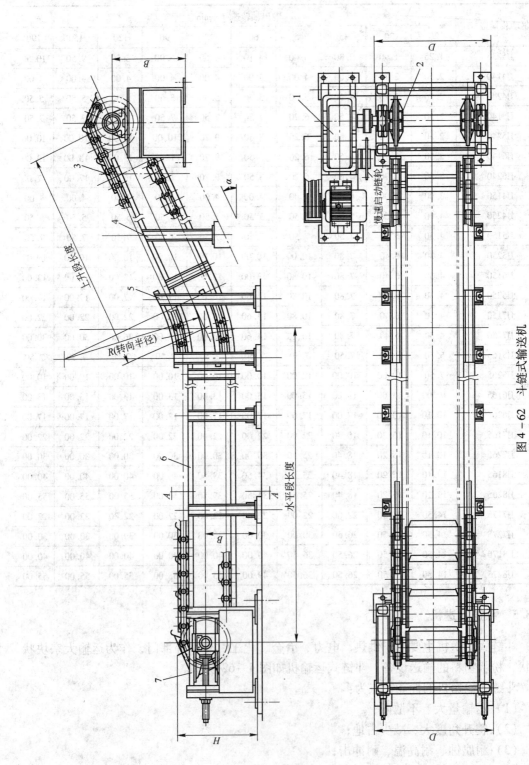

图 4 - 62　斗链式输送机

1—驱动减速机组；2—驱动链轮组；3—斗链装置；4—倾斜段机架；5—转向机架；6—水平段机架；7—松紧装置

（6）使用寿命长，节约投资。

斗链式输送机规格性能如表4-87所示。

表4-87 斗链式输送机规格性能

链速/m·s⁻¹	斗宽/mm			
	500	600	800	1000
	生产率/m³·h⁻¹			
0.3	54	65		
0.6	108	130		
0.8	144	173	230	288
1	180	216	288	360
1.5	270	324	432	540
2	360	432	576	720

DL系列斗链输送机布置形式如图4-63所示。

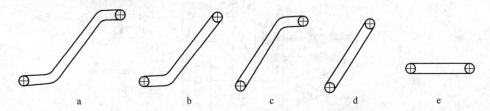

图4-63 DL系列斗链输送机布置形式

a—Z形布置，倾角不大于55°；b—L形布置，倾角不大于55°；
c—倒L形布置，倾角不大于55°；d—I形布置，倾角不大于70°；e—水平布置

4.9 起重运输设备

4.9.1 起重运输设备的分类

矿热炉厂常用的起重设备是电动葫芦、电动梁式起重机和电动桥式起重机，其分类如图4-64所示。

4.9.2 电动葫芦

电动葫芦是一种由电力驱动的轻小型起重设备，它结构紧凑，使用安全可靠，已得到广泛的应用。电动葫芦分固定式和移动式两种，固定式仅能对指定地点的物品进行装卸工作；移动式则可在较大的作业范围内工作。移动式电动葫芦由起升机构和运行小车两个主要部分组成（图4-65），小车沿着工字型钢轨运行。

在起升机构中，目前广泛采用电动机与卷筒同轴线布置的结构（图4-66）。装在卷筒一段的电动机，通过弹性联轴器，与装在卷筒另一端的减速齿轮相连。在电动机另一个尾端的风扇上，装有锥形制动器4。一般在卷筒上还装有导线装置，该装置采用螺杆螺母机构。当螺杆旋转时，使螺母产生沿卷筒轴向的移动。卷筒旋转一周，与螺母装在一起的导绳器的轴向移动量正好是卷筒绳槽的一个节距，因此保证了钢绳在卷筒上的排列整齐。

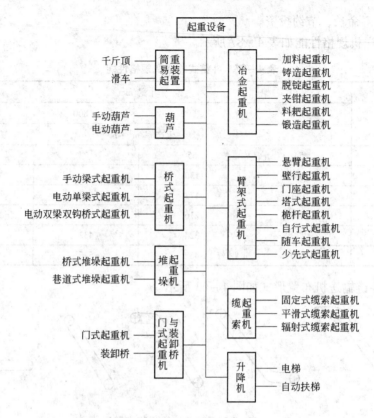

图 4 – 64　起重运输设备的分类

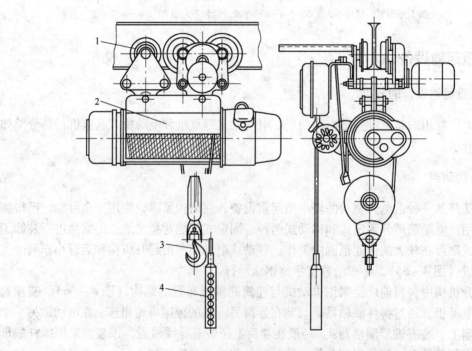

图 4 – 65　移动式电动葫芦
1—运行小车；2—起升机构；3—吊钩；4—开关盒

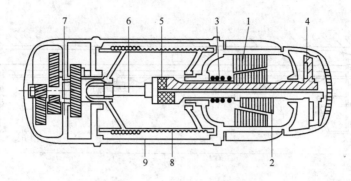

图 4-66 电动葫芦起升机构

1—定子；2—转子；3—弹簧；4—锥形制动器；5—联轴器；6—动力轴；
7—减速齿轮；8—卷筒；9—外壳

电动葫芦的行走小车形式较多，多数采用由一个电动机驱动同侧的两组走轮。由于行走速度小，同时也为了简化结构，行走机构一般不装制动器。为了保证电动葫芦的工作安全，在每个机构中，都有终点开关，当吊钩或运行小车接近极限位置时终点开关能使供给电动机的电流断路。

电动葫芦大都采用三相交流鼠笼式电动机。电动机的控制，常采用地面按钮。在悬垂电缆下部挂着一个开关盒，其上面装有按钮，一般为升降两个按钮，左右行走两个按钮。

目前，国内生产的电动葫芦的起升用电动机形式主要有两种，一种是锥形转子电动机，另一种是旁磁路电动机，它们都兼有制动器的作用。由于锥形转子电动制造工艺较为复杂，现在有趋势采用旁磁路电动机来代替它，但旁磁路电动机的质量也有待继续提高。

4.9.3 电动梁式起重机

梁式起重机的特点是，桥梁主梁一般采用工字钢起升机构，大多悬挂在主梁上。根据所采用驱动方式的不同，可分为手动和电动两种，根据操作位置的不同，可分为地面操作和司机室操作两种。

电动单梁起重机是由电动葫芦与单梁桥架两部分组成的起重机（图 4-67），与桥式起重机比较，它结构简单、轻巧，造价低，特别适于工作不太繁忙的场所使用。其主要组成部分有：

（1）桥架。桥架是一个由主梁、横梁两部分组装成的金属构架。横梁上装有车轮，在驱动机构作用下，可沿装设于厂房顶部的轨道做纵向移动。

（2）电动葫芦。它可以升降物品和沿桥架主梁做横向移动。

通过以上两个组成部分的纵、横向运动和电动机的升降运动，可以把物品吊运到一个长方体空间的任一点上。

这类起重机一般起重量和跨度都不是很大，目前国内标准产品最大起重量为20t，最大跨度为24m。

LD 型电动单梁起重机主要技术参数见表 4-88。

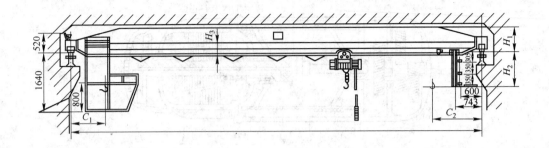

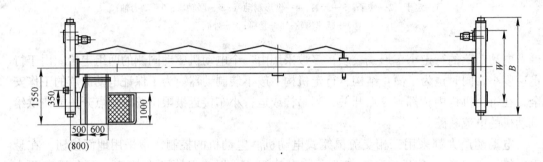

图 4 - 67　电动单梁起重机

表 4 - 88　LD 型电动单梁起重机主要技术参数

	运行速度 /m·min⁻¹	（地）室 20	（地）室 30	（室）45	（室）60	（室）75
起重机 运行机构	速比	58.78	39.38	26.36	19.73	15.88
	电动机	型号	锥形鼠笼		锥形绕线	
		功率/kW	ZDY121 - 4　2×0.8		ZDR 100 - 4　2×1.5	
		转速 /r·min⁻¹	1380			
起升机构 （电动葫芦） 及电动葫芦 运行机构	电动葫芦形式	MD₁ 型 1	HC 型		CD₁ 型	
	起升速度/m·min⁻¹	8/0.8（7/0.7）	3.5（3.5/0.35）		8（7）	
	起升高度 H/m	6，9，12，18，24，30				
	运行速度/m·min⁻¹	20，30				
	电动机	锥形鼠笼型				
工作级别		中级				
电源		380V　50Hz				
车轮直径/mm		φ270				
轨道面宽/mm		37～70				

起重量/t	跨度/m	基本尺寸/mm							起重机总量/t	最大轮压/t	最小轮压/t
		H_1	H_2	H_3	B	C_1	C_2	W			
16	7.5	924	700	1000	2500	1830	1230	2000	3.75	9.25	0.95
	10.5								4.5	9.38	1.03
	13.5	924	900	1200	3000	1830	1230	2500	5.30	9.80	1.25
	16.5								5.78	9.92	1.53
	20.5	1183	1050	1400	3500	1830	1230	3000	7.12	11.0	1.95
	22.5								7.8	11.09	2.01
10	7.5	745	1470	900	2500	1230	1830	2500	3.245	5.098	0.649
	10.5								3.768	5.499	0.754
	13.5	875	1540	1100	2500	1230	1830	3000	4.493	5.830	0.899
	16.5								5.149	6.594	1.039
	20.5	1110	1640	1200	3000	1230	1830	3500	5.818	6.891	1.28
	22.5								7.90	7.13	1.85
5	7.5	580	1380	720	2500	842	1310	2000	2.54	3.58	0.42
	10.5								2.88	3.66	0.50
	13.5	785	1415	910	2500	842	1310	3000	3.67	3.87	0.01
	16.5								4.42	4.06	0.90
	20.5	875	1485	1110	3000	842	1310	3000	4.97	4.23	1.07
	22.5								6.05	4.50	1.34

4.9.4　电动桥式起重机

电动桥式起重机在实现生产过程机械化方面占有重要地位。它能使物品沿长度、宽度和高度三个方向做直线运动，并通过这三种运动的配合，实现物品的空间转移。

根据取物装置的不同，桥式起重机可分为吊钩式（有一个或几个吊钩）、抓斗式和电磁式。

4.9.4.1　桥式吊钩起重机

桥式吊钩起重机为应用最广泛的一种起重机，由它来运送的物品，多数用链子或钢绳捆扎，也可用辅助夹取器或盛包来运送。

桥式吊钩起重机基本上由下面三大部分组成：

（1）金属结构部分。它主要有安装机械电器设备承受吊重、自重、风力和大小车制动停止时产生的惯性力等。金属结构的关键性部件是桥架，桥架由水平主梁和两端的横梁所组成，如图4-68所示。主梁的断面形状大多采用矩形（俗称箱型）。桥架几十年来一直采用两根主梁和两

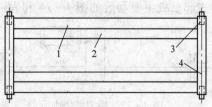

图4-68　桥架
1—走台；2—主梁；3—车轮；4—横梁

根横梁的结构，近来又出现一根主梁的结构，但目前铁合金厂采用的尚很少。

（2）机械（工作机构）部分。它主要包括起升机构、小车行走机构及大车行走机构。

1）起升机构是起重机最基本、最主要的机构，担负物品上升和下降的工作，它的组成部分如图4-69所示。电动机提供吊起物品时所需的动力。制动器与电动机有电器连锁，电动机一启动它就松闸，电动机一停止它就抱闸（制动）。减速器用来把电动机发出的高转速降低后传给卷筒工作，以便吊起物品。起升钢丝绳的两头固定在卷筒上，卷筒通过钢丝绳把电动机供给的旋转运动变成物品的升降运动。滑轮组的优点是使起吊的物品垂直下降，没有横向移动，避免了物品的摆动。它由动滑轮（在吊钩挂架上）和定滑轮（它固定在小车架上）组成，后者在一般情况下不转动，只在两边钢丝绳长短不一致时才有一点转动，以保持两边平衡，所以也叫平衡轮。吊钩挂架有长钩和短钩两种，短钩较常用，其结构如图4-70所示。

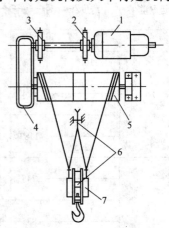

图4-69　起升机构示意
1—电动机；2—联轴器；3—制动器；
4—减速器；5—卷筒；6—滑轮组；
7—吊钩挂架

2）小车行走机构（图4-71）使起升的物品在水平主梁方向往返移动。小车行走机构的特点是大多采用立式减速器使结构紧凑，易于布置，并且因小车轮距较小，所以集中驱动。

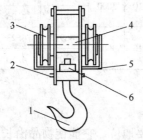

图4-70　吊钩挂架示意
1—吊钩；2—吊钩横梁；3—滑轮；
4—轴；5—外套；6—螺母

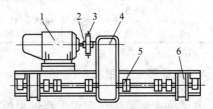

图4-71　小车行走机构示意
1—电动机；2—齿轮联轴器；3—制动器；
4—减速器；5—齿轮联轴器；6—车轮

3）大车（桥架）行走机构使吊起的物品沿起重机轨道方向往返移动。其驱动方式有两种，一种是集中驱动（图4-72），另一种是分别驱动（图4-73）。集中驱动常易使车轮轮缘与轨道侧面压触，引起车轮轮缘和轨道的迅速磨损，俗称"啃道"。分别驱动则拆装方便，运行性能好，工作时不受桥架主梁变形影响，工作寿命长，以被广泛采用。吊钩桥式起重机主要参数如图4-74和表4-89所示。

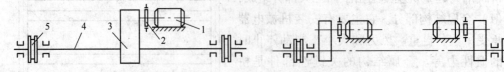

图4-72　桥架的集中驱动　　　　　图4-73　桥架的分别驱动
1—电动机；2—制动器；3—减速器；
4—传动轴；5—车轮

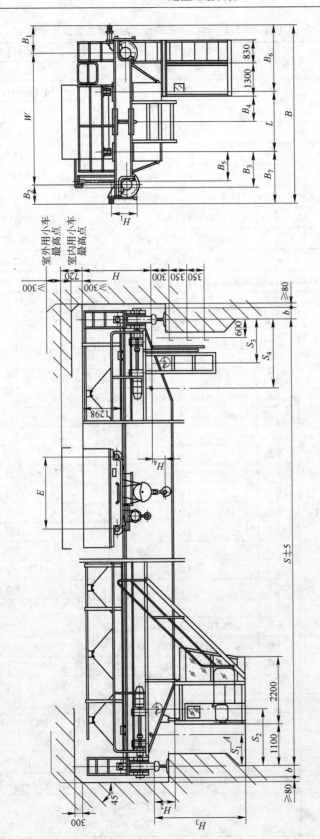

图 4—74 QD 型 16/3.2～50/10t 吊钩桥式起重机简图

（QD 型吊钩桥式起重机，主要由桥架、大车运行机构、小车、电气设备等组成。根据使用平凡程度不同，分为 A5、A6 两种级别。
该起重机动作操纵全部在司机室内完成。HO≤250 为大车缓冲器增加的高度）

表 4 – 89　QD 型 16/3.2 – 50/10t 吊钩桥式起重机主要技术参数

起重量/t				20/5				25/5（10）			
				13.5	16.5	19.5	22.5	13.5	16.5	19.5	22.5
跨度(最大起升)/m		主钩		12				12（A5）/11（A6）			
		副钩		11				14（A5）/13（A6）			
速度 /m·min⁻¹	起升	主起升	A6	9.7				9.8			
		副起升		12.7				12.7			
	小车运行			37				37			
	大车运行		A6	112.5		101.4		113		101.4	
电动机型号	起升	主起升	A6	YZR250M1 – 6/37				YZR250M2 – 6/45/950			
		副起升		YZR160L – 6/13/950				YZR160L – 6/13/950			
	小车运行			YZR132M2 – 6/4/909				YZR132M2 – 6/4/909			
	大车运行		A6	YZR160M2 – 6/7.5		YZR160L – 6/11		YZR160L – 6/11/945			
主要尺寸 /mm		B	A6	6274				5940		5944	
		W		4400				4000		4100	
		B₁		1262				1230		1182	
		B₂		612				710		1182	
		B₃		1490		1565		1490		1565	
		B₄		1075	1100	1080	1105	895		920	945
		B₅		1256	1281	1306	1331	1281		1331	
		B₆		2462				2230		2232	
		B₇		1812				1710		1712	
		S₁		1030				1030			
		S₂		1900				1900			
		S₃		1450				1450			
		S₄		2320				2320			
		b		230		260		230		260	
		L		2000 ±2				2000 ±2			
		E		2400				2400			
		H		2099		2189		2191			
		H₁		850 + H0		940 + H0					
		H₂		84	184	244	392	84	184	244	392
		H₃		2574	2554	2624	2772	2524	2554	2624	2772
		H₄		701		909		607		609	
质量/kg	小车		A6	7180				7856			
	总重		A6	22802	25190	29689	32423	24475	26927	31499	34319
最大轮压/kN			A6	174	183	197	197	196	205	220	228
若用钢轨 /kg·m⁻¹	小车			24				24			
	大车			43 或 QU70				43 或 QU70			
电源				三相交流，380V，50Hz，3 相，交流 380V，50Hz							

（3）电气设备。它包括大车和小车集电器、保护盘、控制器、电阻器、电动机、照明、线路及各种安全保护装置（如大车和小车行程开关、"舱口"开关、起升高度限位器、避雷针和地线等）。

4.9.4.2 桥式抓斗起重机

搬运块状或粒状松散物料时，采用自动装料和卸料的专用抓取器——抓斗，能使产生效率大大提高。抓斗起重机的构造与吊钩起重机基本相同，它是由吊钩起重机发展而成的变形产品。

抓斗的操作及工作原理如图4-75所示。满载的抓斗由起升绳1与闭合绳2支持于空间，此时如起升绳不动，闭合绳从卷筒上放出，在颚板与物料自重作用下，抓斗张开，物料即行卸出。物料卸空后起升绳与闭合绳以同一速度运动，直至张开的抓斗落在物料堆上，随后起升绳不动，闭合绳收紧，抓斗颚板关闭。关闭的过程即是装料的过程。当抓斗完全关闭后，两根绳子又以同一速度上升到一定高度，开始第二循环的卸料动作。

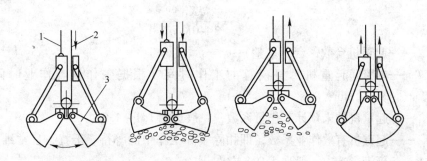

图4-75 抓斗工作过程
1—起升绳；2—闭合绳；3—颚板

起升卷筒与闭合卷筒可由一个电动机通过离合器或差动齿轮来控制，也可由两个独立的电动机来保证分开或同时工作。目前广泛采用后一种，因为它构造简单、装卸和操作方便。

抓斗内载荷的充满程度，是抓斗起重机的一个重要操作特性。为了保证抓斗具有良好的抓取性能，常使抓斗的自重设计成差不多等于抓斗所要抓取的物料重量。抓斗颚板的几何形状对抓斗关闭后的装满率有直接影响，故不同物料要求用不同的抓斗。

4.9.4.3 桥式电磁起重机

将抓斗起重机的抓斗换成电磁吸盘，并对小车上的工作机构作相应改变，即成桥式电磁起重机，它也是吊钩起重机的一个变形产品。

电磁起重机用来搬运或堆放具有导磁性的金属材料（如钢板、铁块、钢屑等），具有很高的工作效率。与抓斗一样，电磁盘的装卸也是自动进行的。

电磁盘由铸钢外壳和装在其内的线圈组成。电流通过绕行电缆输入。线圈通电后即产生磁力线，磁力线在外壳与磁性物料间形成闭合回路，于是物料即被电磁盘吸住，线圈断电后，物料自行掉落。

起重机的安全操作十分重要，稍有疏忽，即有发生重大人身设备事故的可能。因此除要求司机严格执行各项规程制度外，还要求地面工作人员密切配合：首先要有专人指挥，手势要准确清楚；不得让司机超越起吊，起吊物重心要找好，捆绑要牢靠；副钩吊链等要稳妥挂好，高温溶液不得盛装过满；工作中随时观察吊钩、钢绳和吊具等的磨损情况，发现异常现象及时反映；地面工作人员的站立位置也要注意，要避开吊车或重物的运行方向等。只有注意了安全，才能使起重设备在生产中发挥出更大作用。

4.9.5　起重运输设备的选型计算

4.9.5.1　起重机台数计算

分别按胯间进行，一般可按下式计算：

$$N_台 = \frac{TK_1}{1440K_2\eta} \tag{4-46}$$

式中　$N_台$——起重机台数，台（取整）；

　　　T——本胯间起重机每昼夜总的工作时间（根据工作量与作业时间分析计算），min；

　　　K_1——起重机的未预计工作量系数，一般选用 1.1~1.2；

　　　K_2——起重机有效作业系数，即扣除实际工作中的等待、干扰、日常维护及交接班等影响，一般选用 0.8 左右；

　　　η——起重机作业率，重级工作制一般采用 60%~80%，中级工作制一般采用40%~60%。

4.9.5.2　起重机轨面标高的确定

轨面标高一般可按式（4-47）确定，并参见图 4-76。

$$H = H_0 + h_1 + h_2 + h_3 \tag{4-47}$$

式中　H——起重机轨面标高，m；

　　　H_0——最高操作部位的标高，m；

　　　h_1——由于制动及安全操作的间距（一般可取 0.5~0.8m），m；

　　　h_2——抓斗张开时或起吊物件最大高度（包括吊具），m；

　　　h_3——抓斗顶面或吊钩至轨面距离，m。

原料间抓斗起重机作业时间见表 4-90。

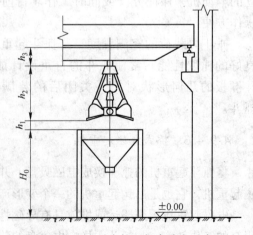

图 4-76　吊车轨面标高确定示意

表 4 – 90 抓斗起重机作业时间

抓斗容积 /m³	矿石		焦炭		钢屑		石灰		富锰渣		白云石	
	min/次	充满系数	min/次	充满系数	min/次	充满系数	min/次	充满系数	min/次	充满系数	min/次	充满系数
2	2	0.75	2	0.8	4~5	0.7						
1.5	2	0.75	2	0.8			2	0.8	2	0.4		
1.5	1.5	0.7	1.5	0.8	4~5	0.7	1.5	0.8				
1	1.5	0.7					1.5	0.8				
1	2	0.7									1.5~2	0.7

环境保护和综合回收利用

5.1　除尘器的类型和选用

将粉尘从含尘气体中分离并捕集的设备称为除尘装置或除尘器。根据主要的除尘机理，目前常用的除尘装置一般可分为四大类型：

(1) 机械式除尘器，包括重力沉降室、惯性除尘器和旋风除尘器等。

(2) 过滤式除尘器，包括袋式除尘器和颗粒层除尘器等。

(3) 电除尘器。

(4) 湿式除尘器，包括文丘里除尘器、自激式除尘器、水膜除尘器等。

20 世纪后期，大气质量日益受到各国重视，研制高效除尘器以提高对微粒的捕集效率成为除尘技术领域的重要课题，从而导致各种新型除尘器不断涌现，如荷电袋式除尘器、荷电液滴过滤除尘器、宽间距电除尘器、干湿一体化旋风除尘器等。本章将着重介绍几种常用除尘装置的工作原理、结构、性能及维护。

5.2　袋式除尘器

用袋状纤维织物的过滤作用将含尘气体中的粉尘阻留在滤袋上的除尘装置称为袋式除尘器。袋式除尘器是应用极为广泛的高效装置，在矿热炉生产中已经得到有效应用。

5.2.1　脉冲喷吹袋式除尘器

脉冲喷吹袋式除尘器是目前国内生产量较大、使用较广的一种带有脉冲喷吹机构的袋式除尘器，它有多种结构形式，如中心喷吹、环隙喷吹、顺喷、对喷等。

5.2.1.1　MC 型（中心喷吹）脉冲喷吹袋式除尘器

脉冲喷吹袋式除尘器一般采用圆袋下进风上排风外滤式。该装置通常由上箱体（冷气室）、中箱体（袋滤室）和下箱体（灰斗）及脉冲控制装置等部分组成。图 5-1 为电石炉常用的 MC 型——脉冲喷吹袋式除尘器。

袋滤室内的滤袋悬挂在与花板连接在一起的文氏管上，通过花板将净气室和袋滤室隔开。袋滤室内根据过滤风量的要求，设有若干排直径为 120~150mm、袋长为 2~6m 的滤袋（如 MC 型，按规格大小，装有 4~20 排，每排 6 条滤袋，袋径为 120mm，袋长为 2m），每排滤袋上部均装有一根喷吹管，滤袋内有支撑滤袋的骨架，防止负压运行时把滤袋吸瘪。安装在净气室内开有喷吹小孔的喷吹管，对准每条滤袋的文氏管上口，以便压缩空间通过小孔吹向文氏管，同时诱导周围空气进入滤袋内进行清灰。

含尘气体从箱体下部进入灰斗后，由于气流断面积突然扩大，流速降低，气流中一部分颗粒粗、密度大的尘粒在重力作用下，在灰斗内沉降下来；粒度细、密度小的尘粒进入

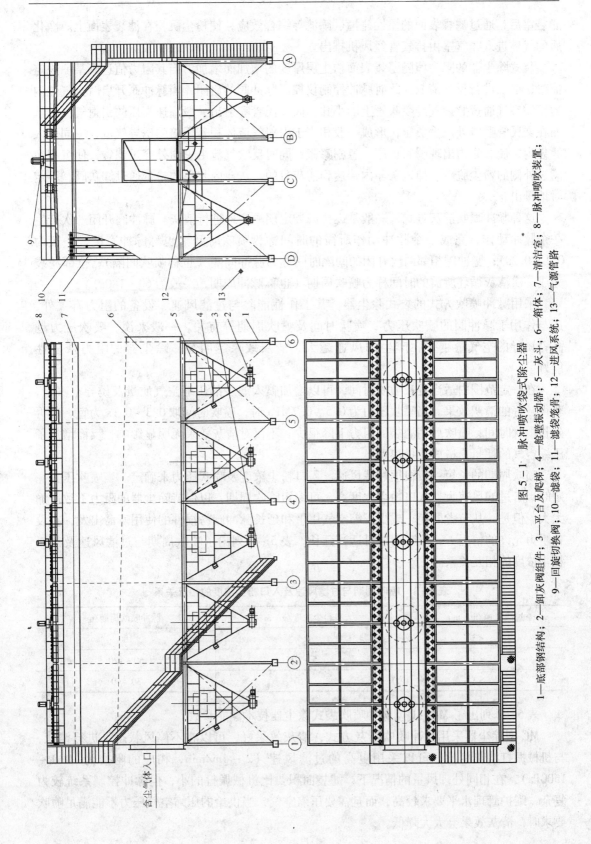

图 5-1　脉冲喷吹袋式除尘器

1—底部钢结构；2—卸灰阀组件；3—平台及爬梯；4—舱壁振动器；5—灰斗；6—箱体；7—清洁室；8—脉冲喷吹装置；9—回旋切换阀；10—滤袋；11—滤袋笼骨；12—进风系统；13—气源管路

滤袋室后，通过滤袋表面的惯性碰撞、筛滤等综合效应，使粉尘沉积在滤袋表面上。净化后的气体进入净气室由排气管经风机排出。

袋式除尘器的阻力值随滤袋表面粉尘层厚度的增加而增加。当其阻力值达到某一规定值时，必须进行反吹清灰。此时脉冲控制仪控制脉冲阀的启闭，当脉冲阀开启时，气包内的压缩空气通过脉冲阀经喷吹管上的小孔，向文氏管喷射出一般高速高压的引射气流，从而在文氏管喉口处产生负压，形成一股相当于引射气流体积若干倍的诱导气流，一同进入滤袋内，使滤袋内出现瞬间正压，急剧膨胀；同时反吹气流由里向外穿过滤袋，使沉积在滤袋外侧的粉尘脱落，掉入灰斗内，达到清灰目的。灰斗内收集的粉尘通过卸灰阀，不定时地排出。

这种脉冲喷吹清灰方式，一般是逐排滤袋定期顺序地进行清灰。脉冲阀开闭一次产生一个脉冲动作，完成一个脉冲动作所需的时间称为喷吹时间（也称脉冲宽度，一般为 0.1 ~ 0.2s）；脉冲阀相邻两次开闭的间隔时间称为脉冲间隔（也称喷吹间隔）；全部滤袋完成一次清灰循环所需的时间称为喷吹周期（也称脉冲周期，一般为 60 ~ 180s）。

采用脉冲喷吹方式的袋式除尘器，其工作性能除与过滤风速、设备的阻力有关外，还与作用于脉冲阀的喷吹压力、喷吹时间及喷吹周期等有关。一般来说，喷吹压力越高，诱导的空气量越多，产生的风速越大，清灰效果越明显，除尘器的阻力恢复性能好。

在一定范围内适当延长喷吹时间，可以增加喷入滤袋的压缩空气质量及诱导空气量，获得较好的清灰效果。当喷吹压力为 0.5 ~ 0.7MPa 时，喷吹时间取 0.3 ~ 0.1s 为宜。若再延长喷吹时间，喷吹后期滤袋的阻力下降很少，不仅对清灰效果无明显影响，反而增加了压缩空气的耗量，造成能量浪费。

喷吹周期的长短一般根据过滤风速、入口粉尘浓度及喷吹压力来确定。当喷吹压力一定时，若过滤风速大、入口粉尘浓度高，可缩短喷吹周期，以保持除尘器的阻力不致增加太大。但是，从节省能耗、减少压缩空气用量和延长脉冲阀易损件的使用寿命出发，在设备阻力允许的情况下，喷吹周期可适当延长。表 5 - 1 列出了喷吹周期与过滤风速及入口粉尘浓度的相互关系。

表 5 - 1　喷吹周期与过滤风速及入口粉尘浓度的相互关系

过滤风速/m·min^{-1}	入口粉尘浓度/g·m^{-1}	脉冲喷吹周期/s
< 3	< 5	180
< 3	5 ~ 10	60 ~ 120
> 3	> 10	30 ~ 60

表 5 - 2 列出了 MC - 1 型脉冲喷吹袋式除尘器技术性能参数。

MC 型除尘器采用脉冲喷吹清灰方式，清灰效果好，可以在不停风状态下进行清灰，与机械振打清灰相比，可以采用更高的过滤风速（2 ~ 4m/min，相应的阻力为 1000 ~ 1500Pa），在相同处理风量的情况下，滤袋面积要比机械振打的小，但脉冲控制系统较为复杂，维护管理水平要求较高，而且需要压缩空气，当供给的压缩空气压力不能满足喷吹要求时，清灰效果会大大降低。

表5-2　MC-1型脉冲喷吹袋式除尘器技术性能参数

序号	技术性能 型号	MC24-1型	MC36-1型	MC48-1型	MC60-1型	MC72-1型	MC84-1型	MC96-1型	MC120-1型
1	过滤面积/m²	18	27	36	45	54	63	72	90
2	滤袋数量/条	24	36	48	60	72	84	96	120
3	滤袋规格（直径×长度）/mm×mm	φ120×2000	φ120×2000	φ120×2000	φ120×2000	φ120×2000	φ120×2000	φ120×2000	φ120×2000
4	设备阻力/Pa	1000~1500	1000~1500	1000~1500	1000~1500	1000~1500	1000~1500	1000~1500	1000~1500
5	除尘效率/%	99~99.5	99~99.5	99~99.5	99~99.5	99~99.5	99~99.5	99~99.5	99~99.5
6	入口含尘浓度/g·m⁻¹	3~15	3~15	3~15	3~15	3~15	3~15	3~15	3~15
7	过滤风速/m·min⁻¹	2~4	2~4	2~4	2~4	2~4	2~4	2~4	2~4
8	处理风量/m³·h⁻¹	2160~4320	3250~6500	4320~8640	5400~10800	6450~12900	7550~15100	8650~17300	10800~21600
9	脉冲阀数量/个	4	6	8	10	12	14	16	20
10	脉冲控制仪表	电控和气控	电控和气控	电控和气控	电控和气控	电控和气控	电控和气控	电控和气控	电控和气控
11	最大外形尺寸（长×宽×高）/mm×mm×mm	1025×1678×3660	1425×1678×3660	1820×1678×3660	2225×1678×3660	2625×1678×3660	3025×1678×3660	3685×1678×3660	4385×1678×3660
12	设备质量/kg	850	1116	1258	1572	1776	2028	2128	2610

5.2.1.2　对喷脉冲袋式除尘器

如前所述，脉冲喷吹袋式除尘器的滤袋长度一般不超过 2 ~ 2.5m，再长则清灰效果不好，所以当处理风量较大时，占地面积就比较大。例如：处理风量为 16200m³/h 的 120 条滤袋的 MC 型袋式除尘器，当过滤风速为 3m/min 时，占地面积需要 6.24m²。另外，脉冲袋式除尘器清灰用的压缩空气压力一般需要 $(5 ~ 7) \times 10^5$ Pa，而许多工厂现有的压缩空气管网达不到这样高的压力，以至于清灰效果受到影响。

为了增加滤袋长度，降低喷吹压力，北京市劳动保护科学研究所研制了一种对喷脉冲袋式除尘器，含尘气体从中箱体上方进入除尘器，经滤袋过滤后，在袋内自上而下流至净气联箱汇集，再从下部排气口排出。在上箱体和净气联箱中均装有喷吹管，清灰时，上、下喷吹管同时向滤袋喷吹。各排滤袋的清灰由脉冲控制仪控制，按程序进行。

对喷脉冲袋式除尘器具有以下特点：

(1) 占地面积小。因为这种除尘器采用上、下对喷清灰方式，故滤袋可长达 5m，较一般脉冲袋式除尘器的滤袋长 2.5 ~ 3m。在同样过滤面积条件下，占地面积可以小；在相同占地面积情况下，过滤面积可增加 50% 左右。

(2) 喷吹压力低。这种除尘器采用了低压喷吹系统，使喷吹压力由一般的 $(5 ~ 7)$ $\times 10^5$ Pa 降低到 $(2 ~ 4) \times 10^5$ Pa，可适应一般工厂压缩空气管网的供气压力。

(3) 箱体结构较合理。这种除尘器采用单元组合形式，每排七条滤袋，每五排组成一个单元，处理风量大时，可采取多个单元并联组合。

5.2.1.3　环隙脉冲喷吹袋式除尘器

环隙脉冲喷吹袋式除尘器与中心脉冲喷吹袋式除尘器主要不同之处是前者采用了环隙引射器代替中心喷吹的文氏管，它由带插接套管及环形通道的上体和起喷吹作用的下体组成，上、下体之间有一狭窄的环形缝隙。滤袋清灰时，由贮气包来的压缩空气经脉冲阀和插接套管以切线方向进入引射器的环形通道，并以音速由环形缝隙喷出，从而在引射器上部形成一真空圆锥，诱导二次气流。从环形缝隙喷出的高速气流和二次气流一起进入滤袋，产生瞬间的逆向气流，使滤袋急剧膨胀，引起冲击振动，将黏附在滤袋上的粉尘清除下来。

采用环隙引射器有以下几个优点：

(1) 由于环隙引射器的喉部断面（直径约 80mm）比中心喷吹的文氏里管喉部断面（直径约 46mm）大，因而在过滤期间净化气体经过引射器的阻力较小。在一定允许阻力下，采用环隙喷吹清灰，过滤风速可比中心喷吹的高 60%，而压缩空气消耗量只增加 20% 左右。

(2) 由于环隙引射器能诱导较多的二次气流，所以喷吹压力可以低些。

(3) 由于采用可以快速拆卸的插接套管作为引射器之间的连接，因而换袋时很容易将套管取下，然后将引射器连同滤袋提起，脱下破损的滤袋，掉入灰斗中，由灰斗取出。这样不仅拆装方便，避免了中心喷吹的喷孔对中的困难，而且大大减轻了换袋的工作量。

环隙喷吹脉冲袋式除尘器每排装七条滤袋，滤袋直径为 160mm，长度为 2250mm。每五排组成一个单元，处理大风量时可采用多个单元并联组合。

5.2.2 逆向气流反吸（吹）风袋式除尘器

5.2.2.1 正压循环烟气反吸风袋式除尘器

正压是指布袋除尘器处在风机的正压端，这种除尘器通常是下进风内滤直排式结构，每一组袋滤室是相通的，它们之间没有隔板。当某一袋滤室需要清灰时，首先关闭该组滤袋的烟气入口阀门，同时打开反吸风管的阀门。由于反吸风管与系统引风机的负压端相通，在风机负压的作用下，待清灰的滤袋内亦处于负压状态，这样滤袋室内净化后的烟气被吸入到该组滤袋内，使该组滤袋变瘪，同样通过控制有关阀门的启闭，使滤袋出现数次的胀瘪，更有助于滤袋内壁粉尘的脱落，达到清灰目的。从滤袋脱落的粉尘一部分落入灰斗，小部分微尘随反吸气流经风机负压端的反吸管道，与含尘烟气汇合后通过风机进入其他滤袋室再净化处理。图5-3为正压布袋循环烟气反吸风清灰示意图，这种构造的除尘器由于利用系统内的循环烟气反吸清灰避免了滤袋室内结漏糊袋现象。这种反吸清灰方式的除尘系统一般宜用来处理高温烟气，系统风机的压力要求在4kPa以上。

5.2.2.2 负压大气反吹风袋式除尘器

负压是指布袋除尘器处在风机的负压端。这种除尘器通常采用下进风上排风内滤式结构，且具有相互分隔的袋滤室。当某一袋滤室进行清灰时，通过控制机构先关闭该室的出风口阀门，同时打开反吹风管的进风管的进风阀门，使该滤袋室与室外大气相通。此时，其他各滤袋室都处在风机负压状态下运行，待清灰的滤袋室在大气压力的作用下，使室外空气经反吹风管进入该室。反吹风气流被吸入滤袋内，并沿着含尘气流过滤时相反的方向，经进气管道被吸入到其他滤袋室。清灰气流通过滤袋时，使滤袋变瘪，通过控制机构控制阀门的启闭，使滤袋反复胀瘪数次，抖动滤袋更有利于粉尘的脱落，提高了清灰效果。

图5-2为负压布袋吸大气反吹清灰示意图。这种构造的除尘器用于高温含尘气体净

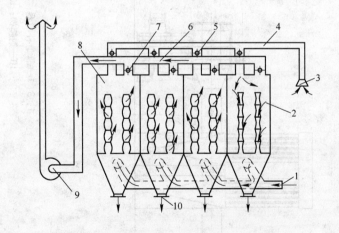

图5-2　负压布袋吸大气反吹清灰示意图

1—含尘气体入口；2, 8—袋滤室过滤状态；3—反吹风吸入口；4—反吹风管；5—反吹风进气阀；
6—净气排气管；7—净气出风口阀门；9—引风机；10—排尘口

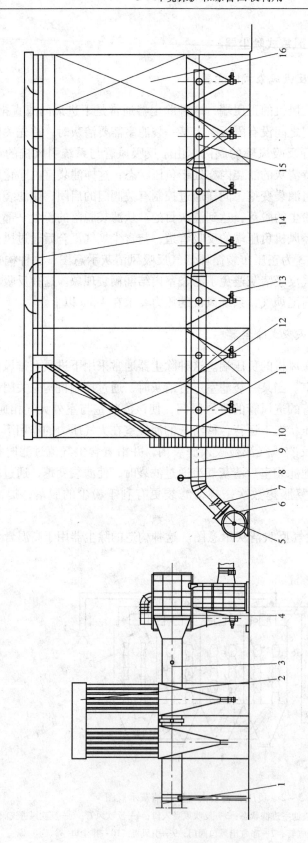

图 5 - 3　正压布袋循环烟气反吸风袋式除尘器

1、3、6—管道补偿器；2—调温式空冷器；4—风机；5—预处理器；7、9、15—管道；8—测温电偶；
10—钢爬梯；11—灰斗；12—星形卸灰阀；13—电机；14—百叶窗；16—除尘仓室

化时，反吹风吸入环境空气的温度较低，容易使高温气体在滤袋室或灰斗内冷却到露点温度以下，使滤袋或器壁出现结露、糊袋现象，严重时会影响除尘器的正常运行，在潮湿地区应用更应注意。通常这种负压吸大气反吹风清灰的除尘装置宜用于常温含尘气体的处理。

5.2.2.3 负压循环烟气反吸风袋式除尘器

这种构造的除尘器通常也是下进风上排风内滤式，各袋滤室之间设有隔板，使各袋滤室成为相互独立的小室。除尘器处在系统风机的负压端，反吹风管与系统风机出口的正压端相连。当某一袋滤室需要清灰时，先关闭该袋滤室与风机负压端相连的净气出口阀门，然后打开反吹风管的进气阀门，此时，循环烟气在风机正压的作用下，经反吹风管进入该袋滤室，实现反吹清灰。从滤袋上脱落的粉尘大部分在灰斗内沉降，未沉降下来的微尘在邻室负压的作用下，经含尘烟气入口被吸出，与含尘烟气汇合被吸入相邻各室再次进行净化。图 5-4 为负压循环烟气反吹风清灰示意图。

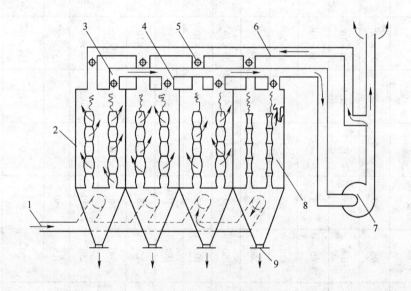

图 5-4　负压循环烟气反吹风清灰示意图
1—含尘气体入口；2—袋滤室过滤状态；3—净气排出口；4—净气管道；
5—循环烟气反吹风阀门；6—循环烟气管道；7—风机；
8—滤袋室反吹清洗状态；9—排尘口

以上三种袋式除尘器的过滤和清灰程序，均是通过时间继电器操纵三通切换阀来实现的。其过滤风速一般在 1m/min 以下，过滤阻力为 1500～2000Pa。

5.2.3 滤料性能特点

表 5-3 示出各种常见滤料的性能特点。选择滤料性能应能使其满足物理化学性能要求，更主要的是滤袋使用寿命要高。

表 5-3　各种常见滤料的性能特点

类别	原料或聚合物	商品名称	密度/g·cm⁻³	最高使用温度/℃	长期使用温度/℃	20℃以下的吸湿/% φ=65%	20℃以下的吸湿/% φ=95%	抗拉强度/Pa	断裂伸长率/%	耐磨性	耐热性 干热	耐热性 湿热	耐有机酸	耐无机酸	耐碱性	耐氧化剂	耐溶剂
天然纤维	纤维素	棉	—	95	80	7.8	25	35×10^5	7.5	较好	较好	较好	较好	很差	较好	一般	很好
天然纤维	蛋白质	羊毛	1.54	100	85	12	21.9	14×10^5	30	较好	—	—	较好	较好	很差	差	较好
天然纤维	蛋白质	丝绸	1.32	90	75	—	—	38×10^5	17	较好	—	—	较好	较好	很差	差	很好
合成纤维	聚酰胺	尼龙、锦纶	1.14	120	80	4.2	8	55×10^5	30	很好	较好	较好	一般	很差	较好	一般	很好
合成纤维	芳香族聚酰胺	诺梅克斯	1.38	260	220	4.7	—	50×10^5	16	很好	很好	很好	较好	较好	较好	一般	很好
合成纤维	聚丙烯腈	奥纶	1.15	150	120	1.5	4.7	25×10^5	32	较好	较好	较好	较好	较好	一般	较好	很好
合成纤维	聚丙烯	聚丙烯	1.15	100	90	0	0	48×10^5	23	较好	较好	较好	很好	很好	较好	较好	较好
合成纤维	聚乙烯醇	维尼纶	1.28	180	<100	3.4	—	—	—	较好	一般	差	较好	很好	很好	较好	一般
合成纤维	聚氯乙烯	氯纶	1.41	85	68	0.3	0.9	29×10^5	18	差	差	差	很好	很好	很好	很好	较好
合成纤维	聚四氟乙烯	特氯纶	2.3	290	240	0	0	33×10^5	13	较好	较好	较好	很好	很好	很好	很好	很好
合成纤维	聚酯	涤纶	1.38	150	130	0.4	0.5	44×10^5	50	很好	较好	一般	很好	较好	较好	较好	很好
无机纤维	铝硼硅酸盐玻璃	玻璃纤维	3.55	315	250	0.3	—	151×10^5	2.0	很差	很好	很好	很好	很好	差	很好	很好
无机纤维	铝硼硅酸盐玻璃	经硅油、聚四氟乙烯处理的玻纤	—	350	260	0	0	151×10^5	2.0	一般	很好	很好	很好	很好	差	很好	很好
无机纤维	铝硼硅酸盐玻璃	经硅油、石墨和聚四氟乙烯处理的玻纤	—	350	300	0	0	151×10^5	2.00	一般	很好	很好	很好	很好	较好	很好	很好

5.3 矿热炉工业废水净化和回收利用

5.3.1 废水的产生

矿热炉企业生产产生的废水主要有以下几种：（1）电炉设备冷却水；（2）含氰酚煤气洗涤废水；（3）冲洗渣废水。

对生产中的废水治理，总的原则要实行水的封闭循环利用，尽量减少排污量。据此原则，对废水，温度高的要降温；悬浮物多的要澄清；存在有毒有害物质的要除去有毒有害的物质。对废水的治理，应根据废水的数量和废水中有毒有害物质的性质，采取相应的治理方法，如中和法、氧化法、还原法、吸附法、沉淀法、过滤法及生物法等。生产中的废水经处理后可以再被利用，毒物也不会富集，有的还可以从废水中回收有用的物质，采用电炉循环冷却水还可以节省水源供水量等。

5.3.2 冷却水的循环利用

在生产中，有的生产设备及工艺要求采用间接冷却降温，从企业效益和保护水资源出发，要求冷却水循环利用。

间接循环冷却水没有有毒有害物质的产生，所以循环利用冷却水不存在有毒有害物质的处理问题，但有以下两个问题要解决：一是随着冷却水的蒸发，循环冷却水的硬度增高，导致冷却壁结垢，降低了冷却效果，甚至达不到冷却目的而产生故障；二是冷却后，水温升高，也降低了冷却效果。控制结垢的问题，首先应测定水质中以下要素：Ca^{2+}、Mg^{2+}、SO_4^{2-}、PO_3^{3-} 含量，甲基橙碱度和冷却前后的水温、pH 值。根据这些数据，用水质稳定指数或饱和指数判定是否结垢。在循环水中加入控制结垢药剂，如磷酸盐、聚磷酸盐、聚丙烯酰胺等，也可扩大循环水不结垢指标的范围，即提高循环水浓缩倍数，使循环水重复利用率高达95%以上。如果 Ca^{2+}、Mg^{2+} 等离子富集到一定的程度，加控制结垢药都达不到控制结垢的目的，即应将循环水进行软化处理，使其达不到结垢的条件。

对于冷却水水温升高的问题，一般都要考虑蒸发降温，如建喷水冷却池、冷却塔等。

对于水资源缺乏且水质硬度小的企业，其锰铁高炉及还原电炉的冷却用水可全部使用软水冷却，实现了闭路循环。某厂锰铁高炉软水冷却闭路循环流程图如图 5 – 5 所示。

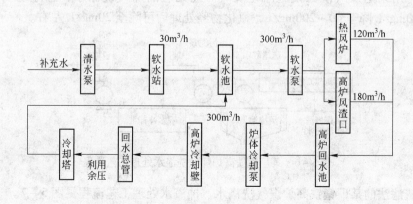

图 5 – 5　某厂锰铁高炉软水冷却闭路循环流程图

5.3.3　煤气洗涤水的治理

全封闭式还原电炉及锰铁高炉生产的回收净化煤气，目前国内可采用湿法除尘，由此而产生的废水需要处理才能循环利用或者排放。电炉及高炉煤气洗涤水水质分析如表5-4和表5-5所示。

表5-4　全封闭电炉煤气洗涤污水水质分析

项　目	结　果	项　目	结　果	项　目	结　果
水色	黑色和灰色	总固体含量/mg·L^{-1}	2572	耗氧量/mg·L^{-1}	9.52
色度/度	40	钙离子/mg·L^{-1}	17.2	5d生化需氧量/mg·L^{-1}	3.04
pH 值	9~10	镁离子/mg·L^{-1}	4.6	总硬度/mg·L^{-1}	4.84
水温/℃	夏天：45~50；冬天：16~26	硫化氢及硫化物/mg·L^{-1}	3.87	总碱度/mg·L^{-1}	4.89
		酚化物/mg·L^{-1}	0.1~0.2	总铬量/mg·L^{-1}	4.80
悬浮物含量/mg·L^{-1}	1960~5465	氰化物/mg·L^{-1}	1.29~5.96		

表5-5　高炉煤气洗涤水水质分析

项　目	结果	项　目	结果	项　目	结果	项　目	结果
水温/℃	43~50	酚/mg·L^{-1}	0.005~0.229	Pb/mg·L^{-1}	0.105~1.887	F/mg·L^{-1}	1.7~28
pH 值	8.6~10.7	CN^{-}/mg·L^{-1}	50~95	Cd/mg·L^{-1}	0.018~1.73	Ca/mg·L^{-1}	7.59~17.4
悬浮物/mg·L^{-1}	871~7420	S^{2-}/mg·L^{-1}	0.8~10	Fe/mg·L^{-1}	0.6~1.0	Mg/mg·L^{-1}	9.14~10.94
COD/mg·L^{-1}	26~251	As/mg·L^{-1}	0.018~0.056	Mn/mg·L^{-1}	0.16~2.0		

对于煤气洗涤水，一是要治理水中的悬浮物；二是要治理水中的氰化物。

5.3.3.1　煤气洗涤水中悬浮物的治理

目前主要有两种方法：一是沉淀法；二是过滤法。

采用沉淀法的某厂锰铁高炉煤气洗涤水中悬浮物处理的工艺流程如图5-6所示。煤气洗涤废水经加药间加入硫酸亚铁后，再经水沟自流入有五格的平流式沉淀池沉淀。五格沉淀池清泥、沉淀循环进行，污泥有移动式泵车排送到尾矿坝堆集，清水经泵送喷水冷却池冷却，再用泵送煤气洗涤设施净化煤气。经处理的煤气洗涤水，悬浮物由处理前的1000~3000mg/L降至40~200mg/L，氰化物经处理后可除至20mg/L左右。

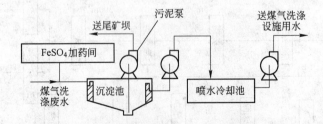

图5-6　某厂锰铁高炉煤气洗涤水处理工艺流程

采用渣滤法的某厂锰铁高炉煤气洗涤水、冲渣水处理工艺流程见图5-7。

渣滤法是煤气洗涤水经加药间加入硫酸亚铁后，再由机械搅拌均匀。进入φ18m 的辐

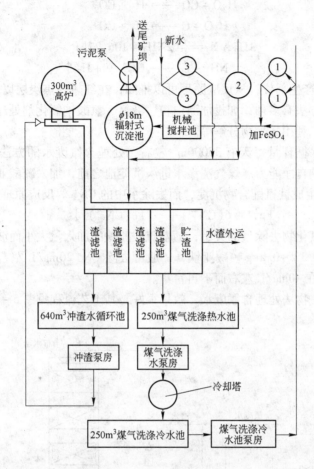

图 5-7　高炉煤气洗涤水、冲渣水处理工艺流程图
1—溢流文氏管；2—空心洗涤塔；3—管式电除尘器

射式沉淀池，经辐射式沉淀池沉淀后的污泥送尾砂坝堆集，上清液流入高炉水渣过滤池过滤，300m³ 高炉水冲渣经冲渣沟自流入水渣过滤池中。水渣过滤池设四格，一格冲渣，一格过滤，一格清渣，一格备用。水渣用抓斗抓入贮渣池中外运。经渣滤池过滤的水，一部分流入 640m³ 高炉冲渣水循环池，用泵送高炉继续冲渣；一部分流入 250m³ 煤气洗涤热水池，再用泵送冷却塔冷却后，流入煤气洗涤冷水池，最后用泵送作煤气洗涤用水。经处理后的煤气洗涤水，悬浮物由 1500～3000mg/L 降低至 40～200mg/L。

5.3.3.2　煤气洗涤水中氰化物的治理

煤气洗涤水经过絮凝沉（淀）降或过滤，进行循环利用，其中所含氰化物如果不治理，会不断富集而造成危害。

高炉煤气洗涤水氰化物的来源，主要是在冶炼锰铁产品时，原料中含有水分，在高温下与焦炭或高炉内产生的一氧化碳反应生成氢气，而氢气在 500℃ 左右与鼓风机吹来的大量氮气反应而生成氨，氨与红热的焦炭接触即生成氢氰酸，氢氰酸在水洗涤煤气时与碱性溶液中的碱金属相结合而稳定在水中。其主要反应方程如下：

$$H_2O + CO \longrightarrow H_2 + CO_2$$
$$H_2O + C \longrightarrow H_2 + CO$$
$$3H_2 + N_2 \Longleftrightarrow 2NH_3 + 106.27kJ$$
$$NH_3 + C \longrightarrow HCN \uparrow + H_2 \uparrow$$

高炉中 HCN 的产生部位，从反应原理可以推知，在红热的焦炭层以上。

氰化物的处理方法有多种，如投加漂白粉、液氮、氯酸钠氧化剂处理，加硫酸亚铁生成铁氰配合物沉淀，利用微生物分解等。

某厂煤气洗涤水循环量每天有 35000m³ 左右，处理含氰废水的方法是投加硫酸亚铁和充分利用氰化物的自净能力。煤气洗涤水进入沉淀池之前，加入硫酸亚铁，一是起絮凝作用；二是使 CN⁻ 生成铁氰配合物沉淀，而去除水中的 CN⁻。反应原理是：

$$Fe^{2+} + 6(CN^-) \longrightarrow [Fe(CN^-)_6]^{4-}$$

煤气洗涤水中氰化物去除量的大小，随着硫酸亚铁的加入量大小而波动。某厂每立方米煤气洗涤水加入 0.13~0.2kg 硫酸亚铁，一般可去除 CN⁻ 20mg/L 左右，使循环使用的煤气洗涤水含 CN⁻ 在 40mg/L 左右而不再富集。

某厂采用塔式生物法处理含氰废水，效果很好，其工艺流程见图 5-8。

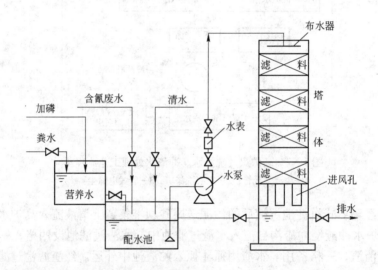

图 5-8　塔式生物滤池处理高炉含氰废水工艺流程图

塔式生物滤池的原理是：采用嗜氧菌，借助于塔滤本身良好的自然通风条件，供给细菌氧气，使嗜氧菌繁殖生产，嗜氧菌通过它的生命活动分解氰，分解过程如下：

$$CN^- + O_2 + H_2O \longrightarrow CONH \longrightarrow NH_4 + HCOOH$$
$$HCOOH \longrightarrow H_2O + CO_2 \uparrow$$

某厂采用自然淘汰法培养驯化嗜氧细菌，经分离鉴定，有 5 种革兰氏阴性杆菌，1 种革兰氏阳性杆菌和 1 种毒菌，以革兰氏阴性杆菌为主。经自然淘汰培养驯化的除氰细菌，挂满滤池填料上，形成乳白色生物膜以后，即可开始逐步加大含氰废水的流量和含氰浓度，使之达到正常运转条件。

某厂生物塔滤池运行情况见表 5-6。

表 5-6　某厂生物塔滤池运行情况

时　间	温度/℃		pH 值	水力负荷 /$m^3 \cdot (m^3 \cdot d)^{-1}$	CN^- 含量/$mg \cdot L^{-1}$			厂外排放口 CN^- 含量/$mg \cdot L^{-1}$
	进水	出水			进水	出水	去除率/%	
某年 10～12 月	27	20	8	4.5	44.8	3.7	92	0.21
某年 1～12 月	30	26	7～8	5～7	49	0.6	99.3	0.30
某年 10～12 月	24	24		6～7	33.6	0.7	98	0.22

注：以上数据为平均数。

经过几年运行，提出了控制指标如下：水温 20～35℃，pH 值 7～9，水力负荷 $6m^3/$ ($m^3 \cdot d$) 左右，溶解氧 7kg/L。营养物控制：COD50mg，降低了工业磷酸或磷酸氢二钠的加入量。

5.3.4　金属铬生产中含铬废水（液）的治理

金属铬生产中含铬废水主要来自洗涤氢氧化铬时产生的含微量 6 价铬和硫代硫酸钠的碱性废水，为此，对它加酸中和至酸性，硫代硫酸钠可以将 6 价铬还原成 3 价，此反应非常安全、彻底，可以达到完全解毒的目的。

生产中应控制以下条件：

(1) 含 6 价铬的浓度应控制在小于 1g/L。

(2) 废液中 $Na_2S_2O_3$ 浓度应经常化验分析，使其比值 $Na_2S_2O_3 : Na_2CrO_4$ 为 1 或 (0.2～0.3)。

(3) 加硫酸时应充分搅拌，终点控制在 pH 值为 3 左右反应完全。

(4) 让反应完全后，再用碱水调整 pH 值为 7～8.5，让其中 $Cr(OH)_3$ 沉淀析出。

此法已在某厂建成日处理废水上万立方米的工业装置，十多年来，运转情况非常理想，经检测证明：6 价铬含量不大于 0.005mg/L，浑浊度达到国家标准，此法只需要消耗少量的工业硫酸，不消耗其他化学药剂，处理量大、彻底，是一项以废治含微量 6 价铬废水的有效方法。

此外，离子交换法治理含铬废水也是一种很成熟的技术，其工艺设备简单，去除效率较高，能够较好地治理 6 价铬废水污染问题。

5.3.5　电解金属锰生产中含铬废水的治理

在电解金属锰生产中，聚积在阴极上的产品从电解槽中提出后，立即放入重铬酸钾溶液中钝化，然后冲洗、烘干，防止金属锰氧化而变黑。钝化过程中有 6 价铬废水的产生。其来源一是重铬酸钾溶液使用一段时间需要清理，含铬废水就要排放；二是从钝化后的极板吊出后，6 价铬溶液滴在地面上，操作不当，可使 6 价铬溶液从钝化槽中淌出；三是钝化后的产品，经两个洗涤池漂洗后再用水冲洗、漂洗池内含 6 价铬的废水都要排放。

对于第二种情况下产生的含铬废水的收集，从厂房设计时就应考虑，否则收集是非常困难的。

某电解锰厂含铬废水处理工程，是收集第一种和第三种情况下产生的含铬废水，然后进行处理。该治理工程的原理是，用硫代硫酸钠，在酸性条件下（实验得出 pH 值为

2.5~3），把6价铬还原成3价铬（实际摸索 $Na_2S_2O_3$ 投加量为6价铬的4.5倍左右），然后再用氢氧化钠中和，使3价铬生成氢氧化物沉淀，过滤回收铬渣。反应方程式如下：

$$Na_2S_2O_3 + K_2Cr_2O_7 + H_2SO_4 \longrightarrow Na_2SO_4 + Cr_2SO_4 + K_2SO_4 + H_2O$$

$$Cr_2SO_4 + NaOH \longrightarrow Na_2SO_4 + Cr(OH)_3 \downarrow$$

该治理工程自1989年12月投产以来，治理效果显著，处理前废水含6价铬2～90mg/L，处理后的废水含6价铬小于0.5mg/L，在国家最高允许排放浓度以下。

某电解锰厂含铬废水处理工艺流程图如图5-9所示。

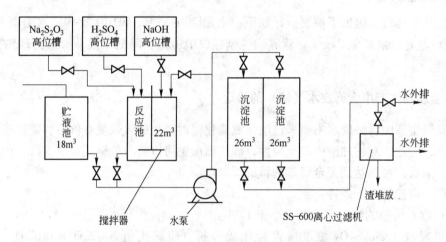

图5-9　某电解锰厂含铬废水处理工艺流程图

对于电解锰含铬废水处理，某厂1981年做过用活性炭处理的工业试验。根据实验结果，建设了活性炭处理电解锰含铬废水工程，该工程投产后处理效果较好。但由于活性炭再生效果差，因此，电解金属锰工程扩建时，利用原有处理设施，将活性炭吸附处理法改为现在的硫代硫酸钠还原处理法。

5.3.6　含钒废水的治理

5.3.6.1　含钒废水的物理化学性质

在酸性铵盐沉钒生产工艺中产生的废水物化性质列入表5-7。

表5-7　沉钒废水主要物化性质

成　分	V^{5+}	Cr^{6+}	Si	Fe	Ca	Mg	Mn	Na_2SO_4	悬浮物	颜色	油类	pH值
含量/mg·L^{-1}	40～100	40～100	100～200	2～5	55～220	30～120	30～50	4000～7000	70～100	黄色	少许	2.5～3

5.3.6.2　离子交换法治理含钒废水

交换树脂采用D201（761）大孔隙强碱性阴离子交换树脂，该树脂具有既能较好地吸附钒（V^{5+}），又能吸附铬（Cr^{6+}）的优点，可净化含钒废水，使流出液 Cr^{6+} 含量不大于0.5mg/L，V^{5+} 含量不大于2mg/L，同时可从浓洗脱液中回收钒和铬。

采用 ϕ1000mm、高 5000mm 不锈钢内衬胶的装 D201 树脂的离子交换柱三台，生产时两台使用，一台洗脱，再生换型。

交换条件为：

pH 值：3~4；

温度：20~60℃；

交换方式：顺流，双阴柱全饱和流程；

交换速度：5~10m/h；

交换容量：V^{5+}：27~32g/L；

Cr^{6+}：36~40g/L 湿 D201。

淋洗再生条件为：

淋洗液：2%~3% NaOH+6% NaCl 的混合液；

淋洗温度：20~50℃；

淋洗方式：顺流；

淋洗速度：0.3~0.5m/h。

洗脱液经调 pH 值沉淀 V_2O_5。浓液经蒸发回收铬作为电炉炼铬铁的原料。

换型条件为：

换型液：3%~4% H_2SO_4；

温度：常温；

换型方式：顺流。

5.3.6.3 化学法治理含钒废水

含钒废水为酸性，pH 值为 2~3，往废水中加 $FeCl_3$，调 pH 值为 4~5（加 NaOH），沉淀钒酸铁，钒酸铁作为钒渣返回回转窑焙烧。

沉淀钒酸铁的滤后溶液加 $FeSO_4$ 使废液中的 6 价铬被还原成 Cr^{3+}，再调 pH 值为 8~9，使铬成氢氧化铬沉淀：$Cr^{3+}+3OH^-\!=\!Cr(OH)_3\downarrow$。为加速沉淀，加聚丙乙烯酰胺絮凝剂，滤后的氢氧化铬，经烘干，用于炼铬铁。

排除的废液含铬达到国家排放标准：Cr 含量不大于 0.5mg/L。

5.3.6.4 采用铁屑-石灰法治理含钒废水

采用铁屑-石灰法对废水进行还原、中和处理，该处理工艺由贮水池、还原塔、中和槽、浓缩池及板框压滤机等主要构筑物和设备组成。每小时处理水量最大为 25m³，平均为 17m³。酸性废水经还原塔与其中的铁屑生成硫酸亚铁，并发生还原反应，使 Cr^{6+} 还原成 Cr^{3+}，V^{5+} 还原成 V^{4+} 和 V^{3+}，加入石灰进行中和，生成难溶的钒酸钙、硫酸钙、氢氧化铬及氢氧化铁沉淀，再经压滤机脱水，产生滤渣。关于滤渣利用问题，建议进行制砖或做水泥添加剂的试验，以便做好中和利用，在未找到滤渣利用途径前，运至渣厂堆弃。经上述处理后，废水中 V^{5+}、Cr^{6+} 的浓度分别小于 2mg/L 和 0.2mg/L，pH 值可达 6~9，符合国家或地方有关排放的要求。

5.4 矿热炉工业固体废物治理和回收利用

矿热炉生产过程中产生大量废渣，不仅占用大面积场地，而且污染大气、地下水和土壤，特别是含铬的废渣，对人体危害极大。因此，合理地利用和处理这些废渣，不仅保护环境，而且还可能回收一些有用的矿产资源。

5.4.1　矿热炉炉渣的主要物理化学性能

矿热炉炉渣的主要物理化学性能如表 5 - 8 和表 5 - 9 所示。

表 5 - 8　矿热炉炉渣密度、堆密度

序号	名　称	密度/$t \cdot m^{-3}$		堆密度/$t \cdot m^{-3}$	备　注
		液体	固体		
1	硅 75 渣（75% FeSi）			0.65 ~ 0.7	块度 20 ~ 30mm，无金属粒
2	锰硅合金渣		3.2	1.4 ~ 1.6	块度 20 ~ 300mm，有金属粒
3	锰硅合金渣	2.9		1.8	抗压强度 119 ~ 196MPa
4	锰硅合金渣（水渣）			0.8 ~ 1.1	经水淬
5	高碳锰铁渣	3.2		1.6 ~ 1.8	
6	再制锰渣		3.8	2.15	含 Mn40% ~ 43%，块度 10 ~ 100mm
7	再制锰渣	3.2		1.7 ~ 1.85	含 Mn40% ~ 43%，块度 100 ~ 300mm
8	富锰渣			1.7 ~ 2.0	含 Mn38% ~ 39%，块度小于 80mm
9	中碳锰铁渣	3.2		1.5	含 Mn 小于 25%，块度 20 ~ 200mm
10	金属锰渣	3.4		1.4	块度 40 ~ 300mm
11	电解锰浸出渣			1.3 ~ 1.4	含水 40%
12	高碳铬铁渣	3.2		1.4 ~ 1.8	抗压强度 110 ~ 170MPa
13	中碳铬铁渣	3.2			
14	低微碳铬铁渣	3.0		1.2	点硅热法生产
15	微碳铬铁渣			1.56	金属热法产品，块重 0.25 ~ 10kg
16	金属铬冶炼渣			1.5	块重小于 10kg
17	金属铬浸出渣			1.3	含水小于 3%
18	钨铁渣			1.6	块度 20 ~ 300mm
19	钼铁渣			1.4 ~ 1.5	块度小于 300mm
20	钒铁渣（贫渣）		3.05		粉化前 300℃
21	钒铁渣（贫渣）			0.93	粉化后
22	钒铁浸出渣			1.2	含水 15%
23	钛铁渣		4.5	1.54 ~ 1.65	块重小于 15kg
24	硼铁渣			1.6	
25	磷铁渣	2.5		1.5	
26	泥铁渣			1.57	块重小于 15kg

5.4.2　矿热炉炉渣治理和回收利用

5.4.2.1　炉渣治理的方法

铁合金炉渣的治理技术，根据不同的渣种，采用不同的方法。目前，高炉锰铁渣、锰硅合金渣、高碳锰铁渣、磷铁渣等都采用水淬法。水淬法包括：

（1）炉前水淬法，即采用压力水嘴喷出的高速水束，将溶流冲碎，冷却成粒状。

表5-9　矿热炉炉渣化学成分及渣铁比

序号	炉渣名称	化学成分/%							渣铁比/%	备注
		MnO	SiO$_2$	CrO$_3$	CaO	MgO	Al$_2$O$_3$	FeO		
1	硅铁渣		30~35		11~16	1	13~20	3~7	3~5	
2	硅钙合金渣		12~20		30~45	0.1~0.5	3~5	0.4~0.6	1~2	
3	高炉锰铁渣	2~8	25~30		33~37	2~7	14~19	1~2	2.6~3.0	
4	高碳锰铁渣	8~15	25~30		30~42	4~6	7~10	0.4~1.2	1.6~2.5	电硅热法
5	锰硅合金渣	5~10	35~40		20~25	1.5~6	10~20	0.2~2	1.2~1.8	转炉法
6	中低碳锰铁渣	15~20	25~30		30~36	1.4~7	约1.5	2~7	1.7~3.5	
7	中低碳锰铁渣	49~65	17~23		11~20	4~5	6~9	0.4~2.5	3.0~3.5	
8	金属锰渣	8~12	22~25		46~50	1~3		1		
9	电解锰浸出渣	MnSO$_4$ 15.13	32.75			2.7	13	Fe(OH)$_3$ 30	5.2~5.8	
10	高碳铬铁渣		27~30	2.4~3	2.5~3.5	26~46	16~18	0.5~1.2	1~1.5	
11	炉料级铬铁渣		24~28	5~8	2~4	23~29	25~28	约1.0	1.3~1.6	中国
12	炉料级铬铁渣		18~28	3~17	3~8	15~24	27~30	2~2.5	1.3~1.6	南非
13	硅铬合金渣		49.1	1.5~2.0	24.1	0.5~1.0	23.2		0.6~0.8	无渣法
14	中、低微碳铬铁渣		24~27	3~8	49~53	8~13			3.4~3.8	电硅热法
15	中、低碳铬铁渣		3.0	70.77	19	7.13		2~5	3.2~3.6	转炉法
16	金属铬浸出渣	Na$_2$CO$_3$ 3.5~7	5~10	2~7	23~30	24~30	3.7~8		12~13	
17	金属铬冶炼渣	Na$_2$O 3~4	1.5~2.5	11~14	约1	1.5~2.5	72~78			
18	电解铬渣						5~15			
19	钨铁渣	20~25	35~50		5~15	0.2~0.5	5~15	3~9	0.5~0.6	
20	钼铁渣		48~60		6~7	2~4	10~13	13~15	1.2	

（2）倒灌水淬法，即用渣罐将熔渣运至水池旁，缓慢侵入中间包，经压力水将熔渣冲碎，冷却成粒状。

凡渣中残留金属较多，可返回冶炼或分选的铁合金渣，一般使其自然冷却成为干渣，如硅铁渣、中碳锰铁渣、规格合金渣、钼铁渣、钨铁渣等。

在炉渣中加入稳定剂，可以防止自然粉化，如吉林铁合金厂向中碳锰铁渣中加稳定剂，防止炉渣粉化，以便将块渣返回生产，冶炼硅锰合金。干渣加工处理一般采用手工破碎与拣选；渣盘凝固、机械破碎；渣盘凝固、自然粉化和渣盘凝固、干渣堆放等方法。

5.4.2.2　高炉锰铁渣水淬

高炉冲渣水处理普遍采用过滤法进行固液分离。某厂 $300m^2$ 高炉渣滤池采用底滤，在底部格栅上铺三层卵石，从上到下，第一层用 ϕ10mm 卵石，厚 8cm；第二层用 ϕ20mm 卵石，厚 12cm；第三层用 ϕ50mm 卵石，厚 20cm。在格栅上每格铺有两根空气反冲管，以清洗进入卵石层的水渣。某厂 $300m^3$ 高炉渣滤池工艺示意如图 5－10 所示。

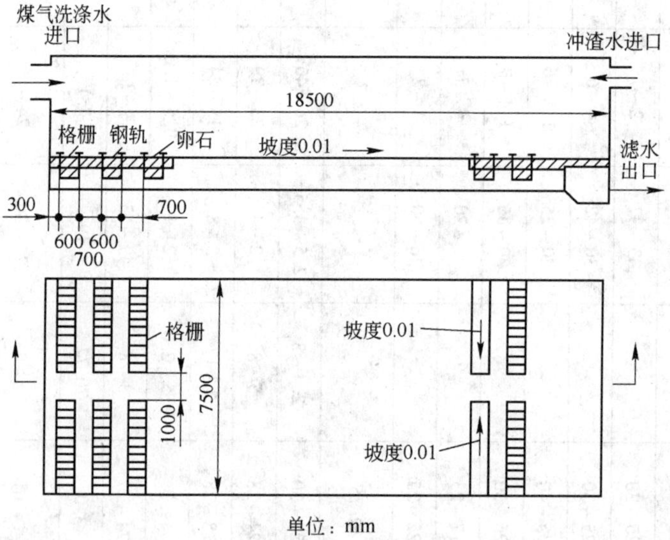

图 5－10　某厂 $300m^3$ 高炉渣滤池工艺示意

某厂高炉冲渣池是采用侧滤。过滤层也是采用各种粒径的卵石，水渣经抓斗送集渣坪外运，冲渣水经过滤后流入清水池，再用泵送至 200t 高位水池，冲渣时打开阀门即可使用。$300m^3$ 高炉冲渣水和 1 号、2 号高炉冲渣水处理前后成分见表 5－10。

表 5－10　某厂冲渣水处理设施进出口主要成分分析

设施名称	位置	时　间	pH 值	悬浮物/$mg \cdot L^{-1}$	$CN^-/mg \cdot L^{-1}$	$S^{2-}/mg \cdot L^{-1}$
$300m^3$ 高炉冲渣水处理设施	进口	某年 3 月 2 日	9.5	9727	0.93	1.36
	进口	某年 3 月 2 日	9.3	148	1.25	<0.02
1 号、2 号高炉冲渣水处理设施	进口	某年 3 月 2 日	10	7233	0.0025	3.2
	进口	某年 3 月 2 日	10	56	<0.004	1.36

从表 5-10 中可以看出，冲渣水 pH 值在 9~10 范围内波动，处理后水中悬浮物不高，对冲渣没有影响，水中 CN^- 和 S^{2-}，由于有挥发性，含量时高时低，最高值也在 5mg/L 内，没有富集的趋势。因此，高炉冲渣水只要解决好悬浮物问题，就完全可以循环利用。某厂通过两套冲渣水过滤池的实践，获得的经验是，过滤池的过滤面积一定要稍有富余。

5.4.3 铬浸出渣的治理

由氧化焙烧、浸取铬酸钠产生的废渣是生产金属铬和铬盐工业的主要污染物，这是因为铬渣中含有水溶性 6 价铬，它是有毒、有害物质。铬渣的排放将会污染环境、影响人体健康，每生产 1t 金属铬，将排放 7~8t 金属废渣，铬渣治理方法大致可分为抛弃法、控制堆放法和有效利用法等。

（1）控制堆放。浸取后的废渣将堆放于专用堆场，采取封闭堆存，地面做防渗处理，上加防雨棚。

（2）作炼铁溶剂。将铬渣作为溶剂配入铁矿粉中，经烧结制成自熔性烧结矿用于炼铁，这样渣中 6 价铬得到彻底还原，并做到无害治理。但所得生铁含有少量的铬（1%~2%），可做特种生铁利用。

（3）附烧铬渣。旋风炉热电联厂附烧铬渣的方法是 20 世纪 80 年代后期发展起来的新型铬渣还原解毒的治理新技术，鉴于旋风炉附烧铬渣法热度强大、炉温高的特点，它能在较小的空气过剩系数下，形成一定的还原区和还原动力，有利于 6 价铬的还原解毒，使 6 价铬还原成 3 价铬。然后渣又以液态排渣方式排放出来，再经水淬固化为玻璃体，在沉渣池内沉降，这种铬渣可用作建筑材料。水淬水循环利用，不排水。尾灰经电除尘器除尘，消除二次污染，保护环境。

旋风炉附烧铬渣技术的主要优点如下：

1）利用电站旋风炉附烧铬渣，治理渣量大、解毒比较彻底；
2）此法可以实现发电、供热、铬渣解毒一炉三得的综合效益；
3）尾灰经电除尘后捕集的尾灰全回熔，消除了二次污染，保护了大气环境；
4）冲渣水循环利用，不排放，防止了周围水体环境及土壤环境的污染。

5.4.4 钒浸出渣的利用

利用提钒尾渣可生产含钒生铁。提钒尾渣是生产五氧化二钒的浸出废渣，其化学成分如表 5-11 所示。

表 5-11 提钒尾渣化学成分

成分	V_2O_5	SiO_2	Fe_2O_3	FeO	CaO	Al_2O_3	TiO_2	MnO	Cr_2O_3
含量/%	1.87	11.32	59.58	0.78	1.40	1.80	7.56	7.47	5.90

某厂用 400kV·A 电弧炉，镁砖炉衬，用烧结后的提钒尾渣、焦炭、石灰、萤石等，采用连续法将混合批料加到炉心和电极周围，待熔池将要装满时，加硅铁渣和石灰精炼约 40min 后出炉，产品平均成分如表 5-12 所示，炉渣成分如表 5-13 所示。

表 5 - 12　含钒生铁成分

成分	V	Si	C	Ti	Mn	P	S	Cr
含量/%	1.50	1.20	3.20	0.51	1.50	0.08	0.06	0.60

表 5 - 13　炉渣成分

成分	SiO_2	CaO	Al_2O_3	TiO_2	MgO	MnO	Cr_2O_3	FeO
含量/%	30.50	29.80	8.28	6.12	5.35	1.35	0.30	0.86

含钒生铁可用于农机系统制造活塞环、气缸套和农机配件等。

5.4.5　硅尘的回收与利用

5.4.5.1　硅尘的物理化学性质

硅尘（也称硅粉）是在还原电炉内生产硅铁和工业硅时，产生的大量挥发性很强的 SiO 和 Si 气体与空气迅速氧化并冷凝而生成的，每吨硅铁（FeSi75）可产生硅尘 200 ~ 300kg。

A　化学成分

硅尘的 SiO_2 含量很高，一般可达 85% ~ 98%，其化学成分如表 5 - 14 所示。硅尘的颜色随 C、Fe_2O_3 含量增高而色泽由白、灰白到灰、深灰变化。就其质量而言，SiO_2 含量高，颜色淡白，白度为 40 ~ 50。

表 5 - 14　硅尘的化学成分　　　　　　　　　　　　　（%）

产地＼成分	中国 A 厂	中国 B 厂	中国 C 厂	日本某厂	美国某厂	挪威奥克兰厂	加拿大某厂
SiO_2	93.38	91.60	92.57	89.59	94.7	88 ~ 98	90.3 ~ 92.4
Al_2O_3	0.5	1.78	0.96	1.38	0.6	<2.2	0.54 ~ 0.61
Fe_2O_3	0.12	0.64	0.56	2.04	0.1	<2.2	3.86 ~ 4.54
CaO	0.39	0.30	0.34	0.49	0.2		0.70 ~ 0.83
MgO	未检出	0.78	0.60	0.70		<2.0	0.41 ~ 0.52
K_2O		1.41		1.36		<2.5	1.04 ~ 1.15
Na_2O		1.54		1.05		<1.8	0.2 ~ 0.23
游离 C						≤2.0	
烧失量		3.04		2.49	4.30		

B　粒度

硅尘的颗粒极其细微。从表 5 - 15 看出，粒度小于 $1\mu m$ 的占 80% 以上。平均粒径为 $0.1 ~ 0.15\mu m$ 的是一种超微固体物质。硅尘与其他粉状物质相比，其比表面积可达 $2 \times 10^5 ~ 2.8 \times 10^5 cm^2/g$，比粉煤灰大 50 倍左右，比水泥大 50 ~ 100 倍左右。超微粒的制造和应用是 20 世纪 80 年代的高技术。目前已有 Al_2O_3、氧化锆、磁性氧化铁等多种超微粒和碳化硅、氮化硅及其他金属和合金超微粉，可用于精密陶瓷、高性能粉末冶金、导电性材料、磁性材料、传感器等新材料。因此，硅尘具有的超微特性，在改善和提高材料的性能方面有着极为重要的作用。

表 5 - 15　硅尘的粒度分布

粒径/μm	中国 A 厂/%	中国 B 厂/%	美国某厂/%	日本某厂/%
>10	2.3			4.7
5 ~ 10	1.4			
3 ~ 5	6.5	14.32 ~ 14.6		4.9
1 ~ 3	7.2			
0.5 ~ 1.0	7.2	7.0 ~ 11.2		15.5
0.4 ~ 0.5	10.3			
0.3 ~ 0.4		14.2 ~ 20.4		53.7
0.2 ~ 0.3			15.1	
0.1 ~ 0.2	66.3		63.5	
<0.1		44.8 ~ 46.36	21.4	21.2

C　颗粒形状

硅尘在冷凝时的气、液、固相变过程中受表面张力的作用，形成大小不一的圆球状，且表面光滑，有些可能是两个或多个圆球状颗粒粘凝在一起的。掺有硅尘的物料，这种微小、光滑的球状体可以起到润滑作用，减小物料颗粒之间的内摩擦力，从而改善了物料的可加工性能，可以相应地降低用水量，提高材料的性能。

D　密度

表 5 - 16 为硅尘与水泥、矿渣、粉煤灰等的物理性能的比较。由表 5 - 16 可见，硅尘的密度只有水泥的 1/6 左右。

表 5 - 16　硅尘与其他材料物理性能的比较

项　目	硅尘	水泥	矿渣	粉煤灰
密度/kg·m^{-3}	200 ~ 300	1200 ~ 1400	1000 ~ 1200	900 ~ 1000
烧失量/%	2 ~ 4			12
比表面积/m^2·kg^{-1}	20000	200 ~ 500		200 ~ 600

E　矿相结构

冷凝形成硅尘的过程极为迅速，所以 SiO_2 还来不及形成晶体，其矿物属于无定形矿物。它是一种具有很大表面活性的火山灰物质，是一种优质的水泥、混凝土掺和料和低水泥浇铸的添加剂。用 X 衍射分析表明，硅粉的 X 衍射图谱显示为典型的玻璃态特征的弥散峰。

F　其他性质

耐火度（SiO_2 >90% 时）：大于 1630℃；

密度：2.1 ~ 3.0g/m^3；

堆密度：200 ~ 250kg/m^3；

pH 值：6.7 ~ 8.0；

电阻率（常温下）：$2.4 \times 10^{14} \Omega \cdot m$；

电阻率（150℃时）：$3.3 \times 10^{12} \Omega \cdot m$；

自然倾斜角：38°～43°。

5.4.5.2　硅尘的综合利用

A　用于水泥工业

挪威、冰岛、前苏联、加拿大等国的铁合金厂将回收的部分硅尘作为水泥原料。其应用方法如下：

（1）用于水泥生料配料。前苏联专利指出，在生产波特兰水泥的原料中配入18%～25%的硅尘，可提高水泥窑的产量和质量，窑的能力提高10%～20%；水泥养生28天后，由47MPa提高到54～56MPa。

（2）生产混合水泥。冰岛一家水泥公司将制成球状的硅尘与熟料一起研磨生产含硅尘约6%的混合水泥，应用效果甚好。1982年加拿大拉法齐（Lafsrge）水泥公司川硅尘掺在波特兰熟料中生产的混合水泥已进入市场。加拿大已制定有混合水泥的规范，混合水泥要求硅尘掺入量在10%以内，硅尘的SiO_2含量大于85%，烧失量小于6%。

（3）生产超密水泥。日本电气化学工业株式会社从丹麦迪西脱（Densit）公司引进了以"迪西法伊特"命名的超密水泥。这种水泥主要由硅尘、特殊外加剂和水泥熟料等配制而成。用它能制成致密度极高的混凝土，其强度比普通混凝土高2～3倍，有良好的耐腐蚀性、绝缘性、耐磨性、抗渗性、抗冻性及对氯离子的阻挡性能等。丹麦已将这种水泥用于防腐。耐磨食品工厂和重型机械厂的地面及要求绝缘和阻挡氯离子的防蚀层、水工混凝土工程等，还可以代替部分金属制品。丹麦防腐蚀研究中心正在研究用这种水泥作钢铁的防腐涂层；原子能研究所正在研究用它做放射性废弃物的保护隔离材料。

B　用于砂浆和混凝土

在建筑、建材行业中应用硅尘是当前硅尘应用的主要途径。自1983年以后，在北美、欧洲、日本等都开始大量使用硅尘混凝土。根据1986年资料报道，挪威每年大约有4万吨硅尘用于生产混凝土，相当于有50万吨水泥掺有硅尘。加拿大1981～1985年共使用了硅尘混凝土$100 \times 10^4 m^3$。

在砂浆和混凝土中使用硅尘时一般与减水剂同时使用，主要起两个作用：（1）水泥水化过程产生的$Ca(OH)_2$能与硅尘反应，产生低C/S比的C－S－H水化物，构成少含或不含$Ca(OH)_2$、不易渗透的水泥石结构，使砂浆和混凝土致密和均匀。（2）砂浆、混凝土中加入硅尘和减水剂，充填到水泥颗粒之间，使砂浆、混凝土显气孔率下降，气孔结构改善，进一步提高混凝土的性能。

新拌硅尘混凝土的性能特点：

（1）黏性大。在混凝土的运输和施工过程中不易离析分层，与岩石、老混凝土、砖等材料黏结性好，用于喷射混凝土工程回弹量小。含硅尘量达20%～30%时，黏稠性更好，可以用于水下工程施工。

（2）泌水性小。硅尘混凝土在浇灌振实后，表面不泌水，不易产生沉缩裂缝，混凝土表面较为光滑，对硅尘混凝土要加强早期养护。

硬化后混凝土的性能特点：

（1）力学强度高。在试验室配制抗压强度为100～150MPa的混凝土已非难事。丹麦配制了抗压强度达到300MPa的混凝土；日本配制了抗压强度225～255MPa的混凝土；我国上海用经挑选的骨料配制了抗压强度为 125MPa 的混凝土。硅尘混凝土抗压强度比普通混凝土提高 20% ~80% 。其他力学性能如抗折强度、抗拉强度也都有很大的提高。

（2）物理化学性能改善。由于硅尘混凝土密实度提高，气孔率减少，微气孔较多，水泥石中 $Ca(OH)_2$ 减少或不存在，提高了混凝土抵御外界介质的渗透、浸蚀等能力。密实的硅尘混凝土可降低碳酸化速率，又有较大的电阻率，所以能保护钢筋和埋设件。硅尘可以和混凝土中存在的 K_2O 和 Na_2O 碱性物质相结合，从而消除或减少碱和骨料反应，避免了工程的破坏。此外，它还有较好的抗冻、防油、耐酸等性能。

目前，硅尘混凝土主要应用在如下几个方面：

（1）建造高层大厦。

（2）用于抗冲刷磨损、抗渗漏工程。1986 年我国已将硅尘砂浆应用于葛洲坝水闸的修补和 $2000 ~3000m^3$ 蓄水池的防渗。

（3）用于高强度抗渗工程。我国上海用高强度预制件建造上海黄浦江越江隧道工程。

（4）用于抗硫酸盐、氯酸盐、钢筋防锈和提高耐久性工程。1976 ~1978 年瑞典建造了受海浪冲击的码头工程，我国的沿海建造了水下采油平台。

（5）用于抗磨、抗冻、防腐等工程。

C 用作低水泥浇铸料

低水泥浇铸料是 20 世纪 70 年代发展起来的一种新型高性能耐火浇铸料，首先由法国研制成功。它广泛用于各种工业高温窑炉，有很好的技术经济效果。1983 年美国匹兹堡市通用耐火材料公司将低水泥浇铸料用于高炉主出铁沟沟盖内衬，使用寿命是原普通浇铸料的 3 倍，由 75 ~100 炉提高到 300 ~400 炉。

低水泥浇铸料和普通浇铸料都使用铝酸钙水泥。但前者配入硅尘和高效减水剂后，其水泥用量仅为 4% ~8% ，加水量仅为 5% ~8% ，比后者水泥用量（15% ~20% ）、加水量（10% ~15% ）有大幅度减少。低水泥浇铸料不仅能节约 50% ~70% 昂贵的铝酸盐水泥，而且性能还得到提高。

根据现有资料报道，低水泥浇铸料在国外应用甚为广泛，已应用在焦炉、烧结、炼铁、炼钢、轧钢、有色冶金、石油和化工、水泥、玻璃陶瓷及发电等工业中。

D 硅尘在混凝土工程中的应用

水电工程中硅尘混凝土是一种新型无机抗磨蚀材料，曾应用于葛洲坝、龙羊峡等水电站工程，它与普通混凝土相比，其抗冲磨能力提高约 1 倍。

作为水工混凝土抗裂性掺和料，掺入硅尘可减少水工本体积混凝土由温度应力产生的裂缝，与单掺粉煤灰（30% ）相比，抗压强度提高 12% ~14% ，线膨胀系数减小 11% ，综合抗裂性能优于单掺粉煤灰的混凝土。

作为海阳港口工程的耐久材料，混凝土中掺入硅尘后，使水泥浆体更为致密，提高了抗离子掺入引起电化学破坏的能力，增加了钢筋混凝土的耐久性。

作为水下混凝土的补强材料，混凝土中掺入硅尘后提高了黏聚性，减少泌水和水泥浆的散失，从而提高了水下混凝土的强度。

高强及民建工程中，硅尘高强混凝土可广泛地应用于各种早强、高强、耐磨、耐腐等特种混凝土与预应力混凝土工程中。

E　其他用途

其他用途有：

(1) 生产水玻璃。上海某化工厂已将硅尘应用于水玻璃生产。用硅尘可在简化工艺的情况下生产出模数大于 4 的水玻璃。模数在 4 以上的水玻璃为中性，可广泛用于高温喷涂、铸钢等方面。上海宝钢已使用了这种水玻璃。

(2) 作为生产橡胶的填料。硅尘化学成分和主要物理性能与白炭黑相近，所以硅尘应用于橡胶工业是一种良好的填料。橡胶中加入二氧化硅粉尘可提高其延展率、抗撕裂及抗老化度。这种橡胶具有良好的介电性，吸水能力低。如果与炭黑同时配入原料中可增大橡胶的弹性拉长强度和抗撕裂性。

(3) 作球团黏结剂。瑞典一家铁合金厂投产了一个生产铬矿球团的车间，利用该厂生产的 FeCrSi 和 FeSi 回收粉尘作为黏结剂制造球团很成功。

(4) 作硅酸盐砖的原料。前苏联利用硅尘提高硅酸盐砖质量，在哈里科夫试制了配入 5% 硅尘的硅酸盐砖。按砖的强度、抗冻性和吸水纸指标可制得相当于 M200 号的砖。如将硅尘配入量增至 7% 时，砖的标号可增至 M250 ~ M300。

(5) 用于农肥和改良土壤。硅尘与氢氧化钾混合加热可制成缓效农肥硅酸钾，它不易挥发流失，能保护土壤，促进作物根部发育，抑制病虫害。

(6) 硅尘用于回炉。制成团块的硅尘主要用于回炉。挪威埃肯公司用水调和成 10 ~ 15mm 的球团，在竖炉中 800 ~ 1200℃ 烧结，不会爆裂且有足够强度，可返回作冶炼原料用。前苏联将纸浆废液用作黏结剂，球团强度可经倒运而不碎裂，按 30% 比例加入电炉使用。

(7) 作防结块剂。为了防止肥料结块，一般是采用云母或硅藻土进行特殊处理，造价很高。应用硅尘可以取代这些较贵的处理材料，但要准确地掌握使用的比例。挪威、法国和意大利都是采用这种方法，使防结块剂的应用效果很好。

总之，硅尘曾一度被认为是一种严重污染环境的烟尘，而今经各国的研究与利用已证实它是一种很有价值的商品。随着人们认识和实践的深入与发展，将会发现新的利用途径，并不断提高其使用价值。

5.4.6　钨铁生产烟尘的回收与利用

钨铁生产烟气量（标态）为 7000m³/h、烟气温度平均为 378K、烟气流速约为 7.5m/s、烟气平均含尘量为 2500mg/m³（标态），粗旋风除尘器和布袋除尘器回收烟尘量每年生产钨铁 6000t、回收钨尘灰 400t 左右。钨尘灰的粒度小于 1μm 占 69.6%，1 ~ 3μm 约占 27.7%，大于 3μm 占 27.7%。钨尘灰的密度为 4 ~ 6kg/cm³。钨尘灰的化学成分如下：

WO_3 为 3.14% ~ 49.46%，SiO_2 为 7.84% ~ 17.2%，FeO 为 16.01% ~ 21.07%，MnO 为 6.53% ~ 9.07%，CaO 为 5.05% ~ 5.72%，P 为 0.022% ~ 0.096%，S 为 0.304% ~ 0.412%，C 为 0.675% ~ 1.168%。

用旋风和布袋除尘的效率为 98%。但因布袋受潮易损坏换袋频率。有的单位采用电除尘回收钨铁生产的烟尘，收尘效率达到 98%。电除尘回收的粉尘化学成分见表 5 - 17。

表 5 – 17　电除尘回收的粉尘化学成分

成分	WO$_3$	SiO$_2$	FeO	MnO	CaO	P	S	C
含量/%	29.46	19.84	16.27	11.70	4.77	0.103	0.24	0.77

集的钨铁烟尘灰粒度很小，直接回炉约 70% 的粉尘再次进入烟气中，因此需要造球后再返回电炉内冶炼。造块时可采用 φ1000mm 圆盘造球机造球，然后再经反射炉固化焙烧至 973K 再返回电炉中冶炼钨铁。

除此以外也可采用钨尘灰与苏打烧结生成钨酸钠，其反应如下：

$$2FeWO_4 + 2Na_2CO_3 + \frac{1}{2}O_2 \longrightarrow 2Na_2WO_4 + Fe_2O_3 + 2CO_2$$

$$3MnWO_4 + 3Na_2CO_3 + \frac{1}{2}O_2 \longrightarrow 3Na_2WO_4 + Mn_3O_4 + 3CO_2$$

烧结块经水过滤，钨酸钠溶液经萃取或离子交换提纯和富集再经水法处理生产 99% 钨酸钠或 99.999% 的三氧化钨。

5.4.7　钼铁粉尘的回收与利用

采用金属热法生产钼铁时，即在熔炼炉料堆反应强烈，瞬时可达 2000℃ 的高温，并产生大量含尘的烟气，其短时间内产烟气量达 10000m^3/h，平均含尘量为 35g/m^3，每炉含尘烟气排放时间为 12min。

5.4.7.1　含钼粉尘的产生量及理化性能

含钼粉尘的化学组成及含量为：每吨钼铁平均产生含钼粉尘 12.4kg，其化学成分：MoO$_3$ 为 60.5%，SiO$_2$ 为 14.7%，FeO 为 8.0%，Al$_2$O$_3$ 为 14.9%，MgO 为 0%，CaO 为 0.8%。

含钼粉尘的粒度分布：0 ~ 5μm 占 15%，5 ~ 10μm 占 30%，10 ~ 50μm 占 20%。烟气成分：N$_2$ 为 83.3%，O$_2$ 为 14.3%，CO 为 2%，CO$_2$ 为 0.6%。

5.4.7.2　钼铁粉尘的回收与利用

钼铁冶炼时，粉尘通过熔炼炉烟罩后，正压进入布袋除尘器集尘箱，经由短管进入布袋内壁。布袋材质为 208 工业涤纶绒布，布袋长 8m，直径 0.3m，中间按等距分为 5 段，用铝圈夹箍把布袋支撑起来。当布袋内壁产生一定阻力后，开始反吹风，把粉尘吸落到灰仓，清灰之后，回转星形阀、螺旋输送机将灰送出，回炉做钼铁原料利用。

5.5　企业噪声的治理技术

企业的噪声被公认为一种严重污染，是环境的"四大"公害之一。

企业的噪声治理可分为三个方面：一是控制声源；二是从传播的途径上控制噪声；三是接受者的防护。

5.5.1　控制声源

控制声源的主要措施有：研制和选择低噪声设备，提高机械加工及装配精度；设备安装时采用减振措施；精心检修，保持设备运转正常；改进生产工艺和操作方法等。

5.5.2　噪声在传播途径上的控制

目前主要采取的措施有：噪声设备的布局要合理，强噪声设备安装在人员活动少或偏僻的地方；利用屏障阻止噪声传播，如隔声罩、隔声间等；利用吸声材料吸收噪声，如进气、排气消声器、吸声体等；包扎管道，阻尼减振消声；利用声源的指向性控制噪声，如将风机出口朝上空或朝向"偏僻"地区。

5.5.3　接受者的防护

接受者防护的主要措施是人体戴防噪声耳罩和防噪声耳塞等。

5.6　矿热炉炉渣的综合利用

5.6.1　矿热炉炉渣的综合利用概况

矿热炉炉渣的综合利用情况如表 5 – 18 所示。

表 5 – 18　矿热炉炉渣的综合利用情况

用途 ＼ 渣名	高炉锰铁渣	高碳锰铁渣	硅锰合金渣	中低碳锰铁渣	精炼铬铁渣（电硅热法）	精炼铬铁渣（转炉法）	硅铁渣	钼铁渣	磷铁渣	钒铁冶炼渣	金属铬冶炼渣	硼铁渣
本厂返回使用		△	△		△	△				△		
水泥掺和料	△	△	△		△						△	
制砖	△										△	
铸石			△	△				△				△
肥料				△								
耐火混凝土骨料											△	
其他	△		△	△	△	△				△	△	

注：△表示可利用。

5.6.2　矿热炉炉渣直接回收利用

硅铁渣和无渣法冶炼的硅铬合金渣，含有大量的金属和碳化硅，其数量约达 30%。在锰硅合金和高碳铬铁电炉上，返回使用这些炉渣，可显著地降低冶炼电耗和提高元素的回收率。某厂将硅铁渣用于冶炼锰硅合金，每使用 1t 硅铁渣可降低电耗约 500kW·h，使锰的回收率提高 10%。铸造行业使用硅铁渣代替硅铁，在化铁炉内和生铁块一起加入，获得了良好的效果。

用电炉高碳锰铁渣可以冶炼锰硅合金。当采用溶剂法生产的高碳锰铁渣，其渣中锰含量约为 15%，采用无溶剂法熔炼，则生成含锰 25% ~ 40% 的中间渣。为提高锰和硅的回收率，这些锰铁渣通常作为含锰的原料用于生产锰硅合金。

利用锰硅合金渣可以冶炼复合铁合金。某厂用锰硅合金和中碳锰铁渣作含锰原料，配入铬矿冶炼含 Cr 50% ~ 55%、Mn 13% ~ 18%、Si 5% ~ 10% 的锰硅铬型复合铁合金。

利用金属锰渣可以生产复合铁合金。某厂使用金属锰渣以 Si – Cr 合金还原锰，制取 Si – Mn – Cr 型合金。将金属锰熔渣沿水流槽注入炉中，通电加热，然后再将破碎的硅铬合金加入炉内，炼制的合金成分为 Mn 22% ~ 35%，Cr 22% ~ 27%，Si 25% ~ 40%，P 0.02% ~ 0.03%，C 0.03% ~ 0.08%，S 0.005%。锰硅铬型复合铁合金用于冶炼不锈钢时预脱氧，可代替 Mn – Si 和 Cr – Si 合金。

氧气转炉吹炼的中低碳铬铁，其渣中含 Cr_2O_3 达 70% ~ 80%，并且含磷量低，可用于熔炼高碳铬铁或一些要求含磷低的铬合金。

5.6.3 矿热炉炉渣做铸石

利用锰硅合金渣和钼铁渣做铸石，生产实践表明，铸石的成本比传统的天然原料铸石低 40%，其主要技术特点是耐火度高，耐磨性大，耐腐蚀性好，且有很高的机械强度。

我国生产钼铁铸石的工艺如下：

将含 SiO_2 55% ~ 65%、CaO 3% ~ 6%、Al_2O_3 13% ~ 19%、MgO 1% ~ 3%、FeO + Fe_2O_3 11% ~ 14% 的钼铁渣（在热液态 1873 ~ 1973K）装入包内，并在小电炉中熔化精炼铬渣和少量铬矿，熔化后进行初混，并倒入保温炉中，在 1773K 下保温储存，再倒入用煤气加热的小包，浇铸到耐热铸铁的模子中，由链板机运入隧道窑热处理（窑长 83.7m，宽 1.6m，内高 1.29m）。

钼渣难以结晶，易形成玻璃体，必须掌握好结晶温度和时间。

预热：1023K（0.5h）；

核化：1023K（1.5h）；

升温：1023 ~ 1223K（0.5h）；

结晶：1223K（1.5h）；

退火：1223 ~ 1273K（10h）；

合计：14h。

钼铁渣铸石成分：SiO_2 为 48% ~ 53%，CaO 为 10% ~ 11%，Al_2O_3 为 10% ~ 14%，MgO 为 7% ~ 12%，FeO + Fe_2O_3 为 3% ~ 10%，Cr_2O_3 为 1% ~ 2%。

此种铸石抗腐蚀性和力学性能均较好。

我国某铁合金厂用熔融硅锰合金渣直接生产铸石制品，获得成功，和普通灰绿岩铸石生产相比，不仅性能好，而且节省了能源消耗。表 5 – 19 列出了硅锰合金渣铸石和灰绿岩铸石物理性能等。

表 5 – 19　硅锰合金渣铸石和灰绿岩铸石物理性能

名　称	密度 /g·cm⁻³	硬度（莫氏）	抗冲击强度 /kg·cm·cm⁻³	耐磨系数 /g·cm⁻²	热稳定性	
					300℃入水	200℃入水
锰硅合金渣铸石	2.8 ~ 3.0	7 ~ 8	100 ~ 250	0.3 ~ 0.4	3 ~ 4 次	
灰绿岩铸石	2.8 ~ 3.0	7 ~ 8	50 ~ 105	0.4 ~ 0.6		1 ~ 2 次

5.6.4 矿热炉炉渣做建筑材料

锰系铁合金炉渣水淬后可以作为水泥的掺和料。由于这些铁合金渣中含有较高的 CaO

成分，成为理想的水泥材料。高碳铬铁及锰硅合金生产的干渣可作为铺路用的石块，用于制作矿渣棉原料，制成膨胀珠做轻质混凝土骨料以及做特殊用途的水磨石砖等。

5.6.5　矿热炉炉渣做农田肥料

利用锰硅合金渣做稻田肥料，证明锰硅合金渣中有一定可溶性硅、锰、镁、钙等植物生长的营养元素，对水稻生长有良好作用。

电解锰浸出渣中含有相当数量的硫酸铵，而且颗粒细、脱水困难，目前都以泥浆状运往农村做肥料使用。

5.6.6　钨铁渣的利用

钨铁生产渣铁比约为 0.5，渣成分为：WO_3 不大于 0.35%，MnO 为 25% ~ 32%，FeO 为 9% ~ 21%，SiO_2 为 35% ~ 50%，CaO 为 2% ~ 5%，MgO 为 0.25% ~ 0.50%，Sc_2O_3 为 0.04% ~ 0.06%，Nb_2O_5 为 0.5% ~ 1.0%。

钨铁渣中还含有 SiO_2、MnO、FeO、CaO、MgO 等，约占总量的 70%，是冶炼锰硅合金的有用材料，但锰铁比较低只能搭配冶炼锰硅合金。

5.7　全封闭炉煤气的回收利用

全封闭炉生产回收的煤气主要有全封闭式电炉煤气和锰铁高炉煤气。这些煤气除生产作为自用燃料外，剩余煤气大量排放，不仅浪费了能源，还严重地污染了环境。近十多年来，随着煤气净化技术的进步，煤气的回收利用技术也获得突破性的进展。

5.7.1　煤气回收利用概况

全封闭式还原电炉煤气的回收利用，目前主要用作燃料，如锅炉、焙烧炉、干燥炉及烘烤等。这种电炉煤气的突出特点是 CO 含量高（一般为 60% ~ 80%），热值也高（标态：4000 ~ 5000J/m^3）。

锰铁高炉煤气，除高炉生产所需煤气供应热风炉外，尚有约一半的多余煤气，近几年来实施回收利用煤气发电工程，取得了回收利用二次能源及改善环境的一举两得的好效果。

5.7.2　高炉煤气回收利用发电

目前国内回收利用锰铁高炉煤气的发电的厂家，根据各自的多余煤气的数量，相应建设了 1500kW、3000kW 和 6000kW 的发电机组，先后投入运行。

以某厂锰铁高炉煤气发电工程为例：

（1）回收利用高炉煤气工程工艺流程。某厂 $4 \times 100m^3$ 锰铁高炉煤气采用溢流文氏管系统或干式净化后，净煤气管路分两支：一支去煤气总管，另一支管道通向热风炉。设煤气站并统一管理煤气，设有流量、压力、温度、成分等仪器、仪表监测。某厂回收利用锰铁高炉煤气工程工艺流程如图 5-11 所示。

（2）电站规模及主要设备选型。为确保锰铁高炉剩余煤气发电建立在可靠的能源基础上，实现预期的技术经济效果，将依据剩余煤气量与配套的汽轮发电机组需要的煤气量之比而确定电站规模及相应主要设备选型。

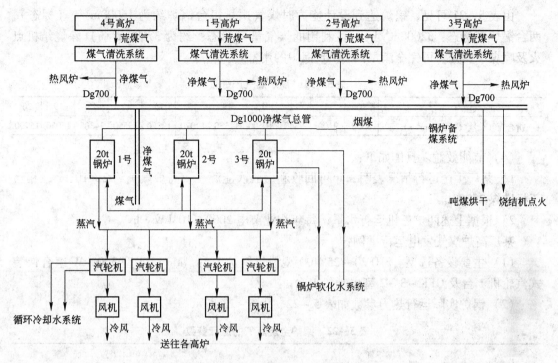

图 5 – 11　回收利用锰铁高炉煤气工艺流程

某厂 $4 \times 100 m^3$ 高炉，每天产高炉煤气约 $160 \times 10^4 m^3$，除热风炉等自用约 1/2 外，将剩余煤气供给 2 台 20t 锅炉进行发电。其主要设备或设施选型设计如下：

1）N1.5 – 24 型冷凝式汽轮机 1500kW（实用功率 1000kW）4 台（其中备用 1 台），同时拖动 $400 m^3 / min$ 高炉鼓风机 3 台；

2）WG20/25 – 5 型主烧高炉煤气锅炉 3 台（其中 1 台备用）及其附属系统；

3）软水站一座，能力为 30t/h；

4）$500 m^2$ 双曲线喷水冷却塔 1 座；

5）50m 砖烟囱 1 座及水平烟道 62m；

6）1000kV·A 变电站 1 座；

7）锅炉房 1 座（总建筑面积 $2700 m^2$，主跨度 15m）；

8）汽轮鼓风机 1 座（总建筑面积 $1760 m^2$，主跨度 12m）。

（3）系统煤气运行。锅炉气包压力稳定在 2.4MPa 时，2 台锅炉共产气 18 ~ 23t/h，其中包括 0.7MPa 低压气供生产及生活用。煤气发生量及利用情况如表 5 – 20 所示。

表 5 – 20　高炉煤气发生量及利用情况

项　目	1 号高炉	2 号高炉	3 号高炉	4 号高炉	5 号高炉
平均每天入炉焦炭量/t·d^{-1}	89	95	115	109	
计算发生煤气量（标态）/m^3·h^{-1}	15300	16300	12800	18000	67400
热风炉自用煤气量（标态）/m^3·h^{-1}	7300	7300	7800	8000	30400
可利用煤气量（标态）/m^3·h^{-1}	8000	9000	10000	10000	37000
计算高炉入炉风量（标态）/m^3·h^{-1}	190	200	208	222	

由表 5 - 21 可见，锅炉达到设计能力时煤气用量每台锅炉约为 16000m³/h（标态），两台锅炉（标态：32000m³/h）。可利用的煤气量（标态：约为 37000m³/h）除烧结机点火及喷煤干燥处，可完全满足两台 20t 锅炉的用量。

表 5 - 21　高炉煤气产气量

产汽量/t·h⁻¹	10	11	12	13	14	15	16	17	18	19	20
折合煤气总量（标态）/m³·h⁻¹	8350	9100	9840	10590	11330	12070	12820	13560	14305	15050	15790

（4）节能效益。具体如下：

1）某厂生产运行情况表明，年可回收利用二次能源——高炉煤气约 $2 \times 10^8 m^3$，相当于标准煤 25000t。

2）根据上述两炉三机运行水平，每年企业节电 $2000 \times 10^4 kW \cdot h$。

某厂高炉煤气发电运行举例：

（1）主要设备选型。SHF20 - 25/400 型粉煤锅炉 1 台，M3 - 24 型 3000kW 组合快装式汽轮机 1 台及 QFK - 3 - 2 型电动机 1 台。

（2）锅炉实际运行热力参数如表 5 - 22、表 5 - 23 所示。

表 5 - 22　锅炉全烧煤气的运行参数

发电负荷/kW	煤　气			蒸　汽			烟　温	
	数量（标态）/m³·h⁻¹	单耗/m³·(kW·h)⁻¹	压力/kPa	数量/t·h⁻¹	压力/kPa	温度/℃	炉膛出口/℃	烟道/℃
2400	7756	3.25	720.2984	12.1	2.37	381	818	220

表 5 - 23　锅炉全烧煤气的运行参数

序号	参数名称	参　数		备　注
		设　计	实　际	
1	蒸发量/t·h⁻¹	18	17	
2	饱和蒸汽压力（表压）/MPa	2.7	2.6	
3	过热蒸汽压力（表压）/MPa	2.5	2.3 ~ 2.4	
4	过热蒸汽温度/℃	400	390	
5	炉膛温度/℃	1406	1250 ~ 1350	估计
6	凝渣管进口温度/℃	861	700 ~ 900	
7	排烟温度/℃	189	150 ~ 225	

（3）主要技术经济指标。100m³ 锰铁高炉，配 1 台 3000kW 发电机组运行，其主要技术经济指标如表 5 - 24 所示。

表 5 - 24　主要技术经济指标

序号	指标名称	数　量		备　注
		设　计	实　际	
1	装机容量/kW	3000	3000	
2	年运行时间/h	6500	7155	
3	年发电量/kW·h	1858 × 10⁴	1700 × 10⁴	

序号	指标名称	数量		备注
		设计	实际	
4	站内用电/%	9.11	8.3	
5	发电成本/元·(kW·h)$^{-1}$	0.0254	0.020	
6	电价/元·(kW·h)$^{-1}$	0.058	0.058	
7	利润/万元·a^{-1}	55.11	60.80	
8	投资回收年限/a	5.17	4.5	
9	煤气耗量/m^3·(kW·h)$^{-1}$	4.12	3.72	不包括燃煤
10	基建总投资/万元	282	265	
11	单位建设投资/元·kW^{-1}	942	833	
12	设备总质量/t	211.6	211.6	
13	总建筑面积/m^2	3172.33	3172.33	
14	定员/人	78	73	

5.8　半封闭式矿热炉余热回收利用

5.8.1　半封闭式电炉余热回收利用发展概况

当代出现的半封闭式（矮烟罩）电炉具有广泛的适应能力，它不仅解决冶炼 75% 硅铁时的工艺操作需要，而且有效地解决了炉气净化和余热回收利用技术。

电炉大都采用带式净化除尘，除尘器前设置锅炉回收余热。其回收余热的方式主要有两种：一是蒸汽或热水；二是利用蒸汽发电。

最早实现半封闭式电炉余热回收利用的是瑞典的美国艾尔克公司瓦岗厂，该厂于1959 年、1966 年和 1972 年先后建成 21000kV·A、45000kV·A、75000kV·A 半封闭式电炉的回收蒸汽工程。1977 年挪威比约尔夫森公司建成并投产了一套回收余热装置。1978 年和 1979 年，法国和日本也相继建造了半封闭式硅铁电炉的烟气净化及余热利用装置，通过余热锅炉回收烟气余热，获得的蒸汽直接利用或发电。

5.8.2　硅铁电炉烟气余热利用

5.8.2.1　硅铁电炉能量回收的途径

所谓硅铁电炉能量回收的途径，就是指电炉排出的高温烟气，生产某种有用介质和能量，其利用途径有：

（1）生产热水。热水可以做生产、采暖通风及生活用热的介质，尤其在严寒地区，利用电炉烟气生产热水，投资少，热能利用率高，具有极大的经济意义。

（2）生产蒸汽。蒸汽可用于动力设备，也可用于一般生产和生活。

（3）生产热电。电炉烟气生产的蒸汽驱动抽气发电机组或背压发电机组，便可生产一定数量的电能和热能。

（4）生产电能。电炉烟气生产的动力蒸汽驱动冷凝发电机组，便可产生电能。

从上述情况看，电炉能量回收可以有不同的利用途径。究竟采用哪一种，根据各厂的具体情况，做经济技术比较后再确定。不过根据我国电力供应紧张的实际，生产一定数量的电力是必要的。

5.8.2.2　硅铁电炉能流图及能量回收原则系统

A　能流图

图 5-12 是 30MW 75% 硅铁电炉能流图，从图中可以看出：

(1) 电炉还原所需热量 17MW，仅占输入总能量的 28%。

(2) 烟气带走的热量（排烟热损失）当没有能量回收时，占输入总能量的 50%；当有能量回收时，仅为 15%。

(3) 当有能量回收时如设备压汽轮机组可产生 5MW 的电力（相当于输入能量的 17% 和 18MW 的热量）；如设备冷凝发电机组可产生 7MW 的电力，占输入电力的 23%。

(4) 输入能量的利用率。当有能量回收系统时，背压汽轮发电机系统能量利用率为 70%，冷凝发电机系统能量利用率为 43%，无能量回收系统时为 31%。

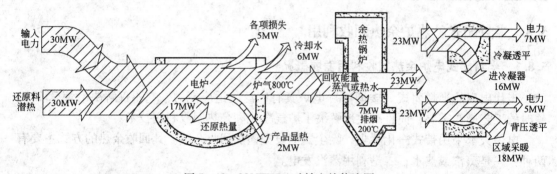

图 5-12　30MW75% 硅铁电炉能流图

B　能量回收原则性热力系统

硅铁电炉能量回收的原则性热力系统如图 5-13 所示。该系统包括余热锅炉、汽轮发

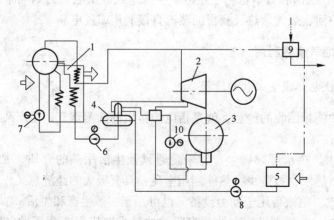

图 5-13　硅铁电炉能量回收的原则性热力系统图

1—余热锅炉；2—汽轮机；3—冷凝器；4—除氧器；5—补给水箱；6—给水泵；
7—循环泵；8—补给水泵；9—直接用气设备；10—凝结水泵

电机组、软水箱及除氧装置。余热锅炉进口烟气温度一般在800℃左右，排烟温度180~200℃，它产生的蒸汽压力多为中压，一般为3.9MPa，温度为450℃。汽轮发电机组，可以是背压机、抽气机，也可以是冷凝机组。如果工厂没有热力用户，就配冷凝发电机组，以便获取更多的电力。

5.8.2.3 硅铁电炉烟气参数及能量估算

A 硅铁电炉烟气参数

电炉烟气发生量及温度可以按照电炉物料及热平衡计算，也可以按下述数据采用。

(1) 烟气量为每吨硅铁25000~30000m³（标态）；

(2) 烟气温度为400~1000℃。

烟气量取大值，则相应的烟温取小值；否则，烟温取大值。

B 能量估算

硅铁电炉烟气总余热量为：

$$Q_{zy} = GV_Y t_y c_y$$

式中　Q_{zy}——烟气总余热量，J/h；

　　　G——电炉每小时硅铁产量，t/h；

　　　V_Y——每小时生产1t硅铁产生的烟量（标态），m³/h；

　　　t_y——烟气温度，℃；

　　　c_y——烟气平均比热容，J/(m³·C)。

可回收的余热量为：

$$Q_{ky} = Q_{zy}\frac{t_y - t_p}{t_y}$$

式中　Q_{ky}——可回收余热量，J/h；

　　　t_p——排烟温度，℃。

5.8.2.4 余热发电机组容量估算

冷凝发电机组容量为：

$$冷凝发电机组容量 = \frac{锅炉蒸发量 - 漏损}{发电机组气耗率}$$

供热发电机组容量为：

$$抽气发电机组容量 \times 气耗率 + 抽气量 = 锅炉蒸发量 - 漏损$$

$$背压机容量 = \frac{锅炉产气量 - 漏损}{气耗率}$$

气耗按照汽轮机样本选取。

5.8.3 我国硅铁电炉烟气余热利用

20世纪80年代以来，我国有些厂家曾在1800kV·A、6300kV·A及12500kV·A、硅铁电炉上建造烟气余热回收利用装置，并取得了较好的技术经济效果。现以某厂1800kV·A硅铁电炉为例，介绍烟气净化与余热利用情况。

硅铁电炉烟气净化与余热利用工艺流程如图5-14所示。

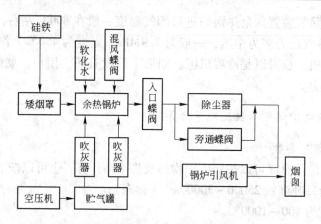

图 5 - 14　硅铁电炉烟气净化与余热利用工艺流程

为了收集烟气，首先改造了硅铁还原炉的炉体结构，把原来的敞口炉高烟罩改成半封闭式矮烟罩结构，矮烟罩中设置两个排烟管道，并通过钟状阀控制，即可向大气做事故排放，又可以进入除尘系统。

由于烟气温度一般在 550℃ 左右，除尘器承受不了这种高温，为了降低烟温，以余热锅炉作为降温手段同时，利用烟气余热。

经过余热锅炉冷却后的烟气温度平均在 175℃ 左右，由于 208 号工业涤纶滤料耐温最高，能承受 130℃，利用混风阀混入冷空气对烟气进行二次降温，使烟气温度控制在 110 ~ 125℃ 之间。如经过混风后烟气温度仍超过 125℃，此时在除尘器入口的控制阀门自动关阀，旁通蝶阀自动打开，烟气通过旁通管路直接排入大气。

为了便于监视和控制系统运行，设置了必要的检测仪表。烟气温度、余热锅炉的压力、蒸汽流量、系统阻力和混风量等都有专门检测和控制。

锅炉所需的软化水及清灰所需的压缩空气由系统配套的软水站及空压机提供。

主体设备主要技术参数如表 5 - 25 所示。

表 5 - 25　主体设备主要参数

名　称	规格型号	性 能 参 数
矮烟罩	$\phi \times H = 4.5\mathrm{m} \times 1.5\mathrm{m}$	半封闭式
余热锅炉	非标制作	上汽包 $L \times \phi = 3.7\mathrm{m} \times 0.8\mathrm{m}$
		下汽包 $L \times \phi = 3\mathrm{m} \times 0.6\mathrm{m}$
回转反吹扁袋除尘器	144ZC300	处理风量 20100 ~ 30600
		过滤风速 1.2 ~ 1.5m/min
		过滤面积 340m²，袋数 144，袋长 3m
锅　炉引风机	Y54NO9C	风量 22000m³/h
		风压 3194.8Pa (326mmH₂O)
		转速 1450r/min
引风机电　机	JO2 - 82 - 4	功率 40kW
		转速 1450r/min
吹灰器		行程 1.2m
蝶　阀	ϕ600mm	

余热锅炉主要操作技术参数如下所示：

入口烟气平均温度：450~500℃；

出口烟气平均温度：175℃；

入口烟气负压：245Pa（25mmH₂O）；

出口烟气负压：784~980Pa（80~100mmH₂O）；

锅炉阻力：392Pa（40mmH₂O）；

锅炉能力：600~700kg/t；

锅炉效率：60%。

回转反吹扁布袋除尘器实际运行情况为：

处理风量：20000~26000m³/h；

过滤风速：1.0~1.27m/min（0.6~0.8/min 为宜）；

进口烟气含尘浓度：0.5~1.2g/m³；

出口烟气含尘浓度：约100mg/m³；

除尘效率：约80%；

漏风系数：23.4%。

采用回转反吹扁布袋除尘器在一台1800kV·A硅铁炉每昼夜可回收硅尘500~550kg左右，一年可回收硅尘150t以上，其主要化学成分为（%）：SiO_2 92.2；Al_2O_3 1.0；Fe_2O_3 0.46；CaO 0.73；Mg 0.89；Zn 0.049；Cr 0.0061；Pb 0.025；Ni 0.0017；Ti 0.076。

硅尘的电阻较高，当温度在50~100℃变化时，其电阻率为$3.8 \times 10^{12} \sim 5.5 \times 10^{14}\Omega \cdot m$，超出了电除尘器的最佳捕集范围，因此硅铁炉不宜采用电除尘器。

我国硅铁电炉烟气余热利用概况如表5-26所示。

表5-26 我国硅铁电炉烟气余热利用概况

序号	工厂名称 项 目	中国A-1厂	中国A-2厂	中国A-3厂	中国A-4厂	中国A-5厂
1	电炉容量/kV·A	50000	25000	12500	6300	1800
2	炉型	半封闭式	半封闭式	半封闭式	半封闭式	半封闭式
3	烟气量（标态）/m³·h⁻¹	$9 \times 10^4 \sim$ 10×10^4	$4.5 \times 10^4 \sim$ 5.0×10^4	$2.5 \times 10^4 \sim$ 3.0×10^4	$1.5 \times 10^4 \sim$ 1.8×10^4	$2.0 \times 10^4 \sim$ 2.6×10^4
4	烟气含尘量（标态）/g·m⁻³	8~10	8~10	8~10	8~9	0.5~1.2
5	余热回收设备	余热锅炉	余热锅炉	余热锅炉	余热锅炉	余热锅炉
6	烟气锅炉入口温度/℃	800~900	800~900	800~900	800	450~550
7	烟气锅炉出口温度/℃	200	250	200	200	175
8	锅炉产汽量/t·h⁻¹	30	15	6	4	0.6~1.0
9	蒸汽温度/℃	430	450	390	390	
10	蒸汽压力/MPa	3.8	3.9	2.4	2.4	
11	锅炉清灰方式	喷丸	喷丸	喷丸	喷丸	
12	余热发电设备功率/kW	6000	3000	1500	750	
13	产品回收电能/kW·h·t⁻¹	2000	3220	1800~2000	1500~1800	
14	投产运行日期	方案	方案	试运行	运行	运行

5.8.4　国外硅铁电炉烟气余热利用

　　德国德马克公司研制的"斯塔尔－拉瓦尔"余热锅炉系统是用于回收硅铁电炉炉气热量的，它已成功应用于瑞典瓦岗厂的 75000kV·A 半封闭硅铁电炉和挪威比约尔夫森公司 36000kV·A 硅铁炉上。日本重化学工业公司开发的 75% 硅铁半封闭式炉的烟气余热利用流程如图 5-15 所示。

　　日本重化工和贺川厂、法国敦刻尔克－格拉夫林厂、瑞典瓦岗厂和挪威比约尔夫森厂的硅铁电炉余热利用系统主要技术参数及指标如表 5-27 所示。

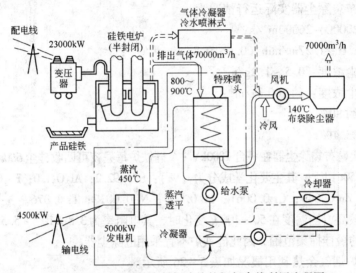

图 5-15　75% 硅铁半封闭式炉的烟气余热利用流程图

表 5-27　国外几厂家硅铁电炉余热利用系统主要技术参数及指标

序号	工厂名称 项　目	挪威比约 尔夫森厂	日本重化工 和贺川厂	法国敦刻尔 克－格拉夫标厂	瑞典瓦岗厂
1	电炉容量/kV·A	23000	32000	96000	6300 75000
2	炉型	半封闭式	半封闭式	半封闭式	半封闭式
3	烟气量（标态）/m³·h⁻¹		7.7×10^4	16.5×10^4	12.5×10^4
4	烟气含尘量（标态）/g·m⁻³		8~9		
5	余热回收设备	余热锅炉	余热锅炉	余热锅炉	余热锅炉
6	烟气锅炉入口温度/℃	750~800	850~860	850~900	800~1000
7	烟气锅炉出口温度/℃	160~190	160~170	240	180
8	锅炉产汽量/t·h⁻¹	21~30	22	47~50	35~40
9	蒸汽温度/℃	400	440	435	400
10	蒸汽压力/MPa		5.9	3.5	4.2
11	锅炉清灰方式	声波处理	喷丸		喷丸
12	余热发电设备功率/kW		4500~5000	12800	5000
13	产品回收电能/kW·h·t⁻¹	2540	2000	1500	2000
14	投产运行日期	1977 年	1979 年	1978 年	1972 年

附　　　录

附录1　中国环境质量标准

1　中国环境空气质量标准（GB 3059—96）

　　1.1　环境空气质量功能区分类

　　一类区为自然保护区、风景名胜区和其他需要特殊保护的地区。

　　二类区为城镇规划中确定的居住区、商业交通居民混合区、文化区、一般工业区和农村地区。

　　三类区为特定工业区。

　　1.2　环境空气质量标准分级

　　环境空气质量标准分为三级。一类区执行一级标准，二类区执行二级标准，三类区执行三级标准。

　　各项污染物各级标准浓度限值列于附表1-1。

附表1-1　各项污染物的浓度限值

污染物名称	取值时间	浓度限值			浓度单位
		一级标准	二级标准	三级标准	
二氧化硫 SO_2	年平均	0.02	0.06	0.10	
	日平均	0.05	0.15	0.25	
	1小时平均	0.15	0.50	0.70	
总悬浮颗粒物 TSP	年平均	0.08	0.20	0.30	
	日平均	0.12	0.30	0.50	
可吸入颗粒物 PM_{10}	年平均	0.04	0.10	0.15	
	日平均	0.05	0.15	0.25	
氮氧化物 NO_x	年平均	0.05	0.05	0.10	$\mu g/m^3$（标态）
	日平均	0.10	0.10	0.15	
	1小时平均	0.15	0.15	0.30	
二氧化氮 NO_2	年平均	0.04	0.04	0.08	
	日平均	0.08	0.08	0.12	
	1小时平均	0.12	0.12	0.24	
一氧化碳 CO	日平均	4.00	4.00	6.00	
	1小时平均	10.00	10.00	20.00	
臭氧 O_3	1小时平均	0.12	0.16	0.20	

污染物名称	取值时间	浓度限值			浓度单位
		一级标准	二级标准	三级标准	
铅 Pb	季平均	1.50			μg/m³（标态）
	年平均	1.00			
	日平均	0.01			
氟化物 F	日平均	7①			μg/(dm²·d)
	1 小时平均	20①			
	月平均	1.8②		3.0③	
	植物生长季平均	20②		2.0③	

①适应于城市地区。
②适应于牧业区和以牧业为主的半农牧区、蚕桑区。
③适应于农业和林业区。

居住区大气中有害物质的最高容许浓度见附表 1 – 2。

附表 1 – 2　居住区大气中有害物质的最高容许浓度

编号	物质名称	最高容许浓度/mg·m⁻³		编号	物质名称	最高容许浓度/mg·m⁻³	
		一次	日平均			一次	日平均
1	一氧化碳	3.00	1.00	6	氟化物（换算成 F）	0.02	0.07
2	二氧化硫	0.50	0.15	7	硫化物	0.01	
3	氯（Cl₂）	0.10	0.03	8	氧化物（换算成 NO₂）	0.15	
4	铬（6 价）	0.0015		9	飘尘	0.50	0.15
5	锰及其氧化物	0.01					

注：本表摘自《工业企业设计卫生标准》（TJ 36—79）。

1.3　工业炉窑大气污染物排放标准（GB 9078—96）

对各种工业炉窑、烟尘及生产性粉尘最高允许排放浓度、烟气黑度限值按附表 1 – 3 的规定执行。

附表 1 – 3　各种工业炉窑烟尘（粉）排放浓度限值和烟气黑度限值

序号	炉窑类别		标准级别	1997 年 1 月 1 日前安装排放限制		1997 年 1 月 1 日后安装排放限值	
				烟（粉）尘浓度/mg·m⁻³	烟气黑度（林格曼级）①	烟（粉）尘浓度/mg·m⁻³	烟气黑度（林格曼级）①
1	熔炼炉	高炉及高炉出铁场	一	100	—	禁排	—
			二	150	—	100	—
			三	200	—	150	—
		炼钢炉及混铁炉（车）	一	100	—	禁排	—
			二	150	—	100	—
			三	200	—	150	—

序号	炉窑类别		标准级别	1997年1月1日前安装排放限制		1997年1月1日后安装排放限值	
				烟（粉）尘浓度/mg·m⁻³	烟气黑度（林格曼级）①	烟（粉）尘浓度/mg·m⁻³	烟气黑度（林格曼级）①
1	熔炼炉	铁合金熔炼炉	一	100	—	禁排	—
			二	150	—	100	—
			三	250	—	200	—
		有色金属熔炼炉	一	100	—	禁排	—
			二	200	—	100	—
			三	300	—	200	—
2	熔化炉	冲天炉、化铁炉	一	100	1	禁排	0
			二	200	1	150	1
			三	300	1	200	1
		金属熔化炉	一	100	1	禁排	0
			二	200	1	150	1
			三	300	1	200	1
		非金属熔化、冶炼炉	一	100	1	禁排	0
			二	250	1	200	1
			三	400	1	300	1
3	铁矿烧结炉	烧结机（机头、机尾）	一	100	—	禁排	—
			二	150	—	100	—
			三	200	—	150	—
		球团竖炉带式球团	一	100	—	禁排	—
			二	150	—	100	—
			三	250	—	150	—
4	加热炉	金属压延、锻造加热炉	一	100	1	禁排	0
			二	300	1	200	1
			三	350	1	300	1
		非金属加热炉	一	100	1	50②	1
			二	300	1	200	1
			三	350	1	300	1
5	热处理炉	金属热处理炉	一	100	1	禁排	0
			二	300	1	200	1
			三	350	1	300	1
		非金属热处理炉	一	100	1	禁排	0
			二	300	1	200	1
			三	350	1	300	1

序号	炉窑类别		标准级别	1997 年 1 月 1 日前安装排放限制		1997 年 1 月 1 日后安装排放限值	
				烟（粉）尘浓度/mg·m⁻³	烟气黑度（林格曼级）①	烟（粉）尘浓度/mg·m⁻³	烟气黑度（林格曼级）①
6	干燥炉、窑		一	100	1	禁排	0
			二	250	1	200	1
			三	350	1	300	1
7	非金属焙（煅）烧炉窑、耐火材料窑		一	100	1	禁排	0
			二	300	1	200	1
			三	400	2	300	2
8	石灰窑		一	100	1	禁排	0
			二	250	1	200	1
			三	400	1	350	1
9	陶瓷搪瓷砖瓦窑	隧道窑	一	100	1	禁排	0
			二	250	1	200	1
			三	400	1	300	1
		其他窑	一	100	1	禁排	0
			二	300	1	200	1
			三	500	2	300	2
10	其他炉窑		一	150	1	禁排	0
			二	300	1	200	1
			三	400	1	300	1

①栏中横线指不监测项目。

②仅限于市政、建筑施工临时用沥青加热炉。

2　中国污水排放及工业废水排放标准

地面水中有害物质的最高容许浓度如附表 1-4 所示。

附表 1-4　地面水中有害物质的最高容许浓度

编号	物质名称	最高容许浓度/mg·L⁻¹	编号	物质名称	最高容许浓度/mg·L⁻¹
1	氟化物	1.0	8	3 价铬	0.5
2	活性氯	不得检出	9	6 价铬	0.05
3	挥发酚类	0.01	10	硫化物	不得检出
4	钒	0.1	11	氰化物	0.05
5	钼	0.5	12	镍	0.5
6	铅	0.1	13	镉	0.01
7	铜	0.1	14	锌	1.0

注：本表摘自《工业企业设计卫生标准》（TJ 36—79）。

工业废水最高容许排放浓度：工业废水中有害物质最高容许排放浓度分为两类，一类指能在环境或动植物体内蓄积，对人体健康产生长远影响的有害物质。含此类有害物质的废水，在车间或车间处理设备排出口，应符合附表 1-5 规定的标准，但不得用稀释方法代替必要的处理。另一类指其长远影响小于第一类有害物质，在工厂排出口的水质应符合附表 1-6 的规定。

附表 1-5　工业废水最高容许排放浓度

序号	有害物质或项目名称	最高容许排放浓度/mg·L^{-1}	序号	有害物质或项目名称	最高容许排放浓度/mg·L^{-1}
1	汞及其无机化合物	0.05（按 Hg 计）	4	砷及其无机化合物	0.5（按 As 计）
2	镉及其无机化合物	0.1（按 Cd 计）	5	铅及其无机化合物	1.0（按 Pb 计）
3	6 价铬化合物	0.5（按 Cr^{6+} 计）			

附表 1-6　工业废水最高容许排放浓度

序号	有害物质或项目名称	最高容许排放浓度/mg·L^{-1}	序号	有害物质或项目名称	最高容许排放浓度/mg·L^{-1}
1	pH 值	6~9	7	氰化物（以游离氰根计）	0.5
2	悬浮物（水力排灰，洗煤水，水力冲渣，尾矿水）	500	8	有机磷	1（按 Cu 计）
3	生化需氧量（5~20℃）	60	9	石油类	10
4	化学耗氧量（重铬酸钾法）	100	10	铜及其化合物	1（按 Cu 计）
5	硫化物	1	11	硝基苯类	5
6	挥发性酚	0.5	12	苯胺类	3

注：以上两表摘自《工业"三废"排放试行标准》（GBJ 4—73）。

3　我国工业企业噪声控制设计标准（GBJ 87—85）

工业企业厂区内各类地点的噪声 A 声级，按照地点类别的不同，不得超过附表 1-7 所列的噪声限制值。

附表 1-7　工业企业厂区内各类地点噪声标准

序号	地　点　类　别		噪声限制值/dB
1	生产车间及作业场所（工人每天连续接触噪声 8h）		90
2	高噪声车间设置的值班室、观察室、休息室（室内背景噪声级）	无电话要求通讯时	75
		有电话要求通讯时	70
3	精密装配线、精密加工车间的工作地点、计算机房（正常工作状态）		70
4	车间所属办公室、实验室、设计室（室内背景噪声级）		70
5	主控制室、集中控制室、通讯室、电话总机室、消防值班室（室内背景噪声级）		60

序号	地　点　类　别	噪声限制值/dB
6	厂部所属办公室、会议室、设计师、中心实验室（包括试验、化验、计量室）（室内背景噪声级）	60
7	医务室、教室、哺乳室、托儿所、工人值班宿舍（室内背景噪声级）	55

注：1. 本表所列的噪声级，均应按现行的国家标准量确定。

　　2. 对于工人每天接触噪声不足 8h 的场合，可根据实际接触噪声的时间，按接触时间减半噪声限制值增加 3dB 的原则，确定其噪声限制值。

　　3. 本表所列的室内背景噪声级，是在室内无声源发声的条件下，从室外经由墙、门、窗（门窗启闭状况为常规状况）传入室内的室内平均噪声级。

工业企业由厂内声源辐射至厂界的噪声 A 声级，按照毗邻区域类别的不同以及昼夜时间的不同，不得超过附表 1 - 8 所列的噪声限制值。

附表 1 - 8　厂界噪声限制值　　　　（dB）

厂界毗邻区域的环境类别	昼间	夜间
特殊住宅区	45	35
居民、文教区	50	40
一类混合区	55	45
商业中心区、二类混合区	60	50
工业集中区	65	55
交通干线道路两侧	70	55

注：1. 本表所列的厂界噪声级，应按现行的国家标准测量确定。

　　2. 当企业厂外受该厂辐射噪声危害的区域同厂界间存在缓冲地域时（如街道、农田、水面、林带等），表中所列厂界噪声限制值可作为缓冲地域外缘的噪声限制处理，凡拟作缓冲地域处理时，应充分考虑该地域未来的变化。

附录2 耐火材料的牌号、形状和尺寸

一般工业炉用耐火砖及高铝质砖（YB 379—63 及 YB 398—63）。

适用于无专门标准规定的黏土质、半硅质、轻质黏土、硅质和高铝质耐火制品。

1. 制品按材质分为下列四类：
(1) 黏土质制品：按理化指标分为（NZ）—50、（NZ）—48 及（NZ）—42 三种牌号。
(2) 半硅质制品。
(3) 轻质黏土制品：制品按体积密度分为（QN）—1.3a、（QN）—1.3b、（QN）—1.0、（QN）—0.8a 及（QN）—0.4 五种牌号。
(4) 硅质制品：制品按理化指标分为（GZ）—94、（GZ）—93 两种牌号。高铝质制品：按理化指标分为（LZ）—65、（LZ）—55、（LZ）—48 三种牌号。
2. 制品的形状、尺寸及单重列于附表2—1～附表2—6中。

附表 2—1 制品形状、尺寸及单重表（一）

制品形状及名称	砖号	尺寸/mm a	b	c	体积/cm³	质量/kg 黏土砖	半硅砖	硅砖	轻质黏土砖	(LZ)—65	(LZ)—55	(LZ)—48
直行砖	T—1	230	113	100	2600	5.3	5.2	5.0	2.0	6.5	6.0	5.7
	T—2	230	113	75	1950	4.0	3.9	3.7	3.4	4.9	4.5	4.3
	T—3	230	113	65	1690	3.5	3.4	3.2	1.35～2.2	4.2	3.9	3.7
	T—4	230	113	40	1040	2.1	2.1	2.0	0.83～1.36	2.6	2.4	2.3
	T—5	250	123	75	2300	4.7	4.6	4.4	—	5.7	5.3	5.1
	T—6	250	123	65	2000	4.1	4.0	3.8	1.6～2.6	5.0	4.6	4.4
	T—7	300	150	65	2930	6.0	5.8	5.6	—	7.3	6.7	6.4
1½宽直形砖	T—8	230	171	65	2950	6.0	5.9	5.6	—	7.4	6.8	6.5
	T—9	230	171	65	2560	5.2	5.1	4.9	2.0～3.3	6.4	5.9	5.6
	T—10	250	186	75	3480	7.1	7.0	6.6	—	8.7	8.0	7.7
	T—11	250	186	65	3020	6.2	6.0	5.7	—	7.5	6.9	6.6
	T—12	300	225	65	4390	9.0	8.8	8.3	—	11.0	10.1	9.6

续附表 2-1

制品形状及名称	砖　号	尺寸/mm			体积/cm³	质量/kg						
		a	b	c		黏土砖	半硅砖	硅砖	轻质黏土砖	(LZ)-65	(LZ)-55	(LZ)-48
³/₄长直形砖	T-13	171	113	75	1450	3.0	2.9	2.8	—	3.6	3.3	3.2
	T-14	171	113	65	1260	2.6	2.5	2.4	1.0~1.60	3.2	2.9	2.8
	T-15	186	123	75	1710	3.5	3.4	3.2	—	4.3	3.9	3.8
	T-16	186	123	65	1490	3.1	3.0	2.8	—	3.7	3.4	3.3

附表 2-2　制品形状、尺寸及单重表（二）

制品形状及名称	砖　号	尺寸/mm				体　积/cm³	质量/kg						
		a	b	c	c_1		黏土砖	半硅砖	硅砖	轻质黏土砖	(LZ)-65	(LZ)-55	(LZ)-48
厚楔形砖	T-17	230	113	75	65	1820	3.7	3.6	3.5	—	4.6	4.2	4.0
	T-18	230	113	75	65	1690	3.5	3.4	3.2	—	4.2	3.9	3.7
	T-19	230	113	65	55	1560	3.2	3.1	3.0	1.2~2.0	3.9	3.6	3.4
	T-20	230	113	65	45	1430	3.0	2.9	2.7	1.1~1.9	3.6	3.3	3.2
	T-21	250	123	75	65	2150	4.4	4.3	4.1	—	5.4	5.0	4.7
	T-22	250	123	65	55	1845	3.8	3.7	3.5	1.5~2.4	4.6	4.3	4.1
	T-23	250	123	65	45	1685	3.5	3.4	3.2	—	4.2	3.9	3.7
	T-24	171	113	65	55	1160	2.4	2.3	2.2	—	2.9	2.7	2.6
	T-25	171	113	65	45	1060	2.2	2.1	2.0	—	2.9	2.7	2.6
	T-26	300	150	65	55	2700	5.5	5.4	5.1	—	6.8	6.2	6.0

续附表 2-2

制品形状及名称	砖号	尺寸/mm a	b	c	c₁	体积/cm³	黏土砖	半硅砖	硅砖	轻质黏土砖	(LZ)-65	(LZ)-55	(LZ)-48
1½宽厚楔形砖	T-27	230	171	75	65	2750	5.6	5.5	5.2	—	6.9	6.3	6.1
	T-28	230	171	75	55	2560	5.2	5.1	4.9	—	6.4	5.9	5.6
	T-29	230	171	65	55	2360	4.8	4.7	4.5	1.9~3.0	5.9	5.5	5.2
	T-30	230	171	65	45	2160	4.4	4.3	4.1	1.7~2.8	5.4	5.0	4.8
	T-31	250	186	75	66	3260	6.7	6.5	6.2	—	8.1	7.5	7.2
	T-32	250	186	65	55	2790	5.5	5.4	5.3	—	7.0	6.4	6.1
	T-33	250	186	65	45	2550	5.2	5.1	4.8	—	6.4	5.9	5.6
	T-34	300	225	65	55	4050	8.3	8.1	7.7	—	10.1	9.3	8.9
	T-35	300	225	65	45	3710	7.6	7.4	7.0	—	9.3	8.6	8.2
侧厚楔形砖	T-36	230	113	75	65	1820	3.7	3.6	3.5	—	4.6	4.2	4.0
	T-37	230	113	75	55	1690	3.5	3.4	3.2	—	4.2	3.9	3.7
	T-38	230	113	65	55	1560	3.2	3.1	3.0	1.25~2.0	3.9	3.6	3.5
	T-39	230	113	65	45	1430	3.0	2.9	2.7	1.1~1.9	3.6	3.3	3.2
	T-40	250	123	75	65	2150	4.4	4.3	4.1	—	5.4	5.0	4.7
	T-41	250	123	65	55	1845	3.8	3.7	3.5	1.5~2.4	4.6	4.3	4.1
	T-42	250	123	65	45	1700	3.5	3.4	3.2	—	4.3	3.9	3.8

1½宽厚楔形砖

侧厚楔形砖

附表 2－3　制品形状、尺寸及单重表（三）

制品形状及名称	砖号	尺寸/mm				体积/cm³	质量/kg						
		a	b	c	c_1		黏土砖	半硅砖	硅砖	轻质黏土砖	(LZ)－65	(LZ)－55	(LZ)－48
辐射形砖 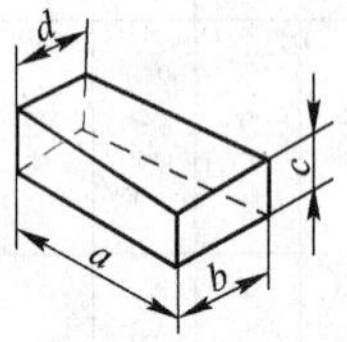	T—43	230	113	96	65	1150	3.2	3.1	2.8	—	3.9	3.6	3.4
	T—44	230	113	76	65	1415	2.9	2.8	2.7	1.1～1.8	3.6	3.3	3.1
	T—45	230	113	56	65	1280	2.6	2.5	2.4	—	3.2	3.2	2.8

附表 2－4　制品形状、尺寸及单重表（四）

制品形状及名称	砖号	尺寸						体积/cm³	质量/kg		
		a/mm	b/mm	c/mm	b_1/mm	d/mm	α/(°)		黏土砖	黏土砖	黏土砖
拱脚砖 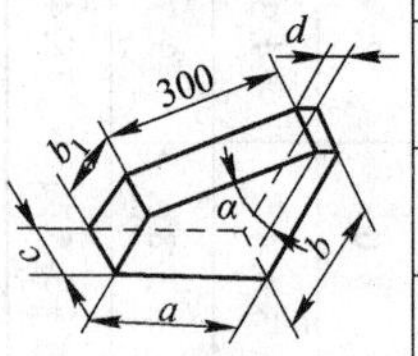	T—46	275	230	150	80	15	60	6565	135	13.1	12.5
	T—47	275	230	450	80	15	60	19695	40.4	39.4	37.5
	T—48	275	275	150	65	65	45	8040	16.5	16.1	15.3
	T—49	275	375	150	135	65	45	10930	22.4	21.9	20.8
拱脚砖 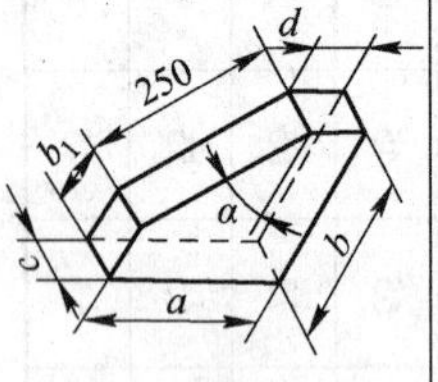	T—50	275	230	123	105	60	60	6150	12.6	12.3	11.7
拱脚砖 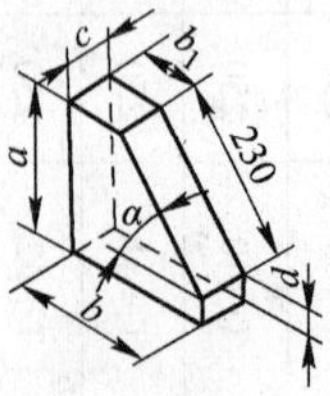	T—51	250	230	113	68	43	45	3860	7.7	7.5	7.3
	T—52	275	230	113	115	75	60	5850	12.0	11.7	11.1
	T—53	275	230	345	115	75	60	17850	36.0	35.7	34
	T—54	240	230	113	115	40	60	4240	8.7	8.5	8.4
	T—55	240	230	345	115	40	60	15100	31.0	30.2	28.7
拱脚砖 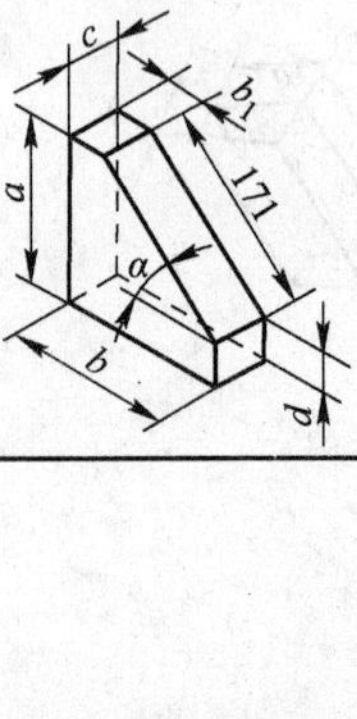	T—56	205	230	113	109	84	45	4500	9.2	9.0	8.5
	T—57	205	230	113	145	57	60	4620	9.5	9.2	8.8

附表 2-5　制品形状及尺寸表（一）

制品形状	砖号	尺寸/mm a	a_1	b	c	体积 /cm^3	质量/kg	砌筑以下半径（mm）的铜桶壁	配合砌筑以下半径（mm）的铜桶壁
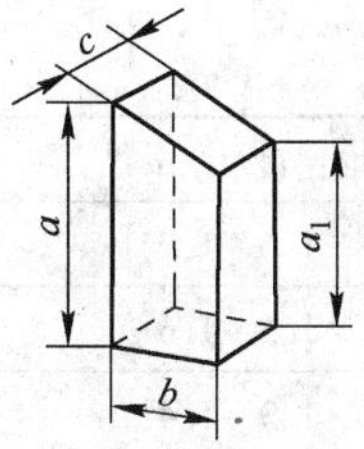	C—5	210	181	100	80	1560	3.4	600～650	
	C—5	230	209	100	80	1750	3.8	950～1050	650～950
	C—5	250	236	100	80	1940	4.2	1570～1820	1050～1570
	C—5	210	176	120	80	1850	4.0	600～640	
	C—5	230	206	120	80	2090	4.5	990～1080	640～990
	C—5	250	235	120	80	2330	5.0	1760～2020	1080～1760
	C—5	210	178	150	80	2330	5.0	810～870	
	C—5	230	205	150	80	2600	5.6	1180～1280	870～1180
	C—5	250	232	150	80	2890	6.2	1830～2050	1280～1830
	C—5	220	192	200	80	3300	7.0	1320～1420	
	C—5	240	216	200	80	3640	7.8	1730～1890	1430～1730
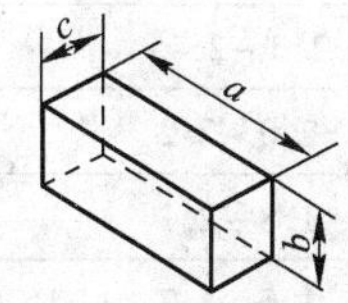	C—5	250	—	100	80	2000	4.3	用于砌筑铜桶底与 C—5、C—6、C—7 配合试用	
	C—5	300	—	120	80	2880	6.2	用于砌筑铜桶底与 C—8、C—9、C—10 配合试用	
	C—5	300	—	150	80	3600	7.7	用于砌筑铜桶底与 C—11、C—12、C—13 配合试用	

试用的万能弧形衬砖形状及尺寸见附表 2-6。

附表 2-6　制品形状及尺寸表（二）

制品形状	砖号	尺寸/mm a	b	c	d	e	h	r	体积 /cm^3	质量 /kg	制品用途
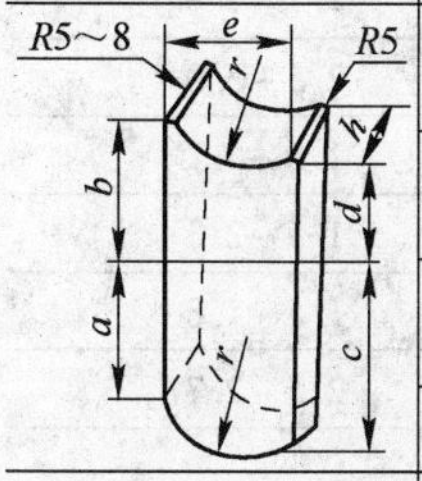	C—19	140	140	165	95	100 120	90	90	2430 2916	5.2 6.3	砌 50～200t 铜桶壁
	C—20	110	110	145	55	100 120	90	90	1890 2268	4.1 4.9	砌 50～200t 铜桶壁
	C—21	140	140	125	125	150 170	90	90	2900 3289	6.2 7.2	砌 70～200t 铜桶壁
	C—22	140	140	120	120	180	90	110	3212	6.9	砌 200t 铜桶壁
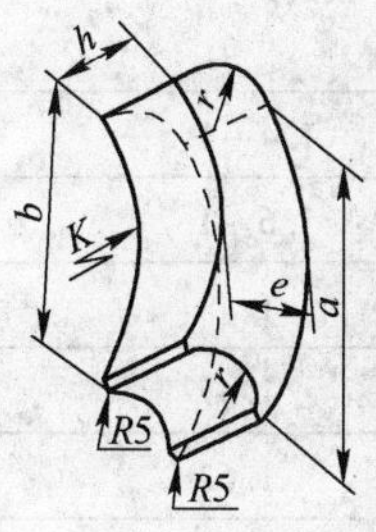	C—23	280	250	—	—	80 90 100	100	50	2120 2385 2650	4.6 5.1 5.7	砌半径为 600～700mm 的 10～15t 铜桶壁
	C—24	250	250	—	—	55	100	50	1375	2.9	砌半径为 700～800mm 的 30t 铜桶壁
	C—25	235	235	—	—	70	100	50	1645	3.5	
	C—26	220	220	—	—	75	100	50	1650	3.5	
	C—27	280	255	—	—	80 100 120	90	50 60 70	1916 2407 2889	4.1 5.2 6.2	砌半径为 1040～1150mm 的 70t 铜桶壁

附录3　常用原材料及辅助材料堆密度及堆角

1　常用原材料及辅助材料堆密度

常用原材料及辅助材料堆密度如附表 3 – 1 所示。

附表 3 – 1　常用原材料及辅助材料堆密度

名　称	主要成分含量/%	块度或粒度/mm	堆密度/$t \cdot m^{-3}$
硅　石	$SiO_2 > 97$	< 300	1.6 ~ 1.7
		60 ~ 120	1.5 ~ 1.6
		20 ~ 60	1.3 ~ 1.4
		< 5	1.25
铬　矿	$Cr_2O_3 38 ~ 48$	< 300	2.5
		< 75	2.2 ~ 2.4
		< 3	2.2 ~ 2.3
铬精矿	$Cr_2O_3 45 ~ 55$	< 1	2.3 ~ 2.45
		小于 0.083 的占 80% 以上	2.0 ~ 2.2
锰　矿	Mn > 35	< 80	1.8 ~ 2.1
	Mn 30 ~ 35	< 100	1.5 ~ 1.7
	Mn < 30	< 300	1.3 ~ 1.5
锰烧结矿	Mn 30 ~ 40	< 100	1.5 ~ 1.8
高锰渣	Mn42	< 80	1.7 ~ 2.0
碳酸锰矿粉	Mn > 21, Fe < 2	小于 0.149 的占 80% 以上	1.3 ~ 1.4
赤铁矿	Fe > 45	块矿	2.0 ~ 2.8
	Fe > 65	< 1	2.7 ~ 2.8
磁铁矿	Fe > 45	块矿	2.5 ~ 3.0
褐铁矿	Fe > 40	块矿	1.6 ~ 2.7
菱铁矿	Fe > 35	块矿	1.5 ~ 2.3
铁烧结矿	Fe > 35		1.5 ~ 1.8
平炉富矿	Fe > 50	30 ~ 250	2.5 ~ 2.7
黑钨金矿	$WO_3 > 66$	大于 0.25 的约 30%, 0.25 ~ 0.125 的约 30%, 大于 0.125 的约 40%	2.9 ~ 3.0
钼精矿	Mo45 ~ 47	< 1	1.4 ~ 1.5
熟钼精矿（焙砂）	Mo47 ~ 49	< 1	1.6 ~ 1.7
钒精矿	$V_2O_5 0.72$ 不含水	小于 0.083 的占 60% 以上	1.48
	$V_2O_5 0.72$ 含水 3.5	小于 0.083 的占 60% 以上	1.47
	$V_2O_5 0.72$ 含水 1.5	小于 0.083 的占 60% 以上	1.62
	$V_2O_5 0.72$ 含水 2.6	小于 0.083 的占 60% 以上	1.23

名　称	主要成分含量/%	块度或粒度/mm	堆密度/t·m⁻³
钒渣	V_2O_5 14.6，有金属夹杂	未经破碎	1.35 ~ 1.65
	V_2O_5 10，未经磁选	0.125 ~ 0.096	1.65
	V_2O_5 10，磁选后	0.177 ~ 0.125	1.6 ~ 1.65
		< 0.096	1.52
五氧化二钒	V_2O_5 75，含水 80		0.825
	V_2O_5 85，含水 60	压滤后片状	1.25
	V_2O_5 85，熔化后	厚度 <7.5	1.52
三氧化二铬	还原后未经溶洗		0.955
	溶洗压滤后，含水 25		1.78
	干燥后	<40	1.56
	粉碎后	<1	1.66
	煅烧后		1.5
重铬酸钠	含两个结晶水	颗粒状晶体	1.02
钛精矿	TiO_2 45 ~ 50，焙烧前		2.5 ~ 2.7
	TiO_2 47，焙烧后		
磷灰石矿			1.6
硼酸盐矿	B_2O_5 25，焙烧后		0.9
铌精矿	NB_2O_5 46		2.3
铝粒	Al >98	未筛分	1.0 ~ 1.2
		< 1	1.15 ~ 1.2
铝泡	Al >98	< 40	0.4
硅铁粉	Si75	< 1	1.0 ~ 1.9
焦炭	固定碳 >80	< 40	0.45 ~ 0.55
		5 ~ 25	1.5 ~ 0.6
		< 5	0.6 ~ 0.7
沥青焦	固定碳 >98	块	0.47
		粉	0.66
石油焦	固定碳 84		0.85 ~ 0.9
木炭	固定碳 >70		0.2 ~ 0.4

续附表 3－1

名 称	主要成分含量/%	块度或粒度/mm	堆密度/$t \cdot m^{-3}$
气煤焦			0.45～0.55
烟 煤		块	0.8～1.0
		粉	0.4～0.7
无烟煤		块及粉	0.75～0.9
		粉	0.84～0.89
钢 屑		卷取，破碎前	1.0
		<100	1.8～2.2
铁鳞（轧钢铁皮）		<15	2.0～2.5
石 灰	$CaO > 85$	10～150	0.9～1.0
		<1	0.8～1.0
石灰石	$CaCO_3 > 90$	<300	1.5～1.75
		10～40	1.2～1.5
		小于0.125的占75%以上	1.43
白云石	$MgCO_3 > 40$ $CaCO_3 > 50$	<300	1.5～1.75
		<40	1.8～1.9
		小于0.125的占75%以上	1.52
萤 石	$CaF_2 > 85$	块	1.8
		粉	1.65
硝 石	$Na_2NO_3 > 98$，干的		1.02
	$Na_2NO_3 > 98$，干燥前	吸水后部分结成硬块	1.5
无水芒硝	$Na_2NO_3 > 96$	小于0.074的占65%以上	1.27
	粗制	粗粒	0.785
食 盐	$NaCl > 95$	小于0.125的占75%以上	1.15
	$NaCl > 84～97$，岩盐		1.34
纯 碱	$NaCl > 98$	吸湿后，略有结块	1.1
		小于0.25的占75%以上	0.91
电极糊		100～200（破碎后）	0.7～1.0
钾 盐	KCl		1.1～1.2
粗 砂	干的		1.4～1.9
细 砂	干的		1.4～1.65
	湿的		1.8～2.1
黏 土	干的	块状	1.0～1.5
	湿的		1.7

2　常用原材料的堆角及动、静摩擦因数

常用原材料的堆角及动、静摩擦因数见附表 3 – 2。

附表 3 – 2　常用原材料的堆角及动、静摩擦因数

材料名称	堆角/(°)		对钢的动、静摩擦因数	
	静止	移动	静止	移动
矿石	50	30	1.19	0.58
碎石	45	35	1.19	0.70
矿渣	50	35	1.19	0.70
砂	45	30	1	0.58
砾石	45	30	1	0.58
干土	45	30	1	0.58
水泥	45	35	1	0.58
焦炭	50	35	1	0.47
无烟煤	45	27 ~ 30	0.84	0.29

附录 4　常用耐火材料、隔热材料及其辅助材料的物理参数

1　常用耐火材料及隔热材料的密度

常用耐火材料及隔热材料的密度如附表 4 – 1 所示。

2　常用耐火材料、隔热材料及其辅助材料的密度、比热容和导热系数

常用耐火材料、隔热材料及其辅助材料的密度、比热容和导热系数如附表 4 – 2 所示。

3　耐火材料的电阻率

耐火材料的电阻率如附表 4 – 3 所示。

附表 4 – 1　常用耐火材料及隔热材料的密度

名　称	密度/t·m⁻³	名　称	密度/t·m⁻³
黏土耐火砖	2.0 ~ 2.1	石墨砖	1.42
硅质耐火砖	1.9	刚玉砖	2.96 ~ 3.1
镁质耐火砖	2.6	耐火混凝土	1.7 ~ 2.0
高铝耐火砖	3.0 ~ 3.2	石棉板	1.0 ~ 1.3
镁铬耐火砖	2.8 ~ 3.0	石棉绳	0.8
镁硅耐火砖	2.6	碳素填料	1.6
高铝砖	2.3 ~ 2.75	石棉泥料	0.9
轻质硅砖	1.2	黏土泥料	1.7
轻质黏土砖	0.8 ~ 1.3	水渣石棉填料	1.2
轻质高铝砖	0.77 ~ 1.5	硅藻土粉	0.6 ~ 0.68
半硅砖	2.0	镁砂粒	1.65 ~ 1.80
硅藻土砖	0.45 ~ 0.65	耐火黏土粉	1.1
碳　砖	1.4 ~ 1.6	水玻璃	1.3 ~ 1.5
碳化硅砖	2.4	耐高温玻璃	2.23

附表 4 – 2　常用耐火材料、隔热材料及其辅助材料的密度、质量热容和导热系数

材料名称	密度/kg·m⁻³	质量热容/kJ·(kg·℃)⁻¹	导热系数/kJ·(m·h·℃)⁻¹
红砖	1700	0.92	1.88 ~ 2.72
黏土砖	1900 ~ 2100		
硅藻土砖			1.17
矿渣砖	1400	0.75	2.09
矿渣砖（轻质）	1100	0.75	1.506
砖砌体	1350	0.79	2.09
重砂浆黏土砖砌体	1800	0.79	2.93
重砂浆硅酸盐砖砌体	1900	0.84	3.14

材料名称	密度/kg·m^{-3}	质量热容/kJ·(kg·℃)$^{-1}$	导热系数/kJ·(m·h·℃)$^{-1}$
碎石或卵石混凝土	2200	0.84	4.60
钢筋混凝土	2400	0.84	5.56
石棉水泥隔热板	500	0.84	0.46
石棉水泥隔热板（轻质）	300	0.84	0.34
石棉水泥隔热板（特轻质）	250	0.84	0.25
矿渣棉	176	0.75	0.20
矿渣棉	200	0.75	0.25
水泥砂浆	1800	0.84	3.35
石灰砂浆	1600	0.84	2.93
耐火黏土	1845	1.09	3.72
干黏土	1520 ~ 1600	0.94	
自然干燥土壤	1800	0.84	4.18
生石灰	900 ~ 1300	0.90	0.44
熟石灰	1150 ~ 1250		
石灰石	2700	0.586	2.51
白云石	2900	0.93	
大理石	2700	0.42	4.68
石英	2500 ~ 2800	0.84	2.59
干砂	1500	0.79	1.17
湿砂	1650	2.09	4.06
水泥	1200		
陶瓷	2300 ~ 2450		
纯橡胶	930		
平板胶	1600 ~ 1800		
沥青	1060 ~ 1260		

附表 4 - 3 耐火材料的电阻率

材料名称	孔隙度/%	电阻率/Ω·cm		
		800℃	1200℃	1400℃
镁砖（MgO88%）	18	5.8 × 10^6	17000	560
镁砖（MgO90% ~ 95%）	17	15 × 10^6	21000	11000
铬镁砖	19	0.37 × 10^6	3900	400
铬镁砖	14	2.1 × 10^6	130000	2400
黏土砖（SiO$_2$53%，Al$_2$O$_3$42%）	18	19000	1550	720
莫来石（SiO$_2$32%，Al$_2$O$_3$64%）	26	0.21 × 10^6	16000	7200
莫来石溶体	1.5	25000	1700	760
硅砖（SiO$_2$97%）	26	0.36 × 10^6	10500	3300
硅锆砖（SiO$_2$35%，ZrO$_2$65%）	30	1.25 × 10^6	21000	3600
镁橄榄石	21	1.45 × 10^6	11500	680
碳化硅砖	12	3700	4600	1700
铸造刚玉（Al$_2$O$_3$99%）	3.1	3800	740	290

附录5　电炉烟气、煤气成分及物理参数

电炉烟气量及烟气成分理论计算值见附表5-1，半封闭电炉生产实际烟（煤）气成分见附表5-2，电炉生产实际烟尘成分及烟尘粒度见附表5-3、附表5-4，硅铁电炉烟尘成分见附表5-5，烟尘粒度组成见附表5-6。

附表5-1　电炉烟气量及烟气成分理论计算值

冶炼品种	烟气量理论计算量(标态)/$m^3 \cdot t^{-1}$	烟气成分（理论体积分数）/%			
		CO	CO_2	CH_4	H_2
电石炉	600	80	3	4.5	4
硅铁 FeSi75	1900	91.7	3	0.6	4.7
高碳锰铁	990	72	16	6.5	5.5
高碳铬铁	780	77	8	0.6	14.4
锰硅合金	1200	73	15	3	9
镍　铁	1000	73	3	5	6

附表5-2　半封闭电炉生产实际烟（煤）气成分

冶炼产品	烟气量（标态）/$m^3 \cdot t^{-1}$	烟气含尘量（标态）/$m^3 \cdot t^{-1}$	烟（煤）气成分（体积分数）/%			
			CO_2	H_2O	N_2	O_2
硅铁 FeSi75	49500	4~5	约3	1~2	75~78	5~18
高碳铬铁	28000	3~4	约3	1~2	75~77	约18
高碳锰铁	26000	3~4	约3	1~2	75~78	17~18
锰硅合金	27000	3~5	约3	约2	约77	约18
硅钙合金	233000	5~8	6~7	2~3	约79	约14
镍　铁	18000	3~4	3	2	76	5~17

附表5-3　电炉生产实际烟尘成分

炉型	冶炼品种	烟尘成分/%						
		SiO_2	FeO	MgO	Al_2O_3	CaO	C	Mn
半封闭炉	硅铁 FeSi75	约90	约3	约1	0.2~1.5	0.4~1	3~4	
	高碳铬铁	30~32	5~6	20~25	约5	约5		
	锰硅合金	约17	约5	约3	约5	约5	9	
	硅钙合金	约70	0.5~1.5	约1		约20	3~4	
全封闭炉	高碳铬铁	15~30	约5		1~5	5~10	约10	约30
	锰硅合金	15~20	5~10	25~30	2~6	2~5	约10	

附表5-4　电炉生产实际烟尘粒度

冶炼品种	烟尘粒度/%			
	<1μm	1~10μm	10~40μm	其余
硅铁 FeSi75	>88	5	7	
高碳铬铁	60~75	30~35		约10
锰硅合金	50~70	20~30	0~10	
硅钙合金	88	5	7	

附表5-5 硅铁电炉烟尘成分

工厂或国家	烟尘化学成分/%								烧失率/%
	SiO$_2$	Al$_2$O$_3$	Fe$_2$O$_3$	MgO	CaO	SO$_2$	NaO$_2$+K$_2$O	C,S	
中国硅铁A厂	90~94	0.5~0.8	0.6	1.26	0.47	1.37			2.38
中国硅铁B厂	89~93	0.76	0.8	1.0	0.98	0.77			3.54
中国硅铁C厂	92~96	0.5	0.7	0.9	0.84	0.4			4.98
日本	89.59	1.38	2.04	0.7	0.49		1.36+1.05		2.49
北美15家厂平均值	93.7	0.3	0.8	0.2	0.2		0.2+0.5	2.6, 0.1	
挪威	88~89	0.5~3	0.2~0.8	0.5~0.15	0.1~0.5		0.2~0.7+0.4~1	0.5~1.4,0.1~0.4	
前苏联	90~94.4	0.11~1.0	0.14~0.3	0.18~0.34	0.37~1.34	P$_2$O$_5$0.11~0.2	0.06~0.14		

附表5-6 烟尘粒度组成

工厂或国家	粒度组成/%									密度/kg·m^{-3}	比表面积/m^2·g^{-1}
	>10μm	5~10μm	3~5μm	1~3μm	0.5~1μm	0.4~0.5μm	0.3~0.4μm	0.2~0.3μm	0.1~0.2μm	<0.1μm		
中国硅铁A厂	2.3	1.4	6.5	7.2	7.2	10.3	66.3					
中国硅铁B厂			14.3~24.6	3.5~5.2	14.2~20.4		51.1~63.6				200~300	20~35
美国某厂							15.1	63.5	21.4			
日本某厂	4.7	4.9		15.5		53.7			21.2			

附录6　矿热炉用水及水的硬度

1　工厂用水的水源

1.1　工厂用水的水源通常可分为下列三种情况：

（1）地下水为水源，如水井；

（2）地表水为水源，如拟建河水水源，拟建水库及湖泊水源；

（3）城市自来水为水源。

1.2　工厂新水（水源水）补充量，如附表6-1所示。

附表6-1　工厂新水（水源水）补充量

序号	工厂规模/万吨	用水量/$m^3 \cdot h^{-1}$
1	<1.0	约20
2	1~3	20~50
3	3~5	50~80
4	5~10	80~150
5	>10	150~200

2　工厂循环冷却水的主要技术条件

2.1　水质条件

2.1.1　铁合金电炉机械设备与供电设备冷却用软水

铁合金电炉机械设备与供电设备冷却水用软水技术条件如附表6-2所示。

附表6-2　铁合金电炉机械设备与供电设备冷却水用软水技术条件

序号	项目　　　　部位与数据	电炉冷却软水	管式断网冷却软水	直流变压器除盐水
1	硬度/°DH（德国度）	<3	<1	<0.1
2	悬浮物含量/$mg \cdot L^{-1}$	<50	<20	微量
3	pH 值（25℃）	6~8	7~8.5	7~9
4	氯离子（Cl^-）/$mg \cdot L^{-1}$	<50	<5	1
5	硫酸离子（SO_2^{2-}）/$mg \cdot L^{-1}$	<50	<5	
6	M 碱度（$CaCO_3$ 计）/$mg \cdot L^{-1}$	<60	<5	1
7	总含盐量/$mg \cdot L^{-1}$	<400	少量	微量
8	总铁量（Fe 计）/$mg \cdot L^{-1}$	<2	少量	微量
9	硅酸盐（SiO_2 计）/$mg \cdot L^{-1}$	<6	少量	0.1
10	油脂/$mg \cdot L^{-1}$	2~5	<1	<1
11	电导率（25℃）/$\mu S \cdot cm^{-1}$	<500	<20	<10

2.1.2　铁合金其他设备（一般冷却用工业水）

水质硬度：<100mg/L（CaO）（10°dH）；

悬浮物含量：<100mg/L；

pH 值：6~9。

2.1.3　湿法冶金车间用工业水

硬度：<80mg/L（CaO）（8°dH）；

悬浮物含量：<100mg/L；

铁含量：<0.5mg/L；

pH 值：6~8。

其他要求按具体工程和生产要求提出。

2.2　水温要求

2.2.1　铁合金电炉设备冷却用软水

进水温度：<50℃；

出水温度：<60~65℃；

温升：（一般）≤15℃。

2.2.2　二次侧大电流母线（管式断网）冷却水

进水温度：<20~30℃；

出水温度：≤55℃（但不应该低于45~50℃，以免水量过大）。

2.2.3　铁合金设备冷却用工业水（要求用低温冷却水的除外）

进水温度：<30℃（炎热地区<35℃）；

出水温度：<45℃；

温升：≤15℃。

2.2.4　低温冷却水

电炉变压器、结晶器、低温冷却器、锰电解槽、冷冻设备等的设备冷却水，要求使用低温水，水温一般要求低于20~25℃。

2.2.5　湿法冶金车间用工业水及其他用水，可视具体情况提出水温要求

2.3　水量及水压要求

2.3.1　铁合金设备冷却用软水

铁合金电炉及变压器需要的冷却用软水量和水压条件列于附表6-3。

附表6-3　铁合金电炉及变压器需要的冷却用软水量和水压条件

电炉变压器 容量/kV·A	炉　型	电炉设备		变压器	
		水量/m³·h⁻¹	水压/MPa	水量/m³·h⁻¹	水压/MPa
50000	半封闭式	700	0.30	3×9=27	0.05
31500	全封闭式	650	0.3	3×9=27	0.05
30000	全封闭式	650	0.3	3×6=18	0.05
25000	全封闭式	560	0.3	60	0.05
25000	半封闭式	500	0.3	3×9=27	0.05

电炉变压器	炉　型	电炉设备		变压器	
容量/kV·A		水量/m³·h⁻¹	水压/MPa	水量/m³·h⁻¹	水压/MPa
16500	全封闭式	350	0.3	60	0.05
16500	半封闭式	310	0.3	60	0.05
12500	半封闭式	250	0.3	60	0.05
9000	半封闭式	200	0.3	44	0.05
6000	半封闭式	150	0.3	36	0.05
3000	半封闭式	80	0.3	24	0.05
1800	半封闭式	50	0.3	12	0.05

2.3.2　其他设备冷却用工业水

其他设备冷却用水量与用水压力见附表 6 – 4。

附表 6 – 4　其他设备冷却用水量与用水压力

设备名称	规格型号	单台用水量/m³·h⁻¹	水压（用户接点处）/MPa	备　注
球磨机轴承冷却	$\phi 1500mm$ 系列	2	≥0.3	连续、可循环
球磨机磨体降温	$\phi 1500mm$ 系列	4	0.2 ~ 0.3	炎热地区夏季损失
回转窑下料管	$\phi 2300mm \times 40000mm$	3	≥0.3	连续、可循环
托轮	$\phi 2300mm \times 40000mm$	8 ~ 10	≥0.3	连续、可循环
熟料冷却筒	$\phi 1100mm \times 8500mm$	7	≥0.3	连续、可循环
熟料振动水冷槽	$B = 650mm$	3	≥0.3	连续、可循环
熟料水冷内螺旋	$\phi 500mm \times 21500mm$	4	≥0.3	连续、可循环
水环式真空泵或压缩机	SZ—4	4	≥0.3	连续、可循环
水环式真空泵或压缩机	SZ—3	3	≥0.3	连续、可循环
往复式真空泵	W—4	2	≥0.3	连续、可循环
机械真空泵	H—10	3	≥0.3	连续、可循环
机械真空泵	ZL—13	5	≥0.3	连续、可循环
机械真空泵	ZL—15	13	≥0.3	连续、可循环
真空过滤气液分离器		6	≥0.3	连续、可循环
真空蒸发列管冷却器		7	≥0.3	连续、可循环
真空电阻炉	6000kV·A	300	≥0.3	包括炉体、电极把持、导电管等
V_2O_5 熔化炉	炉底面积 8 ~ 13m²	8	≥0.3	连续、可循环
V_2O_5 粒化台	$\phi 1200$	4	≥0.3	连续、可循环

3　水的硬度和 pH 值

3.1　水的硬度

水的硬度是溶解于水中的钙盐和镁盐含量的标志。暂时硬度（碳酸盐硬度）取决于重碳酸盐的含量，水沸腾时重碳酸盐即分解成不溶于水的碳酸盐，例如：$Ca(HCO_3)_2 \rightarrow$

$CaCO_3 + CO_2 + H_2O$，水即软化。永久硬度系由硫酸盐、氯化物和其他盐类的含量决定，水沸腾时它们仍保持于溶液中。

根据硬度不同，水可分为（$CaCO_3$）：

极 软 水——$<75.08mg/L$（$1.5mg - N/L$）；

软　　水——$75.08 \sim 150.15mg/L$（$1.5 \sim 3mg - N/L$）；

中等硬水——$150.15 \sim 300.31mg/L$（$3 \sim 6mg - N/L$）；

硬　　水——$300.31 \sim 450.46mg/L$（$6 \sim 9mg - N/L$）；

极 硬 水——$>450.46mg/L$（$9mg - N/L$）。

目前我国对水硬度有 2 种表示方法：

（1）德国度，即 1 德国度相当于 1L 水中含有 10mg 氧化钙（CaCO），以 °dH 表示；

（2）mg 当量/L，即 1mg 当量/L 相当于 1L 水中含有 1mg 当量的钙 + 镁（Ca + Mg），以 mg - N/L 表示。

它们之间的单位换算关系为：

（1）$1°dH + 10mg/L(CaCO_3)$ 或 $17.85mg/L(CaCO_3)$；

（2）$1mg - N/L = 2.804°dH$。

水的其他硬度表示方法有：

（1）英国度：1 度相当于 0.7L 水中含有 10mg $CaCO_3$；

（2）法国度：1 度相当于 1L 水中含有 10mg $CaCO_3$；

（3）美国度：1 度相当于 1L 水中含有 1mg $CaCO_3$。

硬度换算见附表 6 - 5。

附表 6 - 5　硬度换算

硬度单位	mg 当量/L	德国度	法国度	英国度	美国度
mg 当量/L	1	2.804	5.005	3.5110	50.045
德国度	0.35663	1	1.7848	1.2521	17.847
法国度	1.9982	0.5603	1	0.7015	10
英国度	0.28483	0.7987	1.4285	1	14.285
美国度	0.01898	0.0560	0.1	0.0702	1

1L 水中硬度为 1 德国度的化合物含量见附表 6 - 6。

附表 6 - 6　1L 水中硬度为 1 德国度的化合物含量

序　号	化合物名称	化合物含量 /mg·L^{-1}	序　号	化合物名称	化合物含量 /mg·L^{-1}
1	CaO	10.00	8	MgO	7.19
2	Ca	7.14	9	$MgCO_3$	15.00
3	$CaCl_2$	19.17	10	$MgCl_2$	16.98
4	$CaCO_3$	17.85	11	$MgCO_4$	21.47
5	$CaCO_4$	24.28	12	$Mg(HCO_3)_2$	26.10
6	$Ca(HCO_3)_2$	28.90	13	$BaCl_2$	37.14
7	Mg	4.34	14	$BaCO_3$	35.20

根据水中游离碳酸含量的加热温度计算出来的允许碳酸盐硬度见附表 6 - 7。

附表 6 - 7　根据水中游离碳酸含量的加热温度计算出来的允许碳酸盐硬度

游离碳酸含量 /mg·L⁻¹	加热至不同温度时，冷却水允许的碳酸盐硬度/mg·L⁻¹					
	20℃	30℃	40℃	50℃	60℃	70℃
10	9.1	8.3	7.6	6.9	6.4	5.8
20	11.5	10.4	9.5	8.7	8.0	7.3
30	13.2	12.0	10.9	10.0	9.2	8.3
40	14.5	13.2	12.0	11.0	10.1	9.1
50	15.6	14.2	12.9	11.8	10.9	9.8
60	16.6	15.1	13.7	12.6	11.6	10.5
80	18.3	16.6	15.1	13.8	12.8	11.5
100	19.7	17.9	16.3	14.9	13.8	12.4

3.2　pH 值计算

pH 值是氢离子浓度的指数，在数值上等于氢离子浓度的负对数，以表示溶液的酸度和碱度：

$$pH = -\lg[H^+] \quad 或 \quad pH = -\lg C$$

式中　C ——溶液的当量浓度值；

pH —— pH = 7 为中性溶液，pH < 7 为酸性溶液，pH > 7 为碱性溶液。

pH 值与氢离子浓度 $[H^+]$ 的换算见附表 6 - 8。

附表 6 - 8　pH 值与氢离子浓度 $[H^+]$ 的换算

序号	pH 值	$[H^+]$/mol·L⁻¹	序号	pH 值	$[H^+]$/mol·L⁻¹
1	$n.00$	1.00×10^{-n}	12	$n.55$	$2.82 \times 10^{-(n+1)}$
2	$n.05$	$8.19 \times 10^{-(n+1)}$	13	$n.60$	$2.51 \times 10^{-(n+1)}$
3	$n.10$	$7.94 \times 10^{-(n+1)}$	14	$n.65$	$2.24 \times 10^{-(n+1)}$
4	$n.15$	$7.18 \times 10^{-(n+1)}$	15	$n.70$	$2.00 \times 10^{-(n+1)}$
5	$n.20$	$6.31 \times 10^{-(n+1)}$	16	$n.75$	$1.78 \times 10^{-(n+1)}$
6	$n.25$	$5.65 \times 10^{-(n+1)}$	17	$n.80$	$1.59 \times 10^{-(n+1)}$
7	$n.30$	$5.02 \times 10^{-(n+1)}$	18	$n.85$	$1.41 \times 10^{-(n+1)}$
8	$n.35$	$4.47 \times 10^{-(n+1)}$	19	$n.90$	$1.26 \times 10^{-(n+1)}$
9	$n.40$	$3.98 \times 10^{-(n+1)}$	20	$n.95$	$1.12 \times 10^{-(n+1)}$
10	$n.45$	$3.55 \times 10^{-(n+1)}$	21	$(n+1).00$	$1.00 \times 10^{-(n+1)}$
11	$n.50$	$3.16 \times 10^{-(n+1)}$			

利用附表 6 - 7 可将已知的 pH 值换算为氢离子浓度 $[H^+]$。例如，已知 pH 值 = 6.55，则 $n = 6$，在表中 $n.55$ 行查得 $[H^+] = 2.82 \times 10^{-(6+1)} = 2.8 \times 10^{-7}$ mol/L。

例 1　1L 水中 $[H^+]$ 的浓度是 1×10^{-3} mol/L，则：

$$pH = -\lg[1 \times 10^{-3}] = 3$$

例 2　已知含硫酸为 3g/L 的水，则：

$$pH = -\lg C = -\lg 3/49.04❶ = -\lg 0.061$$
$$= -(2.7853) = 1.2147$$

---

❶　0.5mol/L H₂SO₄ = 49.04g/L，1mol/L HCl = 36.47g/L，1mol/L HNO₃ = 63.02g/L。

附录7　投资估算

新建或技术改造的基建投资估算如下。

1　单位产品投资的估算

单项工程单位产品投资估算如附表7-1所示。

附表7-1　单项工程单位产品投资估算

工程序号		1	2	3	4	5	6	7
主车间及设备容量		50000kV·A 电炉车间	25000kV·A 电炉车间	12500kV·A 电炉车间	6000kV·A 电炉车间	钛铁 车间	钨铁 车间	钒铁 车间
生产规模/t·a^{-1}		$8 \times 10^4 \sim$ 9.2×10^4	3×10^4	2.7×10^4	0.91×10^4	1×10^4	0.55×10^4	0.1×10^4
主要产品特征		硅铁、锰硅 合金	硅铁	硅铁	硅铁	钛铁	钨铁	钒铁
工程投资/万元		23967.53	12041.52	6597	1886	456	749	1087
主厂房工艺设备质量/t		2183	1265	906	353	266	278	519
主厂房建筑面积/m^2		27548	16577	13248	5002	2880	2713	4660
投资估算指标	单位产品投资估算指标/元·t^{-1} 设备	2996~2605	4014	2443	2073	456	1362	10873
	建安	1266~1456	1739	1210	1084	143	768	3360
	其他	961~1105	853	1234	988	313	594	7513
	单位产品主厂房工艺设备质量指标/t·万吨$^{-1}$	237~273	422	336	388	266	506	5190
	单位产品主厂房建筑面积指标/m^2·万吨$^{-1}$	2994~3444	5526	4907	5497	2880	4933	46600

2　投资比例结构

工程各类投资占总投资的比例如下：

（1）按费用类别比例。设备费45%~50%；建筑安装费30%~35%；其他费用20%~25%（含工程建设其他费用、预备费、涨价预备金、建设期贷款利息等）。

（2）按工程设施比例。主车间55%~70%；辅助车间15%~20%；公用设施10%~15%；生活福利设施2%~5%，其他5%。

附录8 常用固体、液体及气体燃料的发热值

常用固体燃料发热值见附表8-1，几种燃料油的发热值见附表8-2，气体燃料的发热值见附表8-3，各种煤气燃气发热值见附表8-4，常用固体燃料在空气中着火点温度见附表8-5，几种燃料油在空气中着火点温度见附表8-6，几种气体燃料在空气中着火点温度见附表8-7。

附表8-1 常用固体燃烧发热值

名 称	发热值/kJ·kg^{-1}	名 称	发热值/kJ·kg^{-1}
无烟煤	29302~34325	焦炭	29302~33907
烟煤	29302~35162	木材	14651~16744
褐煤	20930~30139	木炭	27209~31395
沥青焦	25116~29302		

附表8-2 几种燃料油的发热值

名 称	发热值/kJ·kg^{-1}	名 称	发热值/kJ·kg^{-1}
燃料油	39867	原油	41863~46046
重油	40604~41860		

附表8-3 气体燃料的发热值

名 称	化 学 式	发热值（标态）/kg·m^{-3} 高值	发热值（标态）/kg·m^{-3} 低值	备 注
氢	$H_2 + 0.5O_2 = H_2O$	12759	10741	
一氧化碳	$CO + 0.5O_2 = CO_2$	12633	12633	
苯	$C_6H_6 + 7.5O_2 = 6CO_2 + 3H_2O$	152077	145965	
硫化氢	$H_2S + 1.5O_2 = SO_2 + H_2O$	25400	23378	
甲烷	$CH_4 + 2O_2 = CO_2 + 2H_2O$	39742	35702	
乙烷	$C_2H_6 + 3.5O_2 = 2CO_2 + 3H_2O$	69626	63564	由于一般情况未能充分燃烧（有蒸汽和其他杂质），因此设计计算时，普遍采用低热值
丙烷	$C_3H_8 + 5O_2 = 3CO_2 + 4H_2O$	99087	91012	
丁烷	$C_4H_{10} + 6.5O_2 = 4CO_2 + 5H_2O$	126384	118384	
戊烷	$C_5H_{12} + 8O_2 = 5CO_2 + 6H_2O$	157862	145748	
乙烯	$C_2H_4 + 3O_2 = 2CO_2 + 2H_2O$	63497	59454	
丙烯	$C_3H_6 + 4.5O_2 = 3CO_2 + 3H_2O$	92444	86391	
丁烯	$C_4H_8 + 6O_2 = 4CO_2 + 4H_2O$	121777	113692	
戊烯	$C_5H_{10} + 7.5O_2 = 5CO_2 + 5H_2O$	148456	138347	
乙炔	$C_2H_2 + 2.5O_2 = 2CO_2 + H_2O$	58453	56440	

附表 8-4　各种煤气燃气发热值

类　别	发热值(标态)/kJ·m⁻³	类　别	发热值(标态)/kJ·m⁻³
75%硅铁电炉煤气	10465 ~ 10884	焦炭煤气	16744 ~ 17581
高碳铬铁电炉煤气	9209 ~ 10884	发生炉煤气（烟煤）	5860 ~ 6070
锰硅合金电炉煤气	8372 ~ 10465	发生炉煤气（无烟煤）	5023 ~ 5442
高碳锰铁电炉煤气	8791 ~ 10884	水煤气	8372 ~ 10465
高炉煤气	3558 ~ 3767	天然煤气	33488 ~ 35581

附表 8-5　常用固体燃料在空气中着火点温度

名　称	着火点/℃	名　称	着火点/℃
煤	400 ~ 500	木材	250 ~ 350
焦炭	700	木炭	350

附表 8-6　几种燃料油在空气中着火点温度

名　称	着火点/℃	名　称	着火点/℃
原油	531 ~ 590	汽油	415
煤油	604 ~ 609	苯	730

附表 8-7　几种气体燃料在空气中着火点温度

名　称	着火点/℃	名　称	着火点/℃
氢	530 ~ 585	一氧化碳	644 ~ 651
甲烷	650 ~ 750	焦炉煤气	640

附录9　生产用燃油及煤气需要量参考指标

车间各用户点所需燃料，应根据具体条件确定，选用煤气或燃油。若用煤气，要求保证一定压力，以免发生回火事故。一般脏煤气（即热发生炉煤气）到用户点压力应大于490Pa；其他煤气应大于1961Pa。若用燃油，要求到用户点恩氏黏度应小于5°E，且燃油中含硫量要求小于1%，到用户点压力一般为$39.2 \times 10^4 \sim 49 \times 10^4$Pa。

车间燃油及煤气需用量见附表9-1。

附表9-1　车间燃油及煤气需用量

用户点	要求焙烧温度/℃	燃料类别	发热值/kJ·h^{-1}	需要量(标态) /m^3·h^{-1}(kg·h^{-1})[①]
5~27t铁水包烘烤[②]		煤气或燃油	$(1.46 \sim 2.09) \times 10^6$	250~360 (37~53)
钒精矿焙烧窑 φ2320mm×38000mm	1150	煤气或燃油	12.6×10^6	2300(320)
钒渣焙烧窑 φ2470mm×38800mm	约900	煤气或燃油	8.62×10^6	1470(220)
铬矿焙烧窑 φ2300mm×32000mm	1150	煤气或燃油	13.8×10^6	2350(350)
三氧化二铬煅烧窑 φ1500mm×16000mm	1150~1200	煤气或燃油	3.14×10^6	540(80)
五氧化二钒熔化炉13m^2	900~1000	煤气或燃油	2.93×10^6	500(75)
钼精矿多层焙烧炉 八层(140m^2)	600~700	煤气	$(19.2 \sim 23.4) \times 10^6$	3300~4000
转筒干燥机 φ1100mm×5000mm	800~900	煤气	2.05	350

①　不带括号的数量是按发热值5860.4kJ/m^3（标态）的热发生炉煤气考虑的；带括号的是按发热值39348kJ/kg的燃油考虑的。若改变燃油品种或发热值，应按所需热量4.186×10^6kJ/h折算；

②　铁水包烘烤为间断使用，其余均为连续使用。

附录 10　各种能源折算标准煤的系数表

能 源 名 称	平均发热量/kJ·kg⁻¹(kcal·kg⁻¹)	折算标准煤/t
电（1×10⁴kW·h）	等价热值 11930.1（2850）（全国） 当量热值：3600（860）	4.07
焦炭（干剂）（1t）	28464.8（6800）	0.971
石油焦（1t）	35392.6（8455）	1.208
洗精煤（1t）	26371.8（6300）	0.900
动力煤（混合煤）（1t）	20930（5000）	0.714
烟煤（1t）	25116（6000）	0.857
原油（1t）	41860（10000）	1.429
汽油（1t）	43115.8（10300）	1.471
柴油（1t）	46046（11000）	1.571
重油（1t）	41860（10000）	1.429
煤油（1t）	43115.8（10300）	1.471
氧气（1×10⁴m³）	耗能工质	4
水（1×10⁴m³）	耗能工质	0.86
城市煤气（1×10⁴m³）	15906.8（3800）（上海市）	5.429
液化石油气（1t）	46046（11000）	1.571
蒸汽（1t）	3767.4（900）	0.129
木炭（1t）	29302（7000）	1.000
木块（1t）	8372（2000）	0.285
石油（1t）	41860（10000）	1.429
天然气（1×10⁴m³）	38971.7（9310）	13.3
纯铝（1t）	氧化放热：31139.7（7439）	1.063
纯硅（1t）	氧化放热：30486.6（7283）	1.04

附录11 电炉基础参考荷载

电炉变压器容量 /kV·A	炉 型	冶炼品种	固定荷载/t	备 注
50000	半封闭式、螺旋	硅铁 FeSi75	1200	另有旋转引起的侧向力30t
31500	封闭式	锰硅合金	1400	炉盖坐落于炉体上
30000	封闭式	锰硅合金	1400	炉盖坐落于炉体上
25000	封闭式	锰硅合金	1100	炉盖坐落于炉体上
16500	封闭式	锰硅合金	600	炉盖坐落于炉体上
12500	封闭式	铬铁	500	镁质炉衬
12500	半封闭式	硅铁	460	碳质炉衬
9000	半封闭式	锰硅合金	400	炉盖坐落于炉体上
6000	半封闭式	高碳铬铁	350	镁质炉衬
6000	半封闭式	硅铁	310	碳质炉衬
3500	半封闭式、螺旋	中碳锰铁	280	镁质炉衬
3000	半封闭式、螺旋	硅钙合金	240	碳质炉衬
3200	半封闭式	硅铁、锰硅合金	230	碳质炉衬
1800	半封闭式	硅铁、锰硅合金	80	碳质炉衬

参 考 文 献

[1]《铁合金设计参考资料》编写组. 铁合金设计参考资料 [M]. 北京：冶金工业出版社，1980.

[2] 技工学校教材编写组. 铁合金生产机械设备 [M]. 北京：冶金工业出版社，1976.

[3] 技工学校教材编写组. 矿热炉电气设备与电热原理 [M]. 北京：冶金工业出版社，1976.

[4] 赵乃成，张启轩. 铁合金生产实用技术手册 [M]. 北京：冶金工业出版社，2003.

[5] 许传才. 铁合金冶金工艺学 [M]. 北京：冶金工业出版社，2008.

[6] 周进华，于忠译. 铁合金生产 [M]. 北京：冶金工业出版社，1981.

[7] 俞耀，顾清译. 铁合金冶金学 [M]. 上海：上海科技出版社，1980.

[8] 许传才，张天世. 铁合金生产知识问答 [M]. 北京：冶金工业出版社，2007.

[9] 刘景良. 大气污染控制工程 [M]. 北京：中国轻工业出版社，2002.

[10] 冶金部《铁合金》编辑部. 铁合金 [J]. 1975 ~ 2011.

[11] 何允平，王思慧. 工业硅生产 [M]. 北京：冶金工业出版社，1995.

[12] 熊漠远. 电石生产及其深加工产品 [M]. 北京：化学工业出版社，1989.